U0485734

沉积盆地动力学与能源矿产研究进展丛书

丛书主编　刘池洋

新疆焉耆盆地原始面貌恢复及油气赋存

陈建军　刘池洋　姚亚明　著

科学出版社

北京

内 容 简 介

焉耆盆地为改造残留的小型盆地，后期强烈构造变格及强烈剥蚀制约了对焉耆盆地发生、发展和消亡过程的认识。本书以改造盆地为指导思想，以野外露头和大量的裂变径迹分析为主线，结合现今盆地构造格局和残留中生代主要地层中岩石矿物及沉积环境研究，与周邻中生代盆地地层、沉积相及烃源岩进行综合对比，系统地探讨了焉耆盆地周缘各山体隆升时限、中生代原始面貌及其演化和后期改造特征，同时分析了油气藏赋存条件与成藏特点。

本书内容体现了改造盆地研究思路及使用的方法和手段，同时对盆地油气特征进行了分析，可作为从事含油气盆地、改造盆地及区域地质构造研究的科研人员、高校教师和研究生学习和研究的参考书；也是能源矿产类勘探研究院所、各大石油公司下属各油田和地方性石油公司、油气田研究人员学习和研究的参考书。

图书在版编目（CIP）数据

新疆焉耆盆地原始面貌恢复及油气赋存/陈建军，刘池洋，姚亚明著.
—北京：科学出版社，2017.6
（沉积盆地动力学与能源矿产研究进展丛书/刘池洋主编）
ISBN 978-7-03-053044-8

Ⅰ.①新… Ⅱ.①陈…②刘…③姚… Ⅲ.①含油气盆地–油气藏形成–研究–新疆 Ⅳ.①P618.130.2

中国版本图书馆 CIP 数据核字（2017）第 117915 号

责任编辑：孟美岑　胡晓春　陈姣姣/责任校对：王晓茜
责任印制：肖　兴/封面设计：王　浩

科学出版社出版
北京东黄城根北街16号
邮政编码：100717
http://www.sciencep.com

北京通州皇家印刷厂印刷

科学出版社发行　各地新华书店经销

*

2017年6月第 一 版　　开本：787×1092　1/16
2017年6月第一次印刷　　印张：20 1/4
字数：455 000
定价：158.00 元
（如有印装质量问题，我社负责调换）

沉积盆地动力学与能源矿产
—— 代丛书前言

1. 沉积盆地在地学研究中的重要地位

地球表面可分为大陆和大洋两大地貌-构造单元，其中海洋总面积约占地球表面总面积的 71%。从地貌形态和正在接受沉积等方面考虑，大洋似可看作一种特殊的巨型沉积盆地或由若干个沉积盆地组成的超级沉积盆地域（群），故又常被称作大洋盆（地）。

大陆由沉积盆地、造山带和地盾三种属性不同的构造单元所构成。其中沉积盆地所占面积最大。据统计，海拔在 500 m 以下的平原和丘陵，约占陆地总面积的 52.2%，大部为沉积盆地；其中海拔低于 200 m 的平原面积约占一半，几乎全为正在沉降、接受沉积的冲积平原或三角洲和湖盆，即正在发展的沉积盆地。在海拔 500 m 以上的山地和高原，仍有较大面积为沉积盆地所占据。若将经后期改造但仍有沉积矿产勘探远景的残留沉积盆地（体）计算在内，盆地的面积约占大陆总面积的 4/5。

因而，无论在世界地质和地球动力学，还是在大陆地质和大陆动力学研究中，沉积盆地均处于极为重要的地位。

盆地沉积翔实地记录了地球最外圈层的演化历史和地质作用、气候与环境演变；此记录时间连续、信息丰富。其中大多数盆地仍较好地留存有其形成演化的深部结构特征，从而可弥补诸多造山带深部已"脱胎换骨"而难以反映其形成的深部动力环境之不足。

沉积盆地是一个聚宝盆，蕴藏着丰富的、人类必需的多种矿产资源：如水、油、气、煤、膏盐等非金属矿产，铀矿、铅锌矿等金属矿产；同时也是人类衣食原料的主要生产地。沉积盆地为沉积矿产赋存的基本单元和成藏（矿）的大系统。在盆地形成、演化和后期改造过程中，这些矿产同盆成生共存、聚散、成藏（矿）和定位。

沉积盆地是人类生息、活动的主要场所。目前世界人口的 90% 集中居住在海拔 400 m 以下的平原、大河中下流域、环湖和沿海附近盆地分布的地域。在海拔 400 m 以上的地区，人类主要居住在山间盆地和高原洼地。这些地区通常又是地震、滑坡、泥石流、地裂缝和海啸等自然灾害多发区。人类的活动和集中居住，也影响局部及区域气候和环境的变化，同时带来地表和地下不同程度、多种形式的环境污染。这一切对人类生存环境形成威胁的自然现象和人为行为，其威胁的特点和程度又因盆地地质特征的不同而有别。

所以，近三十多年来，地球科学从基础理论研究，矿产及水资源勘探利用、保护，改善人类生存环境三方面，不约而同地将关注的焦点和研究的热点转向沉积盆地。集地球科学研究和应用的这三大领域（科学研究、物质需求、生存环境）为一体、且均居重要地位者，惟有盆地。沉积盆地从来没有像今天这样得到学术界、工业界和政府部门的广泛重视。在世界和美国等发达国家的地学研究计划中，沉积盆地均处于极为重要的位置。

2. 能源矿产赋存与沉积盆地动力学

随着砂岩型铀矿在铀矿资源中地位和重要性的迅速提高，油、气、煤、铀等重要能源矿产主要赋存在沉积盆地中已成为不争的事实。油、气、煤和铀在世界各国的能源结构、政治、军事、经济发展、社会进步和国家安全等方面均处于十分重要的地位。世界各国均对其高度重视。

我国现已成为全球第二大石油消费国。2004 年净进口原油和成品油 1.4365×10^8 t（其中原油 1.1723×10^8 t），原油进口依存度超过国际石油安全警戒线（40%）。我国目前探明的煤炭、天然气和铀矿储量的规模和质量，也难以适应经济快速发展的需求。"开源节流"和多种能源之间的互补和替代，是缓解我国短缺能源供求矛盾、减少石油进口的有效途径。否则，将会直接威胁到国家的安全，也势必影响我国经济的持续发展。

能源盆地是沉积盆地的主要组成部分，它以其展布面积大、发育时间长而在地球动力学研究中占有更为重要的地位。大中型沉积盆地的形成、发展、演化和改造，总体受地球深部系统内动力地质作用的控制；而盆地内沉积物的充填、埋藏和成岩，则是在盆地形成的统一动力学背景下，总体受地球表层系统（岩石圈浅表层、水圈、大气圈和生物圈）外动力地质作用（风化、生物、剥蚀、搬运、沉积、成岩等）的制约。沉积矿产在此过程中于盆地内成生、共存、聚散、成藏（矿）和定位。所以，沉积盆地将地球深部系统的内动力地质作用和地球表层系统的外动力地质作用有机耦合，自然构成了一个各圈层内、外地质动力相互作用的统一盆地动力学系统；此系统的活动虽有其相对独立性，但总体属地球动力学大系统的重要组成部分——此即为笔者理解的盆地动力学内涵。

沉积盆地动力学系统就是诸多沉积矿产同盆成生、赋存、成藏（矿）的统一动力学背景和成藏（矿）大环境。只有将多种能源矿产置于盆地形成、演化和改造的统一动力学背景之中，才可能揭示其同盆共存富集的基本规律和成藏（矿）机理及其主控因素。

中国大陆活动性强，地球动力学环境因地而异、复杂多变，造就了中国盆地类型多样，地质构造特征复杂，矿产资源丰富而特色显明。这虽增加了研究的难度，但却为我国学者提供了产生具中国盆地和矿产资源特色的前沿创新成果、实现科学重大突破的良好条件和机遇；从而为丰富和发展世界盆地动力学和能源地质相关科学理论做出贡献。

为了推动沉积盆地动力学研究的深化并与我国能源矿产实际密切结合，及时交流研究进展，笔者主编和组织撰写了《沉积盆地动力学与能源矿产研究进展丛书》。丛书以国家 973 项目和其他相关重要项目的研究成果和理论总结为主体；分析实例涉及国内外，重点解剖中国盆地；研究内容涵盖大地学，突出盆地和能源矿产；选题力求反映该领域的研究现状、进展和发展趋势；并触及其薄弱环节、存在问题及可能解决的途径。

本丛书以西北大学含油气盆地研究所提出的盆地动力学研究系统和倡导的"整体、动态、综合"研究原则为指导思想。对各作者的具体研究思路、学术观点、撰稿特色和文笔风格不求统一，且尽可能保留原貌；体现科学民主、学术自由。

预祝丛书顺利出版和各部著作相继问世，为繁荣和发展盆地与能源研究做出贡献。
在此，谨向帮助、关心和支持本丛书出版的所有人士致以诚挚的谢意。

刘池洋

2005 年盛夏于西北大学

前 言

油气赋存于沉积盆地之中。一般而言，大中型沉积盆地形成油气条件较为优越，而小型盆地则相对较差，甚至没有油气。由于小型含油气盆地数量少，故对其形成尤为引人关注。

中国沉积盆地众多，其中发现商业油气藏的多为大中型盆地，也有小型盆地。新疆地区的焉耆盆地为其中小型含油气盆地之一。

刘池阳[①]教授先后承担了中国石化股份有限公司油田事业部油气勘探先导项目"新疆焉耆-孔雀河及邻区中生代原型盆地与构造演化研究"、中国石油化工股份有限公司河南油田分公司项目"焉耆盆地油气藏形成条件研究"和国家自然科学基金项目"酒泉盆地群发育和油气成藏对青藏高原形成演化的响应"（40372096）等。从而使笔者有缘作为研究骨干对焉耆盆地展开多方面解剖式重点研究。

焉耆盆地位于南天山，处于塔里木、准噶尔和吐哈三大盆地之间，面积为 $1.3\times 10^4 \text{km}^2$；现存沉积地层主要为侏罗系和新生界。自1993年开始对焉耆盆地开展规模性油气勘探，发现并探明两个油田（宝浪、本布图）、四个含油区块（宝中、宝北、本布图、本布图东）。侏罗系是盆地含油气层，至2015年年底，总探明储量 $2882\times 10^4 \text{t}$。

焉耆盆地油气勘探目的层为侏罗系，主要分布于盆地南部的博湖拗陷和南缘推覆构造带中，分布面积为 5800 km^2，其面积仅为盆地总面积的 43.2%，而且现今总探明储量仅为盆地资源量的 9.2%。

中国所处的大地构造位置决定了中国及周邻沉积盆地大多后期改造强烈，致使盆地主要沉积时期的原始面貌古今迥异，这必然影响对盆地发生、发展和演化的认识，相应地会影响对该盆地的油气勘探。现今焉耆盆地侏罗系与新生界呈不整合接触，盆地西、南缘无边缘相沉积；南缘库鲁克塔格山残留中生代地层。这表明，盆地于中生代晚期开始遭受强烈的后期改造，现今属改造残留盆地。

剔去后期改造的影响，恢复盆地改造前的原始沉积面貌，是改造盆地研究及油气勘探的重要内容。但此方面的恢复难度颇大，目前尚无成熟、系统的研究理论及方法。多年来西北大学刘池阳教授在此方面进行了长期的探索，对改造盆地及其原始面貌恢复已提出和形成了较为系统的研究思路、理论和方法。本书以此改造盆地研究与评价理论和程式为指导思想，坚持整体、动态、综合的盆地研究总则，展开对焉耆盆地的研究。

根据焉耆盆地的实际地质情况，以大量的磷灰石和锆石裂变径迹分析为主线，结合现今盆地构造格局和残留中生代主要地层中岩石矿物所反映的物源和沉积环境信息，与

---

① 笔名刘池洋

周邻中生代盆地或残留地层进行综合对比，系统地研究焉耆盆地周缘各山体的隆升时限，对焉耆盆地中生代原始面貌进行恢复研究；同时采用多种方法和资料对研究结果进行印证和约束，进而研究焉耆盆地油气赋存条件和动态成藏过程。

  本书共八章。第一章介绍焉耆盆地区域地质构造、地球物理场背景、盆地基底组成和结构、盆地构造单元及其特征、盖层特征等盆地基本地质特征。第二章根据焉耆盆地周缘露头观察及实测剖面、盆地周缘山体（北缘红山、东缘库米什白虎山、西缘霍拉山和南缘库鲁克塔格山）磷灰石和锆石裂变径迹分析、MT 资料和盆地地震剖面等资料，探讨周缘山体隆升时限和盆地西缘和南缘推覆构造分布、形成及演化特征。第三章在盆地断裂构造特征和盆地内部钻井磷灰石和锆石裂变径迹分析的基础上，结合对中生代地层剥蚀厚度的恢复，讨论盆地构造运动期次及改造特征。第四章通过磷灰石裂变径迹等多种方法恢复盆地古地温梯度，确定古地温场特征，探讨现今高地温的成因。第五章综合研究中生界主要地层的沉积环境及演化、岩石矿物特征和恢复后地层厚度特征等资料所反映的古沉积面貌信息，明确焉耆盆地所在地区中生代沉积边界远大于现今残留地层分布范围。第六章通过与焉耆盆地周邻的塔里木盆地库车拗陷、尤尔都斯盆地、库米什盆地的地层、沉积环境和烃源岩等的系统对比，综合前几章的研究，恢复中生代焉耆盆地原始沉积面貌，认为该区处于中生代塔里木盆地北区边部，属塔里木盆地的组成部分；进而探讨焉耆盆地演化改造对新疆地区区域地质研究的意义。第七章主要从烃源岩组成及空间分布、有机地球化学特征、油源对比等方面，讨论侏罗系煤系烃源岩有机地球化学特征。第八章根据油气赋存特征、油气成藏期次、油气成藏单元和典型油藏类型分析，总结焉耆盆地油气藏赋存条件与成藏特点。

  本书是陈建军、姚亚明的研究生学位论文和两期焉耆盆地科研项目成果的凝练和总结，根据刘池阳教授提出的编撰思路和编写大纲进行。其中第一章、第二章和第三章由陈建军执笔，第五章和第六章由刘池洋、陈建军执笔，第四章、第七章和第八章由姚亚明及陈建军执笔，全书由陈建军、刘池洋统稿。

  借本书出版之际，谨向给予支持和帮助的中国石油化工股份有限公司河南油田分公司的同仁表示诚挚的谢意。同时，感谢提供帮助的所有同行和其他人士。

  作者虽尽力为之，但书中难免存在疏漏之处，敬请读者批评指正。

作 者
2016 年 12 月 20 日

目 录

沉积盆地动力学与能源矿产——代丛书前言
前言
第一章　盆地区域地质构造 ··· 1
第一节　研究概况 ·· 1
一、勘探简史 ·· 1
二、盆地研究现状 ·· 3
第二节　区域地质构造与地球物理场背景 ·· 5
一、区域地质背景 ·· 5
二、区域地球物理场 ·· 5
三、焉耆盆地地球物理场 ·· 6
第三节　盆地基底组成和结构 ·· 11
一、基底组成 ·· 11
二、基底形成与演化 ·· 13
三、基底结构 ·· 15
第四节　盆地构造单元及其特征 ·· 17
一、构造单元划分 ·· 17
二、构造单元基本特征 ·· 18
三、构造分带及其展布特点 ·· 20
第五节　盖层特征 ·· 23
一、中生代地层 ·· 23
二、新生代地层 ·· 25
第二章　周缘山体隆升时限及推覆构造 ·· 27
第一节　盆地周缘山体隆升时限与速率 ·· 27
一、周缘山体磷灰石表观年龄 ·· 27
二、裂变径迹年龄分区 ·· 29
三、总体特征 ·· 53
四、盆地周缘山体抬升速率 ·· 55
第二节　盆地周缘推覆构造 ·· 56
一、褶皱构造 ·· 57
二、电性（MT）剖面特征 ·· 59
三、推覆构造 ·· 63

第三章 焉耆盆地构造与改造 ... 75

第一节 盆地构造特征 ... 75
一、断裂构造 ... 75
二、演化剖面特征 ... 84
三、盆地及周邻地区张性构造证据 ... 87

第二节 盆地内部裂变径迹年龄特征 ... 88
一、磷灰石年龄分析 ... 88
二、锆石年龄分析 ... 103

第三节 地层剥蚀与剥蚀厚度恢复 ... 111
一、中生代地层遭剥蚀证据 ... 111
二、剥蚀厚度恢复 ... 116

第四节 构造运动期次及改造 ... 120
一、构造运动期次 ... 120
二、盆地改造特征 ... 121
三、盆地属性 ... 126

第四章 盆地地温场特征及其热演化 ... 128

第一节 现今地温梯度及其影响因素 ... 128
一、现今地温梯度 ... 128
二、现今地温梯度变化规律 ... 130
三、高地温梯度原因分析 ... 131

第二节 古地温及古地温梯度恢复 ... 132
一、侏罗系古地温确定 ... 132
二、与相邻盆地的对比 ... 137

第五章 盆地中生代沉积特征与原始沉积边界探讨 ... 139

第一节 沉积环境及沉积特征 ... 139
一、沉积环境标志分析 ... 139
二、中上三叠统小泉沟组 ... 142
三、下侏罗统八道湾组 ... 144
四、下侏罗统三工河组 ... 146
五、中侏罗统西山窑组 ... 149
六、与邻区对比 ... 153

第二节 岩石矿物特征与沉积边界 ... 154
一、岩石矿物特征分析意义 ... 155
二、岩石矿物特征分析 ... 156
三、古物源分析 ... 174
四、岩石矿物搬运距离对盆地沉积边界的启示 ... 176

第三节 盆地地层厚度与沉积边界关系 ... 179
一、残留地层厚度对盆地沉积边界的启示 ... 179

二、中生代地层等厚线走向趋势法对盆地沉积边界的启示⋯⋯⋯⋯⋯⋯⋯⋯⋯179

第六章　焉耆盆地原始面貌恢复及演化⋯⋯⋯⋯⋯⋯⋯⋯⋯⋯⋯⋯⋯⋯⋯⋯⋯⋯⋯⋯⋯185

第一节　与周邻中生代盆地地层对比⋯⋯⋯⋯⋯⋯⋯⋯⋯⋯⋯⋯⋯⋯⋯⋯⋯⋯⋯⋯⋯185
　　一、库车拗陷⋯⋯⋯⋯⋯⋯⋯⋯⋯⋯⋯⋯⋯⋯⋯⋯⋯⋯⋯⋯⋯⋯⋯⋯⋯⋯⋯⋯⋯185
　　二、库米什盆地⋯⋯⋯⋯⋯⋯⋯⋯⋯⋯⋯⋯⋯⋯⋯⋯⋯⋯⋯⋯⋯⋯⋯⋯⋯⋯⋯⋯187
　　三、尤尔都斯盆地⋯⋯⋯⋯⋯⋯⋯⋯⋯⋯⋯⋯⋯⋯⋯⋯⋯⋯⋯⋯⋯⋯⋯⋯⋯⋯⋯187
　　四、孔雀河斜坡⋯⋯⋯⋯⋯⋯⋯⋯⋯⋯⋯⋯⋯⋯⋯⋯⋯⋯⋯⋯⋯⋯⋯⋯⋯⋯⋯⋯187
　　五、有关启示⋯⋯⋯⋯⋯⋯⋯⋯⋯⋯⋯⋯⋯⋯⋯⋯⋯⋯⋯⋯⋯⋯⋯⋯⋯⋯⋯⋯⋯188

第二节　与周邻中生代盆地沉积相对比⋯⋯⋯⋯⋯⋯⋯⋯⋯⋯⋯⋯⋯⋯⋯⋯⋯⋯⋯⋯189
　　一、库车拗陷⋯⋯⋯⋯⋯⋯⋯⋯⋯⋯⋯⋯⋯⋯⋯⋯⋯⋯⋯⋯⋯⋯⋯⋯⋯⋯⋯⋯⋯189
　　二、尤尔都斯盆地和库米什盆地⋯⋯⋯⋯⋯⋯⋯⋯⋯⋯⋯⋯⋯⋯⋯⋯⋯⋯⋯⋯⋯191
　　三、孔雀河斜坡⋯⋯⋯⋯⋯⋯⋯⋯⋯⋯⋯⋯⋯⋯⋯⋯⋯⋯⋯⋯⋯⋯⋯⋯⋯⋯⋯⋯191

第三节　与周邻中生代盆地烃源岩对比⋯⋯⋯⋯⋯⋯⋯⋯⋯⋯⋯⋯⋯⋯⋯⋯⋯⋯⋯⋯196
　　一、库车拗陷⋯⋯⋯⋯⋯⋯⋯⋯⋯⋯⋯⋯⋯⋯⋯⋯⋯⋯⋯⋯⋯⋯⋯⋯⋯⋯⋯⋯⋯196
　　二、有关启示⋯⋯⋯⋯⋯⋯⋯⋯⋯⋯⋯⋯⋯⋯⋯⋯⋯⋯⋯⋯⋯⋯⋯⋯⋯⋯⋯⋯⋯201

第四节　焉耆盆地原始面貌探讨⋯⋯⋯⋯⋯⋯⋯⋯⋯⋯⋯⋯⋯⋯⋯⋯⋯⋯⋯⋯⋯⋯⋯203
　　一、烃源岩对比⋯⋯⋯⋯⋯⋯⋯⋯⋯⋯⋯⋯⋯⋯⋯⋯⋯⋯⋯⋯⋯⋯⋯⋯⋯⋯⋯⋯203
　　二、焉耆盆地中生代原始面貌⋯⋯⋯⋯⋯⋯⋯⋯⋯⋯⋯⋯⋯⋯⋯⋯⋯⋯⋯⋯⋯⋯203

第五节　焉耆盆地演化及其区域地质意义⋯⋯⋯⋯⋯⋯⋯⋯⋯⋯⋯⋯⋯⋯⋯⋯⋯⋯⋯213
　　一、焉耆盆地演化⋯⋯⋯⋯⋯⋯⋯⋯⋯⋯⋯⋯⋯⋯⋯⋯⋯⋯⋯⋯⋯⋯⋯⋯⋯⋯⋯213
　　二、区域地质意义⋯⋯⋯⋯⋯⋯⋯⋯⋯⋯⋯⋯⋯⋯⋯⋯⋯⋯⋯⋯⋯⋯⋯⋯⋯⋯⋯217

第七章　侏罗系煤系源岩有机地球化学特征及评价⋯⋯⋯⋯⋯⋯⋯⋯⋯⋯⋯⋯⋯⋯⋯⋯⋯222

第一节　烃源岩类型及空间展布⋯⋯⋯⋯⋯⋯⋯⋯⋯⋯⋯⋯⋯⋯⋯⋯⋯⋯⋯⋯⋯⋯⋯222

第二节　煤系源岩有机显微组分组成及生烃机理⋯⋯⋯⋯⋯⋯⋯⋯⋯⋯⋯⋯⋯⋯⋯⋯227
　　一、显微组分组成⋯⋯⋯⋯⋯⋯⋯⋯⋯⋯⋯⋯⋯⋯⋯⋯⋯⋯⋯⋯⋯⋯⋯⋯⋯⋯⋯227
　　二、生烃机理⋯⋯⋯⋯⋯⋯⋯⋯⋯⋯⋯⋯⋯⋯⋯⋯⋯⋯⋯⋯⋯⋯⋯⋯⋯⋯⋯⋯⋯228

第三节　烃源岩的有机地球化学特征⋯⋯⋯⋯⋯⋯⋯⋯⋯⋯⋯⋯⋯⋯⋯⋯⋯⋯⋯⋯⋯230
　　一、有机质丰度⋯⋯⋯⋯⋯⋯⋯⋯⋯⋯⋯⋯⋯⋯⋯⋯⋯⋯⋯⋯⋯⋯⋯⋯⋯⋯⋯⋯230
　　二、有机质母质类型⋯⋯⋯⋯⋯⋯⋯⋯⋯⋯⋯⋯⋯⋯⋯⋯⋯⋯⋯⋯⋯⋯⋯⋯⋯⋯230
　　三、有机质热演化⋯⋯⋯⋯⋯⋯⋯⋯⋯⋯⋯⋯⋯⋯⋯⋯⋯⋯⋯⋯⋯⋯⋯⋯⋯⋯⋯233

第四节　油源对比研究⋯⋯⋯⋯⋯⋯⋯⋯⋯⋯⋯⋯⋯⋯⋯⋯⋯⋯⋯⋯⋯⋯⋯⋯⋯⋯⋯240
　　一、油及各类源岩的碳同位素特征⋯⋯⋯⋯⋯⋯⋯⋯⋯⋯⋯⋯⋯⋯⋯⋯⋯⋯⋯⋯240
　　二、原油及各类源岩的生物标记物组成特征⋯⋯⋯⋯⋯⋯⋯⋯⋯⋯⋯⋯⋯⋯⋯⋯242
　　三、油源对比结果⋯⋯⋯⋯⋯⋯⋯⋯⋯⋯⋯⋯⋯⋯⋯⋯⋯⋯⋯⋯⋯⋯⋯⋯⋯⋯⋯246

第八章　油气藏赋存条件与成藏特点⋯⋯⋯⋯⋯⋯⋯⋯⋯⋯⋯⋯⋯⋯⋯⋯⋯⋯⋯⋯⋯⋯249

第一节　油气赋存条件⋯⋯⋯⋯⋯⋯⋯⋯⋯⋯⋯⋯⋯⋯⋯⋯⋯⋯⋯⋯⋯⋯⋯⋯⋯⋯⋯249
　　一、储层特征及周邻盆地对比⋯⋯⋯⋯⋯⋯⋯⋯⋯⋯⋯⋯⋯⋯⋯⋯⋯⋯⋯⋯⋯⋯249
　　二、烃源岩及与周邻盆地对比⋯⋯⋯⋯⋯⋯⋯⋯⋯⋯⋯⋯⋯⋯⋯⋯⋯⋯⋯⋯⋯⋯254

三、盖层及储盖组合 259
　　四、圈闭特征与形成演化 263
第二节　油气成藏期次 266
　　一、烃源岩埋藏-改造史与热演化 266
　　二、矿物流体包裹体分析 267
　　三、储层自生伊利石年代学分析 269
　　四、油气成藏期次综合分析 270
第三节　油气成藏单元与含油气系统划分 271
　　一、油气成藏单元划分 271
　　二、含油气系统分析 272
第四节　油气藏特征与典型油气田（藏） 277
　　一、油气藏特征 277
　　二、典型油气田（藏） 279
第五节　油气成藏主控因素 294
　　一、储盖组合 294
　　二、生烃中心距离 294
　　三、断层发育及封闭性 295
　　四、后期构造改造强度 297

参考文献 299

CONTENTS

The dynamics of sedimentary basins and energy minerals
Preface
Chapter 1　Basin geological structure ·············1
　1.1　Research overview ·············1
　　1.1.1　Exploration history ·············1
　　1.1.2　Basin research tatus ·············3
　1.2　Regional geology and geophysical fields background ·············5
　　1.2.1　Regional geological background ·············5
　　1.2.2　Regional geophysical fields ·············5
　　1.2.3　Geophysical fields of Yanqi Basin ·············6
　1.3　Basement composition and structure ·············11
　　1.3.1　Basement composition ·············11
　　1.3.2　Basement formation and evolution ·············13
　　1.3.3　Basement structure ·············15
　1.4　Structural units and characteristic of basin ·············17
　　1.4.1　Division of tectonic units ·············17
　　1.4.2　Characteristics of tectonic units ·············18
　　1.4.3　Zoning of structures and its distribution ·············20
　1.5　Cap rock characteristics ·············23
　　1.5.1　Mesozoic stratum ·············23
　　1.5.2　Cenozoic stratum ·············25
Chapter 2　Uplifting time of mountains around basin and nappe structures ·············27
　2.1　Uplifting time of mountains around basin and rate ·············27
　　2.1.1　Apparent age of apatite from mountains around basin ·············27
　　2.1.2　Division of fission track age ·············29
　　2.1.3　General characteristics ·············53
　　2.1.4　Uplifting rate of mountains around basin ·············55
　2.2　Nappe structures around basin ·············56
　　2.2.1　Fold structure ·············57
　　2.2.2　Electric profile characteristics ·············59
　　2.2.3　Nappe structures ·············63
Chapter 3　Tectonics and transformation of Yanqi Basin ·············75

3.1　Basin tectonic characteristics ·· 75
 3.1.1　Faulted structures ··· 75
 3.1.2　Evolution profiles ··· 84
 3.1.3　Extensional tectonic in basin and adjacent region ······································ 87
3.2　Fission track age in basin ··· 88
 3.2.1　Apatite age analysis ·· 88
 3.2.2　Zircon age analysis ·· 103
3.3　Strata denudation and erosion thickness restoration ·· 111
 3.3.1　Erosion evidence of Mesozoic stratum ·· 111
 3.3.2　Erosion thickness restoration ·· 116
3.4　Tectonic movement stage and transformation ··· 120
 3.4.1　Tectonic movement stage ··· 120
 3.4.2　Transformation characteristics of basin ··· 121
 3.4.3　Basins attribution ·· 126

Chapter 4　Basin temperature field and thermal evolution ································ 128
4.1　Current geothermal gradient and influence factor ··· 128
 4.1.1　Current geothermal gradient ··· 128
 4.1.2　Change of current geothermal gradient ··· 130
 4.1.3　Analysis of high geothermal gradient ··· 131
4.2　Paleotemperature and its restore ·· 132
 4.2.1　Confirmation of Jurassic paleotemperature ·· 132
 4.2.2　Comparison with adjacent basin ·· 137

Chapter 5　Sedimentary features and original sedimentary boundary in Mesozoic ··· 139
5.1　Sedimentary environment and characteristics ··· 139
 5.1.1　Analysis of sedimentary environment indicator ···································· 139
 5.1.2　Middle-upper Triassic Xiaoquangou Formation ··································· 142
 5.1.3　Lower Jurassic Badaowan Formation ··· 144
 5.1.4　Lower Jurassic Sangonghe Formation ·· 146
 5.1.5　Middle Jurassic Xishanyao Formation ·· 149
 5.1.6　Comparison with adjacent areas ·· 153
5.2　Rock mineral property and sedimentary boundary ·· 154
 5.2.1　Research significance of rock mineral property ···································· 155
 5.2.2　Analysis of rock mineral property ·· 156
 5.2.3　Analysis of palaeosource ··· 174
 5.2.4　Enlightenment to sedimentary boundary from carrying distance of rock mineral ··· 176
5.3　Relationship between strata thickness and sedimentary boundary ······················ 179
 5.3.1　Enlightenment to sedimentary boundary from residual strata ·················· 179
 5.3.2　Enlightenment to sedimentary boundary from isopach trend of Mesozoic strata ······· 179

Chapter 6 Appearance of original sediment and evolution in Yanqi Basin ············ 185
6.1 Comparison with adjacent Mesozoic formation ································ 185
6.1.1 Kuqa Depression ·· 185
6.1.2 Kumux Basin ··· 187
6.1.3 Yourdusi Basin ·· 187
6.1.4 Kongquehe Slope ··· 187
6.1.5 Some revelation ··· 188
6.2 Comparison with adjacent Mesozoic sediment ································ 189
6.2.1 Kuqa Depression ·· 189
6.2.2 Yourdusi Basin and Kumux Basin ·· 191
6.2.3 Kongquehe Slope ··· 191
6.3 Comparison with adjacent source rocks of Mesozoic basin ···················· 196
6.3.1 Kuqa Depression ·· 196
6.3.2 Some revelation ··· 201
6.4 Discussion on original appearance of Yanqi Basin ····························· 203
6.4.1 Comparison with source rocks ·· 203
6.4.2 Mesozoic original appearance of Yanqi Basin ······························· 203
6.5 Evolution of Yanqi Basin and regional geological significance ················ 213
6.5.1 Evolution of Yanqi Basin ·· 213
6.5.2 Regional geological significance ·· 217

Chapter 7 Organic geochemical characteristics and evaluation of Jurassic coals source rocks ·· 222
7.1 Types and spatial extension of source rock ····································· 222
7.2 Organic maceral microscopic group of coal source rocks and hydrocarbon generation mechanism ·· 227
7.2.1 Maceral microscopic group ·· 227
7.2.2 Hydrocarbon generation mechanism ·· 228
7.3 Organic geochemical characteristics of source rocks ··························· 230
7.3.1 Organic matter abundance ··· 230
7.3.2 Parent type of organic matter ·· 230
7.3.3 Thermal evolution of organic matter ·· 233
7.4 Research on oil-source correlation ·· 240
7.4.1 Carbon isotope characteristics of oil and source rocks ····················· 240
7.4.2 Biomarkers characteristics of oil and source rocks ························· 242
7.4.3 Results of oil and source correlation ·· 246

Chapter 8 Existence condition of hydro-carbon reservoir and characteristics of reservoir-formation ·· 249
8.1 Existence condition of oil and gas ·· 249

	8.1.1	Reservoir characteristic and comparison with adjacent basin	249
	8.1.2	Source rock and comparison with adjacent basin	254
	8.1.3	Cap rock and reservoir-cap association	259
	8.1.4	Trap characteristics and formation and evolution	263
8.2	Hydrocarbon accumulation stage		266
	8.2.1	Burial-transformation history and thermal evolution of source rock	266
	8.2.2	Analysis of mineral fluid inclusions	267
	8.2.3	Analysis of authigenic illite age	269
	8.2.4	Comprehensive analysis of hydrocarbon accumulation stage	270
8.3	Petroleum accumulation unit and division of petroleum system		271
	8.3.1	Division of petroleum accumulation unit	271
	8.3.2	Analysis of petroleum system	272
8.4	Characteristics of oil and gas pools and typical oil-gas field (pool)		277
	8.4.1	Characteristics of oil and gas pools	277
	8.4.2	Typical oil-gas field (pool)	279
8.5	Major controlling factors of petroleum accumulation		294
	8.5.1	Reservoir-cap association	294
	8.5.2	Distance from hydrocarbon generation center	294
	8.5.3	Fault and its sealing	295
	8.5.4	Late transformation intensity	297

References 299

第一章　盆地区域地质构造

焉耆盆地现今是一个中新生代中小型山间盆地，其形成演化与天山地区及塔里木盆地北部地区地球物理场密切相关。地球物理场空间分布是深部结构的间接反映，对研究盆地形成演化的区域地球动力学背景，尤其是沉积盆地油气形成、演化与运移聚集的构造条件分析，将是重要的基础资料，并为盆地多因素成因分析提供关键性深部约束信息。

第一节　研究概况

焉耆盆地是新疆南天山一个小型含油气沉积盆地，西起霍拉山（最高峰海拔 4985 m）、额尔宾山（最高峰海拔 4835 m），东至克孜勒山、铜矿山，北临南天山（最高峰海拔 4562 m）萨阿尔明复背斜，南抵库鲁克塔格山（最高峰海拔 2802 m）。地理范围位于东经 85°30′~88°00′，北纬 41°35′~42°30′，行政区域属新疆维吾尔自治区巴音郭楞蒙古自治州境内，包括博湖、焉耆、和静、和硕及库尔勒四县一市。

盆内地势西高东低、北高南低，地面海拔一般为 1050~1200 m。地表条件复杂，有戈壁、沙漠、农田、沼泽、湖泊等多种地貌。其中，盆地中东部的博斯腾湖，湖面海拔 1048 m，东西长约 55 km，南北最宽处约 25 km，面积约 1228 km^2，平均水深约 10 m，容积达 99 亿 m^3，曾为我国最大的内陆淡水湖泊。

焉耆盆地为一长轴呈北西西向延伸的菱形盆地，东西长 160 km，南北宽 60~90 km，面积为 $1.3×10^4$ km^2，该盆地四周被大中型沉积盆地环绕，处于塔里木盆地、准噶尔盆地、吐哈盆地和伊犁盆地四大盆地之间（图 1.1）。在南天山，焉耆盆地东连库米什盆地，西邻尤尔都斯盆地。连接尤尔都斯盆地和焉耆盆地的开都河谷，为著名的大峡谷，东西长 120 km，宽仅 200 m；上端海拔 2380 m，出山口下端海拔 1320 m，峡谷倾落差 1060 m。开都河为焉耆盆地内最大河流，流入博斯腾湖。反映盆地中西部高差逾 270 m。

一、勘探简史

盆地自 20 世纪 50 年代末期以来，先后由原石油部门及地矿部门开展了重磁力、航磁、区域地质、地震等区域地质调查和石油地质普查工作。1993 年 9 月中国石油化工股份有限公司河南油田分公司（简称河南油田）开始对焉耆盆地开展规模性油气勘探。1993~1994 年，焉参 1 井首钻发现宝浪油田宝中含油气区块，紧随其后宝 1 井、焉 2 井相继发现宝北、本布图含油区块。1998 年，图 3 井钻探发现本东含油区块，图 301 评价井不

图 1.1 焉耆盆地地理位置图

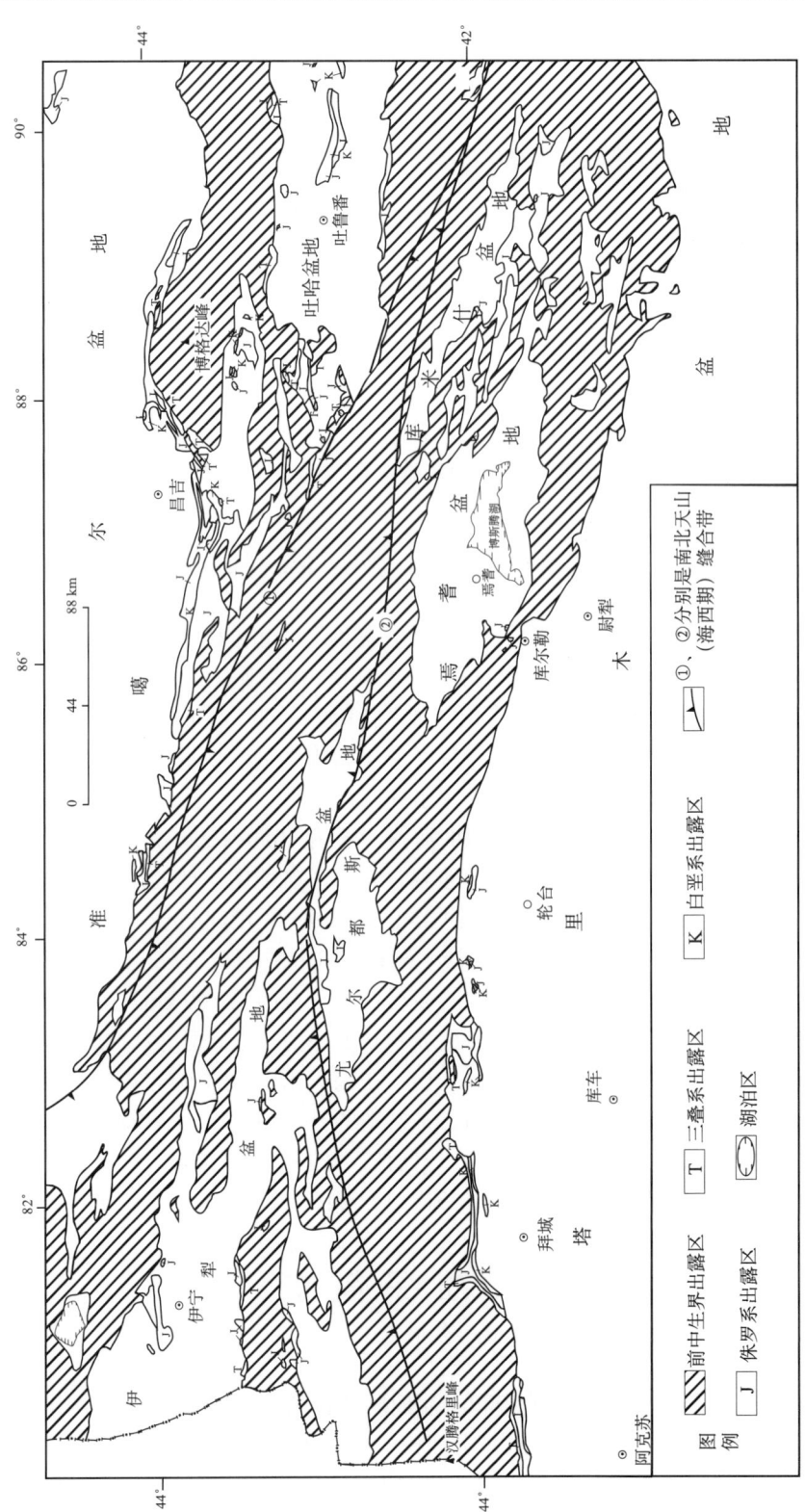

但在三工河组钻遇厚度较大的油气层,而且还发现了八道湾组油气层。以上两个油田、四个含油区块均为背斜构造,含油气层段主要为三工河组,烃源岩主要为八道湾组煤层。

到 2015 年年底,总探明储量 2882×10^4 t,盆地资源探明率仅 9.2%,整体勘探程度较低,尚有很大的勘探潜力。目前焉耆盆地油气资源总量为 3.14×10^8 t,其中油 2.7×10^8 t,气 369×10^8 m³。探明的两个油田、四个含油区块(宝中、宝北、本布图、本布图东),累计含油面积 23.5 km²,探明石油地质储量 2882.34×10^4 t(油当量),建成原油生产能力 23×10^4 t,累计生产原油 241.2×10^4 t、天然气 7.8×10^8 m³。

二、盆地研究现状

1993~2015 年,河南油田完成二维地震 9040.73 km,三维地震 1157.48 km²,完成探井 62 口,进尺 17.77×10^4 m。在油气勘探上,从早期以寻找构造圈闭为主,逐渐转移到以寻找隐蔽圈闭为主;从以北部凹陷勘探为主,逐渐转移到南北凹陷勘探并举;产层从过去单一以三工河组为主,逐渐转移到深、中、浅层兼顾。

虽然自 20 世纪 50 年代早期开始地质调查至今已取得了较多的研究成果,但是焉耆盆地仍属于勘探研究程度较低的盆地,对焉耆盆地的认识还存在分歧。

目前,对焉耆盆地的认识在以下三个方面存在较大的分歧。

1. 盆地中生代演化特征

(1)焉耆盆地于侏罗纪末开始抬升(李永林等,2000;陈文学等,2001;柳广弟等,2002a,2002b;刘新月等,2002a,2002b;郑求根等,2003;林社卿等,2003),以盆地内部现今构造特征、侏罗纪地层褶皱特征、磷灰石裂变径迹热史恢复及冷却带和退火带特征、烃源岩热演化及含油气系统特征为依据。

(2)焉耆盆地于早白垩世—晚白垩世开始抬升(吴富强,1999;吴富强等,1999,2000a,2000b;吴明荣等,2001;柳广弟等,2002a),以盆地磷灰石裂变径迹冷却带和退火带特征、中生代地层残留特征和地层剥蚀厚度、构造特征和油气成藏期特征为依据。

2. 盆地中生代构造属性

(1)压性(压扭性)盆地(李永林等,2000;陈文学等,2001;赵追等,2001;周建勋等,2002;陈文礼,2003;姚亚明等,2003;袁政文,2003;朱战军、周建勋,2003;刘新月等,2004;刘新月,2005),以盆地构造特征及变形特征、侏罗纪地层褶皱特征、盆地剖面形态、构造物理模拟、构造平衡剖面、现今地层厚度和沉积相带展布及断裂性质、三维砂箱实验模型为依据。可细分为类前陆盆地、弱挤压盆地和压扭性盆地三类。认为其为类前陆盆地的依据如下:① 盆地南缘库鲁克塔格山北麓断裂是一继承性的南倾逆冲断裂,它作为盆地断裂控制了其北部盆地的沉积;② 盆地西缘塔什店的北西西、北西向构造形迹及现今盆地内都为逆断层都显示压性盆地的特征;③ 盆地呈不对称形态,沉积、沉降中心不一致,沉积中心向盆地内迁移;④ 平衡剖面分析显示为挤压性;⑤ 南缘库鲁克塔格山于古生代就已存在,中生代盆地周缘山系一致并紧邻山前分布,南部物源来源于此山。认为其为弱挤压盆地的依据是通过盆地内部多条平衡剖面的研究得出的。认为其为压扭性盆地的依据是中生代焉耆盆地的边界断裂具有压扭性、盆地演化与天山构造带关系密切、盆地内明显发育的与天山及库鲁克塔格构造带平行及成 45°的两组构造线。

（2）张性（张扭性）盆地（何明喜等，1995；马瑞士等，1997；吴富强，1999；吴富强等，2000b；刘新月等，2002a；袁政文等，2004）以盆地侏罗系碎屑岩化学成分、古构造格局、古地磁资料、盆地周缘张性构造、盆内张性构造、高地温梯度和沉积学特征、侏罗纪泛盆和箕状剖面特征为依据。可分为伸展盆地和伸展断陷盆地两类，前者通过区域拉张环境、周围盆地均为典型的伸展断陷盆地、古热流值、沉积速率、周缘张性构造、侏罗纪泛盆、高地温梯度、盆内张性砾岩、残留正断层、古地磁及箕状形态认为其是伸展盆地；后者通过箕状几何形态、区域海西期 A 型花岗岩及张性构造、周缘山体上残留有侏罗纪煤系地层、高地温梯度、盆内张性砾岩、残留正断层、古地磁资料及残留侏罗系碎屑岩化学成分 Fe_2O_3+MgO、TiO_2、Fe_2O_3/K_2O、SiO_2/Al_2O_3 及 K_2O/Na_2O 厘定其为伸展断陷盆地。

（3）拉分盆地（郭召杰等，1995，1998a，1998b），依据是盆地外形为菱形及盆地南、北缘断裂均具有走滑性质且呈左行雁行排列。

3. 焉耆盆地中生代主要时期原始沉积面貌

此方面存在两种认识：① 中生代焉耆盆地与现今盆地沉积范围大体一致，物源来自南、北缘山体（姜在兴等，1999a；邱荣华等，2001）；② 中生代南天山存在泛盆，盆地原始面貌比现今盆地面貌大（郭召杰等，1998a，1998b）。以上认识对焉耆盆地的研究具有重要意义，但存在局限性。

这种认识上的差别之所以存在，不外乎有以下三个方面的原因：其一，焉耆盆地后期改造强烈，中上侏罗统剥蚀严重，仅于盆地东缘甘草湖—艾肯布拉克一带残留三间房组—齐古组，白垩系完全缺失，使其中生代原始面貌和地球动力学环境已大为改观，要客观认识盆地原始面貌及其演化特征难度颇大；其二，就区域资料而言，对塔里木、吐哈、三塘湖等中生代原始盆地类型，不同学者有不同的看法，如塔里木盆地的库车拗陷就有前陆盆地（Graham et al.，1993；曹守连等，1994；汪新文等，1994；Lu et al.，1994；陈发景等，1996；何登发等，1996；卢华复等，1996，2000；田作基等，1996，2001；刘志宏等，1999，2000a，2000b；贾进华，2000；刘光祥等，2000；邱芳强等，2000；杨明慧、刘池洋，2000；李曰俊等，2001；曾庆等，2003），以及三叠纪为前陆盆地、侏罗纪为张性断陷盆地（刘和甫等，1994a，1994b，2000；贾承造，1997；贾承造等，1997，2001；赵文智等，1998；纪云龙等，2003；阎福礼等，2003）等认识；其三，缺乏盆地周缘山体隆升时限的研究，周缘山体隆升时间的确定对于研究盆地原始面貌及盆地演化具有重要意义，但是却鲜有研究。这些没有解决的问题也影响着焉耆盆地研究的深入和油气勘探的进程及成效。

第二节 区域地质构造与地球物理场背景

一、区域地质背景

天山山脉横亘亚洲中部，绵延逾 3000 km，是一条跨越国界的造山带。我国境内的天山分隔北部的准噶尔地块和南部的塔里木地块，总体呈东西向延伸，是准噶尔地块、塔里木地块及其间的哈萨克斯坦-伊利地块长期相互作用而形成的复合型造山带。中国天山造山带构造单元一般以中天山北缘边界断裂带（干沟-胜利达板-西拉木伦断裂）和中天山南缘边界断裂带（库米什-乌瓦门-长阿吾子-汗腾格里断裂）为界三分为北天山、中天山和南天山。天山造山带成生于准噶尔板块与塔里木板块的长期相互作用，是由于中天山地块、南天山地块先后从塔里木板块北缘裂离，并依次相互汇聚拼合，形成天山晚古生代造山带构造雏形。其后经历晚古生代北天山裂陷作用和中新生代陆内造山作用叠合改造，形成当今之现状。天山造山带构造演化可划分为两个大阶段：古生代板块构造演化时期和中新生代陆内造山作用时期（肖序常等，1992；何国琦等，1994）。

盆地和造山带是统一地球动力学背景下两个不同的构造单元，盆地的沉降、沉积充填记录了造山带隆升、剥蚀与演化的综合信息，造山带的构造变形与演化是研究盆山结构构造演化的有效途径。因此，盆地和造山带形成、演化的耦合关系研究是大陆动力学研究的关键科学问题之一。通过盆山耦合机制的研究，确定盆地与造山带耦合关系、演化过程与动力学，充分利用造山带构造演化形迹记录完备、直观等特点，确定盆山体系构造性质，划分构造期次，结合盆地沉积充填特征，有效地反演盆地与造山带构造演化过程与动力学（朱夏，1983；刘池洋，1996）。

焉耆盆地位于南天山构造带东部，是叠加在天山造山带南缘晚古生代褶皱基底和塔里木板块东北缘元古代结晶基底之上的中新生代山间盆地。从构造几何学特征来看，现今盆地展布明显受南天山主要构造格架与断裂构造的控制，尤其受控于中天山南缘断裂带（板块结合带）和塔里木北缘的库鲁克塔格隆起带。盆地横跨在具有不同构造性质和演化历史的南天山构造带和库鲁克塔格山之上，导致盆地结构、构造演化明显受其基底构造的控制，使盆地具有南北分带的深部结构特征。

二、区域地球物理场

1. 航磁（ΔT）异常特征

新疆地区航磁（ΔT）异常特征以天山为界存在明显的差异（邓振球等，1992）（图1.2）。其中，中天山地体与北天山地体航磁异常特征与准噶尔盆地航磁异常特征相同，其异常展布方向与北天山地体中的构造走向一致，为北西西向，表明其统属同一基底构造区。但中天山地体内磁异常的变化最为剧烈，为 $-300\sim500$ nT，而且异常走向严格受地体内的断裂构造控制，呈北西西向展布。那拉提山断裂是一明显的正异常区，其最大幅值为 250 nT，此断裂以南直至 40°N 以北，即北塔里木为一大面积的负异常区，其幅值不大于-100 nT，区内异常走向近东西，表明南天山地体与北塔里木统属同一基底构造区。40°N 以南的南塔里木是一宽缓明显的正异常区，异常走向北东，明显与北塔里木异常特征不一致。

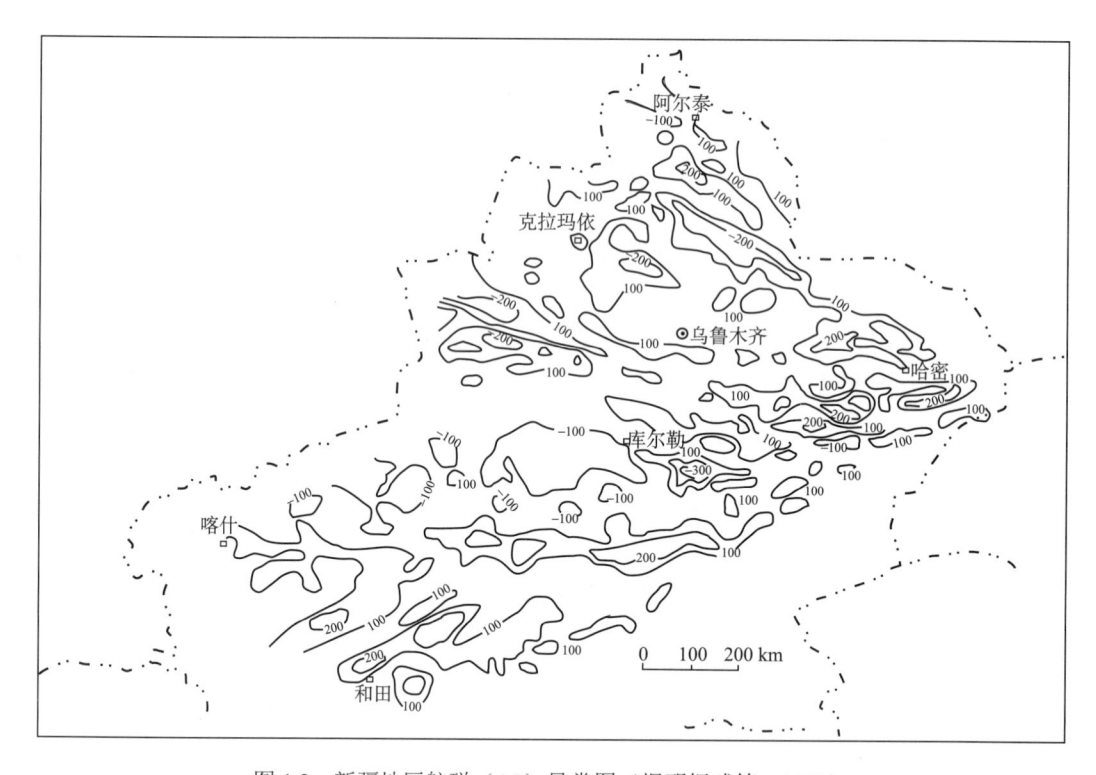

图 1.2　新疆地区航磁（ΔT）异常图（据邓振球等，1992）

2. 布格重力特征

新疆盆地重力异常特征不同，而且盆地内部和盆地周缘的异常存在差异（邓振球等，1992）（图 1.3）。与焉耆盆地演化具有密切关系的天山地区内部，南、北天山的布格重力异常成梯度带分布，中天山内部比较宽缓。总体来说，虽然天山一带的异常特征与其南北两侧的盆地有明显的差别，但是其内部还有一些高幅值的小圈闭状异常，这说明南、中、北天山的地壳结构存在差别，而且莫霍面有起伏。

三、焉耆盆地地球物理场

受天山及塔里木北部区域地球物理场的控制和影响，焉耆盆地地球物理场特征明显表现出"南北分带"及"东西分块"的特征。但是，由于北东向的"乌鲁木齐-博斯腾湖

图 1.3 新疆地区布格重力异常图（据邓振球等，1992）

东"断裂是焉耆盆地的东界断裂，这样焉耆盆地即整体处于该区域地球物理场分界线的西部范围内，因此盆地南北分带的特征表现得更为突出（吴富强等，1998）。

1. 磁力场特征

焉耆盆地局部磁力异常以南天山的负磁场为区域背景场，磁异常由南向北降低，可分为南、北、中三带（图 1.4）。南部为正异常区，以东侧库代力克（610 nT）和西侧塔什店（400 nT）等地较高，二者之间凹陷区为 –50~100 nT，反映南部基底应是一个块断带，中部是一条由南向北下降的低缓异常带；北部磁异常为一宽缓的低磁异常区（–150~180 nT）。值得注意的是，在盆地南部的博湖拗陷，东西方向上差异明显，在中段形成了明显的正异常高带，呈现出盆地东西分块的特征。

2. 重力场特征

焉耆盆地横跨在塔里木盆地正重力异常向天山负重力异常急剧变化的重力梯度带上（图 1.5），显示该盆地是叠加在塔里木盆地与天山造山带之间重要的构造结合转换带上，暗示盆地基底中存在重要的构造边界。以盆地中部重力高、两侧重力低为特征，显示盆

图 1.4 焉耆盆地及邻区航磁（ΔT）异常图（据河南油田资料）

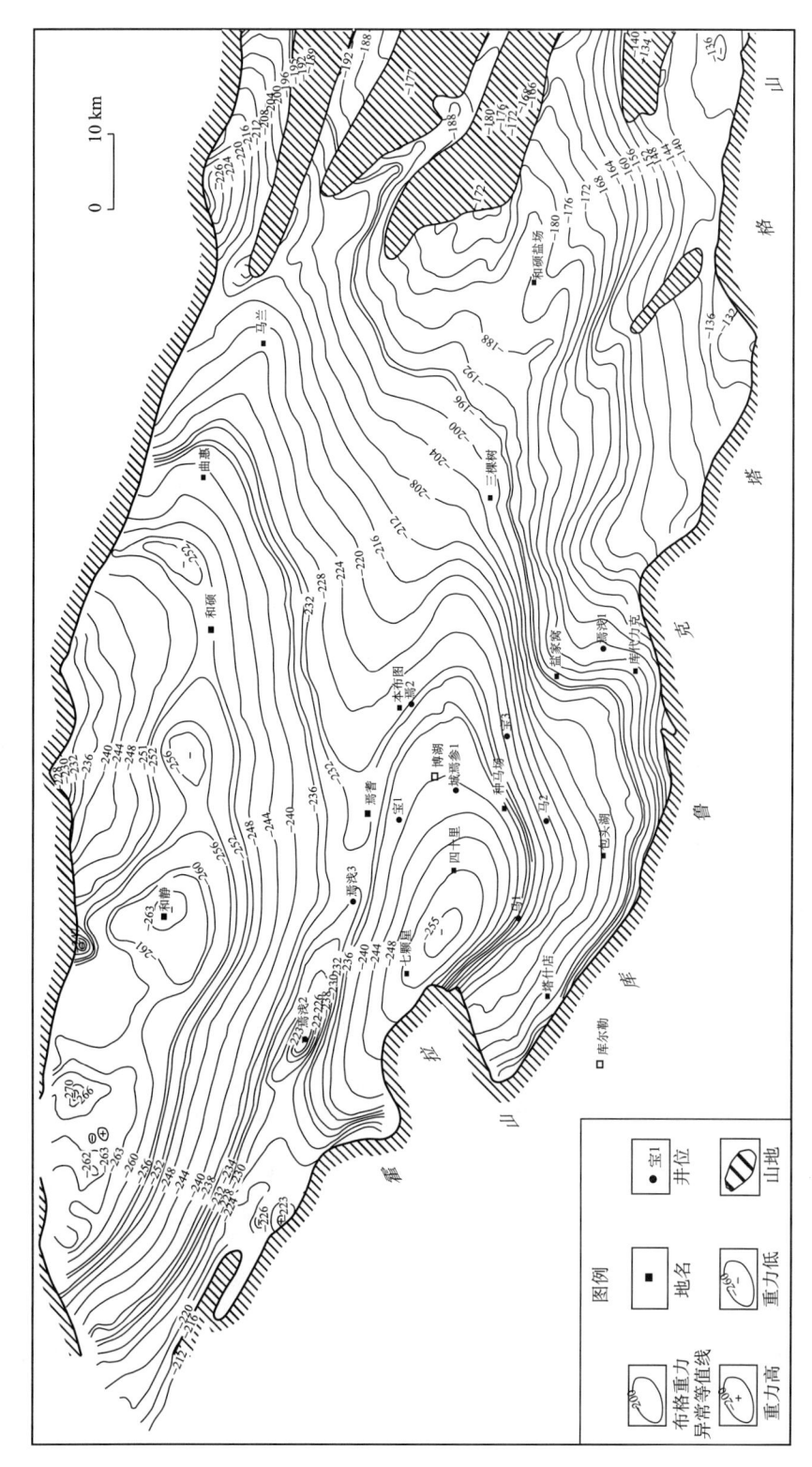

图 1.5 焉耆盆地布格重力异常图（据河南油田资料）

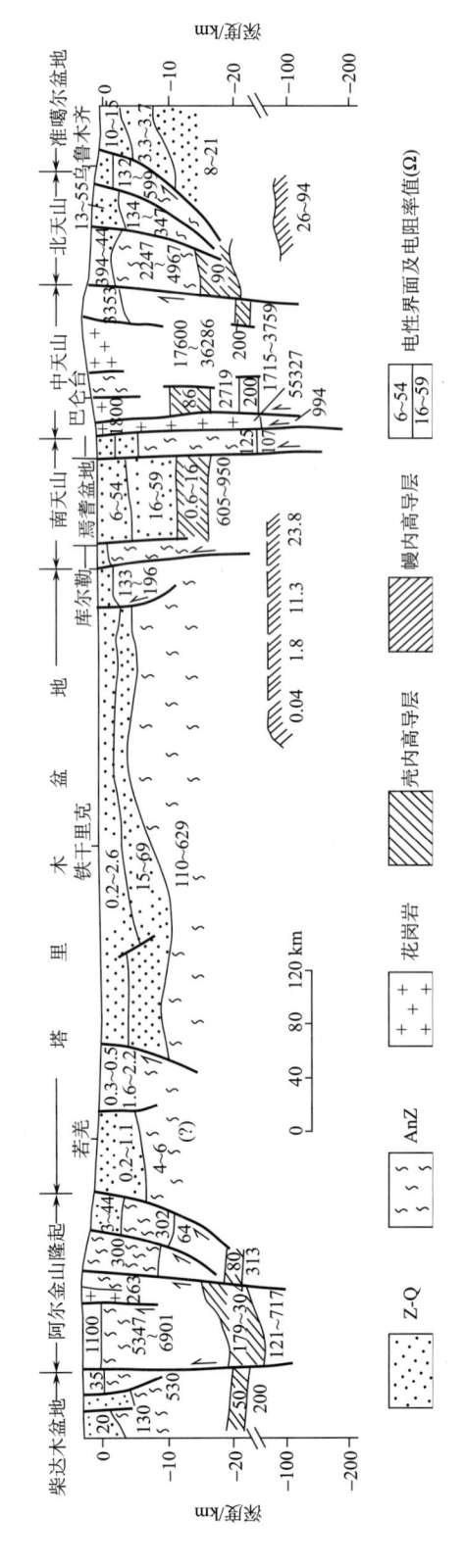

图 1.6 柴达木盆地-塔里木盆地-准噶尔盆地大地电磁测深综合解释剖面（据高长林等，1995）

地内部构造具有南北分带的特征。中部重力高向上延拓为梯度小、变化平缓的异常带，是基底沿断裂隆升的反映。北部重力低延拓后显示块断结构；南部负异常显示一个梯度较大的斜坡带。反映盆地基底具有中间高、南北低的深部结构特征。焉耆盆地内部重力异常特征显示，焉耆盆地具有以焉耆隆起为界分割为和静拗陷、博湖拗陷的特征。

3. 地壳结构特征

焉耆盆地的地壳厚度约为 46 km，与塔里木盆地东北缘的孔雀河斜坡和满加尔凹陷相比较厚，后者约为 42 km；而与中天山相比明显减薄。大地电磁测深剖面（图 1.6）反映盆地岩石圈结构与塔里木盆地和中天山具有明显不同（高长林等，1995）。通过尉犁-库尔勒-乌鲁木齐的天然地震转换波测深剖面清楚地显示，焉耆盆地的地壳厚度具有中天山厚地壳和塔里木北缘薄地壳之间过渡的特征，而且在盆地中部存在莫霍面的局部隆起。同时，该剖面显示焉耆盆地的地壳结构与中天山和塔里木具有明显的差异，表现为焉耆盆地具有相对较为复杂的地壳结构，而且盆地南北部具有差异。盆地南部地壳在 30 km 深度处存在一个厚度为 2~4 km 的低速层，而盆地厚度为 2~3 km 的高速层，表明盆地南北地壳结构具有一定的差异性。盆地南部这种低速层的存在，指示盆地南部具有高的地温梯度和更强的活动性，这种结构应是盆地演化过程中逐步形成的，其控制和记录着焉耆盆地南部的构造变形和油气成藏。

第三节　盆地基底组成和结构

一、基 底 组 成

焉耆盆地是一个中新生代的复合、叠合盆地，其基底由前中生代地层组成（表 1.1）。基底主要为泥盆系—石炭系，局部包括奥陶系—志留系，这是一套弱变质的海相碎屑岩、碳酸盐岩和部分火山岩系，组成盆地直接的变质基底。而前古生代的海盆基底，是中-深变质的元古宙结晶基底，它主要是天山褶皱系南天山褶皱带的组成部分，南部横跨塔里木地台北缘。以焉耆断裂带为界，以北为南天山型基底，由晚古生代低-中级变质的海相碎屑岩及更老的变质岩组成；以南为库鲁克塔格型基底，由前震旦纪的中-深变质结晶岩系和早古生代的海相地层组成。

1. 盆地北部基底

焉耆盆地北部基底属于南天山构造带，前震旦系自下而上由古元古界木扎尔特群、中古元古界阿克苏群组成，并主要分布于西南天山的哈尔克山区。南天山的震旦系仅在阿克苏北部出现上统，为碎屑岩夹泥灰岩，以及白云岩和灰岩。与上覆寒武系呈平行不整合接触。南天山寒武系散见于阿克苏北，下统为含磷硅质岩及灰岩，中-上统以硅镁质碳酸盐岩为主。南天山奥陶系在科克铁克山南坡主要为大理岩、板岩。南天山志留系广泛分布于西段的东阿赖山、哈尔克山、额尔宾山，主要为碎屑岩、碳酸盐岩、火山

表 1.1 盆地基底地层组成表

地层			南部基底	北部基底
上古生界	石炭系	上统	小海子组	
		下统	努古斯土布拉克组	野云沟组 干草湖组
	泥盆系	上统	阿尔特梅什布拉克组	破城子组
		中统	树沟子组	额尔宾山组 阿拉塔格组
		下统		
下古生界	志留系	上统		科克铁克达坂群
		中统		
		下统	土什布拉克组	依兰里克群
	奥陶系	上统	银屏山组 元宝山组	未定组名
		中统	杂土坡组 却尔却克组	
		下统	黑土凹组 白云岗组	
	寒武系	上统	突尔沙克塔格组	未定组名
		中统	莫合山组 船行山组	
		下统	西大山组 西山布拉克组	
新元古界	震旦系	上统	库鲁克塔格群	汉格尔乔克组 水泉组 → 小铁列克群
				育肯沟组 扎摩克提组 → 沙瓦普齐群
		下统		特瑞爱肯组 阿勒通沟组 照壁山组 贝义西组
	青白口系		帕尔岗塔格群	
中元古界	蓟县系		爱尔肯干群	阿克苏群
	长城系		杨吉布拉克群	
古元古界			兴地塔格群	木扎尔特群
太古宇			达格拉克布拉克群	

岩等。泥盆系广泛分布于南天山各段，主要为碎屑岩夹碳酸盐岩，自下而上包括阿拉塔格组、额尔宾山组和破城子组。

泥盆系是焉耆盆地北部出露最老的地层，主要为片理化薄层粉砂岩或千枚岩、绿泥石片岩、硅质灰岩、薄层灰岩与粉砂质泥岩（泥岩）互层组成的复理石建造。沉积环境主要为深水斜坡或下部浅海环境的浊流沉积和复理石沉积。岩层内部变形强烈，同斜褶皱、折叠构造、劈理或片理化发育。

石炭系主要分布于克孜勒塔格，主要为陆表海碎屑岩和碳酸盐岩，干草湖地区下部干草湖组主要为紫红色碎屑岩夹灰岩，角度不整合于下伏泥盆系之上。干草湖组之上为野云沟组浅海相灰岩夹砂砾岩，与中上三叠统呈角度不整合接触。南天山的二叠系仅见于库车和托云地区，为陆相碎屑岩夹碱性火山岩建造，焉耆地区缺失。

总之，焉耆盆地北部的南天山主要出露泥盆系和少量石炭系，构成了焉耆盆地可见的北部基底。

2. 盆地南部基底

焉耆盆地南部基底为库鲁克塔格地区的地层建造，主要包括前震旦纪的结晶基底和古生代未变质地层。前震旦纪地层自下而上依次为达格拉克布拉克群、兴地塔格群、杨吉布拉克群、爱尔肯干群、帕尔岗塔格群，分别受麻粒岩相、角闪岩相、绿片岩相三期变质作用改造，形成塔里木地块的结晶基底，其上的震旦纪—古生代地层均为未变质的稳定地台相沉积。

震旦系以三套冰碛岩与两套间冰期碎屑岩为主，并出现三套火山岩，显示大陆伸展裂解的动力学背景，此后库鲁克塔格地区显生宙主要堆积稳定的滨、浅海环境的碎屑岩和碳酸盐岩。早古生代地层缺失晚奥陶世末期沉积，下志留统与下伏中奥陶统呈平行不整合接触，中上志留统缺失。寒武系为含磷硅质岩、奥陶系为碳酸盐岩、志留系为笔石页岩。晚古生代地层在库鲁克塔格地区出露较少，仅在库鲁克塔格山东南边缘有少量出露，泥盆系为红色碎屑岩，石炭系为碳酸盐岩-碎屑岩建造。

二、基底形成与演化

1. 震旦纪—奥陶纪南天山拗拉槽阶段原型盆地演化

震旦纪在库鲁克塔格兴地断裂以南地区裂陷最强，北侧以陆坡沉积为主；南天山地区也有裂陷特征，形成具有粒序层理的碎屑沉积。寒武纪—奥陶纪沉积中心位于兴地断裂以北，且由东向西迁移。

中、晚奥陶世南天山拗拉槽盆地抬升变浅，焉耆盆地东缘的硫磺山群以大理岩和变质砂岩为主，代表水体变浅时的沉积。而硫磺山群与上覆志留系的不整合接触关系，是晚奥陶世—志留纪"天山多岛有限洋盆"沿中天山北缘，由北向南俯冲-软碰撞作用的直接反映。这次软碰撞并未使南天山拗拉槽完全封闭，它表现为东部关闭，往西部在柯坪、乌什等地仍有残留。

2. 志留纪—泥盆纪南天山弧后洋盆

加里东中期沿中天山北缘的俯冲碰撞最终完成于晚志留世，这一俯冲碰撞作用使南天山弧后盆地打开，其洋盆扩张期在晚志留世—早泥盆世（高长林等，1995）（图 1.7）。以南天山蛇绿岩套为代表，表现为不对称、多中心、微裂陷、弱扩张的特点。地壳虽普遍减薄，但洋壳仅见于边缘海弧后盆地的部分地区，而且新生扩张洋壳与陆壳沉陷并存。

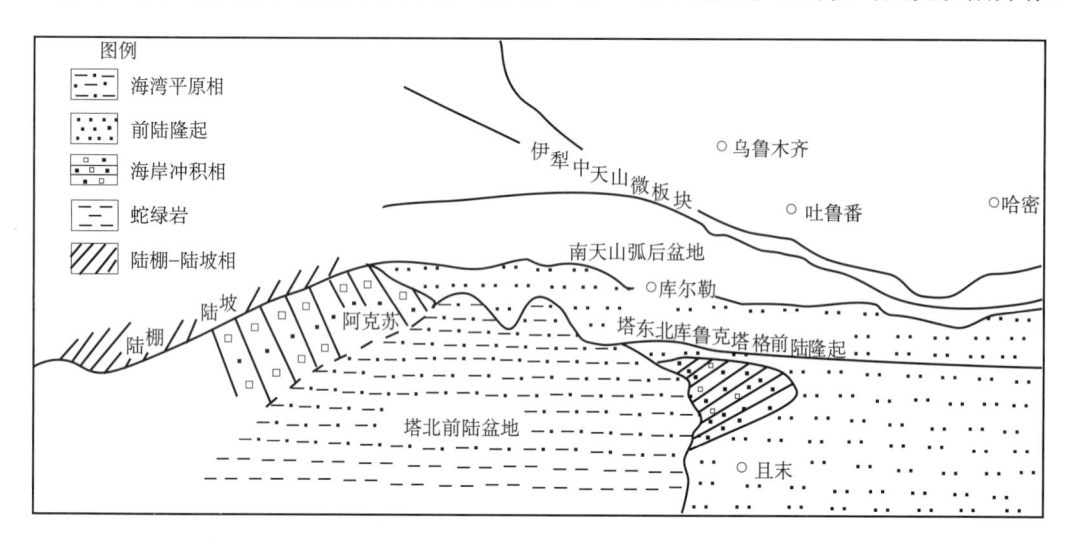

图 1.7 焉耆盆地及塔北地区构造-岩石组合图（S-D）（据高长林等，1995）

晚泥盆世末，南天山弧后洋盆向北侧中天山微陆块南缘俯冲碰撞，形成南天山蛇绿岩带。这一次碰撞实质上也是一次软碰撞，并未在南天山引起造山运动，而是引起南天山海水变浅，成为残留盆地。但这次碰撞造成了石炭系与泥盆系之间的普遍角度不整合接触，称为"库米什变动"。

3. 石炭纪—早二叠世南天山弧后前陆盆地

晚泥盆世的软碰撞使南天山海盆东部变浅，向西至拜城、阿合奇和乌什等地仍有洋盆残留。库米什地区下石炭统干草湖组由泥质灰岩、块状灰岩及粗砂岩、长石砂岩组成，产腕足类等化石，为前陆盆地沉积（图 1.8）。乌什、拜城地区下石炭统野云沟组上部为一套角砾灰岩、漂砾岩、石英砂岩、粉砂岩与泥页岩的韵律互层，具典型鲍马层序，发育槽模等重力流特征，厚度大于 2000 m，为大陆坡沉积。由于新疆北部晚泥盆世开始的板块聚合运动，造成了北天山巴音沟一带形成石炭纪扩张小洋盆，它于晚石炭世向南俯冲消减。因此，焉耆一带石炭纪—早二叠世前陆盆地仍为弧后构造环境。

焉耆盆地所在的晚古生代前陆盆地，是一个三面为陆向西开口的海湾。早石炭世海水由西向东浸漫，在霍拉山一带下石炭统发育潟湖相石膏沉积，中-上石炭统发育碳质页岩等海陆交互相沉积。早二叠世晚期海水大规模向西退却，标志着石炭纪—二叠纪早期南天山前陆盆地的消亡和海盆的关闭，以及强烈的天山造山运动（天山运动）的开始（朱星南、杨惠康，1988；刘训、王永，1995）。

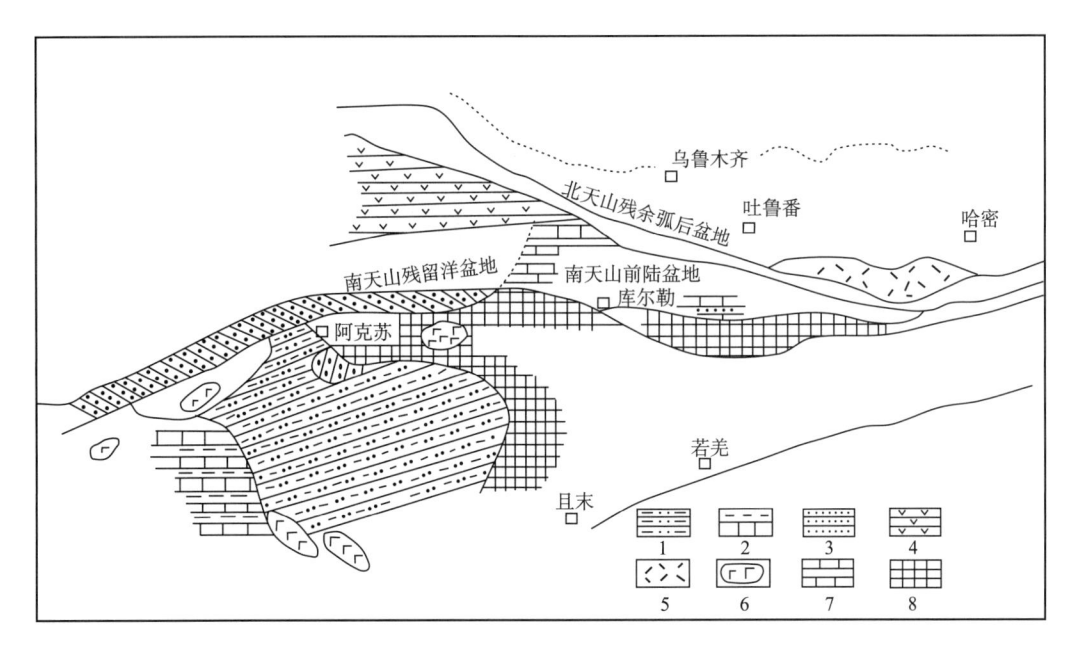

图 1.8 焉耆盆地及塔北地区构造-岩石组合图（C-P$_2$）（据高长林等，1995）
1. 滨岸沼泽冲积平原相；2. 局部台地相；3. 沿岸沙坝、台缘浅滩相；4. 裂谷盆地火山岩；
5. 觉罗塔格岛弧火山岩；6. 玄武岩（P$_1$）；7. 南天山浅海碳酸盐岩；8. 古隆起

三、基 底 结 构

（一）基底形态特征

地面地质调查，重、磁、电，地震和钻井资料反映盆地基底形态为东西向延伸的带状构造，呈南北凹凸相间排列特征，且中新生代基底形态差异较大。

1. 中生界基底形态特征

盆地残存中生界的基底形态，以两个连续的南低北高的屋脊状地形为特征（图 1.9），与其相应，中部存在一个相对沉积高地形，分开两个南深北浅的次级箕状凹子及两个中生界楔形地质体，但全盆地中生界总的基底形态为南深北浅呈箕状。

2. 新生界基底形态特征

盆地剩余重力异常图所反映的东西走向的 3 个负异常带和 2 个正异常带，由于和静-和硕地区无中生界，因此它主要反映了盆地内新生界基底凹凸相间的分隔性特征。在地震 T$_8$（新生界底）反射层构造图和南北向剖面上，可以看出新生界基底起伏形态以焉耆断裂为界，分为南北两大部分，南部为相对隆起区，全盆地新生界均向该区减薄。北部为相对拗陷区,和静为一相对沉降中心,中部焉耆一带在拗陷背景上沉积减薄,为一低凸起。

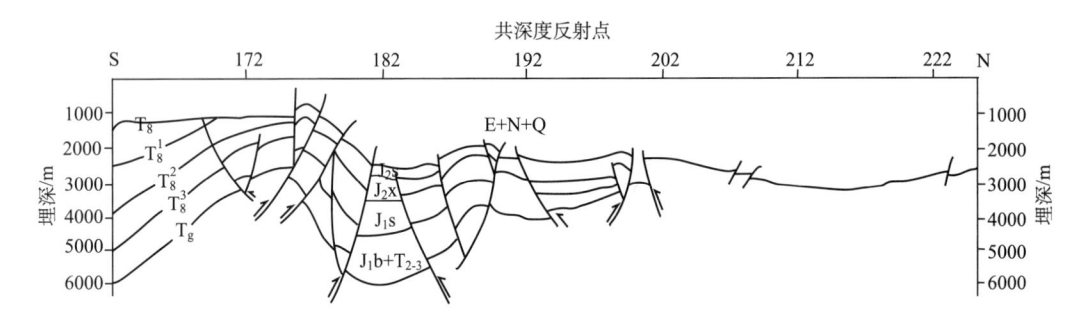

图 1.9 焉耆盆地 510 测线地震地质剖面图（据河南油田资料）

（二）基底构造和边界断裂特征

焉耆盆地形态呈现为北西向菱形形态。盆地西界为铁门关断裂,东部为榆树沟-硫磺山断裂（中天山南缘断裂东段）,南界为库鲁克塔格山前的辛格尔断裂,北界为中天山南缘-桑树园子断裂。这四条断裂长期以来控制和影响着焉耆盆地的形成与演化。

1. 焉耆盆地北缘构造特征

控制焉耆盆地北缘构造的主要断裂是中天山南缘断裂。中天山南缘边界断裂带不是单一的断层,而是以不同时期、不同性质的多条断裂为骨架,剪切包含不同时代、不同性质的构造岩块或岩石构造组合,并遭受后期构造变形叠加、改造而成的复合型断裂带。西延接吉尔吉斯斯坦的尼古拉耶夫线,向东经哈尔克山北坡的长阿吾子、巴仑台乌瓦门、库米什榆树沟-硫磺山,以断续出露蛇绿混杂岩带和蓝片岩带而显示为古板块缝合带性质,代表伊犁板块（中天山）与南天山地块的缝合带。中天山南缘断裂新生代的挤压逆冲作用是导致盆地内部大量逆冲构造的主要因素之一。

2. 盆地南缘构造特征

辛格尔断裂长期以来被认为是焉耆盆地的南界,事实上辛格尔断裂并不严格沿盆地南界延伸,而是穿行在库鲁克塔格山北坡内部的一条具有多期活动的断裂。辛格尔断裂仍然在应力场和动力学意义上控制着焉耆盆地的形成与演化,明显交切库鲁克塔格山。辛格尔断裂西起库尔勒,在焉耆盆地南侧切过库鲁克塔格北坡,在辛格尔断裂北部尚有大量的库鲁克塔格基底和少量盖层岩系。断裂延伸至西大山北侧的辛格尔以东,才与分隔南天山泥盆系岩相带与库鲁克塔格元古宇和太古宇岩相带的分界断裂相汇合,成为边界断裂。东端被北东向的帕尔岗塔格断裂截切。

3. 盆地东部

盆地东部主要出露克孜勒山的泥盆系—石炭系,该处地层及构造线呈北西-南东向延伸。其控制性断裂为榆树沟-硫磺山断裂,原多认为是南天山内部的一条岩浆杂岩带。新的研究证明其是以断裂构造为主干,剪切包含变质超镁铁-镁铁质石,其中混杂少量变质沉积岩系共同构成混杂岩带,并因榆树沟蛇绿岩和蓝闪石片岩的确认而被认为是中天山南缘缝合带的东延部分。榆树沟-硫磺山断裂先期构造无疑是挤压作用形成的逆冲断层及其构造岩块。

4. 盆地西部

盆地西部中生代地层超覆在西侧霍拉山之上,并受铁门关断裂控制。该断裂南东起于库尔勒,呈北西向延伸,直达额尔宾山。

第四节 盆地构造单元及其特征

一、构造单元划分

焉耆盆地是一个中新生代的叠合盆地,中生界是主要的油气勘探目的层系。根据盆地周边、基底和盖层构造线的展布方向,重力、磁力、地震资料解释成果和钻井及露头资料,考虑到盆地在中新生代发育时期建造与改造的不同所导致的石油地质特征的差异,把焉耆盆地自南而北划分为和静拗陷、焉耆隆起及博湖拗陷三个一级构造单元(表1.2,图1.10)。其中中生界主要分布于博湖拗陷,是油气勘探和研究的重点地区。

表1.2 焉耆盆地构造单元划分表

一级构造单元	二级构造单元	三级构造单元	面积/km²	基底最大埋深/m	发育地层
和静拗陷	未分	未分	5600	3850	新生界
焉耆隆起	未分	未分	2000	2000	新生界、中生界
博湖拗陷	北部凹陷	七颗星斜坡构造带	200	3500	新生界、中生界
		四十里城南断鼻构造带	100	4500	新生界、中生界
		四十里城向斜构造带	600	6500	新生界、中生界
		宝浪-苏木背斜构造带	150	4600	新生界、中生界
		七里铺向斜构造带	600	6000	新生界、中生界
		本布图背斜构造带	150	4500	新生界、中生界
		焉南断裂构造带	100	3500	新生界、中生界
		三棵树-库木布拉克向斜构造带	1200	4500	新生界、中生界
		卡斯门场鼻状构造带	200	2000	新生界、中生界
		盐家窝东断鼻带	200	1800	新生界、中生界

续表

一级构造单元	二级构造单元	三级构造单元	面积/km²	基底最大埋深/m	发育地层
博湖坳陷	种马场冲断背斜型低凸起	种马场北断鼻构造带	200	5500	新生界、中生界
		种马场背斜构造带	300	3000	新生界、中生界
		盐家窝凸起构造带	200	1500	新生界、中生界
	南部凹陷	种马场南鼻状构造带	400	3000	新生界、中生界
		包头湖向斜构造带	500	7000	新生界、中生界
		库代力克背斜构造带	100	2200	新生界、中生界
		盐家窝向斜构造带	100	1800	新生界、中生界
		盐家窝鼻状构造带	100	1500	新生界、中生界
南缘推覆构造带	未分	未分	400	6000	新生界、中生界

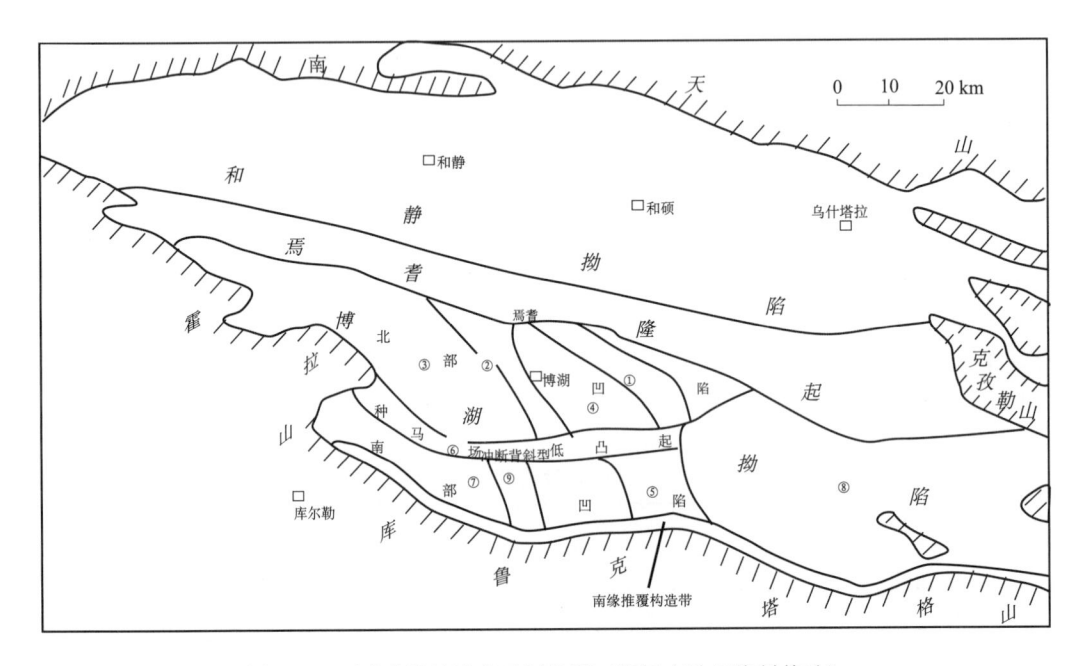

图1.10 焉耆盆地构造单元划分图（据河南油田资料修改）

① 本布图背斜构造带；② 宝浪-苏木构造带；③ 四十里城向斜构造带；④ 七里铺向斜构造带；⑤ 库代力克背斜构造带；⑥ 种马场背斜构造带；⑦ 包头湖向斜构造带；⑧ 盐家窝向斜构造带；⑨ 种马场南鼻状构造带

二、构造单元基本特征

（一）和静坳陷

和静坳陷位于盆地北部，北界以北缘断裂与南天山萨阿尔明复背斜带相接，南界的东段以焉耆北断裂与焉耆隆起为界，西段以向南抬升的单斜与焉耆隆起相过渡，东、西分别以缓倾的斜坡至盆缘，总体呈北西西向展布，面积 5600 km²，基底最大埋深 3800 m。

该拗陷是一新生代拗陷，中生代时，为南部博湖拗陷的物源区，古近纪沉降中心位于和静-和硕一带，第四纪沉降中心迁移至盆地北缘山前一带。拗陷内断裂走向北西，但发育程度相对较差，局部构造极少。焉参 2 井钻探证实，新生界为洪泛平原相、河流相的红色碎屑岩系。

（二）焉耆隆起

焉耆隆起呈近东西向横亘于焉耆盆地中部，南部以焉南断裂与博湖拗陷为界，北部的东段以焉耆北断裂与和静拗陷为界，西段则以北倾的单斜过渡到和静拗陷，面积 2000 km²，基底最大埋深 2000 m。该隆起上，中生代地层呈较窄的条带沿焉南断裂上盘分布，且由南向北逐渐减薄至剥蚀缺失。新生代地层连片分布，略具中部薄两侧厚的特征。局部构造有背斜和断鼻两种类型，沿隆起中部及两侧断层展布。

（三）博湖拗陷

博湖拗陷位于盆地南部，南起库鲁克塔格山，北至焉耆隆起，呈北西西向展布，南北边界分别为库鲁克塔格山山前边缘断裂和焉南断裂，面积 5400 km²。该拗陷是盆地内盖层发育齐全，生储盖组合条件优越，沉积厚度最大的地区（最厚可达 7000 m），已在三工河组发现工业油气流，八道湾组见丰富油气显示，是焉耆盆地油气勘探的主要地区。

根据二维地震资料所反映的盆地结构及对中新生代地层沉积发育和残存分布特征的研究，该拗陷可进一步划分为三个次级构造单元和 19 个正负向构造带（表 1.2，图 1.10）。

1. 北部凹陷

北部凹陷位于博湖拗陷北部，北部至焉南断裂，南部以种马场逆冲断裂和盐家窝断裂为界，东西至盆地边缘，面积 3130 km²。紧邻其南部边界断裂的地区地层发育、保存齐全，具有中上三叠统和中下侏罗统两套生烃层系。宝 1 井揭示，属于盆地基底的上石炭统亦具有一定的生油气能力。凹陷内的断裂主要呈北西向展布，主要局部构造依附于近东西向和北西向断裂而存在，组成 10 个正负向构造带，已在宝浪-苏木构造带和本布图构造带发现 2 个油田、4 个含油气构造。

2. 种马场冲断背斜型低凸起

种马场冲断背斜型低凸起位于博湖拗陷中部，总体上呈近东西走向、向北凸出的弧形展布，分割了南北两个负向单元，面积 700 km²，基底最大埋深 4500 m，西段和东段分别为受种马场断裂和种马场南断裂、盐家窝断裂和盐家窝东断裂所夹持的背冲式背斜型低凸起,造成其上地层抬升剧烈,侏罗系大面积遭受不同程度的剥蚀,主体部位仅保存有部分三工河组及其以下地层,尤其是凸起的东西两端抬升更高,地层剥蚀更为严重。按局部圈闭特征,该低凸起可划分为三个正向二级构造带(表1.2),钻井主要集中在西段,其中马1井、马2井在三工河组和八道湾组见到多层油气显示,并试获少量天然气。

3. 南部凹陷

南部凹陷位于博湖拗陷南部,北起种马场南断裂和盐家窝断裂,南至盆地南缘断裂,总体呈东西向展布,面积 1600 km², 基底最大埋深 7000 m。该凹陷断层主要集中在库代力克地区,其他大部分地区欠发育,中生代地层自南向北,自中部向东西两侧减薄。依据圈闭发育特征,该凹陷共划分出6个正负向构造带(表1.2)。焉浅1井、博南1井中生界均见到了较多的油气显示,尤其是位于种马场南鼻状构造背景上的博南1井在八道湾组(3239.6~3257.3 m)常规试油已获得了低产油流。

上述3个构造单元,在不同的地质时期有不同的表现形式。就建造而言,在中生代,南部凹陷和北部凹陷是以种马场低凸起相分隔的两个彼此独立、南深北浅的箕状断陷。而在新生代,此种结构已不复存在,虽然位于现种马场低凸起上的近东西向断裂仍在活动,但其对凹陷已不具分割作用,当时的博湖拗陷为一个沉降中心位于四十里城—七里铺一带的拗陷,博湖拗陷现今以近东西走向凹凸相间的构造面貌为主,北西向展布的正负向构造带为辅的菱形块状构造格局是燕山晚期运动、喜马拉雅运动两期构造变形叠加改造的结果。

(四)南缘推覆构造带

南缘推覆构造带位于南部拗陷南缘,呈近东西向平行山体展布,东至库代力克,西到哈满沟一带。该带由多条断面南倾、倾角较缓的逆冲断裂组成,其东部以逆冲作用为主,而到西部逆掩推覆现象较为强烈。

南缘推覆构造带遭到强烈的后期改造,目前山前 MT 已证明部分推覆构造体被覆盖,如果将被覆盖的部分计算入内,该构造带就具有相当的规模。而将其归入一级构造单元,该构造带不仅对盆地演化具有重要影响,而且对盆地油气勘探具有重要意义。

三、构造分带及其展布特点

将焉耆盆地不同方向、不同级别的断层放在一起,就显得比较零乱,错综复杂,为了找到变形的内在规律性,必须抓住主要因素而忽略细节,将相同或相近的构造加以归类。为此,根据已有的构造图和本次完成的9条主干剖面,经过综合分析,编制了构造纲要图(图1.11)。从图中可以看出,盆地内构造主要由近东西向挤压构造带和北西向变换构造带组成,反映盆地内变形横向分带、纵向分块的特点。

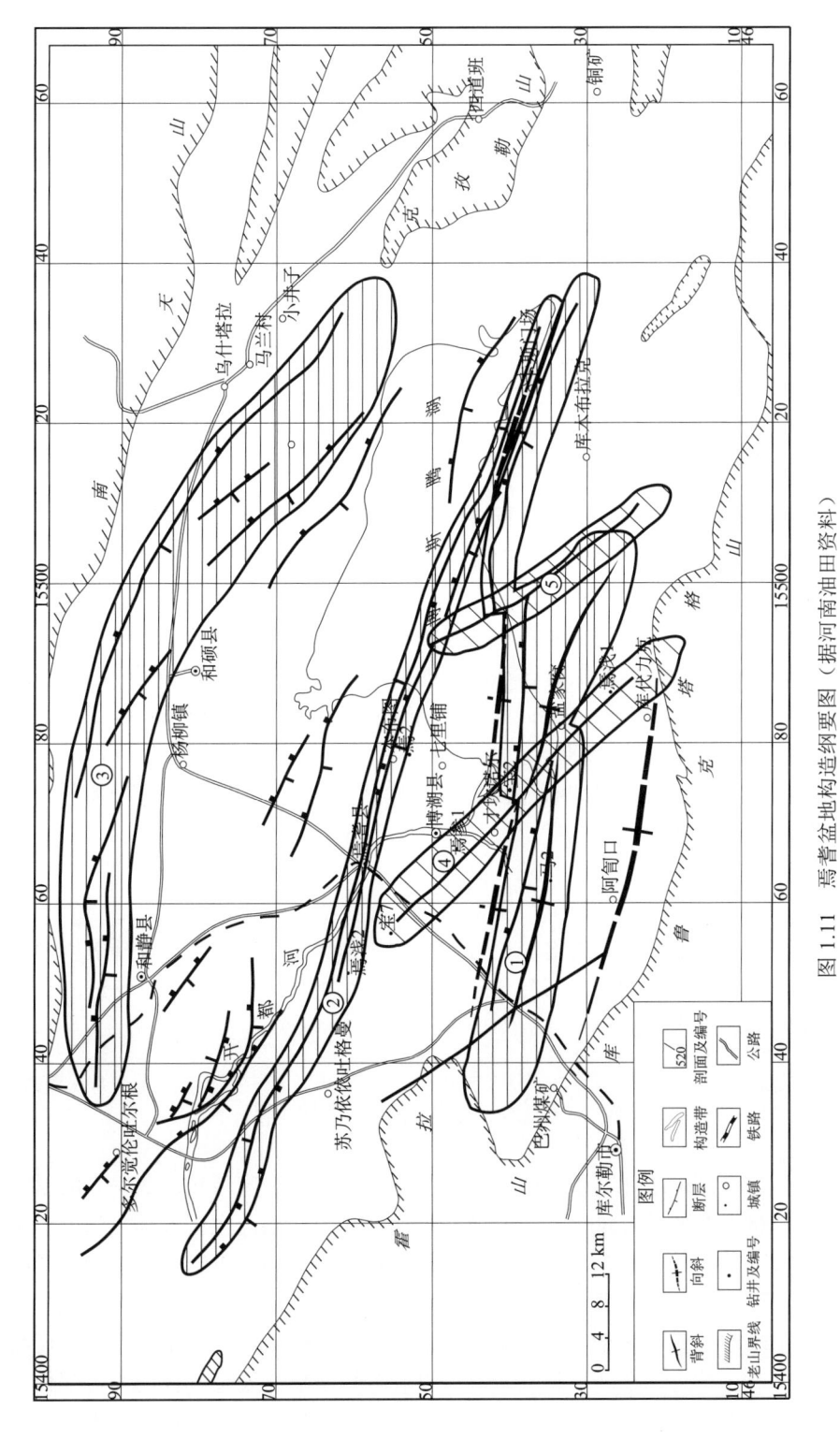

图 1.11 焉耆盆地构造纲要图（据河南油田资料）

① 种马场冲隆构造带；② 焉耆构造带；③ 北缘冲断带；④ 宝浪-苏木变换构造带；⑤ 盐东变换构造带

（一）近东西向挤压构造带

1. 焉耆构造带

该带东起卡斯门场，西过焉耆并与霍拉山断裂带北缘断裂相连，盆地内全长约 500 km，走向北西西—近东西。该带以北倾的焉南断裂为特征，延伸比较连续，其上盘侏罗系剥蚀殆尽，垂直断距 50~400 m，大致构成了盆地内侏罗系残留盆地的北界。根据构造复原，侏罗系沉积边界大体在该断裂附近，整个侏罗系呈向北减薄并尖灭的沉积格局。焉南断裂与其南侧南倾的断裂一起构成对冲构造组合，南倾断层垂直断距为 50~300 m，下盘主要残留下侏罗统。

2. 种马场冲隆构造带

由断面南倾、上陡下缓的种马场冲断层和上盘发育的北倾反冲断层共同构成冲隆构造带，平面上延伸达 100 多千米。该带在西段表现为大型背斜隆起，北翼较陡，可达 30°~40°，南翼较缓，仅 10°~15°；在东段则表现为掀斜，上盘地层形成北倾的单斜。隆起顶部中生界缺失严重，隆起北翼断裂断距较大，垂直断距可达 300~800 m，切割侏罗系—古近系和新近系不同地层。在冲断带的前缘，地层厚度大，保留较完整，总体构成了冲隆和前渊沉降之间的耦合关系。其中新生界残留厚度在隆起和前渊中相差可达 2100 m，中生界残留厚度差别可达 4500 m。受北西向构造变换带和断层的切割，形成了东西分块的格局，以及一系列断背斜和断鼻构造，如四十里城南断鼻构造、种马场背斜和种马场北断鼻构造、盐家窝凸起等。

3. 北缘冲断带

北缘冲断带主要位于焉耆盆地北缘，呈北西向和北北西向延伸，断裂以南倾为主，在靠近山前地带发育北倾的冲断层。断裂多为基底内发育的冲断层，上覆盖层为新生界，断层的断距一般不大。

（二）北西向变换构造带

变换构造带是褶皱冲断带中的一个重要组分，是指与区域构造线垂直或斜交的一组构造。它与挤压变形同时进行，在变形中起调节作用，因此也有人称之为调节构造。在早期文献中，变换带的概念相对较窄，主要是指与区域构造垂直或斜交的走滑断层，也称掠断层，现在变换带的概念已扩展到泛指一个构造带。这种构造带既可以是一条走滑断层、一个断裂带或一个褶皱带，也可以是一个渐变的界线，如褶皱带的不连续性或冲断层的分叉等。总之，在变换带的两侧可以看到构造展布及连续性的明显变化。根据焉耆盆地构造沿纵向上的变化可以划分出两个大型变换构造带，即宝浪-苏木变换构造带和盐东变换构造带。这种构造带主要发育在盆地的南部。

1. 宝浪-苏木变换构造带

宝浪-苏木变换构造带位于四十里城和七里铺两个向斜带之间，由宝北背斜、宝中背斜和宝南断鼻3个局部构造构成。沿该带发育一系列北西向的断裂，将种马场构造带切断。在重磁资料上也有明显的反映，沿构造带两侧变化较大。从构造联合剖面上可以看出，494剖面与510剖面的高点及对应的断裂比较一致，而520剖面、530剖面和536剖面比较一致，两类剖面之间出现明显的差异，说明构造带被左行错开。从二维和三维资料解释及构造复原的研究结果分析，该构造带在早白垩世末期已形成雏形，主要活动始于燕山晚期，定型于喜马拉雅期。

2. 盐东变换构造带

盐东变换构造带位于盐家窝凸起带的东侧，总体呈北西向延伸，与挤压构造带斜交，凸起上中生界大部缺失。沿着盐东变换带两侧构造样式有比较明显的变化，种马场冲隆带向东变为掀斜构造。

第五节 盖层特征

焉耆盆地为一中新生代叠合盆地，其基底由前中生代地层组成，盖层由中生界中-上三叠统、中-下侏罗统，新生界古近系、新近系、第四系组成（表1.3），盖层最大厚度达7000 m。

一、中生代地层

1. 中-上三叠统小泉沟组（$T_{2-3}xq$）

地表露头残存于盆地西南缘的塔什店哈满沟，角度不整合于下伏元古界片麻状花岗岩之上，主要为含砾砂岩夹砾岩，厚度为37.8 m，底部发育厚5~10 cm的风化壳。盆地主要发现于场浅1井（133.43 m）、焉参1井（127 m）、宝1井（189.5 m）和马2井（65 m）。下部主要岩性为浅灰色砂岩、含砾砂岩夹砂岩。上部主要为不等厚的黑色和灰黑色泥岩、碳质泥岩砂泥岩互层，夹有叠锥灰岩及煤线。孢粉组合以焉参1井的 *Apiculatisporis*（圆形锥瘤孢属）-*Cyclogranisporites*（圆形粒面孢属）-*Granulatisporites*（三角粒面孢属）-*Piceaepollenites*（云杉粉属）组合类型为代表。马2井、马3井孢粉植物群中含较多的三叠纪重要化石：*Caytonipollenites*（开通粉属）、*Limatulasporites*（整齐背光孢属）、*Taeniaesporites*（四肋粉属）、*Lueckisporites*（二肋粉属）、*Dictyophyllidites*（网叶蕨孢属）等。

2. 下侏罗统八道湾组（J_1b）

地表出露于塔什店哈满沟，主要含煤线，总厚度为298.1 m，含4~5层煤，为该盆地的主要含煤地层。下段以灰色巨厚层状砾岩为主，夹砂岩、泥岩及煤线；上段以砂岩夹煤层为主，常构成砂砾岩-砂岩-泥、页岩夹煤层的韵律。勘探结果显示，在盆地南部

表 1.3　焉耆盆地中新生代地层划分表

界	系	统	群	组	厚度/m	岩性特征	接触关系
新生界	第四系	全新统—更新统			150~300	灰黄色黏土、散砂、粉细砂层和杂色砾岩不等厚互层	角度不整合
	新近系	上新统		葡萄沟组 (N_2p)	0~1000	上部为灰黄色泥岩，粉砂质泥岩与泥质粉砂岩互层；下部为灰黄色泥质粉砂与棕红色粉砂质泥岩互层	
		中新统		桃树园组 (N_1t)	400~600	棕色-棕红色泥质砂岩，粉砂岩，杂色砾状砂岩	角度不整合
	古近系	渐新统					
		始新统		鄯善群 (Esh)	300~400	暗紫色泥岩，浅棕红色-棕红色泥质砂岩，粉砂岩，杂色砾状砂岩	
		古新统					
中生界	侏罗系	上统	石树沟群 ($J_{2-3}sh$)	齐古组 (J_3q)	0~1400	齐古组上段为砂岩与粉砂岩；下段为泥岩，底为砂岩与砂砾岩。七克台组为砂岩粉砂岩与泥岩不等厚互层；三间房组砂岩、粉砂岩、泥岩与碳质泥岩互层	微角度不整合
		中统		七克台组 (J_2q)			
				三间房组 (J_2s)			
				西山窑组 (J_2x)	0~1800	灰色泥岩、粉砂质泥岩，灰黑色碳质泥岩，煤层与灰色含砾砂岩、细砂岩不等厚互层	
		下统	水西沟群 ($J_{1-2}sh$)	三工河组 (J_1s)	0~1500	上段以砂岩为主；中段为砂砾岩、砂岩与泥岩互层；下段以细砾岩、砂砾岩为主，夹泥岩和砂岩	
				八道湾组 (J_1b)	500~2000	灰色砾状砂岩，含砾砂岩与灰黑色碳质泥岩、深灰色泥岩不等厚互层	
	三叠系	上统		小泉沟组 ($T_{2-3}xq$)	100~1000	下部为浅灰色砂岩，含砾砂岩夹砾岩；上部为灰色-灰黑色泥岩，碳质泥岩，砂岩互层夹灰岩	角度不整合
		中统					

八道湾组连片分布，主要为灰色砾状砂岩、含砾砂岩与深灰色泥岩、灰黑色碳质泥岩不等厚互层，夹煤层、粉砂岩和细砾岩。向盆地边缘地层减薄、岩性变粗、煤层减少。一般厚 83~450 m，局部可达 800 余米。总体上表现出南厚北薄和南细北粗的趋势。在马 2 井（1221 m）、马 1 井（821 m）和焉参 1 井（808 m）厚度较大。八道湾组与下伏小泉沟组呈微角度不整合或平行不整合接触。孢粉组合以 *Cyathidites*（桫椤孢属）-*Apiculatisporis*（圆形锥瘤孢属）-*Cycadopites*（苏铁粉属）-*Piceaepollenites*（云杉粉属）为代表。

3. 下侏罗统三工河组（J_1s）

下侏罗统三工河组岩性可分三段：下段以细砾岩、砂砾岩为主夹泥岩及砂岩；中段为砂砾岩、砂岩与泥岩互层，夹少量煤线；上段以砂岩为主，夹煤层及泥岩。在宝北地区其上段煤层较发育，在种马场构造带以南岩性变化较大，暗色泥岩及煤层夹层增多。

总的趋势南细北粗，南厚北薄。其中博南 1 井（821 m）和马 2 井（585 m）等相对较厚，焉参 1 井（477.5 m）和宝 2 井（579.5 m）等相对较薄。一般厚 140~820 m。与上覆西山窑组呈整合接触。孢粉化石组合为 *Cyathidites*（桫椤孢属）-*Deltoidospora*（三角孢属）-*Protoconiferus*（原始松柏粉属）-*Quadraeculina*（四字粉属）。

4. 中侏罗统西山窑组（J_2x）

中侏罗统西山窑组属于中侏罗统下部层位，为一套以湖沼相为主下粗上细的煤系地层。主要岩性为灰色泥岩、粉砂质泥岩、灰黑色碳质泥岩、煤层，与浅灰色、灰白色的含砾砂岩、细砂岩不等厚互层。焉参 1 井主要为泥岩、砂岩、砂砾岩，与煤层和煤线不均一互层，底部为厚层状砂砾岩，含丰富的次生高岭石。该组井下岩性特征与塔什店哈满沟地区比较一致，总体特征南厚北薄。该组顶部地层剥蚀较严重，在构造抬升较高部位缺失。与上覆三间房组或古近系呈平行不整合或角度不整合接触。孢粉组合为 *Cyathidites*（桫椤孢属）-*Deltoidospora*（三角孢属）-*Cycadopites*（苏铁粉属）。

5. 中侏罗统三间房组（J_2s）

中侏罗统三间房组分布于盆地东缘甘草湖-艾肯布拉克。为灰色-灰绿色砂岩、粉砂岩与灰色-灰黑色泥岩、碳质泥岩互层，夹煤线，底部为紫红色、灰黑色火山角砾岩和火山熔岩，厚 175.5 m。

6. 中侏罗统上部七克台组（J_2q）

中侏罗统上部七克台组分布于盆地东缘甘草湖-艾肯布拉克。为绿色、紫红色砂岩，粉砂岩与灰绿色、紫红色泥岩不等厚互层，夹灰黑色碳质泥岩，厚 307.4 m。含少量孢粉化石。

7. 上侏罗统下部齐古组（J_3q）

上侏罗统下部齐古组与上覆古近系呈角度不整合接触。上段为紫红色砂砾岩、砂岩夹泥岩；下段为灰绿、紫红色泥岩、粉砂质泥岩；底部为灰绿色砂岩、砂砾岩，厚度为 0~295.6 m。见丰富的轮藻化石，主要有 *Aclistochara abshirica*，*A. bransonia* cf. *maxina*，*A. jianyouensis* 等。

二、新生代地层

1. 古近系和新近系

古近系和新近系在盆地内广泛分布，地表露头主要出露于盆地南、北缘，为一套河流-湖泊-冲（洪）积相红色碎屑岩系。与下伏中生代地层呈区域角度不整合接触。古近系鄯善群为暗紫色泥岩、浅棕红色和棕红色泥质砂岩、粉砂岩、杂色砾状砂岩，底部夹灰色、棕红色膏质泥岩，与下伏地层呈角度不整合接触。泥岩中含孢粉 *Ulmipollenites minor*（小榆粉）、*Quercoidites minutus*（小栎粉）、*Platycarya*（化香树属）等。新近系由中新统桃树园组、上新统葡萄沟组组成。桃树园组上部为棕褐色泥岩、粉砂质泥岩、浅灰色-灰绿色泥岩、蓝灰色膏泥岩不等厚互层，顶部夹棕红色细砂岩；下部为棕黄色泥岩、粉砂质泥岩、泥质粉砂岩互层，与下伏部鄯群呈平行不整合接触。葡萄沟组为一套灰黄色泥岩、泥质粉砂岩沉积。

2. 第四系

第四系在盆地内普遍分布，钻井揭示其厚度为180~200 m，其岩性为灰黄色黏土、散砂、粉细砂层和杂色砾岩不等厚互层，与下伏葡萄沟组呈角度不整合接触。

第二章　周缘山体隆升时限及推覆构造

目前焉耆盆地研究仅局限于盆地内部，周缘山体隆升时限及推覆体特征鲜有研究，而周缘山体隆升与推覆构造是研究盆地属性、物源供给区、盆地原始面貌等研究的重要基础。本书通过对焉耆盆地周缘山体磷灰石和锆石裂变径迹特征相结合确定其隆升时间；推覆构造经历了多期构造运动，每期构造又互相干扰及叠加，形成复杂的构造。因此，对推覆体构造的研究以露头点、剖面线、平面特征相结合，兼顾深部及浅部构造的原则研究其特征及演化。

第一节　盆地周缘山体隆升时限与速率

一、周缘山体磷灰石表观年龄

为了准确厘定山体的隆升时限，所采的样品包括中生代砂岩和前中生代砂岩、变质岩和花岗岩，采样位置兼顾山体中和山前地带，共采19件样品（北部红山4件，西缘山体6件，南缘山体5件，东部白虎山4件），样品由中国科学院高能物理研究所完成测试。

焉耆盆地周缘山体样品磷灰石裂变径迹表观年龄都小于地层年龄，在表观年龄分布图（图2.1）中可见，所有样品年龄均不受样品所在地层时代的影响，大部分样品的年龄分布比较集中，分布范围在30~120 Ma；同样，随着海拔的变化，裂变径迹中心年龄分布于30~120 Ma中（图2.2）。

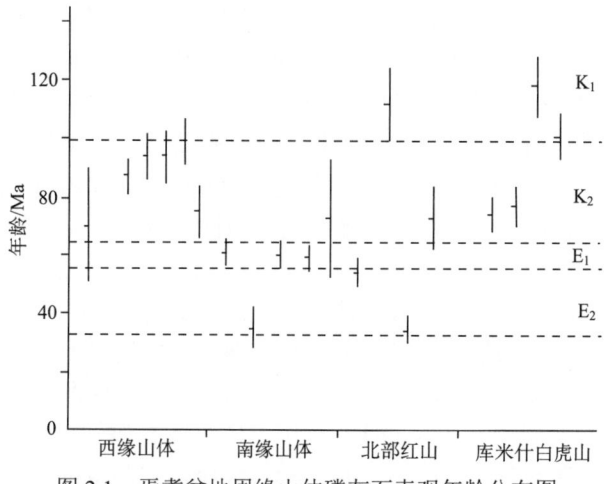

图2.1　焉耆盆地周缘山体磷灰石表观年龄分布图

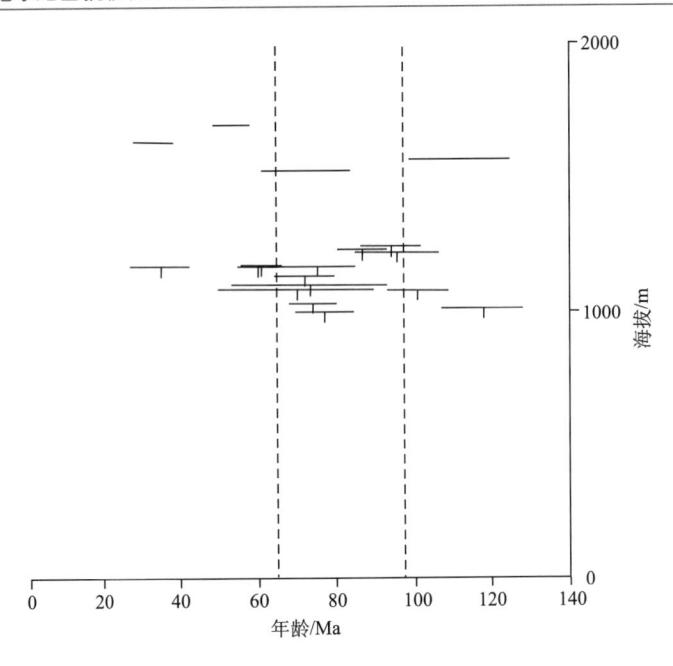

图 2.2 焉耆盆地周缘山体磷灰石表观年龄与海拔关系图

随着裂变径迹技术的日益成熟，锆石、磷灰石的裂变径迹（FT）分析已成为盆地热演化史和盆地及山体构造史研究的一种重要方法手段（Naeser，1979；Gleadow et al.，1983；Green et al.，1989；康铁笙、王世成，1991；Hendrix et al.，1992，1994；Wagner and Vanden，1992；周中毅、潘长春，1992；杨庚、钱祥麟，1995；Zhao et al.，1996；胡圣标等，1998；吴中海、吴珍汉，1999；王彦斌等，2001；王瑜，2004；陈正乐等，2006；郭召杰等，2006；朱文斌等，2006）。都是利用两种矿物均具有温度高于其封闭温度时径迹密度减少、长度变短直至完全消失、抬升冷却至低于封闭温度条件下又可形成新的裂变径迹的特性。矿物的 FT 年龄是通过测量矿物中 ^{238}U 自发 FT 和 ^{235}U 诱发 FT 的密度，采用 Zeta 常数法来获得。目前，比较成熟年龄分析的方法主要包括：$P(\chi^2)$ 概率检验法、视图法和高斯拟合法（Gleadow et al.，1986；Galbraith，1990；Brandon，1992，1996；Galbraith and Laslett，1993；Fitzgerald et al.，1995；郑德文等，2000；Hu et al.，2001；周祖翼等，2001；闫义等，2003）。其中，$P(\chi^2)$ 概率检验法是根据样品中矿物颗粒的 FT 年龄是否服从泊松分布，分离出最年轻的似合理径迹年龄组，并计算获得相应的中值（Central）年龄、平均（Mean）年龄或池（Pooled）年龄。当样品具有简单热史，FT-Central 年龄代表从完全退火带抬升至冷却带的抬升冷却年龄；当样品具有复杂热史或从部分退火带抬升至冷却带的样品，Central 年龄实际上并不是真实的抬升冷却年龄，它属于混合年龄，此时要结合雷达视图法与高斯拟合法来判别样品中矿物颗粒的 FT 年龄是否属于同一组分，并通过年龄频率分布和高斯拟合曲线对混和年龄样品数据进行分析，给出不同组分的高斯拟合年龄，提供经历不同构造热事件样品的抬升冷却年龄。

无论样品的磷灰石裂变径迹（AFT）分析，还是锆石裂变径迹（ZFT）分析，只有当 FT-Central 年龄明显小于地层年龄且 $P(\chi^2)$>5%的情况下，Central 年龄才可以代表构造抬升冷却事件的真实年龄；对于 FT-Central 年龄大于地层年龄及其 $P(\chi^2)=0$ 的情况，Central 年龄主要代表物源碎屑年龄；而对于 FT-Central 年龄小于地层年龄但 $P(\chi^2)<5\%$或 $P(\chi^2)=0$ 的情况，Central 年龄就属于混合年龄，其中包含样品经历部分退火带反弹抬升至冷却带的构造事件热年代学记录，这需要根据雷达图和高斯拟合曲线对样品的单颗粒 FT 年龄进行分组和讨论。基于上述原理和认识，对焉耆盆地周缘山体样品的锆石和磷灰石进行分析。

二、裂变径迹年龄分区

（一）盆地西缘

来自盆地西缘霍拉山及山前的 6 件样品 Hy04、Hy06、Hy10、Hy13、Hy14 和 Hy15，分别为石炭系片岩、海西期花岗岩、中侏罗统西山窑组砂岩、下侏罗统三工河组砂岩、上侏罗统八道湾组砂岩和太古界辛格尔组绢云母石英片岩。

1. 裂变径迹长度特征

Gleadow 等（1983）对磷灰石裂变径迹的长度作了系统的分析，发现诱发裂变径迹的长度大多为 15~17 μm，而其长度中值为 16.3 μm。对退火程度进行比较发现，当径迹长度接近于 16.3 μm 时，说明退火程度不高，退火温度接近于 60 ℃；而当裂变径迹大部分为短径迹时，表示经历了较高的退火温度，退火程度越高，温度越接近退火带上限 120 ℃。

这几个样品的径迹长度分布比较集中，径迹平均长度为 11.9~13.0 μm（图 2.3），除了样品 Hy10 外，其余 5 个样品长度分布图具有比较相似的特点，这些样品都有两个峰值，属于混合型分布，主峰长度都处于 13.5~14.5 μm，次峰长度处于 9.5~10.5 μm。样品在热事件过程中首先产生了第一个较短的峰值，根据其长度值，其所处的退火温度为 90~100 ℃；主峰值代表了热事件后产生的径迹分布，就其峰值而言，在热事件后样品仍在接近于退火带的温度处，温度为 60~70 ℃。在峰值的分布宽度上，次峰（即较短的峰值）较宽，说明该样品在 90~100 ℃的温度范围内经历了较长的时间，如 Hy04 和 Hy13 样品。样品 Hy06、Hy13 和 Hy15 在峰值的分布宽度上，主峰（即较长的峰值）较宽，说明该样品在 60 ℃左右的温度范围内经历了较长的时间。

样品 Hy10 长度分布图呈单峰分布模式，其峰值在 12 μm 左右，短径迹分布窄，而长径迹分布宽，说明该样品在经历了较为短暂的热时间后，温度处在相对较低的温度范围内，根据峰值的长度推断其在 70 ℃左右的温度范围内经历了较长的时间（图 2.3）。

通过长度分布分析，该地区在经历了构造热事件的温度 90~100 ℃后，一直处于较缓慢的降温过程，温度在 60~70 ℃范围内经历了较长的时间，裂变径迹长度呈不对称，主峰偏向长径迹一侧。

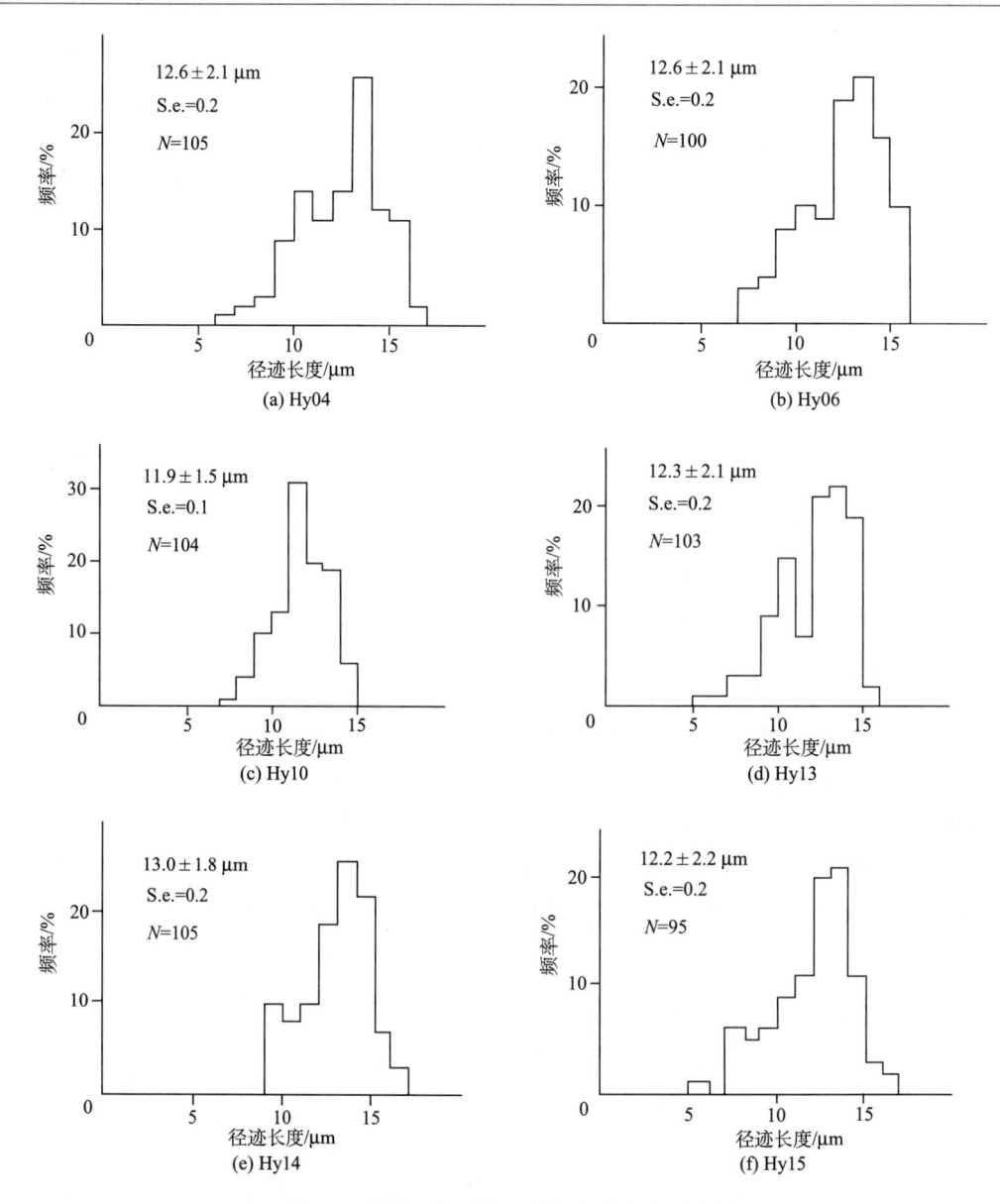

图 2.3　盆地西缘磷灰石裂变径迹长度分布图

s.e.为标准偏差

2. 裂变径迹年龄分析

1）磷灰石

Hy04、Hy06、Hy14 和 Hy15 四件样品的磷灰石 AFT-Central 年龄（分别为 68±7 Ma、87±6 Ma、99±8 Ma 和 75±9 Ma）明显小于地层年龄，但 $P(\chi^2)>5\%$（分别为 6.9%、47%、47.3%和 26.7%），径迹长度呈右偏不对称分布，平均径迹长度分别为 12.6±2.1 μm、

12.6±2.1 μm、13.0±1.8 μm 和 12.2±2.2 μm，总体表现为样品经历了完全退火后反弹至未退火带的冷却年龄，AFT-Central 年龄可视为冷却年龄。样品的雷达图指示样品的所有单颗粒 FT 年龄均落入同一组，而前三者的年龄频率直方图和高斯拟合曲线确定的唯一 FT 年龄（图 2.4~图 2.6）（分别为 57.0 Ma、82.5 Ma 和 102.5 Ma）和 Central 年龄相当。Hy15 样品的年龄频率直方图和高斯拟合曲线确定 FT 年龄为 49.7 Ma（图 2.7），比 Central 年龄要小，但是 Hy15 样品雷达图显示单颗粒集中的年龄与 Central 年龄相同，因此 Hy15 样品的年龄在 75 Ma 左右。

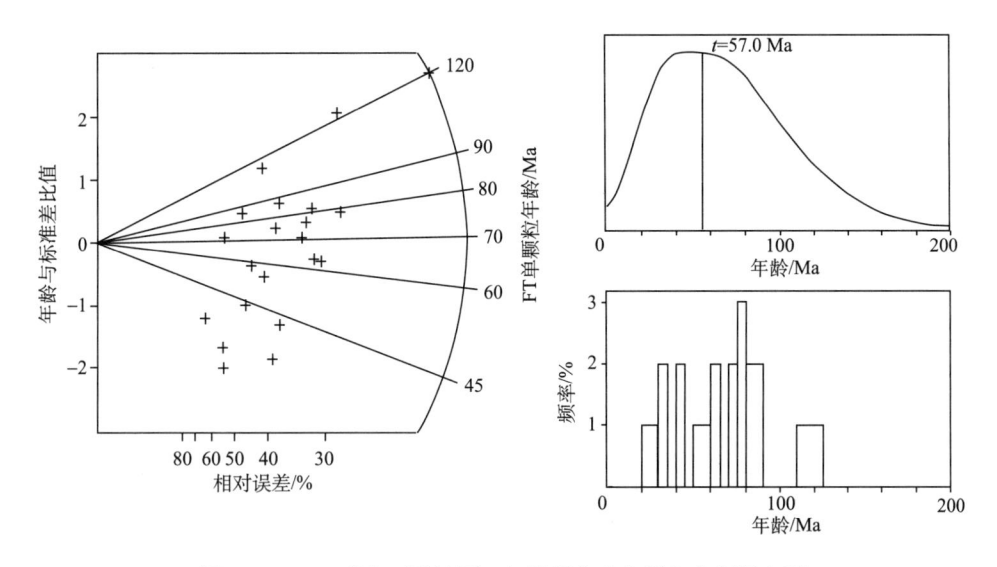

图 2.4 Hy04 磷灰石雷达图、年龄频率直方图和高斯拟合图

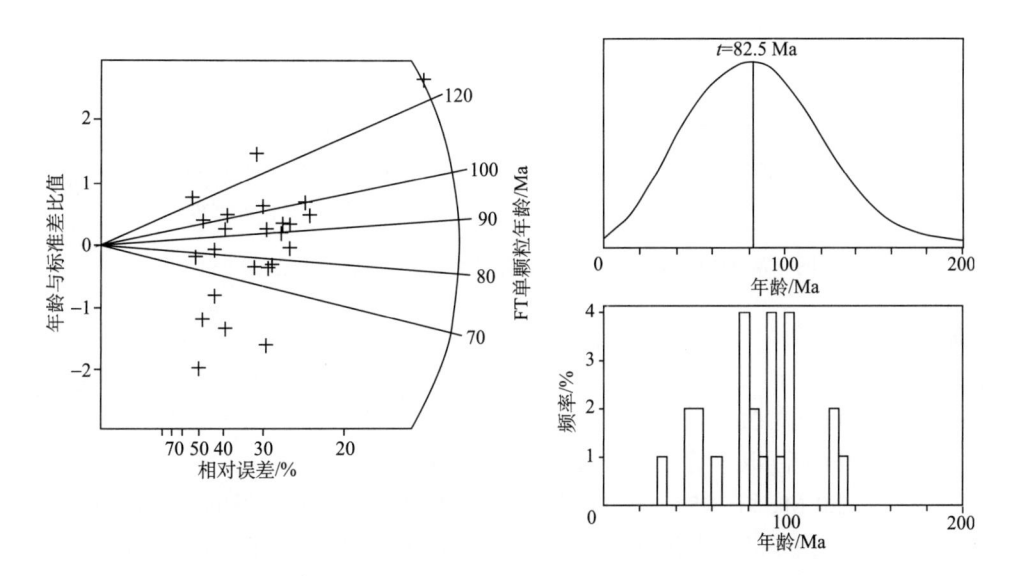

图 2.5 Hy06 磷灰石雷达图、年龄频率直方图和高斯拟合图

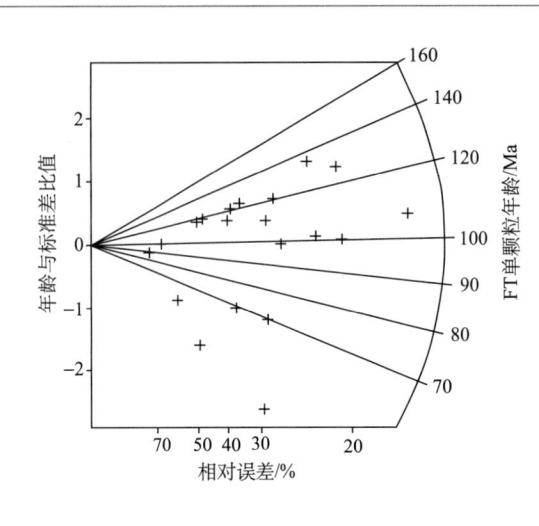

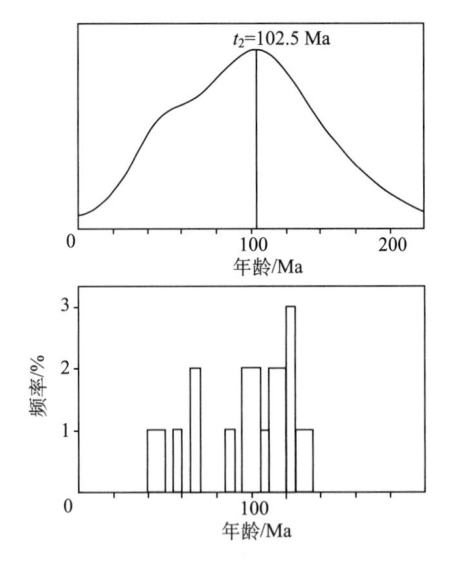

图 2.6　Hy14 磷灰石雷达图、年龄频率直方图和高斯拟合图

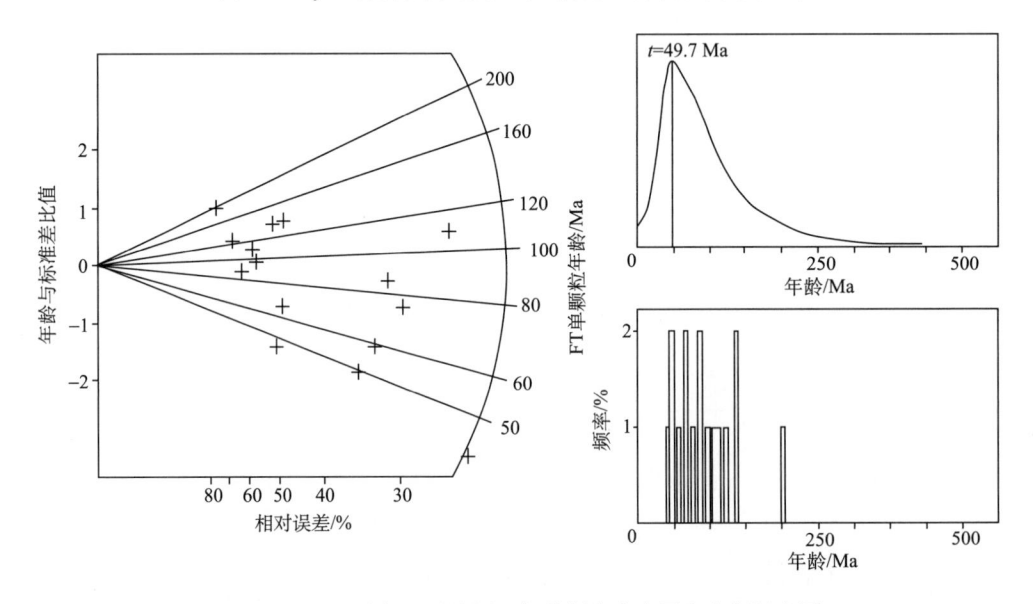

图 2.7　Hy15 磷灰石雷达图、年龄频率直方图和高斯拟合图

　　Hy10 和 Hy13 两件样品的磷灰石 AFT-Central 年龄（分别为 94±8 Ma 和 94±9 Ma）明显小于地层年龄，但 $P(\chi^2)<5\%$（分别为 3.4%和 0.3%），平均径迹长度分别为 11.9±1.5 μm、12.3±2.1 μm，Central 年龄是混合年龄。两个样品的雷达图指示样品的所有单颗粒 FT 年龄至少存在两组年龄（图 2.8，图 2.9），Hy10 年龄频率直方图和高斯拟合曲线表明该样品有 50.0 Ma 和 105.5 Ma 两组年龄，但 Hy13 频率直方图和高斯拟合曲线显示仅存在 62.5 Ma 一组年龄。由此可见，Hy10 样品经历了早白垩世末和新生代两次构造抬升运动，Hy13 样品经历的构造运动时间为 62.5~94 Ma，即晚白垩世至古新世早期。

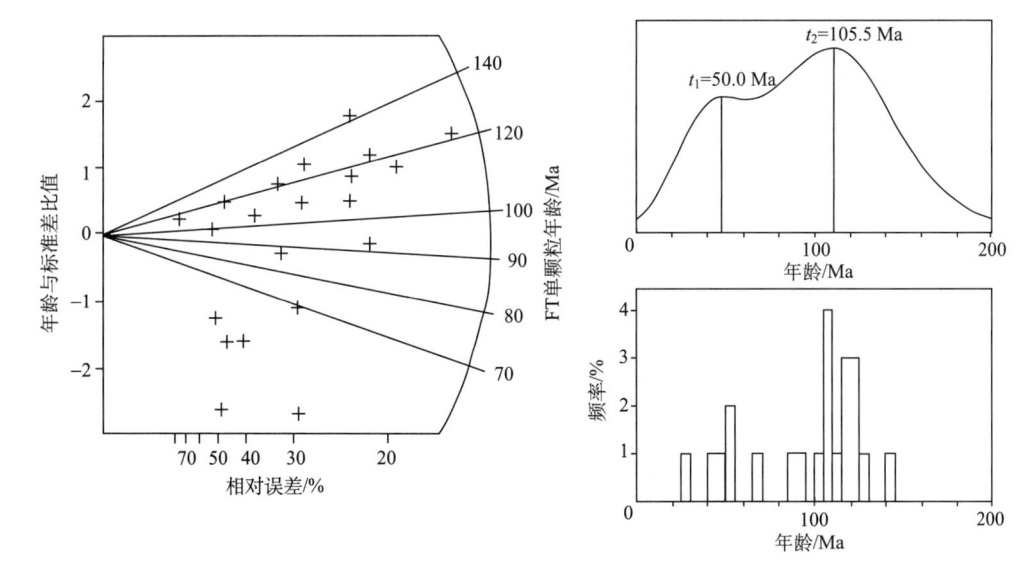

图 2.8　Hy10 磷灰石雷达图、年龄频率直方图和高斯拟合图

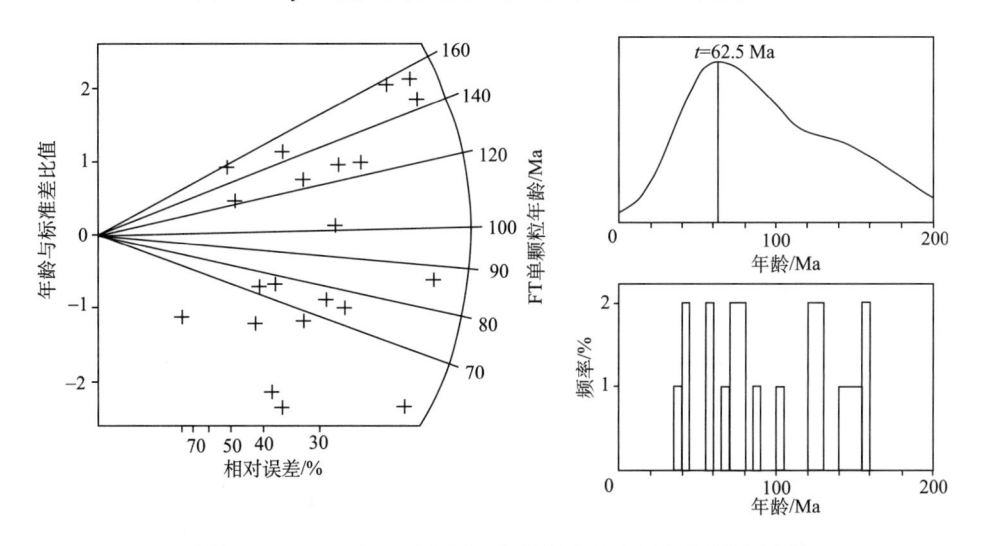

图 2.9　Hy13 磷灰石雷达图、年龄频率直方图和高斯拟合图

2）锆石

Hy06 样品锆石 ZFT-Central 年龄（252±20 Ma）明显小于地层年龄，但 $P(\chi^2)<5\%$（0.6%），Central 年龄是混合年龄，单颗粒 ZFT 年龄分布的雷达图、年龄频率直方图和高斯拟合曲线包含一组年龄（图 2.10），为 200.0 Ma，指印支晚期（晚三叠世末）构造抬升冷却年龄。

Hy07 样品锆石 ZFT-Central 年龄（341±32 Ma）小于地层年龄，但 $P(\chi^2)>5\%$（66%），Central 年龄代表构造抬升冷却事件的年龄，但单颗粒 ZFT 年龄分布的雷达图、年龄频率直方图和高斯拟合曲线显示包含两组年龄（图 2.11），分别为 223.0 Ma 和 337.5 Ma，前者记录的是印支晚期（晚三叠世）构造抬升冷却事件的年龄，后者记录的可能是早石炭世的一次热冷却事件。

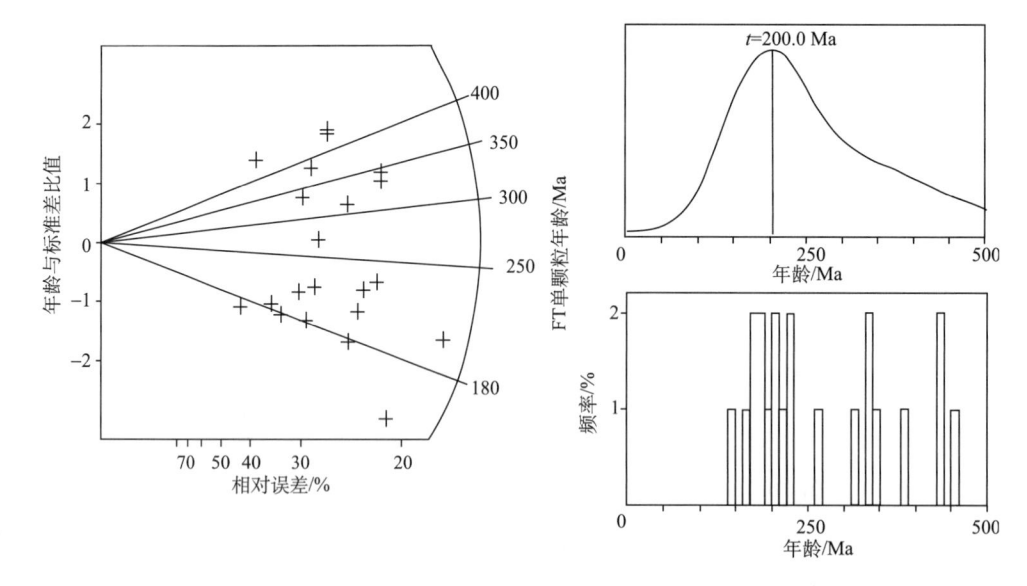

图 2.10 Hy06 锆石雷达图、年龄频率直方图和高斯拟合图

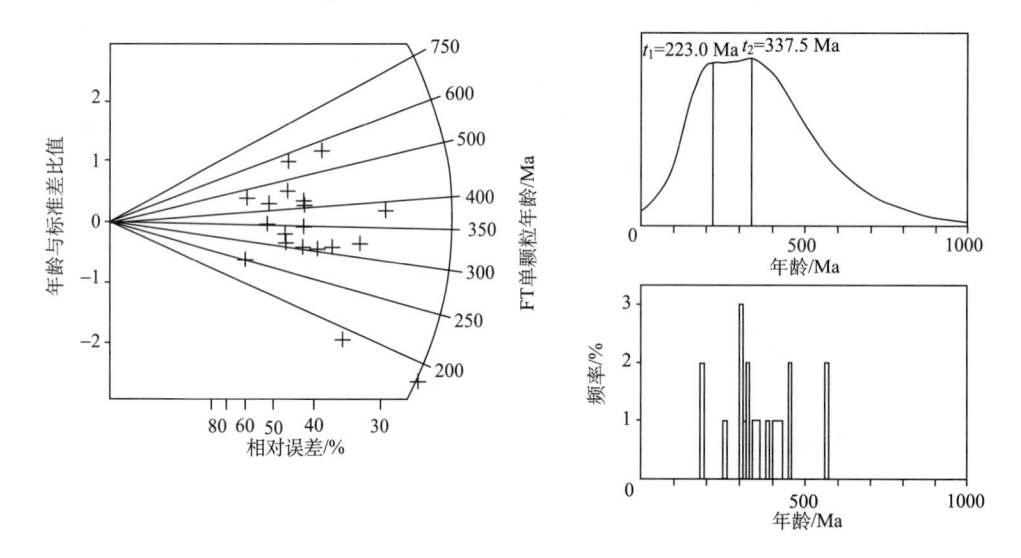

图 2.11 Hy07 锆石雷达图、年龄频率直方图和高斯拟合图

Hy15 样品锆石 ZFT-Central 年龄（176±13 Ma）明显小于地层年龄，但 $P(\chi^2)>5\%$（12.1%），Central 年龄应当代表构造抬升冷却事件的年龄。单颗粒 ZFT 年龄分布的雷达图显示含有不止一期的组分年龄（图 2.12），但年龄频率直方图和高斯拟合曲线仅有 130.0 Ma 一组年龄。176 Ma 为早侏罗世晚期，而新疆地区及焉耆盆地在早侏罗世晚期处于伸展阶段，176 Ma 不能代表冷却年龄，因此 130.0 Ma 为该区构造抬升冷却事件的时限。该样品显示中生代存在早白垩世晚期构造运动。

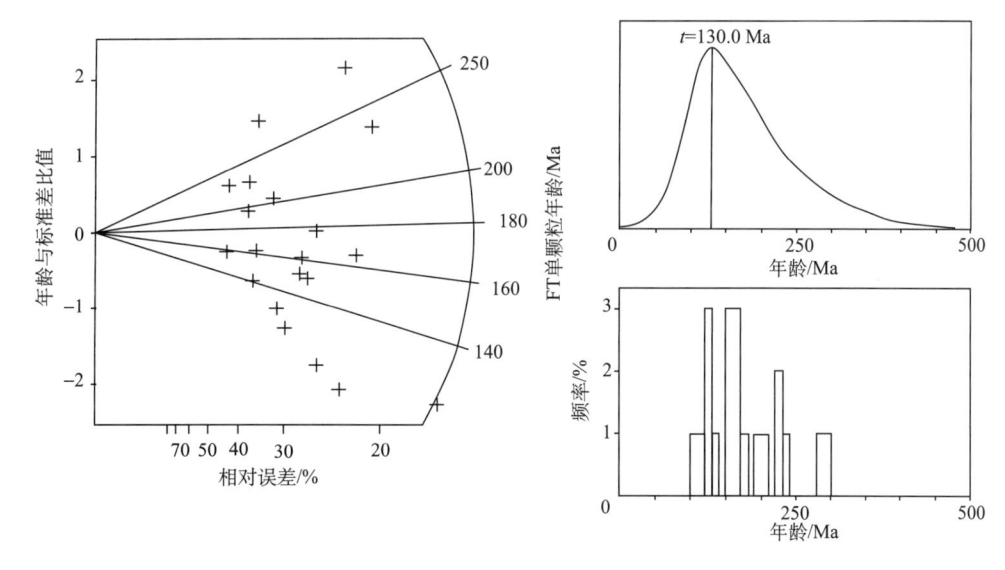

图 2.12　Hy15 锆石雷达图、年龄频率直方图和高斯拟合图

3）构造抬升事件

焉耆盆地西缘哈满沟地区上侏罗统及白垩系遭受严重剥蚀，古近系角度不整合于中下侏罗统之上。从煤田地质剖面地质图上看，中下侏罗统为一套砂泥岩互层沉积，夹有煤线，为三角洲-滨浅湖相沉积。燕山运动晚期是焉耆盆地构造运动的一个重要时期，是盆地最重要的一次变形期，也是造成盆地内古近系与下伏地层角度不整合的主要原因。通过煤田地质剖面的研究以及 FT 年龄和长度的分析，盆地西缘 FT 年龄数据显示该区存在四期构造运动，即晚三叠世印支构造运动、早白垩世晚期—晚白垩世燕山构造运动、古新世早期构造运动和始新世早期构造运动。该地区强烈的构造抬升活动发生在白垩纪，可划分为两个幕次：① 101~130 Ma，时代为早白垩世中晚期；② 66~99 Ma，时代为晚白垩世晚期。从 FT 年龄分析看出其中晚白垩世末为这次地质活动主要活动期。其抬升活动特点是，首先该地区经历的热事件最高温度为 90~100 ℃；其次在经历热事件之后，样品没有再次遭受强烈热事件的影响，说明地层没有再次沉降接受热事件的影响；最后样品在热事件后经历了比较缓慢的抬升冷却历史，造成长度分布图中峰值偏向长径迹一端，说明地层在一次快速构造抬升活动后一直保持较低的抬升速率。

4）霍拉山隆升时限

由霍拉山中采集的 3 件样品（Hy04、Hy06、Hy15）磷灰石和锆石年龄分析，霍拉山隆升具有 3 个幕次，分别为晚三叠世末、早白垩世晚期和晚白垩世，而 3 个磷灰石样品年龄都处于晚白垩世（图 2.13），说明霍拉山主体隆升时期为晚白垩世，隆升时间为 68~84 Ma。

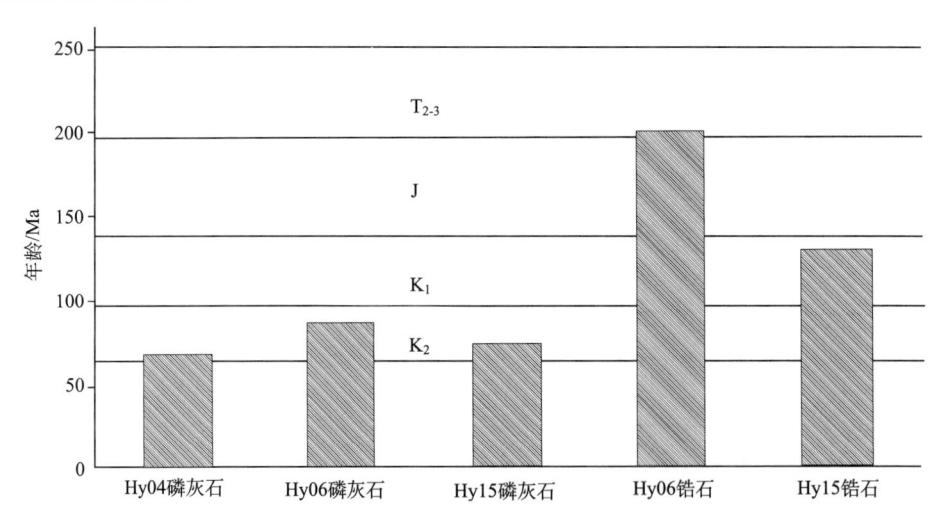

图 2.13 霍拉山磷灰石和锆石年龄柱状图

（二）盆 地 南 缘

盆地南部露头采集 Ty01、Ty03、Ky19、Ky20、Ky22、Ky23、Ky24 和 Ky45 八件样品，分别为中侏罗统西山窑组砂岩、古近系砂岩、海西期花岗岩、海西期花岗闪长岩、海西期花岗岩、海西期花岗岩、海西期花岗岩、海西期花岗岩。除 Ty01 和 Ty03 两个为山前样品外，余者都是采自库鲁克塔格山中的火成岩。

1. 裂变径迹长度分析

样品 Ty01、Ky19 和 Ky20 径迹长度分布图比较相似（图 2.14），这 3 件样品都有两个峰值，呈混合型分布。样品较低的次峰值为 9.5~11 μm，为热事件过程中首先产生的第一个较短的峰值，根据其长度值，其所处的退火温度为 90~100 ℃。主峰值为 11.5~14.5 μm，主峰值代表了热事件后产生的径迹分布，就其峰值而言，在热事件后样品仍在接近于退火带的温度处，温度为 60~70 ℃，在峰值的分布宽度上，次峰（即较短的峰值）较宽，说明该样品在 90~95 ℃的温度范围内经历了较长时间。

样品 Ty03、Ky22、Ky23、Ky24 和 Kr45 呈单峰分布模式，长度分布范围较宽，主峰值为 12.5~13.5 μm，径迹大部分为 11~13μm。长径迹数目较多，显示样品可能经历的退火温度较低，为 60~90 ℃，根据短径迹的分布宽度可知样品在此温度中经历的时间较短。

2. 径迹年龄分析

1）磷灰石

Ty01、Kr45 和 Ky19 三件样品磷灰石 AFT-Central 年龄（分别为 70±20 Ma、61±5 Ma 和 35±7 Ma）明显小于地层年龄，但 $P(\chi^2)<5\%$（分别为 2.7%、1.3%和 0.14%），它们

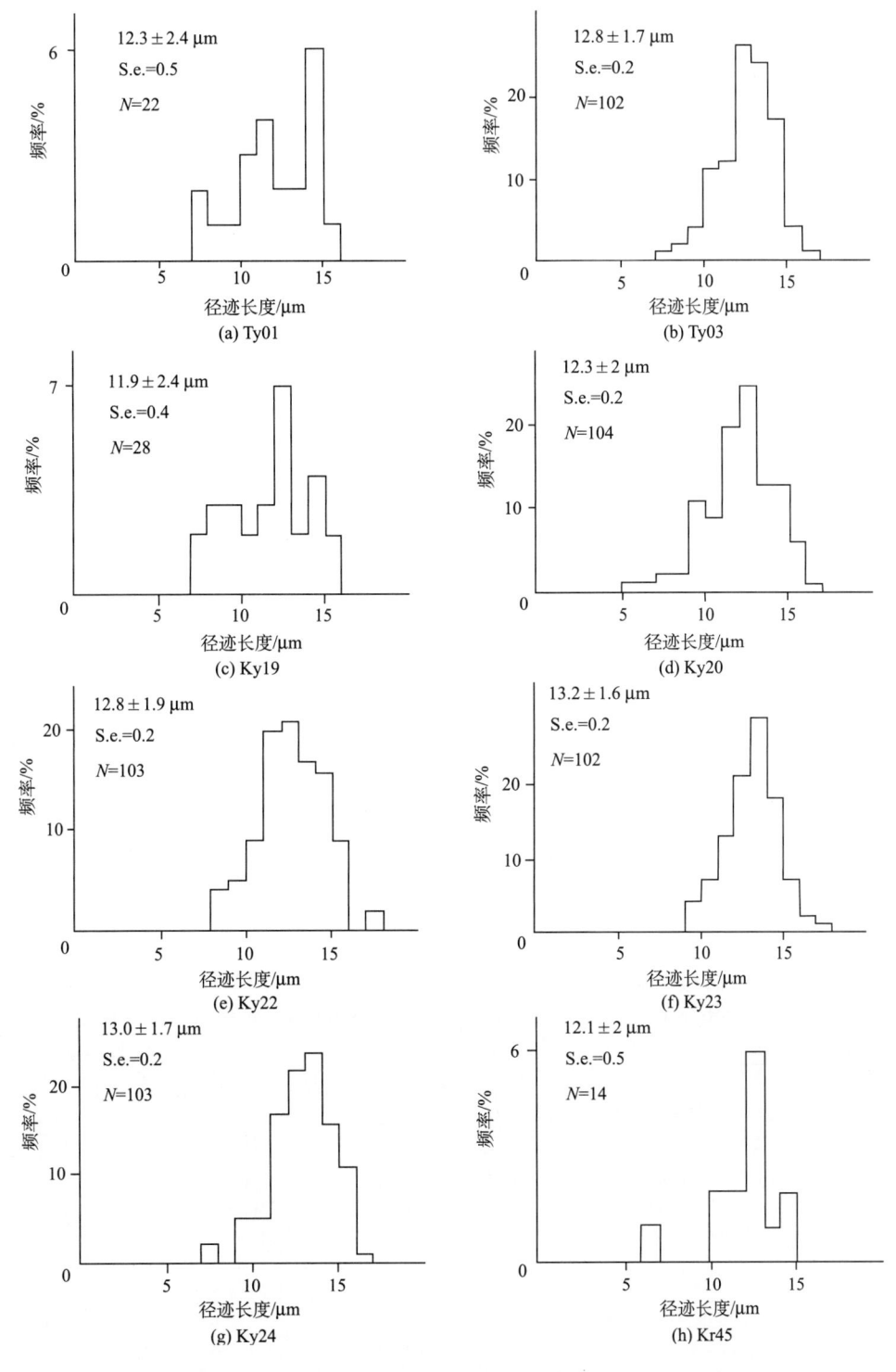

图 2.14　焉耆盆地南缘及山体磷灰石裂变径迹长度分布图

S.e.为标准偏差

的 Central 年龄代表混合年龄。径迹长度除 Kr45 样品外，其余两个都呈双峰分布；三者都以长径迹为主，平均径迹长度分别为 12.3±2.4 μm、13.0±1.7 μm 和 11.9±2.4 μm。样品的雷达图、年龄频率直方图和高斯拟合曲线都包含两个年龄组（图 2.15~图 2.17）。由上可知，Ty01 样品于 114.0 Ma 经历了早白垩世晚期构造抬升运动和 37.5 Ma 经历了喜马拉雅中期构造抬升运动，Kr45 样品于 46.0 Ma 和 62.5 Ma 经历了两期喜马拉雅早期构造抬升运动，Ky19 样品于 16.7 Ma 和 28.4 Ma 经历了喜马拉雅中期构造运动。

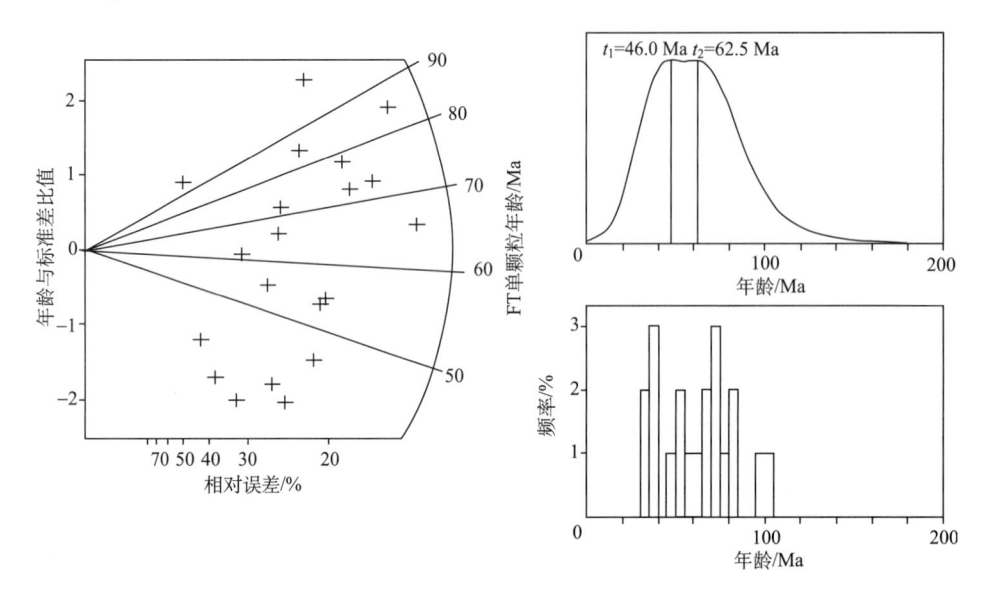

图 2.15　Ty01 磷灰石雷达图、年龄频率直方图和高斯拟合图

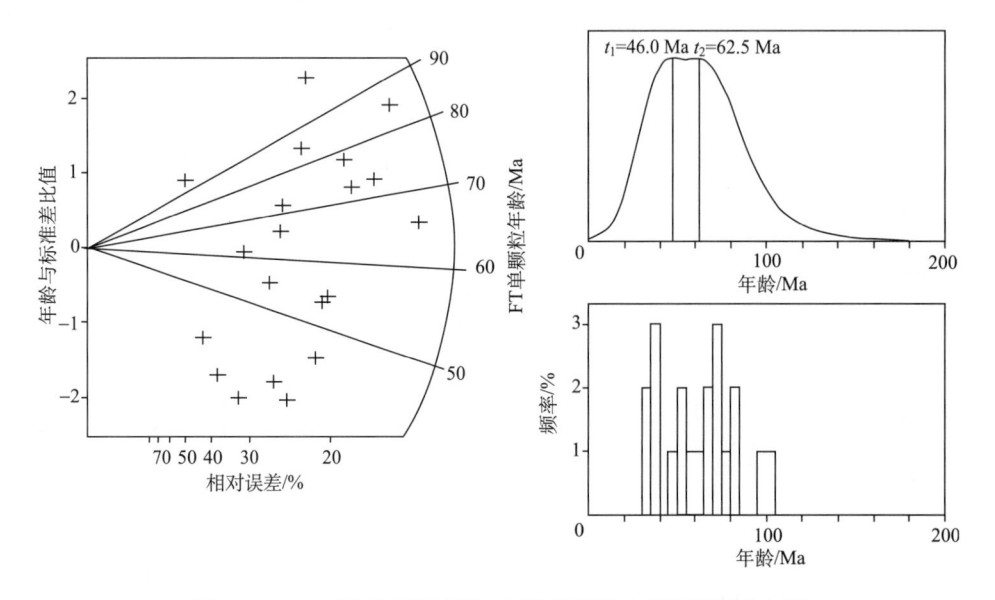

图 2.16　Kr45 磷灰石雷达图、年龄频率直方图和高斯拟合图

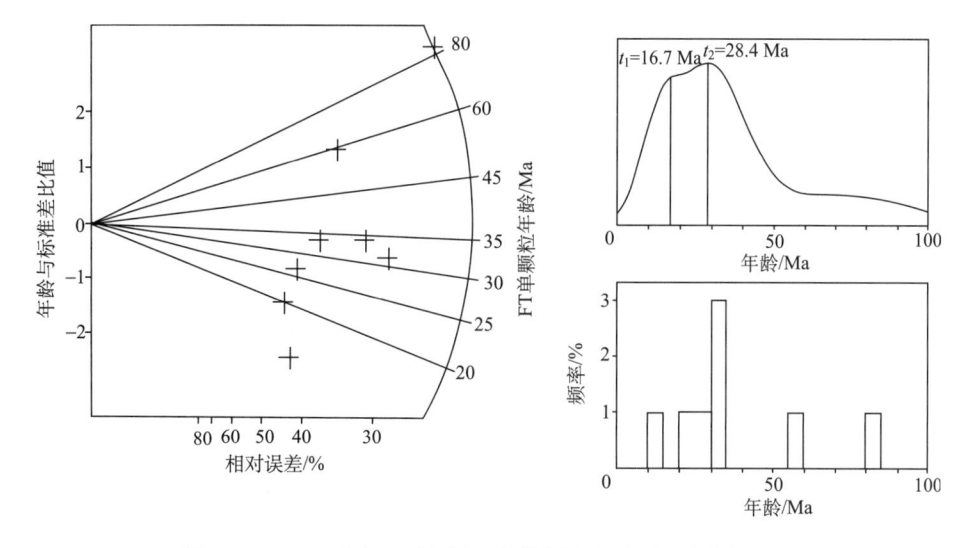

图 2.17　Ky19 磷灰石雷达图、年龄频率直方图和高斯拟合图

Ty03 为古近纪样品，其磷灰石 AFT-Central 年龄（61±5 Ma）与地层年龄相近，但 $P(\chi^2)$<5%（0.5%），Central 年龄代表混合年龄。径迹长度呈单峰不对称分布，径迹以长径迹为主，平均径迹长度为 12.3±2.4 μm。该样品雷达图单颗粒 AFT 年龄显示有两个年龄组，年龄频率直方图和高斯拟合曲线同样显示存在两组年龄（图 2.18），其年轻的 40.0 Ma 指示该时期经历了一期构造运动，较老的 85.0 Ma 可能为物源碎屑年龄。

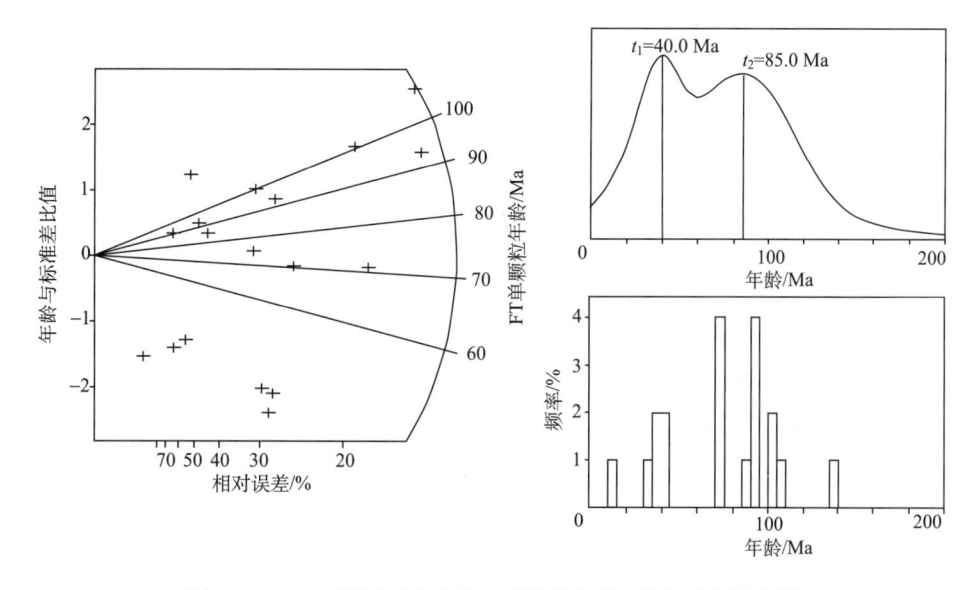

图 2.18　Ty03 磷灰石雷达图、年龄频率直方图和高斯拟合图

Ky20 和 Ky23 两件样品磷灰石 AFT-Central 年龄（分别为 60±5 Ma 和 63±5 Ma）明显小于地层年龄，但 $P(\chi^2)$>5%（分别为 6.6%和 9.1%），基本上呈单峰不对称分布，径迹长度以长径迹为主，平均径迹长度分别为 12.3±2.0 μm 和 13.2±1.6 μm，其 Central 年龄

基本上代表了构造抬升事件的冷却年龄，雷达图、年龄频率直方图和高斯拟合曲线给出的 54.0 Ma 和 50.0 Ma 年龄（图 2.19，图 2.20）分别与它们的 Central 年龄基本相当。因此，这两个样品在 50~63 Ma 经历了构造抬升冷却事件。

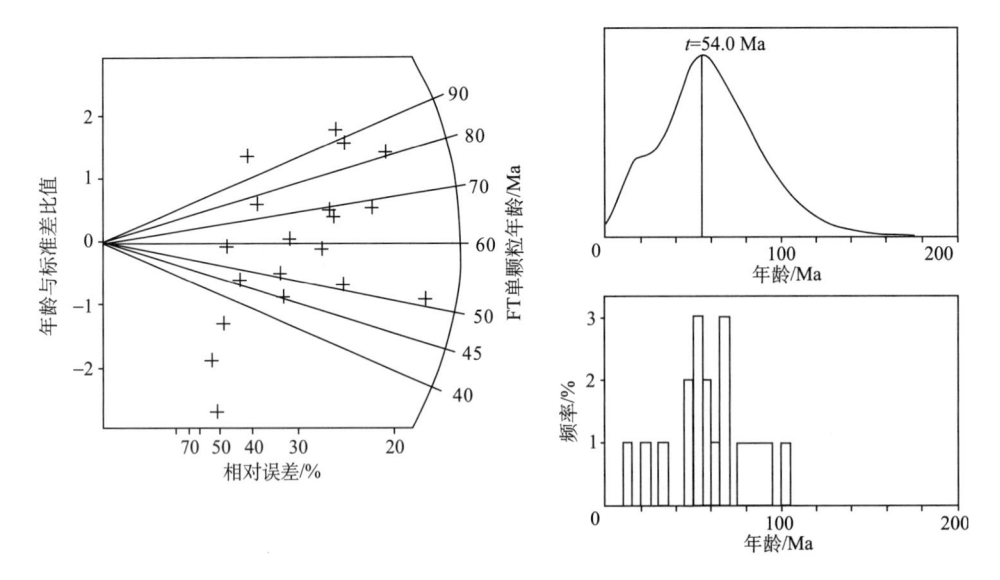

图 2.19　Ky20 磷灰石雷达图、年龄频率直方图和高斯拟合图

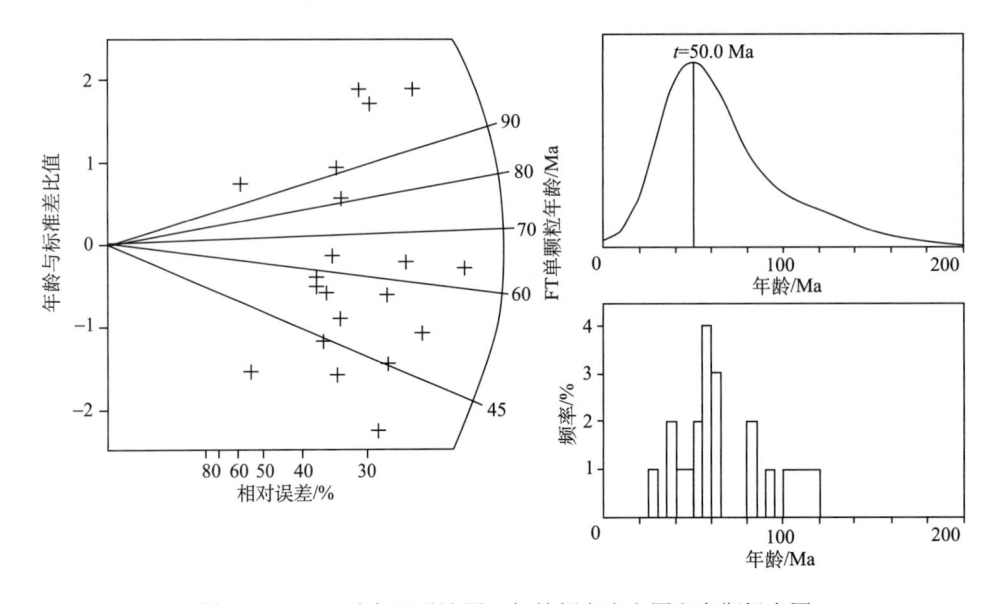

图 2.20　Ky23 磷灰石雷达图、年龄频率直方图和高斯拟合图

Ky22 样品磷灰石 AFT-Central 年龄（59±5 Ma）明显小于地层年龄，但 $P(\chi^2)<5\%$（1.5%），径迹长度呈右单峰不对称分布，径迹以长径迹为主，平均径迹长度分别为 12.3±2.0 μm 和 13.2±1.6 μm，其 Central 年龄为混合年龄。雷达图、年龄频率直方图和高斯拟合曲线都表明只有 55.0 Ma 一组年龄（图 2.21），这个年龄与 Central 年龄相当。因

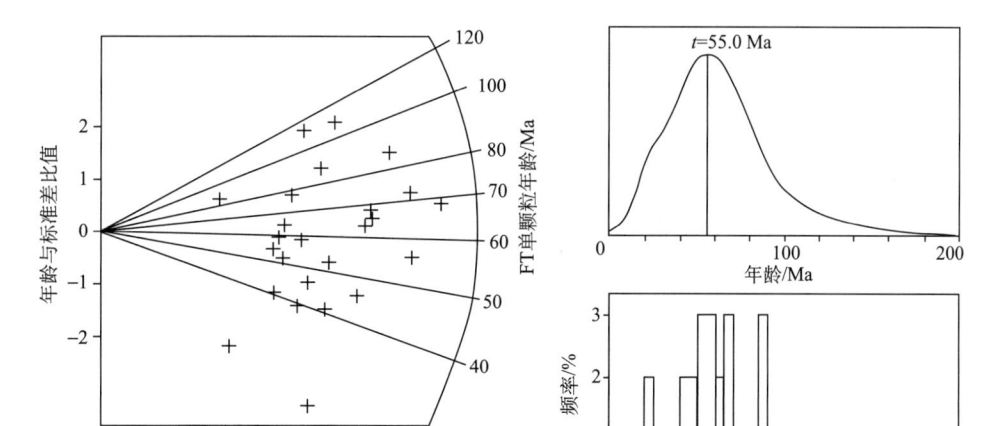

此，该样品经历的构造抬升冷却事件的时间是 55.0 Ma。

图 2.21　Ky22 磷灰石雷达图、年龄频率直方图和高斯拟合图

Ky24 样品磷灰石 AFT-Central 年龄（73±20 Ma）明显小于地层年龄，但 $P(\chi^2)>5\%$（8.7%），径迹长度呈右单峰不对称分布，径迹以长径迹为主，平均径迹长度为 12.1±2.0 μm，Central 年龄代表了构造抬升冷却事件的年龄。该样品的颗粒较少，但年龄频率直方图和高斯拟合曲线给出了 53.3 Ma 和 120.4 Ma 两个年龄组（图 2.22）。而南缘紧邻该样的 Ty01 样品两组年龄和其相近，因此，该样品存在 53.3 Ma 的喜马拉雅期构造抬升运动和 73~120.4 Ma 的燕山晚期构造抬升运动。

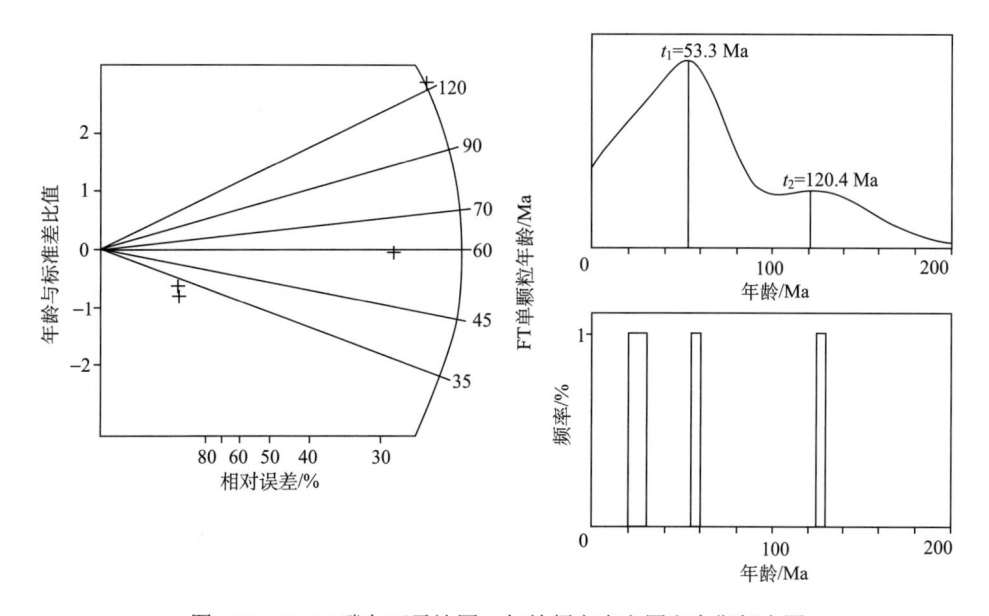

图 2.22　Ky24 磷灰石雷达图、年龄频率直方图和高斯拟合图

2）锆石

Ky19 和 Ky22 样品锆石 ZFT-Central 年龄（分别为 205±33 Ma 和 228±21 Ma）明显小于地层年龄，但 $P(\chi^2)>5\%$（P=14.3%和 P=9.9%），Central 年龄代表构造抬升冷却事件的年龄。虽然 Ky19 样品的颗粒较少，但两个样品的单颗粒 AFT 年龄分布雷达图、年龄频率直方图和高斯拟合曲线都给出了两组年龄（图 2.23，图 2.24），而较老的年龄（分别为 230.0 Ma 和 250.0 Ma）都与 Central 年龄相近，反映该区在中晚三叠世经历了一次冷却抬升事件；而较年轻的年龄（分别为 100.0 Ma 和 162.5 Ma）可能反映该区中生代经历了两次冷却抬升事件，分别为中侏罗世晚期和早白垩世晚期。

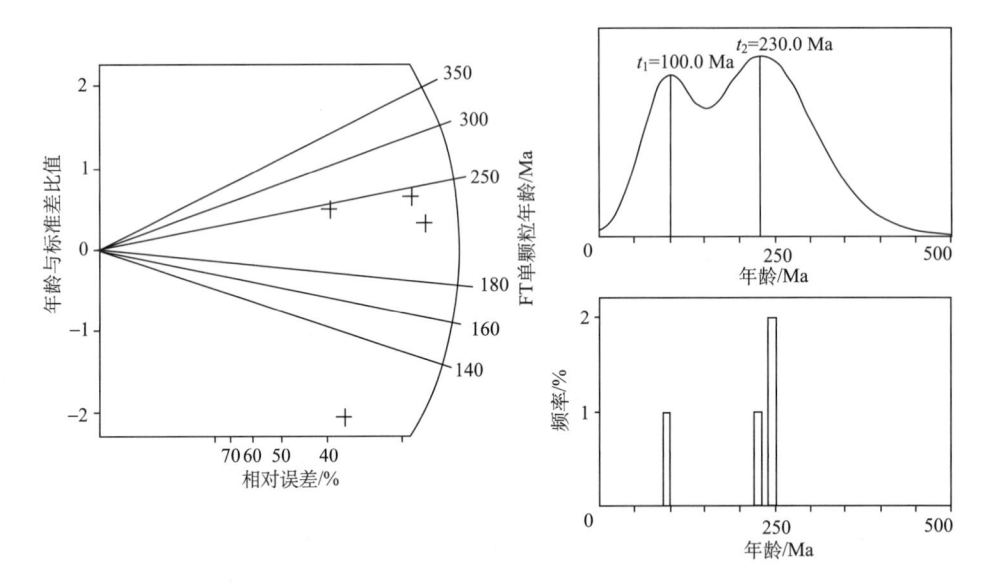

图 2.23　Ky19 锆石雷达图、年龄频率直方图和高斯拟合图

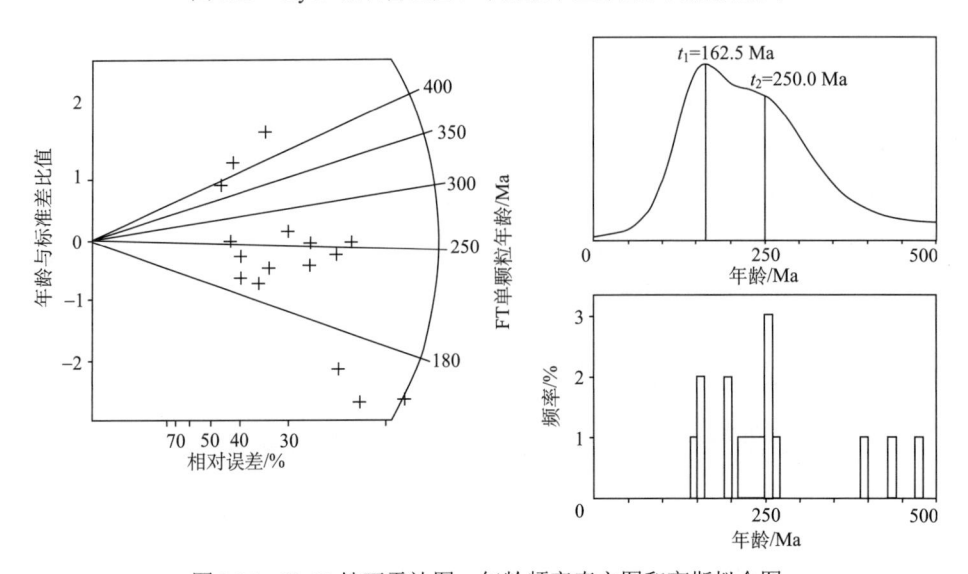

图 2.24　Ky22 锆石雷达图、年龄频率直方图和高斯拟合图

Ky20、Ky21、Ky24 和 Ky25 四件样品锆石 ZFT-Central 年龄（分别为 159±13 Ma、296±40 Ma、145±14 Ma 和 153±14 Ma）明显小于地层年龄，但 $P(\chi^2)>5\%$（分别为 96.7%、91.8%、75% 和 15.8%），Central 年龄代表构造抬升冷却事件的年龄。单颗粒 ZFT 年龄分布雷达图、年龄频率直方图和高斯拟合曲线都显示 4 件样品仅有一个拟合年龄（图 2.25~图 2.28），分别为 137.5 Ma、275.0 Ma、123.5 Ma 和 118.5 Ma，这些拟合年龄与 Central 年龄在误差范围内或相近，因此以拟合年龄为构造抬升冷却事件的年龄。

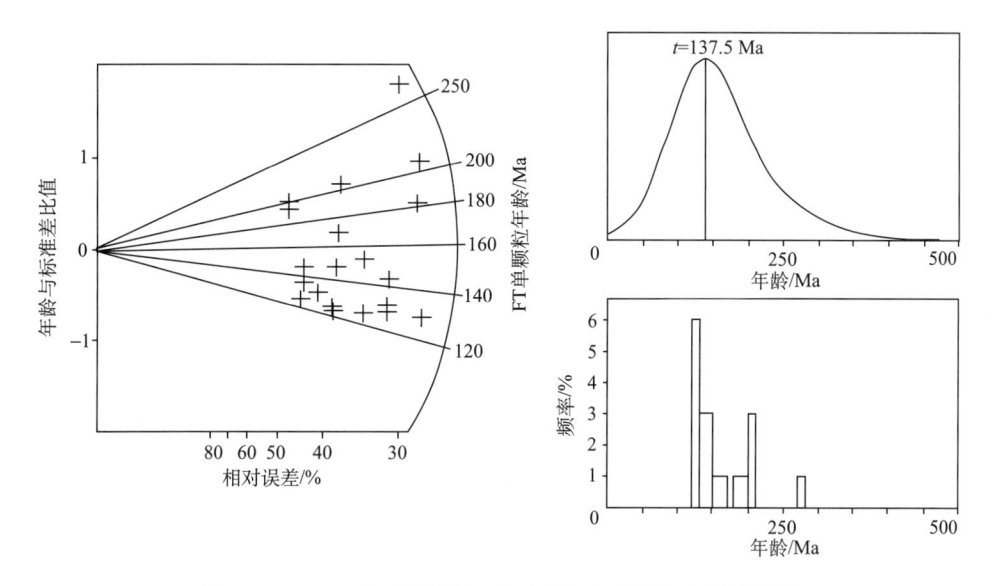

图 2.25　Ky20 锆石雷达图、年龄频率直方图和高斯拟合图

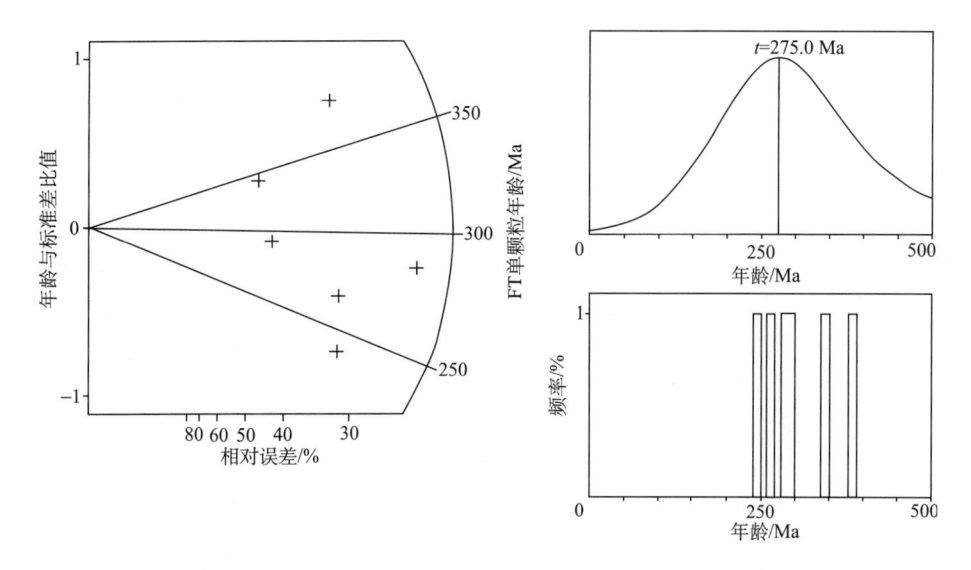

图 2.26　Ky21 锆石雷达图、年龄频率直方图和高斯拟合图

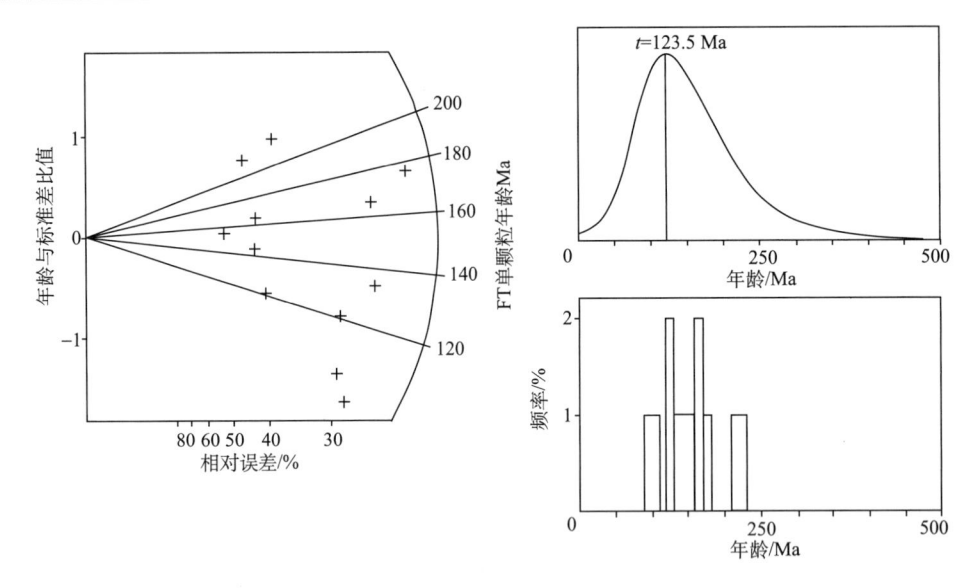

图 2.27　Ky24 锆石雷达图、年龄频率直方图和高斯拟合图

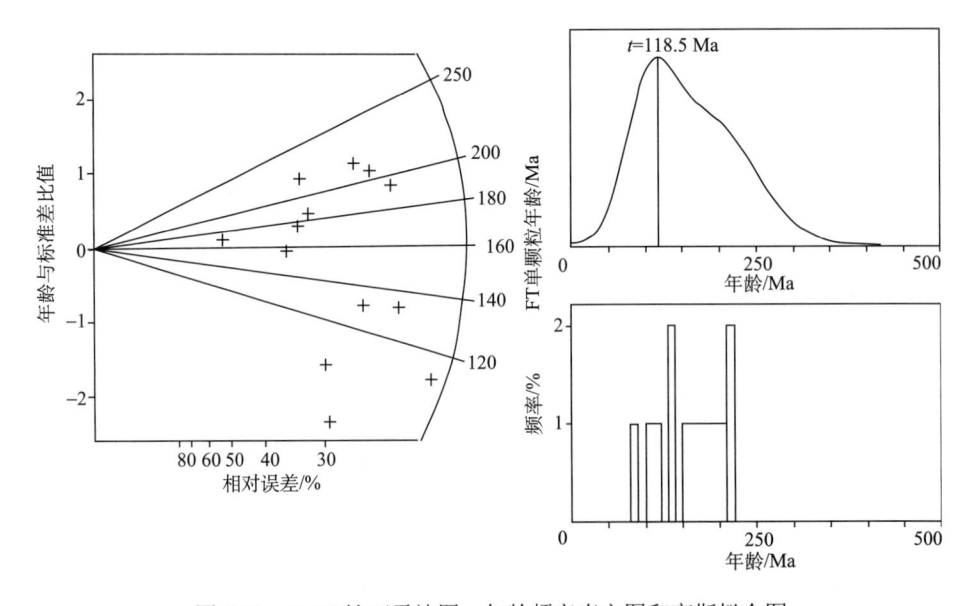

图 2.28　Ky25 锆石雷达图、年龄频率直方图和高斯拟合图

3）构造隆升事件探讨

通过裂变径迹分析，该区构造抬升冷却事件划分为 6 个幕次，时间分别为中晚三叠世、中侏罗世晚期—晚侏罗世、早白垩世晚期—晚白垩世、古新世、始新世、渐新世和中新世。白垩纪晚期是中生代焉耆盆地及邻区一次强烈的变形期，整体表现为南强北弱的双相挤压。焉耆盆地遭受强烈的挤压隆升，造成盆地中-上侏罗统和下白垩统被剥蚀或缺失；盆地内古近系与下伏地层呈角度不整合接触，库鲁克塔格山及山前受这次构造运动的影响表现为强烈的抬升。

4）库鲁克塔格山隆升时限

通过库鲁克塔格山山体中 7 个样品的磷灰石和锆石年龄分析，该山体隆升比较复杂，中新生代具有 6 个幕次（图 2.29），锆石年龄多集中在早白垩世中晚期和晚白垩世，磷灰石年龄多集中在始新世，这说明中生代时期，库鲁克塔格山可能于三叠纪存在局部抬升，之后沉降接受沉积，而在中晚侏罗世同样是局部抬升，但山体主体并没有抬升，否则现今该山体不可能残留有早中侏罗世地层（图 2.30）。因此，中生代山体隆升始于早白垩世中晚期—晚白垩世；始新世以来为主要隆升阶段。

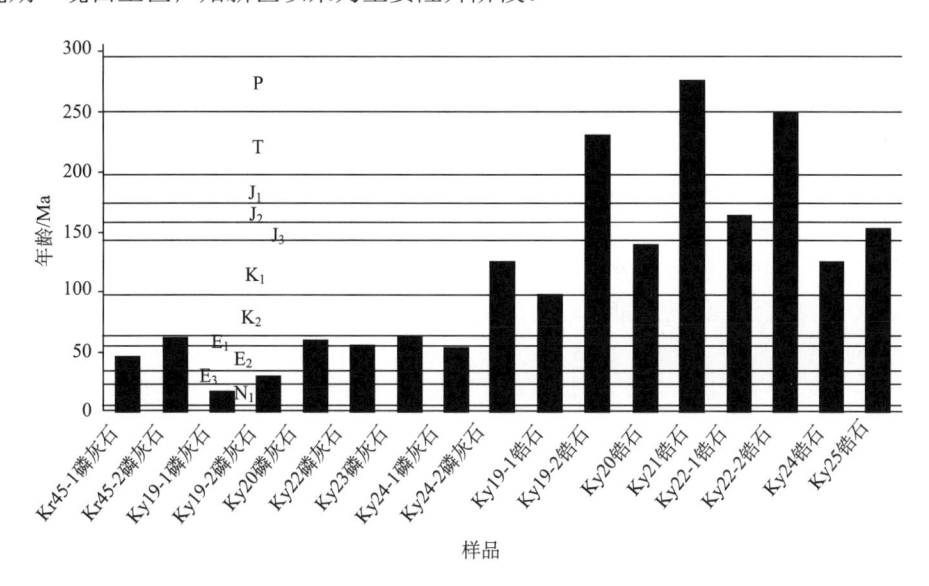

图 2.29 库鲁克塔格山磷灰石和锆石年龄柱状图

图 2.30 焉耆盆地 506 测线叠偏剖面图（据河南油田资料）

（三）盆地东缘

盆地东缘有 Bh38、Bh41、Bh43、Bh44 四件样品，分别为下侏罗统八道湾组砂岩、下侏罗统三工河组砂岩、下侏罗统三工河组砂岩和中侏罗统西山窑组砂岩。

1. 径迹长度特征

Bh38、Bh41 和 Bh43 样品裂变径迹长度分布图具有十分相似的特点（图 2.31），这三个样品都有两个峰值，整体呈混合型分布。主峰分布宽度大，峰值高；次峰宽度窄，峰值低。样品 Bh38 主峰值在 12.5 μm 处，次峰值在 9.5 μm 处；样品 Bh41 主峰值在 12.5 μm 处，次峰值在 10.5 μm 处；样品 Bh43 主峰值在 13.0 μm 处，次峰值在 10.5 μm 处。可以看出三者主峰位置和次峰位置大体相同，因此可以判断三者经历了相同的构造热事件，是同期构造热事件的产物。三者长度分布图中主峰偏向长径迹一侧，并且分布范围很宽，说明样品在经历一次热冷却事件后一直处于较低的温度中，约 60 ℃；新生成的径迹退火程度很低，大部分径迹长度都分布在 6~12 μm 范围之内。次峰分布宽度很窄，说明这一次温度较高的热事件经历的时间很短，之后温度迅速下降到 60 ℃。样品 Bh43 呈不对称分布，主峰值在 13.5 μm 处，径迹长度分布偏向长径迹一侧，并且分布范围很宽，说明样品在经历一次热冷却事件后一直处于 60 ℃左右较低的温度中。

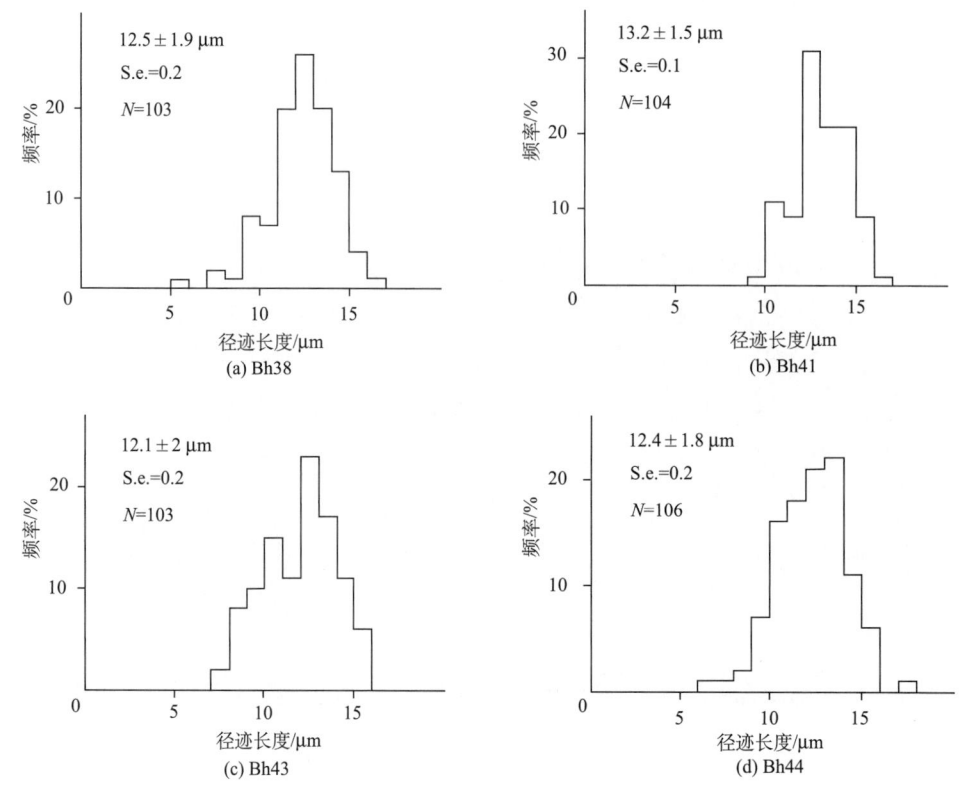

图 2.31　盆地东部库米什白虎山磷灰石裂变径迹长度分布图

S.e.为标准偏差

2. 磷灰石年龄分析

Bh38 样品磷灰石 AFT-Central 年龄（74±6 Ma）明显小于地层年龄，但 $P(\chi^2)<5\%$（2.9%），径迹长度分布偏向长径迹一侧，平均径迹长度为 12.5±1.9 μm，Central 年龄是混合年龄，总体上代表了下侏罗统八道湾组样品经历部分退火之后的最大抬升冷却时间。从单颗粒 AFT 年龄分布的雷达图、年龄频率直方图和高斯拟合曲线（图2.32）可以看出，样品 AFT 年龄只有一个 66.0 Ma 的年龄组，与 Central 年龄大致相当。因此，该样品构造抬升冷却事件的时间为 74~66 Ma 的晚白垩世晚期。

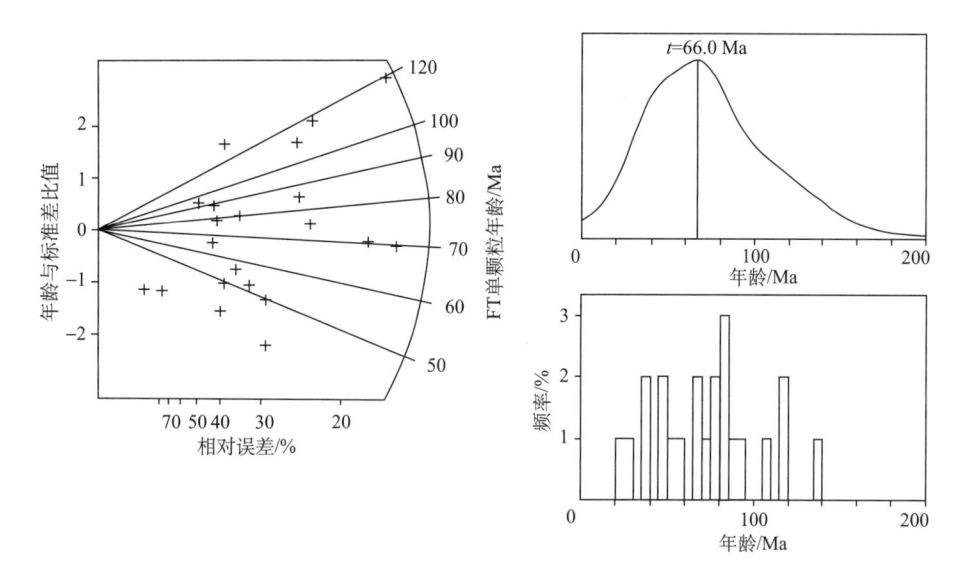

图 2.32 Bh38 磷灰石雷达图、年龄频率直方图和高斯拟合图

Bh41、Bh43 和 Bh44 样品磷灰石 AFT-Central 年龄（分别为 77±7 Ma、118±10 Ma 和 101±8 Ma）明显小于地层年龄，但 $P(\chi^2)>5\%$（分别为 9.6%、68%和 6.4%），径迹长度呈右偏不对称分布，平均径迹长度为 (12.1±2.0)~(13.2±1.5) μm，Central 年龄总体表现为经历完全退火后反弹至未退火带的冷却年龄，样品的 AFT-Central 年龄可视为冷却年龄。Bh43 拟合年龄和 Central 年龄一致，但是 Bh41 和 Bh44 的高斯拟合图给出的年龄（分别为 56.5 Ma 和 80.0 Ma）都小于 Central 年龄（图 2.33~图 2.35）。因为雷达图指示样品的所有单颗粒 FT 年龄均落入同一组，与 Central 年龄一致，所以 Bh41 和 Bh43 样品以 Central 年龄为 FT 年龄。

3. 构造抬升事件探讨

盆地东缘地区上侏罗统及白垩系遭受严重剥蚀，古近系角度不整合于中上侏罗统之上。燕山运动晚期是焉耆盆地构造运动的一个重要时期，是盆地最重要的一次变形期，也是造成盆地内古近系与下伏地层角度不整合的主要原因。磷灰石裂变径迹分析显示存在两期构造时间，分别为早白垩世晚期（118~101 Ma）和晚白垩世末（77~66 Ma）。

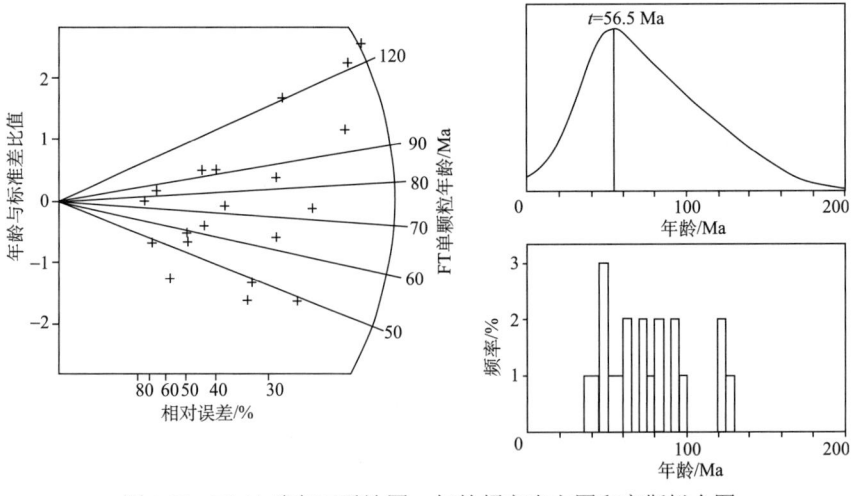

图 2.33　Bh41 磷灰石雷达图、年龄频率直方图和高斯拟合图

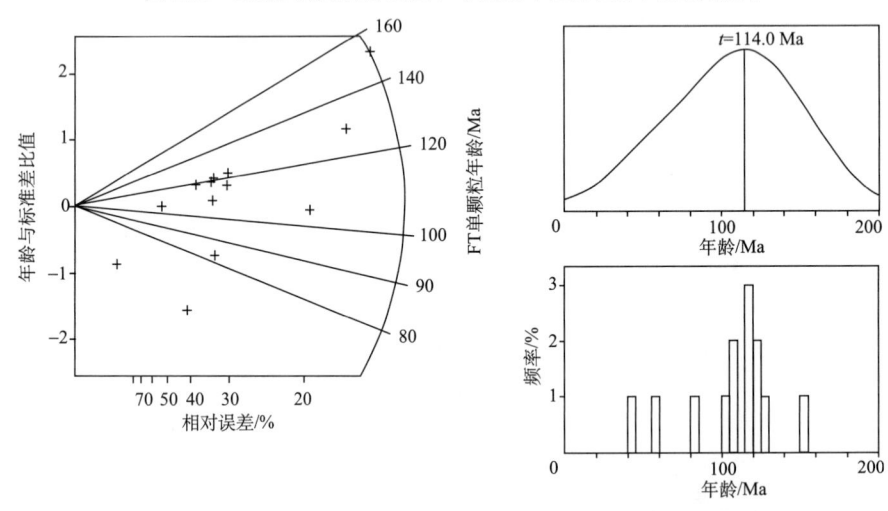

图 2.34　Bh43 磷灰石雷达图、年龄频率直方图和高斯拟合图

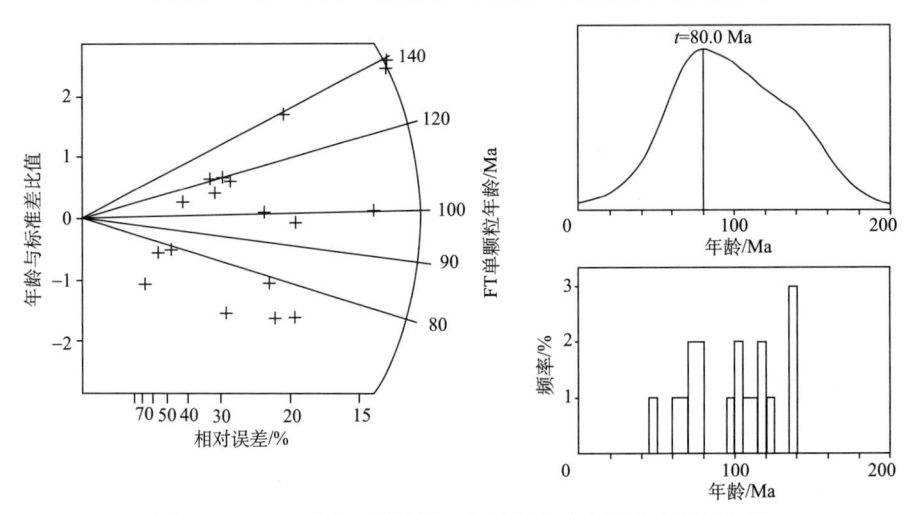

图 2.35　Bh44 磷灰石雷达图、年龄频率直方图和高斯拟合图

4. 东缘山体隆升时限

现今盆地东部边界是克孜勒山,而克孜勒山西麓场浅 1 井钻遇中侏罗统西山窑组、下侏罗统三工河组和八道湾组,岩性为灰色、灰黑色泥岩,粉砂质泥岩与碳质泥岩不等厚互层,为浅湖相沉积;同时该山上沉积有侏罗纪地层,这表明当时克孜勒山为一沉积区。

克孜勒山北西向褶皱带由泥盆系、石炭系、海西期花岗岩与侏罗系煤系地层组成,表明该山形成于燕山晚期。而库米什盆地中磷灰石裂变径迹及中国西部地区区域构造背景表明,克孜勒山在燕山晚期构造运动中形成雏形,在喜马拉雅构造运动中完全隆升。

(四)盆地北缘

盆地北部磷灰石样品采自乌什塔拉红山,盆地北缘露头采集 TL27、TL30、TL31、TL34 和 TL35 五件磷灰石样品,分别为下侏罗统八道湾组砂岩、下侏罗统三工河组砂岩、下侏罗统三工河组砂岩、中泥盆统砂岩和中侏罗统西山窑组砂岩。

1. 裂变径迹长度分布

样品 TL27 裂变径迹长度呈不对称单峰分布模式(图 2.36),峰值偏向长径迹一侧,其长度分布与 Gleadow 划分的磷灰石裂变径迹长度和不同热史类型关系图 E 类型十分相似,是缓慢降温(冷却)过程形成的裂变径迹长度分布。样品 TL34 和 TL35 呈不对称单峰分布,主峰很宽,峰值在 11~13 μm 处,样品一直处于较低的退火温度,以长径迹为主。样品 TL30 和 TL31 裂变径迹长度呈不对称双峰,属于混合型分布模式,主峰值偏向长径迹一侧,主峰值在 13.5~15 μm 处,次峰值都在 10.5 μm 处,在热事件过程中首先产生了第一个较短的峰值,根据其长度值,其所处的退火温度为 90~95 ℃。主峰值代表了热事件后产生的径迹分布,就其峰值而言,在热事件后样品仍在接近于退火带的温度处,温度为 60~70 ℃;主峰较宽,次峰较窄,说明样品在较高温度经历的时间短,在较低温度经历的时间比较长。

2. 磷灰石年龄分析

5 件样品的磷灰石 AFT-Central 年龄(分别为 54±5 Ma、89±6 Ma、112±13 Ma、34±5 Ma 和 73±11 Ma)明显小于地层年龄,但 $P(\chi^2)<5\%$ 或 $P(\chi^2)=0$(分别为 0.4%、0.1%、0、0.4%和 0),径迹以长径迹为主,Central 年龄为混合年龄。前两个样品的单颗粒 AFT 年龄分布雷达图、年龄频率直方图和高斯拟合曲线仅有一个拟合年龄(图 2.37,图 2.38),分别为 51.0 Ma 和 73.0 Ma,与其 Central 年龄大体相当;TL31 和 TL34 两个样品的单颗粒 AFT 年龄分布雷达图、年龄频率直方图和高斯拟合曲线显示有两个拟合年龄(图 2.39,图 2.40),TL31 样品分别为 50.6 Ma 和 130.0 Ma,TL34 样品分别为 15.8 Ma 和 45.8 Ma;最后一个样品 TL35 单颗粒 AFT 年龄分布雷达图、年龄频率直方图和高斯拟合曲线显示有三个拟合年龄(图 2.41),分别为 29.0 Ma、68.0 Ma 和 114.0 Ma。

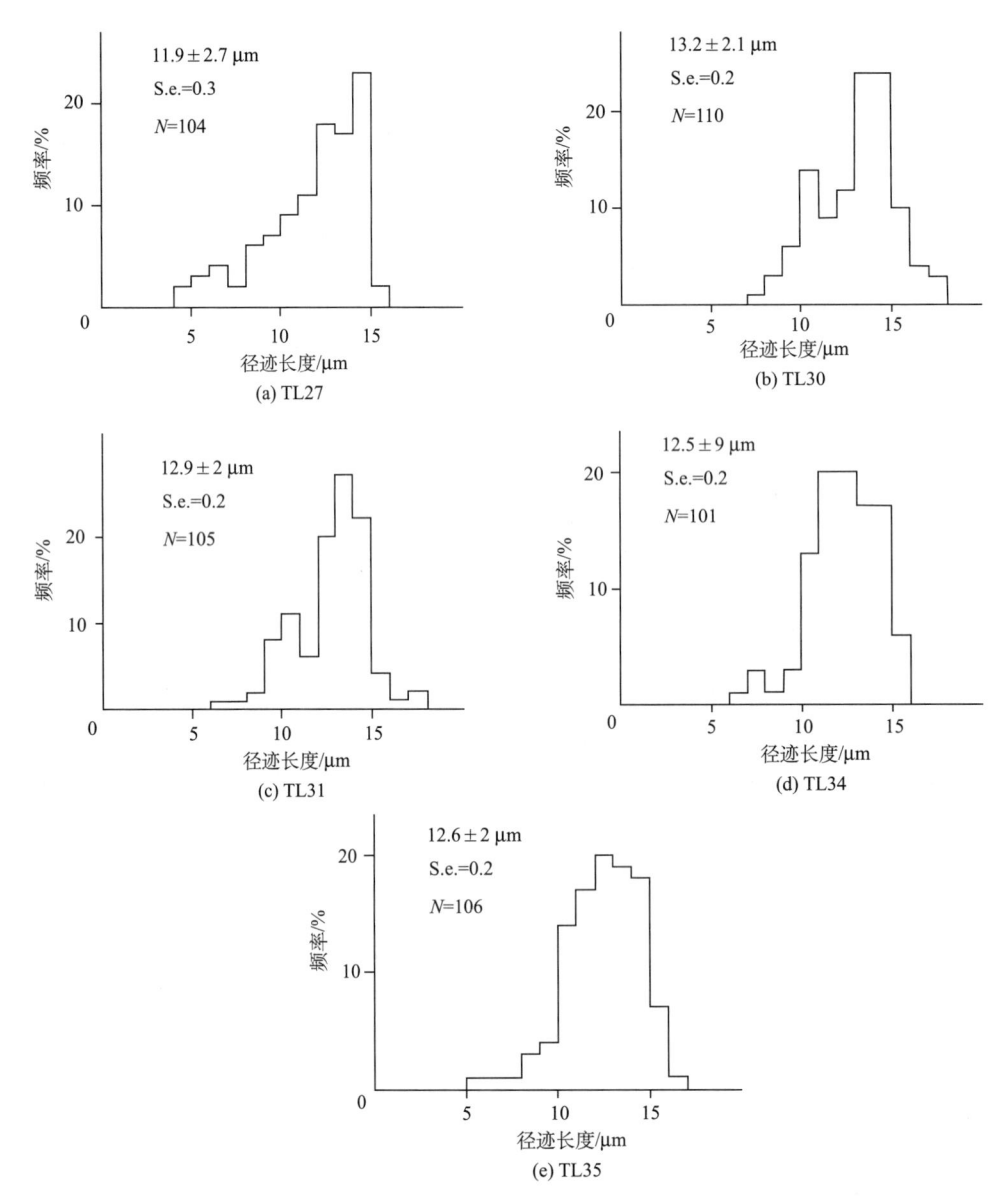

图 2.36　盆地北部库米什磷灰石裂变径迹长度分布图

S.e.为标准偏差

3. 构造抬升事件探讨

盆地北缘径迹分析显示存在五期构造时间，分别为早白垩世晚期—晚白垩世、古新世、始新世中期、渐新世中期和中新世。通过分析将盆地北缘中生代构造抬升活动划分为 68~73 Ma（晚白垩世晚期）和 114~130 Ma（早白垩世晚期）两个幕次。

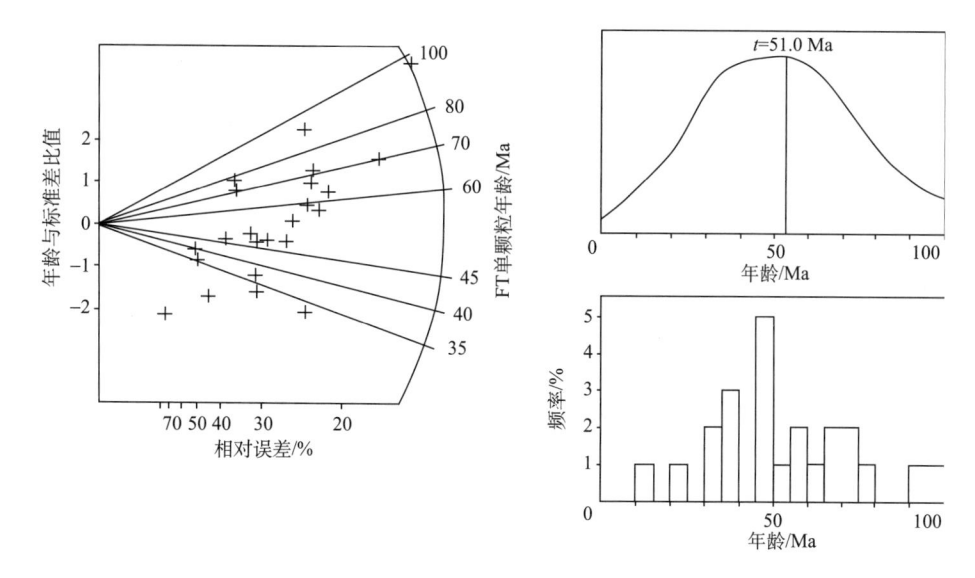

图 2.37 TL27 磷灰石雷达图、年龄频率直方图和高斯拟合图

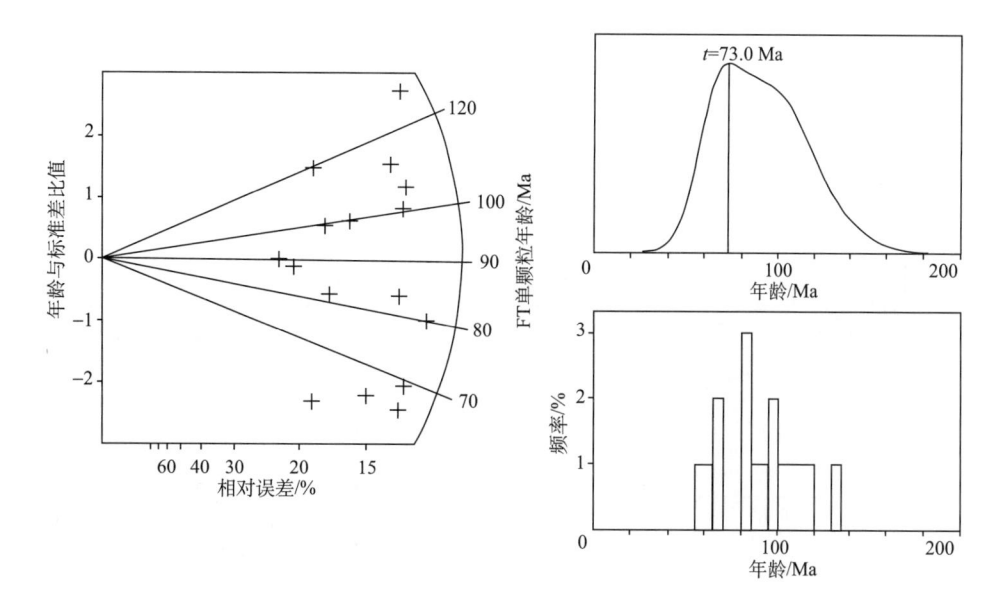

图 2.38 TL30 磷灰石雷达图、年龄频率直方图和高斯拟合图

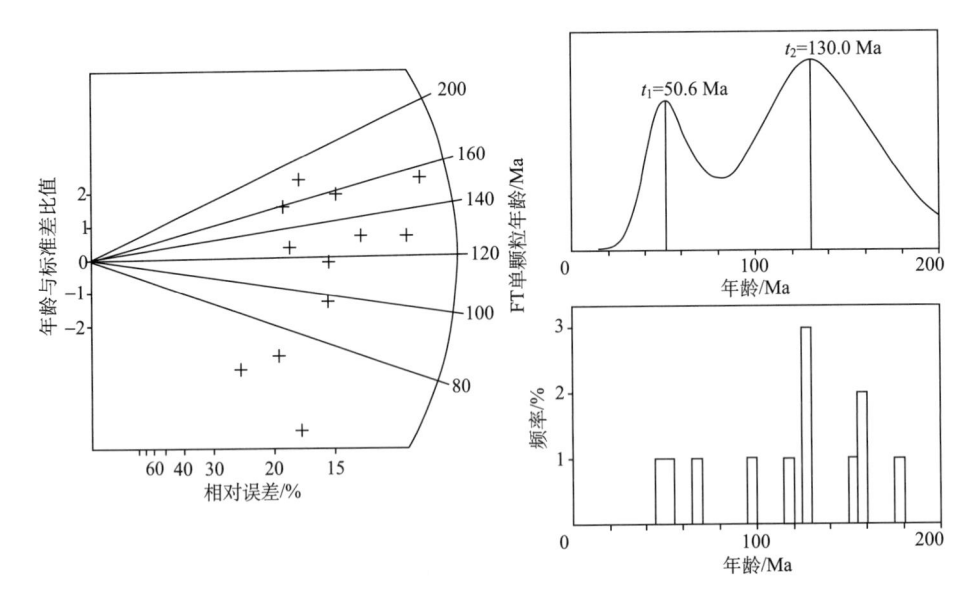

图 2.39　TL31 磷灰石雷达图、年龄频率直方图和高斯拟合图

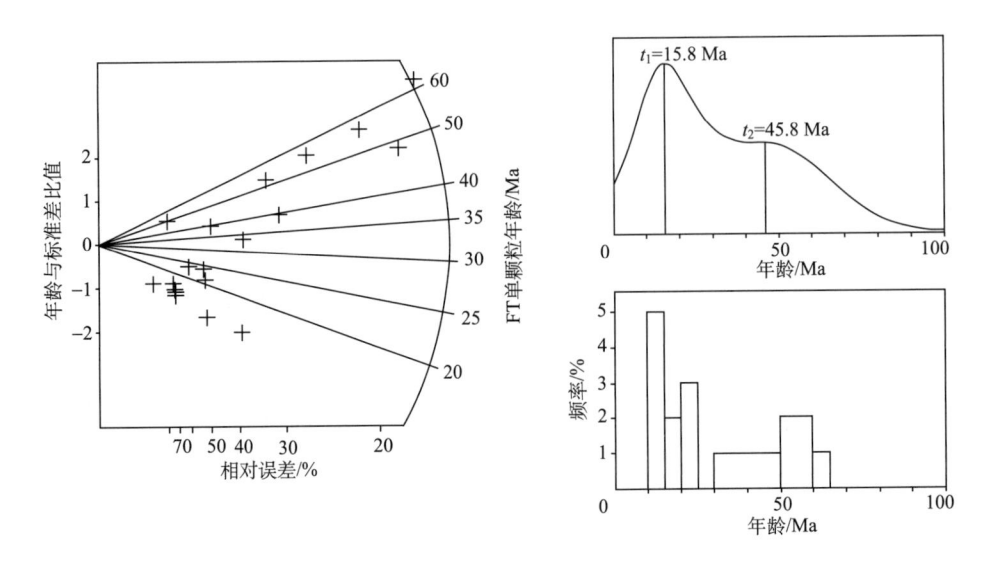

图 2.40　TL34 磷灰石雷达图、年龄频率直方图和高斯拟合图

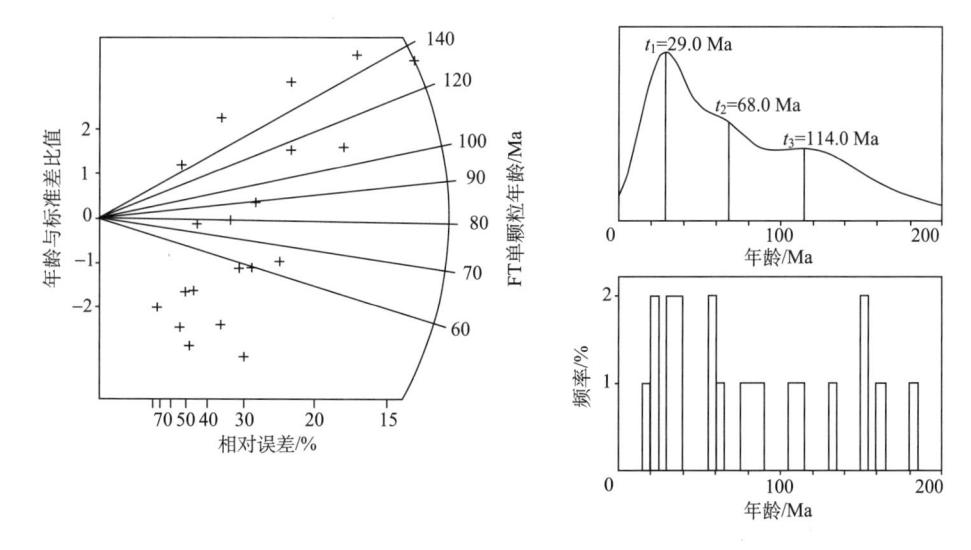

图 2.41 TL35 磷灰石雷达图、年龄频率直方图和高斯拟合图

三、总 体 特 征

（一）磷灰石年龄特征

焉耆盆地周边露头区共有 23 件磷灰石裂变径迹年龄测试结果，中生代年龄明显集中在 101~130 Ma 和 66~99 Ma 两个年龄段（图 2.42），新生代年龄主要集中在 37.5~55 Ma。

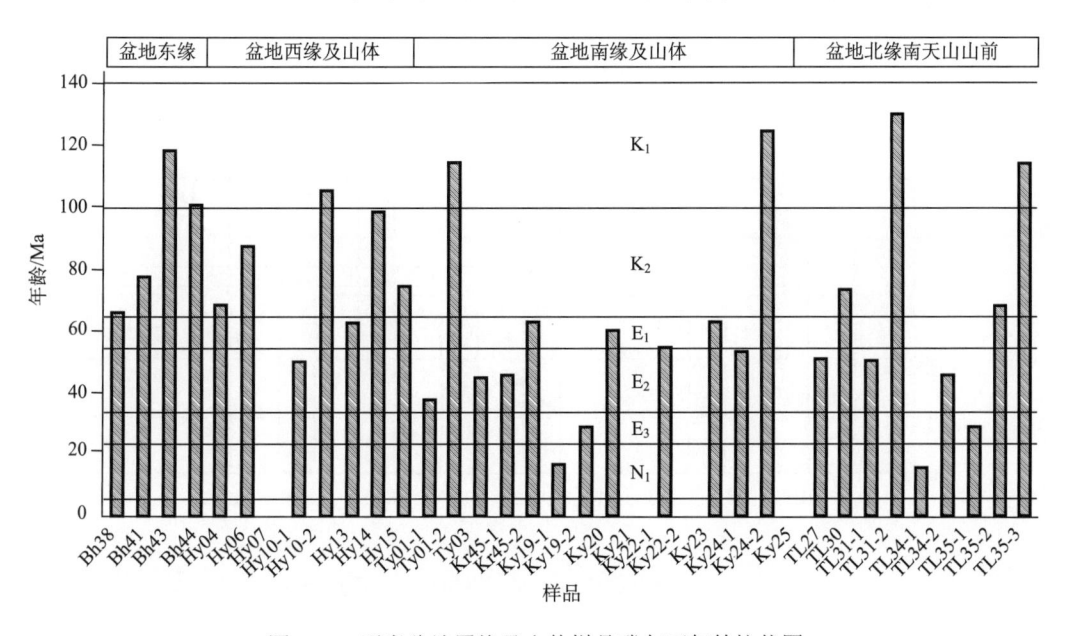

图 2.42 焉耆盆地周缘及山体样品磷灰石年龄柱状图

1. 101~130 Ma（早白垩世中晚期—晚白垩世）

处于这一区段的年龄数据有 7 个。其中，1 个分布于盆地西缘霍拉山山前哈满沟地区，年龄为 105.5 Ma；2 个分布于盆地北部乌什塔拉，年龄为 114~130 Ma；2 个分布于东部库米什，年龄集中在 101~118 Ma；2 个分布于盆地南缘及山体，年龄为 114~124.4 Ma。从样品年龄来看，盆地北缘乌什塔拉红山地区年龄最大，南部库鲁克塔格山山体年龄次之，盆地西缘霍拉山山前哈满沟地区年龄最小。

2. 66~99 Ma（晚白垩世晚期）

处于这一区段的年龄数据有 7 个。除盆地南缘及山体年龄没有在此区间外，盆地北缘、西缘及山体和盆地东缘样品年龄都集中在 66~99 Ma。

3. 37.5~55 Ma（始新世）

盆地周缘除东部边缘裂变径迹年龄不在此时间范围内外，北部边缘有 3 个年龄集中在 45.8~50.6 Ma 中，西部边缘有 1 个，年龄为 50 Ma，南缘有 3 个年龄，集中在 37.5~55 Ma。

（二）锆石年龄特征

焉耆盆地周缘锆石有 8 件样品，3 件分布于盆地西缘霍拉山及山前，5 件分布于南缘霍拉山及山前。从年龄特征看（图 2.43），中生代各时期都有分布，西缘和南缘 4 件样品年龄分布于三叠世（200~250 Ma），南缘 1 件样品年龄分布于中侏罗世晚期（162.5 Ma），西缘和南缘分别有 1 件（130 Ma）和 3 件样品年龄分布于早白垩世中晚期（100~137.5 Ma）样品。

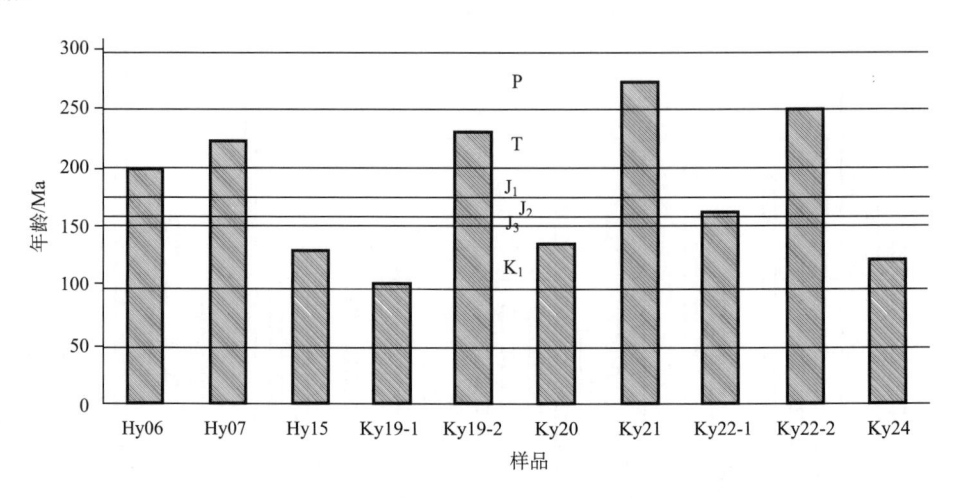

图 2.43 焉耆盆地周缘及山体锆石年龄柱状图

（三）盆地周缘构造特征

通过对盆地周缘及山体裂变径迹研究发现，构造运动具有多幕次的特征。中生代焉耆盆地周边构造运动存在两个幕次：晚三叠世、早白垩世中晚期—晚白垩世；新生代存在四个幕次：古新世、始新世、渐新世和中新世。中生代南缘构造运动相对比较复杂，但早白垩世中晚期—晚白垩世构造运动是盆地周缘地区的共性，说明中生代燕山运动晚期是盆地周缘构造运动的一个重要时期，不仅造成中上侏罗统及白垩系遭受严重剥蚀，也是这些地区在整体表现为南强北弱的双向挤压最重要的一次变形期。周缘山体除库鲁克塔格山和霍拉山在晚三叠世末可能局部隆升外，余者都是沉降区；燕山运动晚期山体开始隆升，但是存在差异性，早白垩世中期，北缘山体开始隆升，其次是南部库鲁克塔格山隆升，接着是西部霍拉山隆升；至晚白垩世盆地周缘山体整体开始剧烈隆升。

四、盆地周缘山体抬升速率

通过前面对裂变径迹年龄和长度的分析，对盆地西南缘、盆地北部、东部的抬升时限与期次进行了探讨，为了进一步研究抬升的具体细节，利用"封闭温度结合古地温梯度法"计算其抬升速率。必须先确定3个参量：① 矿物的封闭温度，磷灰石裂变径迹的退火温度为60~120 ℃，参考多数专家的做法，本书取其为110 ℃；锆石的温度为200±50 ℃，此处取200 ℃；② 地温梯度，焉耆盆地中生代的古地温梯度较高，一般为3.5 ℃/100 m；③ 年平均地表温度，根据气象观测记录，焉耆盆地现今年平均气温为7.9 ℃，现今地表恒温层温度取10℃。对同一露头样品的磷灰石和锆石年龄综合分析，也可以计算地史上某一时期的相对抬升速率。这里需要说明的是，表2.1中相对抬升速率指同一样品锆石年龄到磷灰石年龄这一时期的抬升速率，后期抬升速率指的是磷灰石年龄以后的抬升速率（表2.1）。

表 2.1 盆地周边抬升速率分析

样号	采样位置	抬升速率/(m/Ma)	样号	采样位置	抬升速率/(m/Ma)	样号	采样位置	抬升速率/(m/Ma)
Ty01	哈满沟	40.8	Bh38	库米什白虎山	38.6	TL27	乌什塔拉红山	52.9
Hy10		30.4	Bh41		37.1	TL31		25.5
Hy13		30.4	Bh43		24.2	TL35		31.9
Hy14		28.9	Bh44		28.3			

从库鲁克塔格山、霍拉山抬升速率分析图看（图2.44），抬升速率曲线整体具有一定的规律性，即均为早期缓慢抬升、晚期快速抬升的特点。并且其后期抬升幅度基本相同，在2850 m左右，可以看出库鲁克塔格山、霍拉山在晚期抬升-冷却方面不存在明显的差异。霍拉山大规模抬升的时间稍晚于库鲁克塔格山，其大规模抬升的时限应当是晚白垩世，抬升速率为32.8~38.1 m/Ma。早白垩世中晚期、古新世—始新世应当是库鲁克塔格

山大规模抬升的时限，抬升速率为 39~47 m/Ma，库鲁克塔格山后期抬升速率稍大于霍拉山。

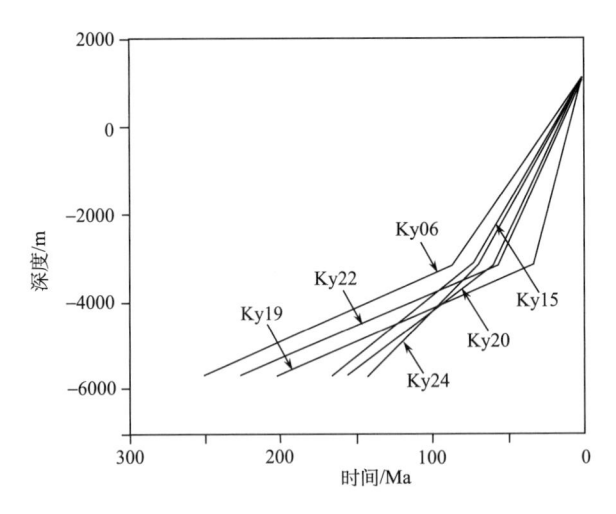

图 2.44 库鲁克塔格山、霍拉山抬升速率分析图

从表 2.1 可以看出，盆地周边抬升速率为 24.2~52.9 m/Ma，去掉一个最大值和最小值，其抬升速率的平均值为 32.4 m/Ma。抬升速率不是很大，整体表现为一个比较缓慢的抬升过程。贾承造等（2003）通过次方法计算库车拗陷晚白垩世的抬升速率为 37.8~45.3 m/Ma；Hendrix 等（1992）分析得到的库车河捷斯德里克背斜一带隆升速率为 35 m/Ma。这三组数据都较为接近，因此作者认为早白垩世中晚期—晚白垩世抬升事件在库车拗陷与焉耆盆地周边没有十分明显的差别。

第二节　盆地周缘推覆构造

目前，造山带逆冲推覆构造研究是造山带研究中最为重要的内容之一，也是解析造山带结构与组成及其时空演化过程与动力学机制的关键。

逆冲推覆构造研究自 19 世纪晚期以来已有 100 多年的历史，曾掀起过两次高潮。第一次在 19 世纪末期，以研究造山带内逆冲推覆构造为中心，第二次在 20 世纪 70~80 年代，以前陆褶皱冲断带为主题。进入 90 年代，逆冲推覆构造研究已将造山带内结晶逆冲构造与造山带外带即前陆褶皱冲断带结合起来，不再区别成并不相关的两类构造带。

中国学者从 20 世纪 80 年代初就开始对秦岭、大别山、龙门山、雪峰山、天山等造山带及其逆冲推覆构造进行研究，并取得了许多研究成果（郝杰、刘小汉，1988；吴文奎，1992；陈海泓等，1993；刘和甫等，1994 b；田作基，1995；舒良树等，1997；吴运高等，2000；杨克明等，2003；孙晓猛等，2004a，2004b；李仲东等，2006）；同时在逆冲推覆构造带找到油气，特别是在中国西部，如塔里木的库车拗陷逆冲断裂构造带发现了 9 个大中型油气田，探明 6000×10^8 m^3 天然气和近亿吨石油地质储量；准噶尔西北缘探明储量 13.9×10^8 t，吐哈盆地北缘勘探也取得了新进展。另外，在玉门青西拗陷的窟隆山推覆带下也获得了重大突破，发现了亿吨级大油田，三塘湖盆地南部山前推覆带也获得突破，控制储量近 $3000×10^4$ t。

对焉耆盆地推覆构造研究通过点、线、面相结合，兼顾深部及浅部构造特征为原则来研究其特征及演化。点即露头点，通过野外踏勘研究出露地层中的构造特征（主要是中生代褶皱特征）及地层接触关系；线即剖面，建立多条不同方向的剖面；面即在点和线研究基础上确定推覆构造的分布范围及特征；深部构造通过 MT 资料和地震剖面进行研究。在此基础上，同时兼顾前一节裂变径迹资料确定推覆体构造形成及演化特征。

一、褶皱构造

焉耆盆地周缘褶皱发育于盆地西缘和南缘山前地带侏罗纪地层中，褶皱形态差异较大，产状变化大，主要为斜歪背斜、直立不对称背斜、宽缓背斜和向斜。

斜歪背斜发育于盆地南缘孔雀河南部（图 2.45），三条平卧背斜呈近东西向平行排列，顶部紧闭，两翼西倾，东翼倾角为 35°，西翼倾角在 20° 左右，轴向北西西，轴面倾向南西，三条褶皱轴间距为 300~400 m，核心部位含有煤线。朱星南和杨惠康（1988）认为这三条褶皱经过后期构造叠加构成横跨褶皱。

图 2.45　焉耆盆地南部孔雀河南部斜歪背斜照片

直立不对称背斜发育于孔雀河北部侏罗纪地层中，以直立不对称背斜为特征。两翼地层产状变化较大，倾向总体为南西向，倾角为 55°~88°。紧靠孔雀河的背斜南翼缓（图 2.46），倾角为 55°；北翼陡，倾角为 88°，地层中含有多层煤线，再向北的背斜中不含有煤线。

向北于塔什店煤矿区发育宽缓背斜（图 2.47），东翼地层倾向北东，倾角为 35°。地层中不含煤线，顺层中夹有 4 层厚达 15 cm 的黑色泥岩。

该地区发育不对称向斜和宽缓向斜，不对称向斜其南翼陡立，北翼倾向北西，倾角变缓，为 20°~35°；宽缓向斜两翼倾角为 30°~45°（图 2.48），下部地层强烈揉皱。

盆地西南缘由南部孔雀河向北至塔什店煤矿褶皱形态从倒转褶皱向直立背斜最后为宽缓背、向斜转变，显示盆地南缘向北挤压程度降低。

图 2.46　焉耆盆地南部直立不对称背斜照片

图 2.47　焉耆盆地南部塔什店宽缓背斜照片

图 2.48　焉耆盆地南部塔什店宽缓向斜照片

二、电性（MT）剖面特征

（一）电阻率剖面特征

目前，二维反演电阻率剖面能较准确地反映地层沿测线的起伏形态和纵向上地电结构的变化特征。焉耆盆地共布置 5 条电阻率剖面（图 2.49），剖面整体分为三段（图 2.50），剖面西南部电阻率值由浅到深逐渐增大，深部高阻等值线呈斜坡状由西南向北东抬升，在此背景上显示有局部异常，电性基底埋深由 4000 m 到数百米，反映孔雀河斜坡的电性特征。剖面中部电阻率等值线呈现高阻团块电性特征，高阻等值线出露地表，呈现为基底隆起区。剖面北东部在 2、3、4 测线显示另一沉积凹陷的存在，电阻率剖面上呈现出相对高阻（高阻）、低阻、高阻的电性特征，电阻率值约 10 Ω·m，剖面西南部电阻率值仅 1 Ω·m。依据统计的电性特征，剖面西南的低阻可能主要是古近系的反映，北东部的低阻主要是中生界的反映。电阻率等值线剖面图上出现的等值线密集带或扭曲的变化，反映了断裂的存在，如不同构造部位的分界处。

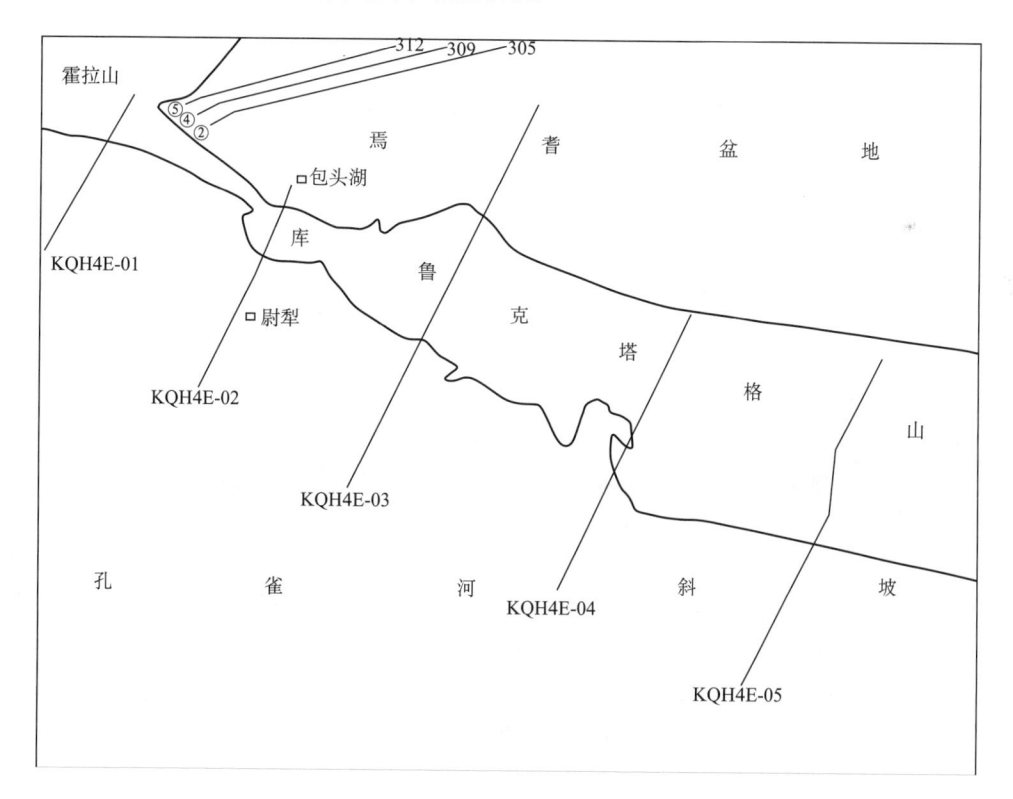

图 2.49 MT 剖面位置图

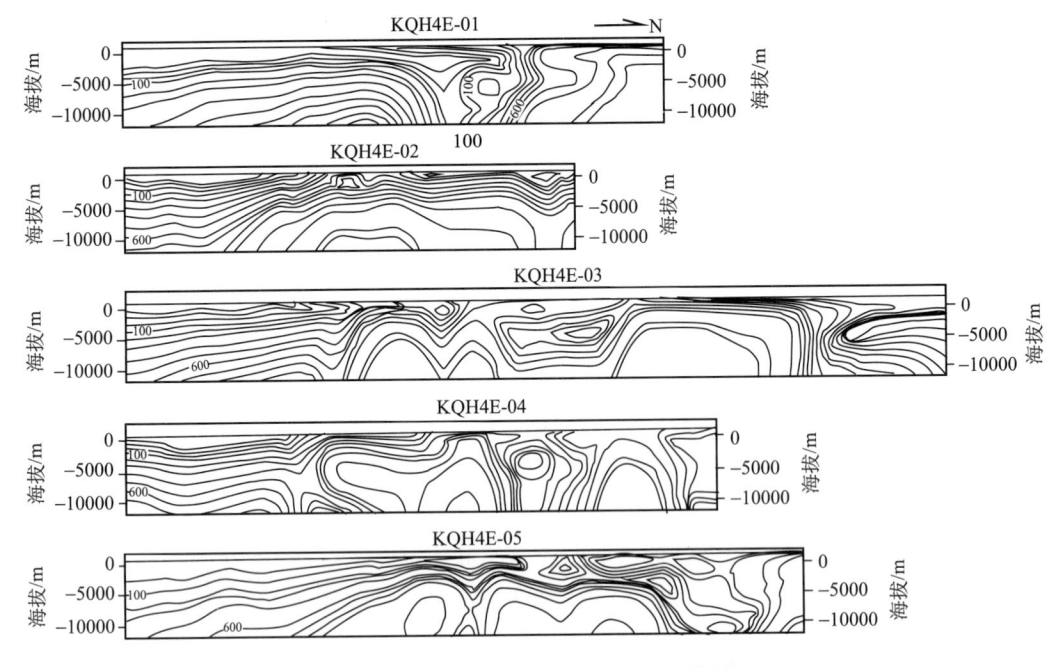

图 2.50 电阻率剖面图（据河南油田资料）

孔雀河斜坡电性上表现为层状特征，电阻率值由浅到深逐渐增大，由浅至深可分为表层高阻层、低阻层、次高阻层和高阻层，低阻层、次高阻层及高阻层在本区比较连续，呈现一个由各电性层总体呈现西南低、东北高的斜坡，电性基底埋深由西南向北东由 4000 m 到数百米，反映孔雀河斜坡呈东北向西南倾斜的单斜构造，其北端隐伏于库鲁克塔格断隆之下。孔雀河斜坡表层高阻层对应于第四系；低阻层对应于古近系，厚度为 1500~2000 m；次高阻层的顶部对应于中生界，厚度小于 500 m，西南厚、东北薄，斜坡北部低阻层向次高阻层的过渡段电阻率由低增高比较快，显示中生界由南向北尖灭，尖灭线北西西向展布在山前一带；次高阻层的主体对应于古生代地层，厚度为 2000~3000 m；高阻层对应于元古界及下覆地层，高阻层为元古界的反映，顶面埋深为 1500~5000 m。

库鲁克塔格电阻率等值线呈现高阻团块电性特征，高阻等值线出露地表，反映元古界基底埋藏很浅，大部分已出露地表。

焉耆盆地南部显示为一沉积凹陷。电性呈层状的特征，由浅至深可分为表层低阻层、相对高阻层、下低阻层和高阻层，呈略向南倾的斜坡，南端隐伏于库鲁克塔格断隆之下。表层低阻层对应于第四纪地层，厚度小于 300 m；相对高阻层对应于古近纪和新近纪地层，厚度在 1000 m 左右；下低阻层对应于中生代地层，厚度为 2000~2500 m；基底高阻层对应于前中生代地层，顶面埋深为 5000~6000 m，呈现南深北浅的斜坡。

（二）剖面地质结构特征

根据本地区 MT 电阻率剖面上所反映出断裂的电性信息，并结合以往对该地区重力资料和地质结构的认识，研究焉耆盆地南缘地质结构特征。剖面总体显示，焉耆盆地南缘中新生代地层被库鲁克塔格北部断裂截断（图2.51），地层顺着断裂下插趋势明显且强烈。KQH4E-03剖面中显示焉耆盆地南缘发育两个断块，南部断块仅发育新生代地层，北部断块地层发育较全。库鲁克塔格与两边盆地呈逆冲推覆接触，分别向南、向北逆冲推覆于孔雀河斜坡和焉耆盆地南部之上，向孔雀河斜坡推覆距离达2~5 km，向焉耆盆地南缘推覆距离达6~18 km。孔雀河斜坡呈南倾的斜坡，早古生代地层向北逐渐减薄，北部被库鲁克塔格南缘断层截断；中生代地层较薄，由南向北逐渐减薄；古近系、新近系和第四系厚度比较稳定，到山前被库鲁克塔格南缘断层截断，并存在向库鲁克塔格山下插的趋势。

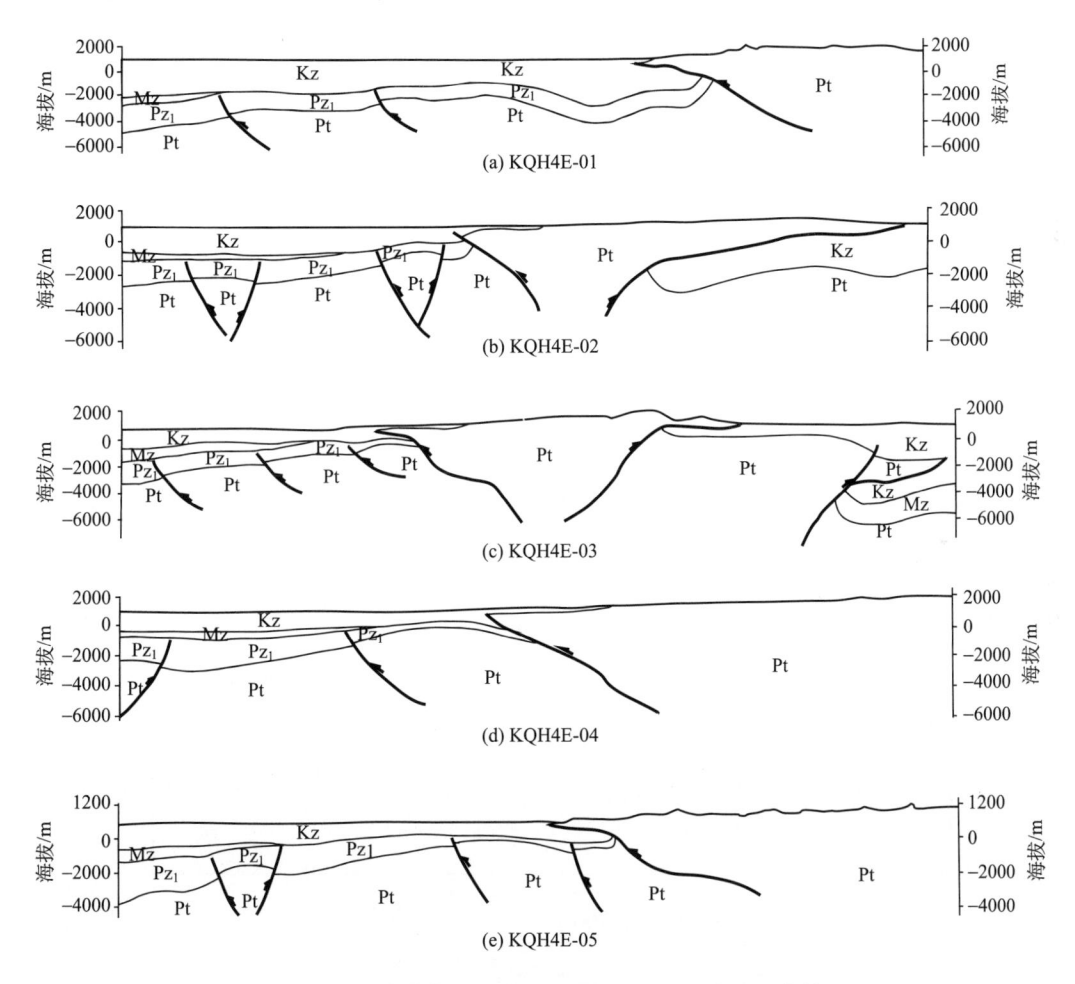

图2.51 库鲁克塔格南北缘地质结构图（据河南油田资料）

但是，剖面电阻率特征与局部电阻率特征相结合，图2.52中解释的地质结构存在一些值得注意的问题。在库鲁克塔格山山体之下及其北缘焉耆盆地太古宇中包含了比其电阻率要低的地层，同时在山体北缘解释的新生界中包含了比其电阻率要高的地层，而在焉耆盆地钻井已证实西缘霍拉山之下存在中生界侏罗系，因此这些地层可能就是来自侏罗系；这些现象同样存在于库鲁克塔格山南缘孔雀河斜坡一带（图2.53）。

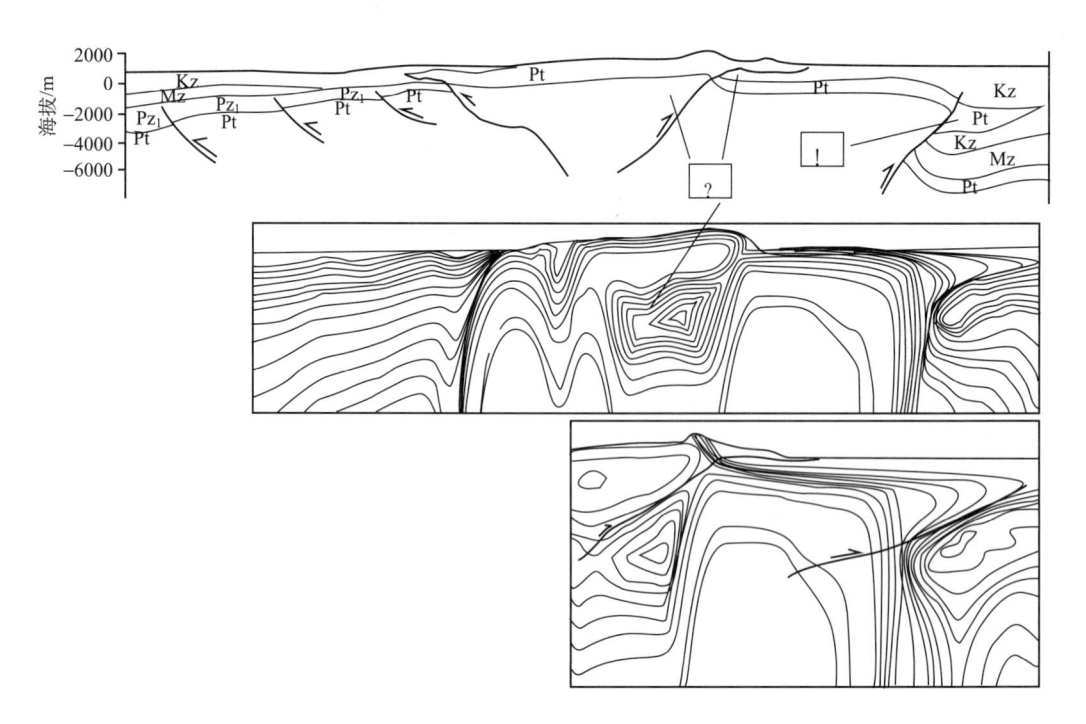

图 2.52　库鲁克塔格山北缘电阻率及地质结构剖面图

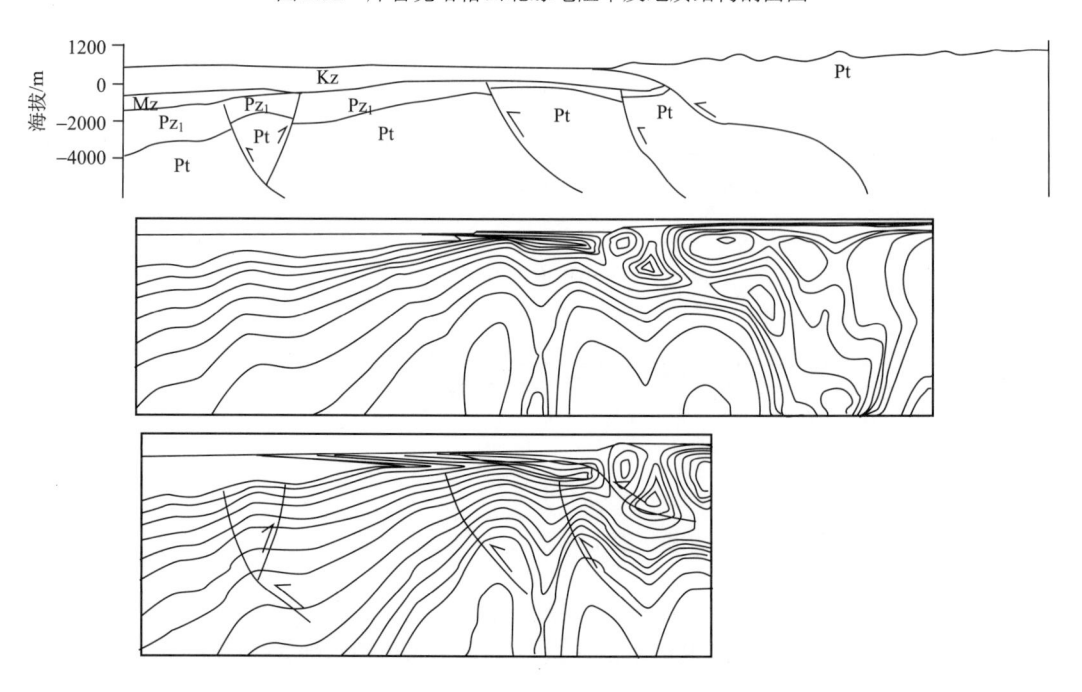

图 2.53　库鲁克塔格山南缘电阻率及地质结构剖面图

（三）断裂特征

焉耆盆地南缘断层走向均为北西或北西西，产状变化较大，断层上部产状缓，下部产状陡。在焉耆盆地南侧断层呈南倾的叠瓦状，南侧断裂错断了第四系和基底地层，北侧错断了古近系及新近系内部和基底地层，结合盆地及周缘地区裂变径迹分析，断裂活动时间是中生代末至新生代；而北部断块之上又有新生代地层覆盖，说明北部断块比南部断块活动时间短。库鲁克塔格前中生界强烈推覆到焉耆盆地南缘中新生界之上，说明推覆体由南向北推覆。

在孔雀河斜坡断层走向为北西或北西西，但倾向有变化，主体向北倾，也有南倾，形成背冲式断裂。在库鲁克塔格山前断层产状上部缓下部陡，盆地内部断层产状变化不大，但比山前断层产状要陡。孔雀河斜坡断层形成时间不同，山前断层错断基底和新生代地层，断层活动于前中生代和新生代；盆地内部断层仅错断基底地层和早古生代地层，说明断层活动于前中生代，断层没有达到中生代地层说明孔雀河斜坡在中生代可能处于稳定沉积阶段。电阻率剖面上等值线呈"S"形扭曲变化，反映古生界次高阻层和盆地基底高阻层由北向南突起，说明断裂由北向南逆冲。

三、推覆构造

为了更清晰地反映和深入研究焉耆盆地推覆构造的特征，在盆地西缘制作了7条剖面（图2.54）。

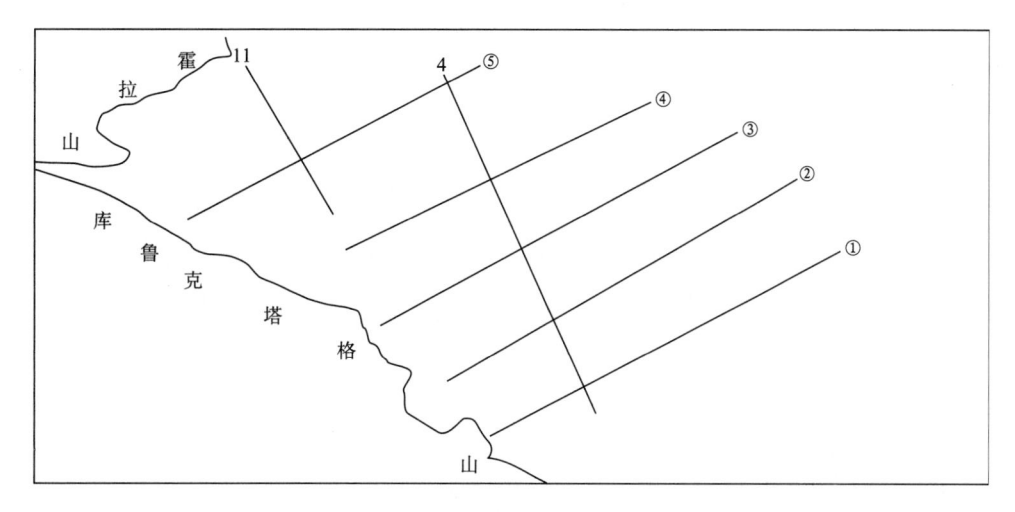

图2.54 焉耆盆地西部地区构造剖面位置图
①~⑤. 剖面编号（见图2.58）；4, 11. 剖面编号（见图2.61）

（一）南缘逆冲推覆构造特征

1. 平面特征

南缘推覆构造从巴州煤矿向东呈北西向沿山体平行展布（图 2.55），逆冲推覆断裂系走向为北西向，倾角 30°~40°。推覆体岩性为太古界大理岩、片岩，以及元古界片岩和片麻岩等中深变质岩，片理和节理发育，片理南倾，倾角变化较大，为 30°~85°。推覆体元古界杨吉布拉克群片岩中发育小揉皱和旋转碎斑、轴面劈理、长英质岩脉受力流变成肠状褶皱或发生细颈化现象，这是处于较高的温压环境下变为高韧性体受到挤压剪切作用下形成的复杂变形。

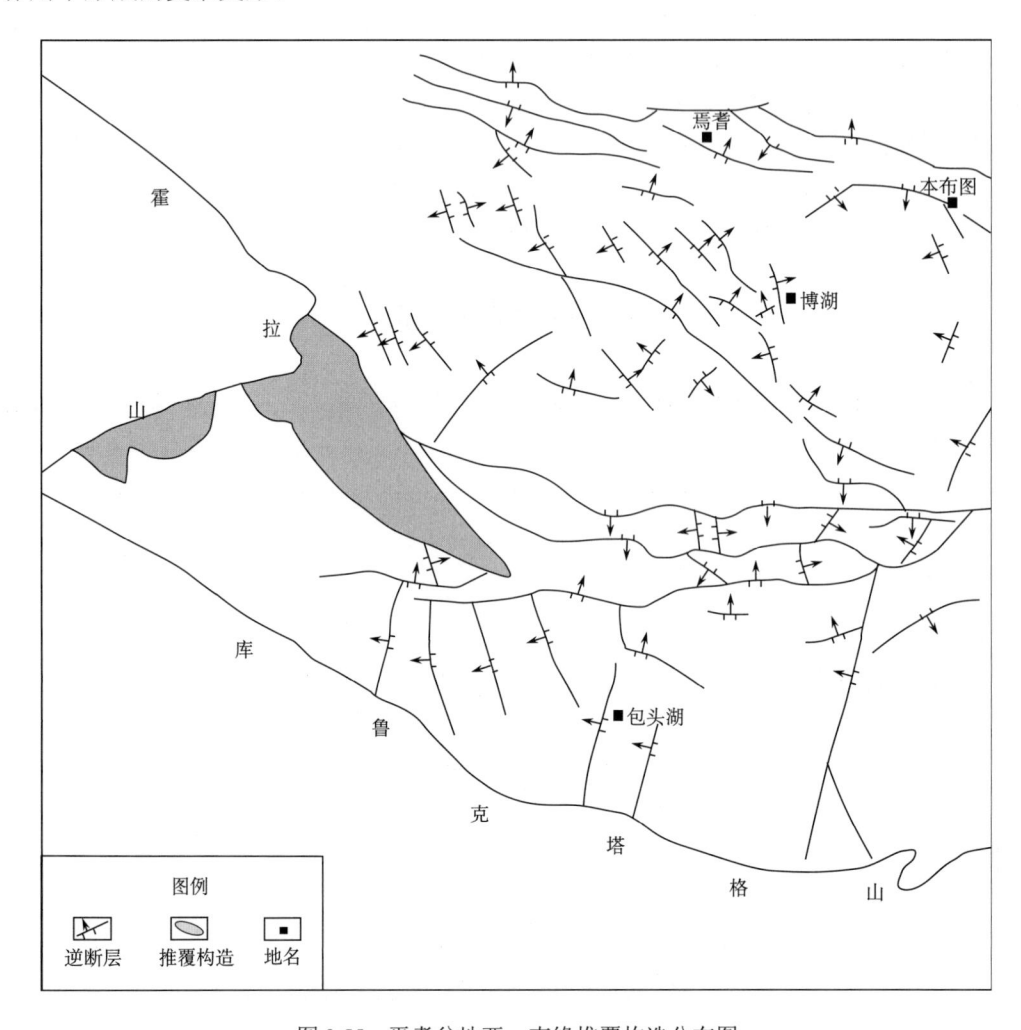

图 2.55 焉耆盆地西、南缘推覆构造分布图

盆地南缘推覆体与中新生代地层呈断层接触，元古代地层逆冲到第四纪和侏罗纪地层之上（图 2.56，图 2.57）。其中，塔什店南部山前元古代地层逆冲到第四纪地层之上，断层走向北东，向南倾，倾角为 30°；在库鲁克塔格山东部太古代地层逆冲推覆至侏罗纪地层之上，断层走向北西，南倾，倾角为 38°。逆冲推覆体作用强烈，由南向北逐渐减弱；孔雀河南部逆冲到地表的侏罗纪地层在孔雀河南部形成平卧褶皱，盆地东南部山前侏罗纪地层节理密集发育，岩层顺着倾向依次向北下错，形成台阶形状，侏罗纪形成的褶皱具有多期叠加现象；向北，侏罗纪地层出露在孔雀河北部形成紧闭背斜；至塔什店煤矿地区出露的侏罗纪地层转变为宽缓的背斜、向斜。

图 2.56　焉耆盆地南缘推覆构造照片

2. 剖面特征

剖面中，南缘切穿侏罗系和新生界的逆冲推覆断层多数南倾，少量北倾。推覆体及推覆作用存在差异（图 2.58）：南部由基底卷入型的厚皮构造和盖层卷入的薄皮构造组成，推覆作用强烈，形成复杂的构造；向北构造作用减弱，推覆体由薄皮构造组成；但接近西缘霍拉山时，推覆体由厚皮构造组成，至山前时推覆体由厚皮构造和薄皮构造组成，推覆距离变大。剖面中的厚皮构造前端断层倾角变化较大，断层上部倾角陡，向下变缓，底部近水平。

剖面中侏罗系与平面中侏罗系具有同样的变形特征，都是从南至北变形减弱，由紧闭褶皱变为宽缓褶皱。新生代地层由南向北也显示褶皱作用变弱。在北西向剖面中新生代地层和中生代地层存在削截现象，地层变形不协调，说明两者不是同期产物。

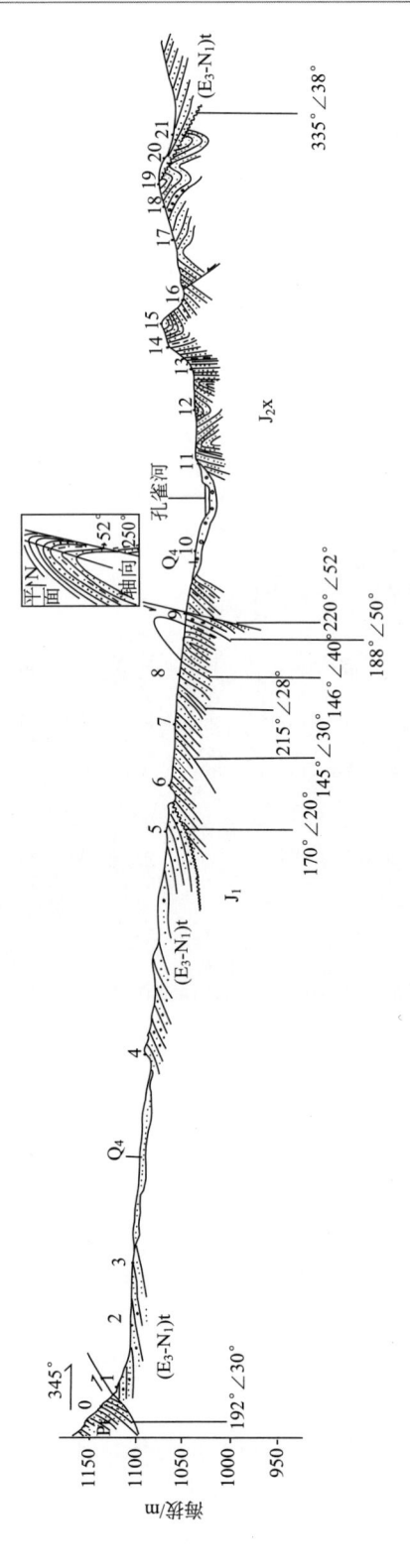

图 2.57 焉耆盆地南缘孔雀河野外剖面图

1~21. 测绳号

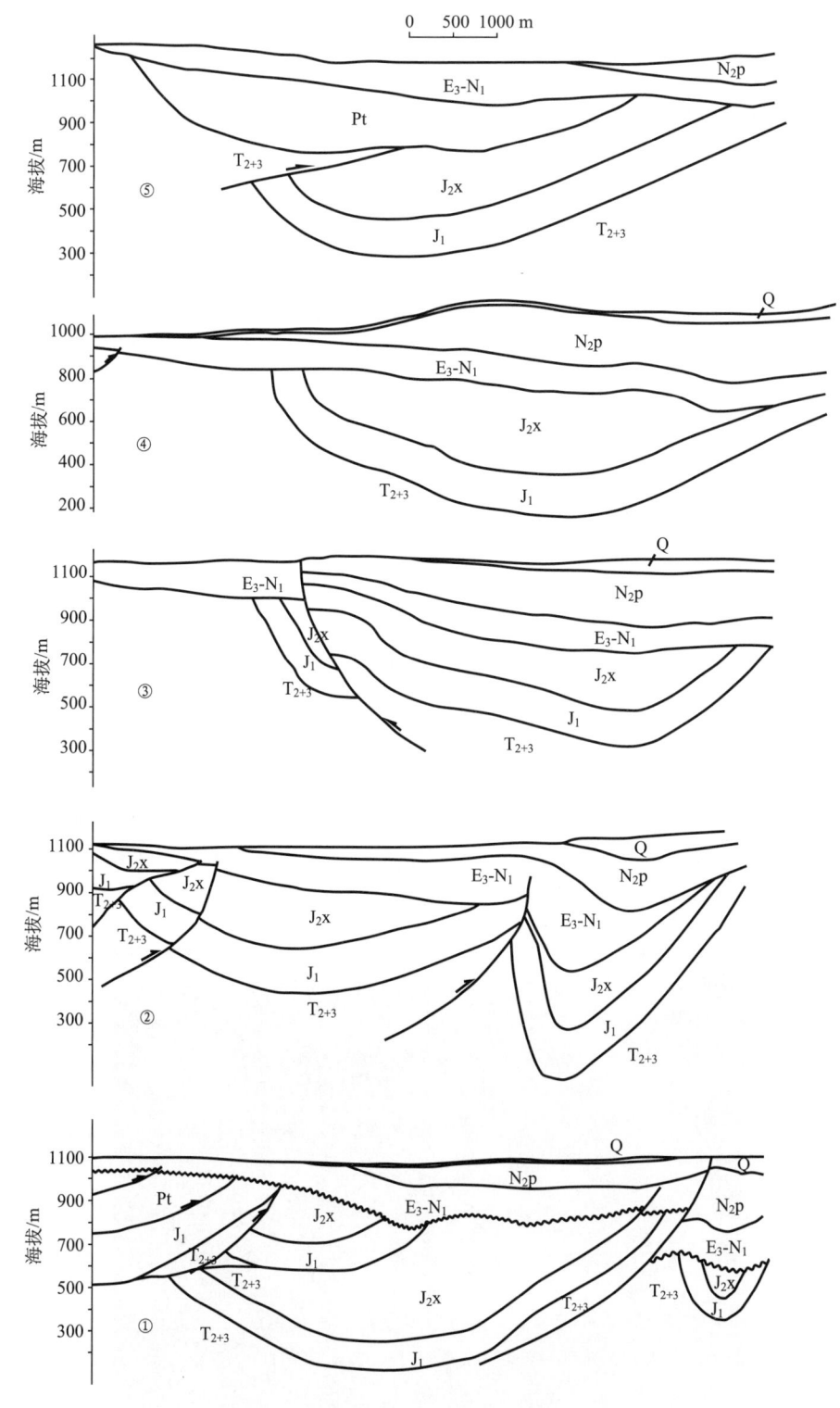

图 2.58 焉耆盆地哈满沟地区北东向构造剖面

①~⑤剖面位置见图 2.54

3. 南缘推覆构造活动特征

卷入推覆构造的中生代地层由于缺失白垩纪地层，仅凭地层接触关系不足以确定推覆构造于中生代形成的具体时间，但是根据裂变径迹特征确定中生代推覆活动主要活动于早白垩世中晚期—晚白垩世。

因此，根据平面特征及剖面中地层特征、断裂切穿中新生代地层、古近纪地层覆于削截的侏罗纪地层及新近纪晚期地层覆于削截的古近纪地层和裂变径迹年龄分析，焉耆盆地南部推覆构造活动分为三期：前中生代、早白垩世中晚期—晚白垩世、古新世至今。其中前中生代压剪作用形成深部的韧性剪切变形推覆构造，早白垩世中晚期—晚白垩世形成了以褶皱-冲断为特征的逆冲推覆构造；古近纪至今南天山快速隆升形成了以脆性断裂为特征的逆冲推覆构造。

（二）西缘逆冲推覆构造特征

1. 平面特征

为了更好地研究盆地西缘推覆构造，除利用煤田钻井的两条北西向剖面外，还将北东向三条剖面与盆地内部地震剖面相结合进行研究。盆地西缘推覆构造不是连片分布，其由两部分组成，即霍拉山南部的元古界杨吉布拉克群变质岩推覆体和位于阿买来附近与博湖凹陷的中央断裂隆起构造带（种马场构造带）叠加的海西期花岗岩推覆体。

焉耆盆地西缘出露的变质岩逆冲推覆断层走向复杂，呈反"S"形，倾向南西，倾角为20°~50°。推覆体为元古界杨吉布拉克群，岩性为片岩和片麻岩等中深变质岩组成，片理发育，片岩中发育小揉皱（图 2.59，图 2.60），这是处于较高的温压环境下变为高韧性体受到挤压下形成的复杂变形。

图 2.59　焉耆盆地西缘杨吉布拉克群中的小揉皱

图 2.60　焉耆盆地西缘杨吉布拉克群中的片理

在盆地西缘霍拉山前元古界杨吉布拉克群逆冲推覆到古近系和新近系地层之上，倾向南东，倾角为 42°~50°，在哈满沟处形成飞来峰。盆地西缘中生代地层构造变形较弱，出露的地层呈单斜状，但在挤压作用下侏罗系砂岩呈透镜状，煤层中形成小揉皱。

海西期花岗岩整体呈南东向分布，推覆构造呈倒三角形的上宽下窄形分布，推覆体向东推覆，逆掩覆盖在中新生代地层之上。

2. 剖面特征

相比而言，西缘推覆构造相对简单，都是厚皮构造，由西向东构造变形减弱（图 2.61~图 2.64）。变质岩推覆构造推覆距离长，推覆体的早侏罗世地层在推覆过程中形成宽缓向斜，其西北方向侏罗纪地层呈单斜出露。远离霍拉山方向，被新生代地层覆盖的中生代侏罗纪地层表现为宽缓向斜。这说明推覆构造由西向东推覆，推覆作用逐渐减弱，构造变形变弱。

霍拉山前花岗岩推覆构造主要发育两组断裂，分别为北西和北东向，这些断层共同控制了花岗岩推覆构造特征。前一组较为发育，是主要断裂，控制了推覆构造的形态，其倾向为北东或南西，具有压扭性质（图 2.65）。主推覆体断裂（F_1）断面倾向南西，倾角上陡下缓，向深部变得更加平缓，海西期花岗岩由深到浅长距离推移，其下的中生代侏罗纪地层呈下插趋势。

3. 西缘推覆构造活动特征

霍拉山山前逆冲推覆构造可以确定为厚皮构造和逆冲-走滑构造型，北西段厚皮构造特征明显，南东段逆冲走滑构造型特征明显。

推覆构造的主断层切穿侏罗系、古近系和新近系，但中生代地层缺失上侏罗统和白垩系，只能确定推覆构造活动于中新生代。但是，根据地层变形及磷灰石裂变径迹分析显示霍拉山于早白垩世中晚期—晚白垩世隆升，强烈的推覆断裂应该于此时期形成。因此，中新生代推覆构造活动为早白垩世中晚期—晚白垩世和古近纪至今。

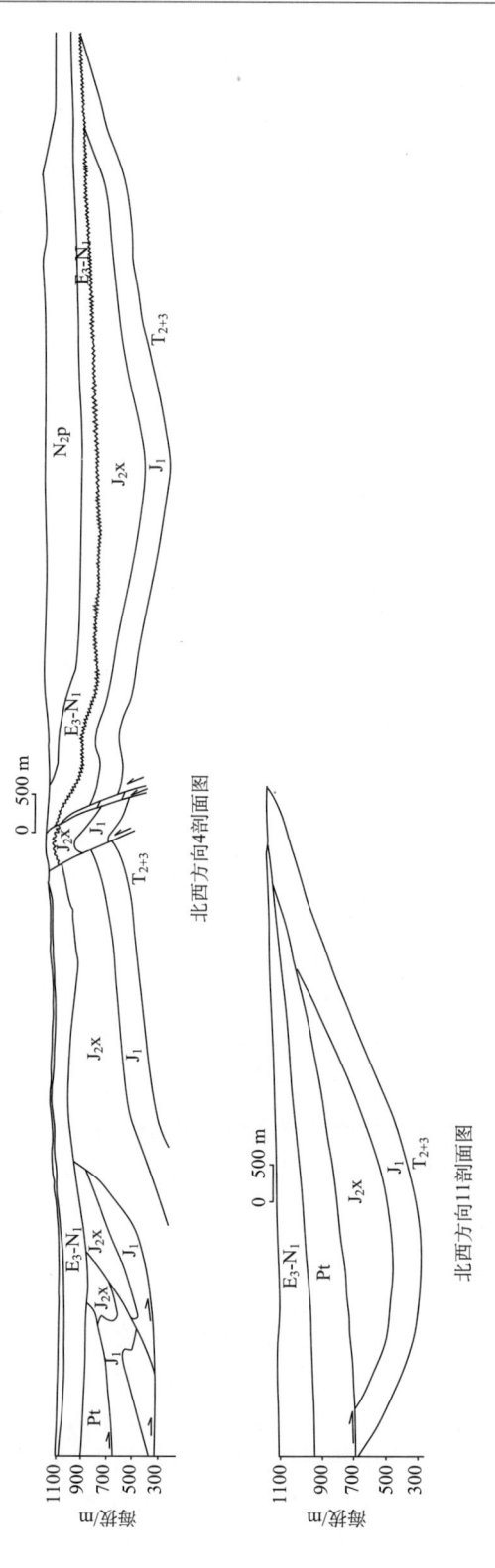

图 2.61 焉耆盆地西部北西向剖面图

剖面位置见图 2.54

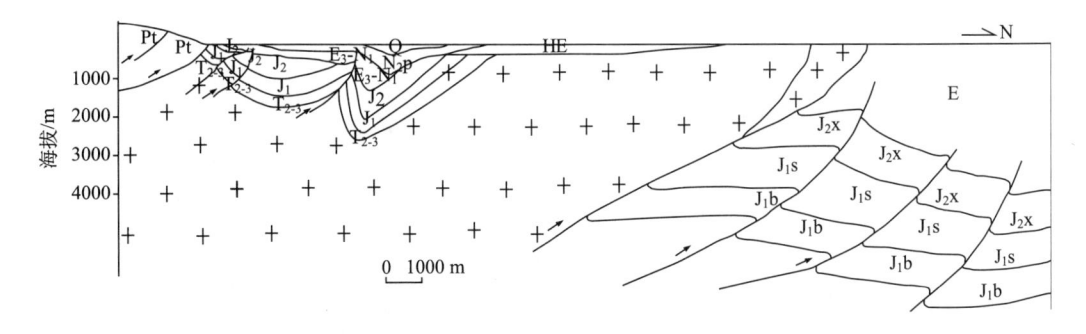

图 2.62 哈满沟地区北东向 2 剖面及 305 测线剖面图

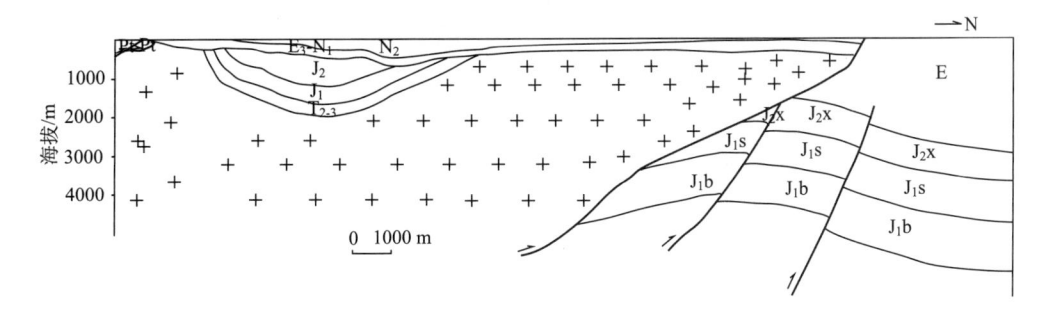

图 2.63 哈满沟地区北东向 4 剖面及 309 测线剖面图

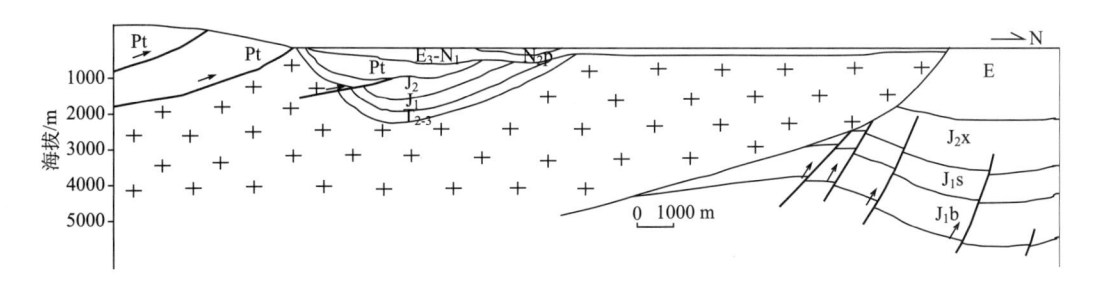

图 2.64 哈满沟地区北东向 5 剖面及 312 测线剖面图

由此可见，焉耆盆地西缘推覆构造由东向西推覆，其活动期次初步可划分为 3 期：前中生代深部挤压韧性变形；中生代早白垩世中晚期—晚白垩世以褶皱-冲断为特征的逆冲推覆构造；古近纪末至今南天山快速隆升形成了以脆性断裂为特征的逆冲推覆构造。

综上所述，中生代焉耆盆地推覆构造活动于早白垩世中晚期—晚白垩世，此时盆地南、北缘形成大规模的推覆构造（图 2.66），库鲁克塔格山北缘推覆构造向北推覆，霍拉山推覆构造向东推覆，南天山南缘向南推覆，盆地周缘山区大幅抬升，地层遭到严重的剥蚀和强烈的变形，库鲁克塔格山、南天山和博湖以北一带中生代地层几乎剥蚀殆尽。新生代推覆构造再次活动，表现为强烈的下插作用，中新生代地层向山体下部插入，在盆地南缘形成双层或多层结构（图 2.67，图 2.68）。

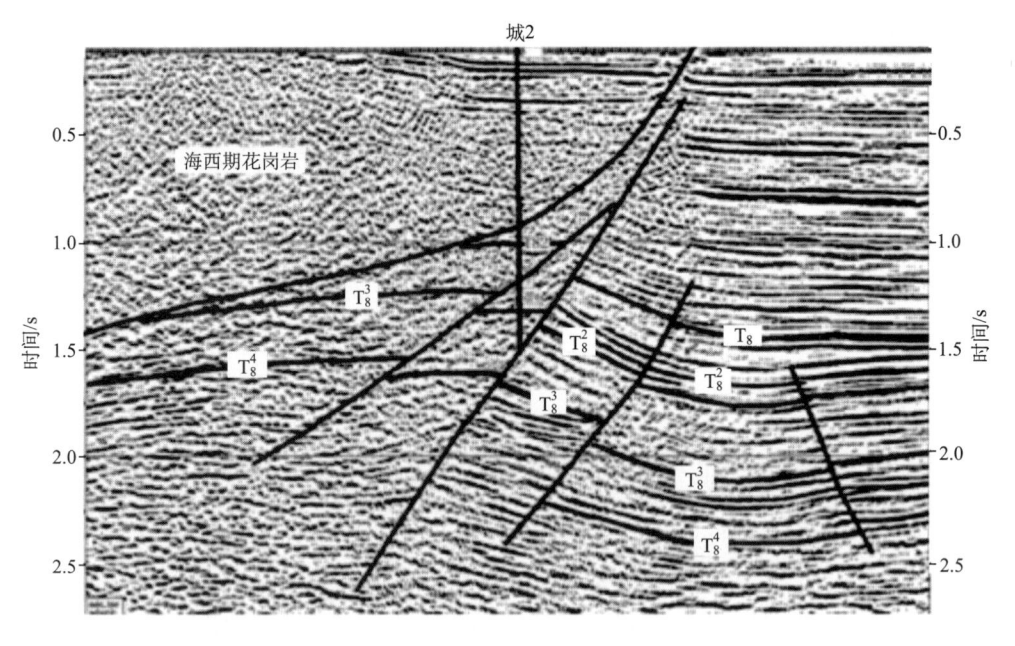

图 2.65　海西期花岗岩推覆体解释剖面图（据河南油田资料）

（三）焉耆盆地周缘推覆构造对南天山推覆构造的启示

焉耆盆地西、南缘推覆构造既有差异也有共性。差异表现在推覆构造组成和变形特征：南缘推覆构造既有薄皮构造，也有厚皮构造，构造变形强烈，在南缘形成双层或多层结构；而西缘推覆构造由厚皮构造组成，构造变形较弱，但叠覆特征明显。共性表现在两者活动时间相似，都存在三期活动，即前中生代、早白垩世中晚期—晚白垩世、古近纪至今。前中生代表现为深部挤压韧性变形；早白垩世中晚期—晚白垩世以褶皱-冲断为特征的逆冲推覆构造；古近纪至今南天山快速隆升形成了以脆性断裂为特征的逆冲推覆构造。但是，焉耆盆地周缘山体裂变径迹年龄显示，南缘山体抬升在先，西缘山体抬升在后，两地推覆构造发育时间是相继发生还是异期产物需要做更深入的研究才能厘定。

焉耆盆地周缘推覆构造并不是该盆地所特有的现象，它是天山隆升过程中的产物，并且它普遍存在于南天山山前。现今研究（舒良树等，1997）认为南天山推覆构造带由北向南分为三个带：拉尔敦-巴轮台厚皮冲断带、库米什推覆构造带及柯坪-库勒叠瓦冲断带。马瑞士等（1993）在横向上以阳霞为界分为东、西两段，西段由柯坪-库勒叠瓦冲断带（图2.69）、乌恰-迈丹推覆带、二乡-铁力买提推覆带和拉尔敦厚皮冲断带组成；东段由库米什推覆体、巴轮台推覆体和焉耆西、南推覆体组成。目前普遍认为南天山推覆体形成于两个时期：早期形成于前中生代中部，一般由深层次岩体和中深层次岩体组成，具有强烈的韧性变形特征；后期形成于中新生代，发育脆性断层。对于后期推覆构造活动期限没有做具体的研究及划分，仅笼统划分成中新生代。

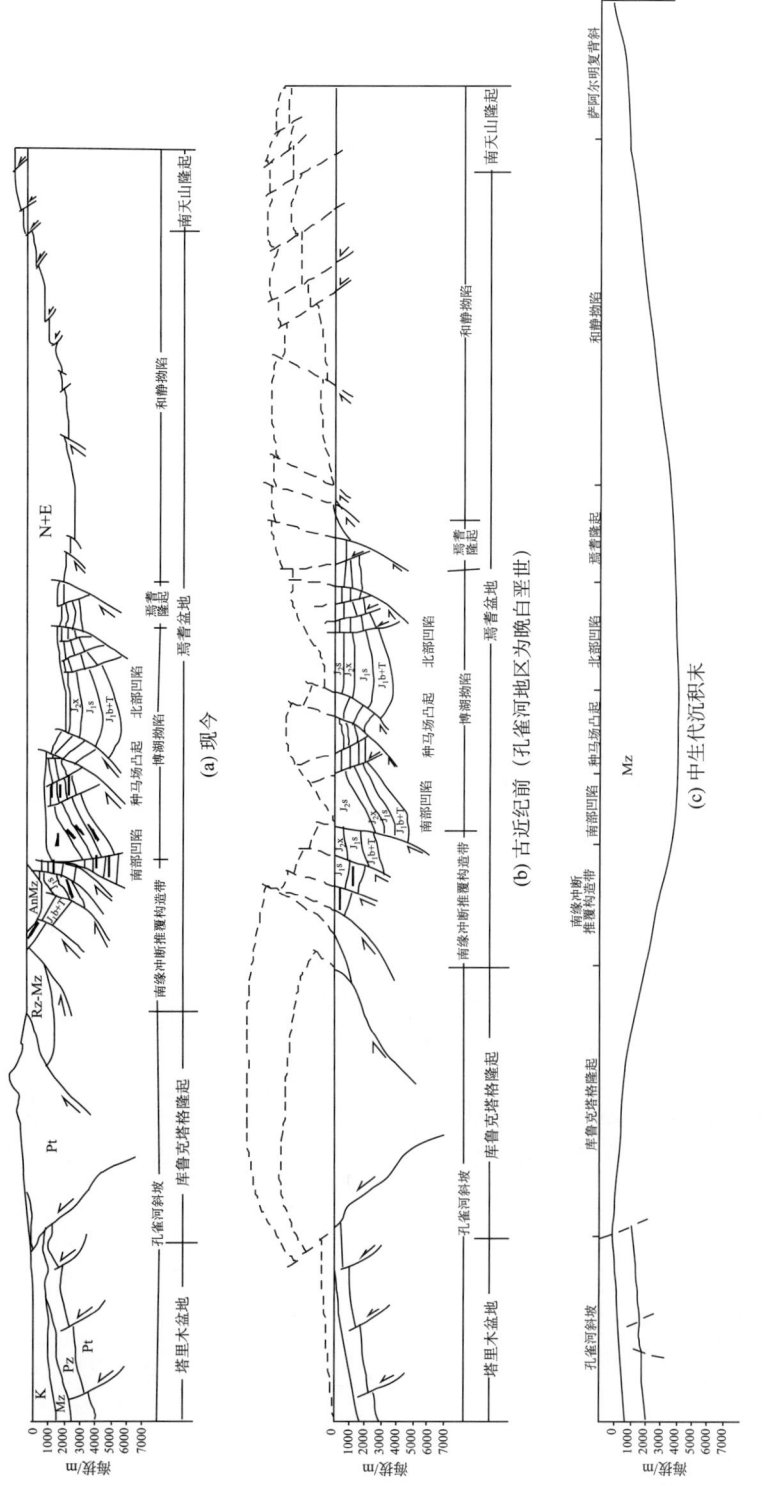

图 2.66 塔里木盆地（孔雀河斜坡）-库鲁克塔格山-焉耆盆地-南天山区域构造结构演化剖面图

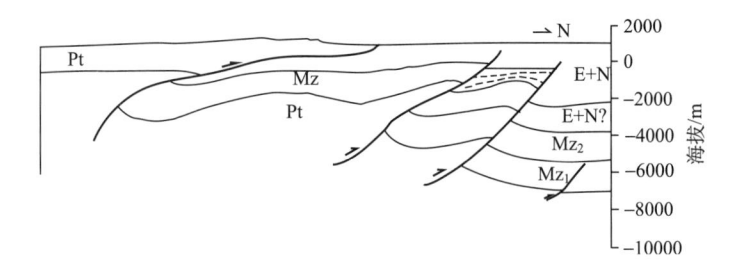

图 2.67　焉耆盆地南缘 KQH4E-02 北部推覆构造剖面图

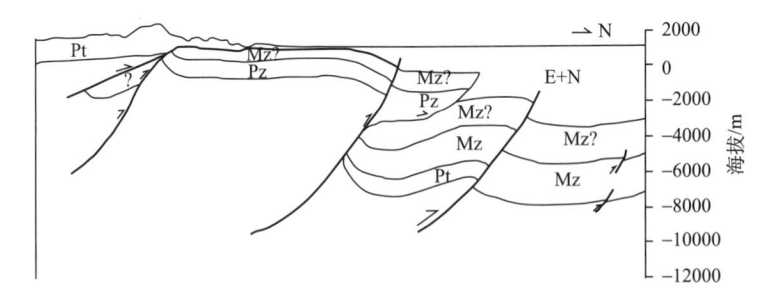

图 2.68　焉耆盆地南缘 KQH4E-03 北部推覆构造剖面图

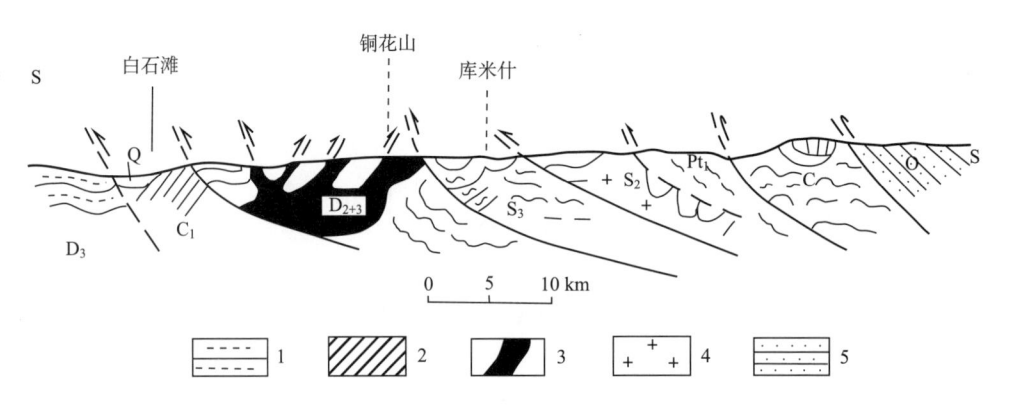

图 2.69　库米什铜矿山推覆构造（据吴文奎，1992）

1. 变质粉砂岩；2. 石英片岩；3. 蛇纹岩；4. 花岗岩；5. 砂岩

南天山山前推覆构造与南天山活动息息相关，作为南天山的山间盆地，焉耆盆地周缘推覆构造形成时间也是南天山山前推覆构造形成的时间。因此，南天山山前推覆构造形成于 4 个时期：二叠世塔里木地台与伊犁地体焊接造成了古天山的隆升，山前形成了以韧性剪切变形为特征的逆冲推覆体构造；早白垩世中晚期及晚白垩世新天山隆升，山前形成了以褶皱-冲断为特征的逆冲推覆构造；古近纪至今南天山快速隆升形成了以脆性断裂为特征的逆冲推覆构造。

第三章 焉耆盆地构造与改造

本章通过平衡剖面研究、张性构造证据及裂变径迹年龄分析对盆地构造与改造特征进行探讨。

第一节 盆地构造特征

一、断裂构造

焉耆盆地断裂构造较为发育,不同层系共发现大小断裂130余条,尽管这些断裂产状、性质不尽相同,规模悬殊,成因机制和发育历史各异,但仍有较为明显的规律可循(表3.1)。

表3.1 焉耆盆地主要断裂要素统计表

序号	断裂名称	性质	级别	断开层位	走向	倾向	延伸长度/km	垂直断距/m	形成时期
1	南缘断裂	逆		AnMz-Q	北西西	南倾	160	>6000	AnMz
2	种马场断裂	逆		AnMz-Q	北西西—东西—北东东	南倾	80	100~800	AnMz
3	种马场南断裂	逆		AnMz-E	北东东	南倾	60	100~150	AnMz
4	种马场北断裂	逆		AnMz-E	北西西—东西—北东东	南倾	60	500~1000	AnMz
5	焉南断裂	逆		AnMz-Q	北西西	北倾	150	50~300	AnMz
6	焉北断裂	逆		AnMz-E	北西西	南倾	90	50~200	AnMz
7	北缘断裂	逆	I	AnMz-Q	北西西	北倾	150	>3000	AnMz
8	本布图断裂	逆		AnMz-E	北西西	南倾	28	100~300	AnMz
9	西村断裂	逆		AnMz-E	北西西	南倾	20	50~100	AnMz
10	曲惠断裂	逆		AnMz-E	北西西	南倾	60	50~100	AnMz
11	马兰断裂	逆		AnMz-E	北西西	北倾	30	50~100	AnMz
12	查坎诺尔断裂	逆		AnMz-E	近北西	西南倾	20	100~250	AnMz
13	才坎诺尔断裂	逆		J-E	近北西	北东倾	25	100~250	AnMz
14	黑疙瘩东断裂	逆		J-E	北西	西南倾	15	50~200	AnMz

续表

序号	断裂名称	性质	级别	断开层位	走向	倾向	延伸长度/km	垂直断距/m	形成时期
15	本布图南断裂	逆	I	T-J	北西	西南倾	20	100~250	AnMz
16	库代力克断裂	逆		AnMz-E	北西	北东倾	20	500	AnMz
17	库代力克东断裂	逆		AnMz-E	北西	西南倾	15	50~150	AnMz
18	卡斯门断裂	逆		AnMz-E	北西	西南倾	25	50~100	AnMz
19	盐场断裂	逆		AnMz-E	北西	西南倾	30	50~100	AnMz
20	和静断裂	逆		AnMz-E	北西	西西倾	15	50~100	AnMz
21	杨柳断裂	逆		AnMz-E	北西	西南倾	60	50~100	AnMz
22	杨柳东断裂	逆		AnMz-E	北西	西南倾	40	50~100	AnMz
23	盐场窝断裂	逆		AnMz-E	北西	北东倾	18	50~200	AnMz
24	盐场窝东断裂	逆		AnMz-E	北西	西南倾	22	500	AnMz

（一）一级断裂

在130余条断裂中，有切穿基岩的大断裂20多条，中生代以来往往具有继承性发育特征，且对盆地后续断层的发育有着重要影响。

盆内的一级断裂是盆地划分一级构造单元的界线，一级断裂主要包括焉北断裂、焉耆断裂、焉南断裂、种马场断裂与铜矿山断裂（图3.1）。

1. 焉北断裂

该断裂西起焉耆以北，东至克孜勒山，盆内长约90 km，走向北西西，断面南倾的区域断裂，由多条走向北西的断裂组成。沿该断裂发育大量的海西期花岗岩。是分隔焉耆隆起与和静拗陷的主要构造界线。

2. 焉耆断裂

该断裂东起卡斯门场，横亘焉耆盆地中部形成焉耆隆起，向西经过焉耆在盆地西缘与霍拉山断裂相连，全长约150 km，以北倾为主，走向北西西—东西，垂直断距50~400 m。该断裂由一系列雁列断裂组成，并继承了前中生代霍拉山裂谷构造岩相带与额尔宾山陆缘拗陷构造岩相带分界的焉耆基岩断裂带，相当于这一断裂带的北界主断裂。它是焉耆盆地残留中生代盆地的北部边界，又是新生代盆地内部的构造单元之一。

焉耆断裂和其以南的断裂构成"对冲式"断裂组合形式（图3.2），二者均不同程度地切割了侏罗系—古近系及新近系。断面北倾的焉耆断裂上盘中生界几乎剥蚀殆尽，仅在其东段有部分残留。断面南倾的焉南断裂下盘残留以下侏罗统为主，上盘侏罗系南倾，向盆内深凹陷方向地层变全。

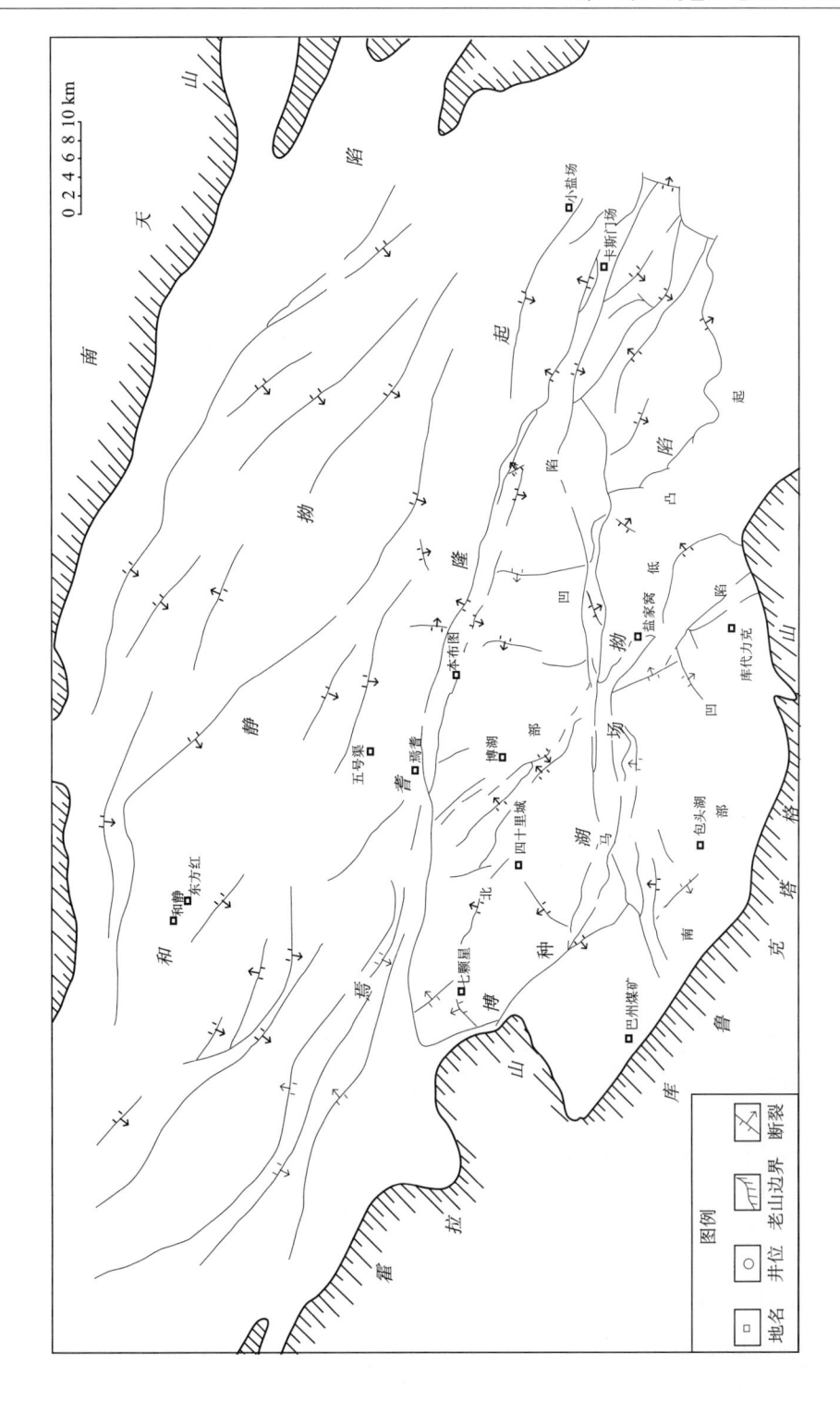

图 3.1 焉耆盆地断裂分布图（据河南油田内部资料）

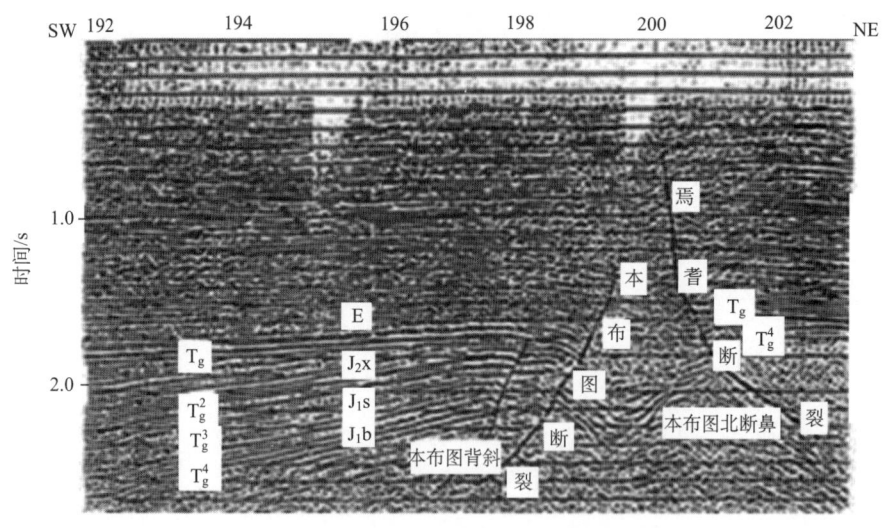

图 3.2 对冲断裂组合（据河南油田资料）

3. 焉南断裂

该断裂位于霍拉山以西，经焉耆东至盐场附近，盆地内长约 120 km，呈北西西向，为北倾逆断裂。具有上陡下缓特征，沿断裂有大量火山岩分布，是分隔博湖拗陷与焉南隆起的区域断裂。该断裂是盆内最主要的地球物理场分界线，形成于海西晚期，燕山晚期与喜马拉雅晚期活动强烈。

4. 种马场断裂（带）

该断裂位于七颗星、盐家窝一带，由 2~3 条断裂组成的断裂带，总体呈略向南凸出的弧形，断面南倾，上陡下缓，其与反倾断层种马场南断裂组成"Y"形断裂带（图 3.3）。走向自东向西依次为北西西—东西—北东东方向，断裂在其中部冲隆较高，变形强烈为削顶的背斜，在两侧变形强度变弱。

种马场断裂平面延伸长度约 100 km，垂直断距最大 300~800 m，切穿侏罗系—古近系及新近系不同层位，上部层位断距较小，下部层位断距较大，反倾断层种马场南断裂平面延伸长度为 60 km，垂直断距为 100~150 m。

该断裂是控制基底岩相分布的区域断裂，形成于前中生代，在中新生代盆地发育期及构造运动期长期持续活动，断开了基底—古近纪和新近纪地层，是分隔博湖拗陷南部凹陷与北部凹陷的断裂。

5. 铜矿山断裂

该断裂走向北东，是盆地东缘的主要地球物理场分界线。在库代力克一带断裂倾向北西，在三棵树一带倾向南东。该断裂形成于海西晚期，燕山期—喜马拉雅期重新活动。

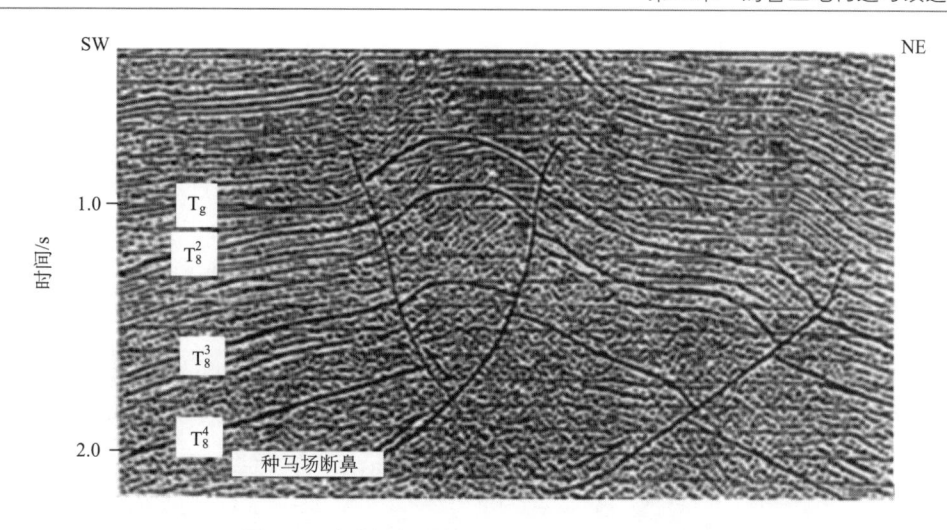

图 3.3　种马场断裂剖面图（据河南油田资料）

（二）二 级 断 裂

二级断裂是盆内次级构造带的边界，是夹在一级断裂之间的次级断裂，主要分布于宝浪-苏木构造带和本布图构造带中。

1. 宝浪断裂带

宝浪断裂带主要由查干诺尔和才坎诺尔北西向断裂及其伴生断层组成，并由这些断裂控制着宝浪构造带。

1）查干诺尔断裂

该断裂位于博湖坳陷北部凹陷，是在基岩断裂基础上于侏罗纪末继承性活动形成的压剪断裂，走向北西，倾向南西，切穿中下侏罗统及其上覆古近系。

2）才坎诺尔断裂

该断裂位于博湖坳陷北部凹陷的中西部，北起焉耆县城南，南被种马场北断裂所截，为走向北西、倾向北东的逆断层，长约 25 km，与查干诺尔断裂构成"Y"形的背冲式组合。

2. 本布图断裂

该断裂位于博湖坳陷北部凹陷的北部，西起焉耆县城附近，东至本布图乡，长约 17 km。本布图断裂北段呈北西走向与焉耆断裂带斜交，向南变为北北西走向，断面倾向南西，与倾向北东东的本布图东断裂构成"对冲式"组合形式，二者控制着本布图背斜构造带。该断裂形成于燕山中晚期，古新世初期再次活动。

3. 盐家窝东断裂

该断裂位于博湖拗陷中南部，为走向北西、倾向南西的逆断层，南北分别交于焉耆盆地南缘断裂和种马场断裂，分割盐家窝断裂隆起和北部凹陷的逆冲断裂，长约 22 km。与和该断裂背冲式的盐家窝断裂一起控制着盐家窝隆起带。在燕山中晚期具有强烈的挤压活动，喜马拉雅期具有一定的同生活动性，发育有同生沉积背斜（图3.4）。

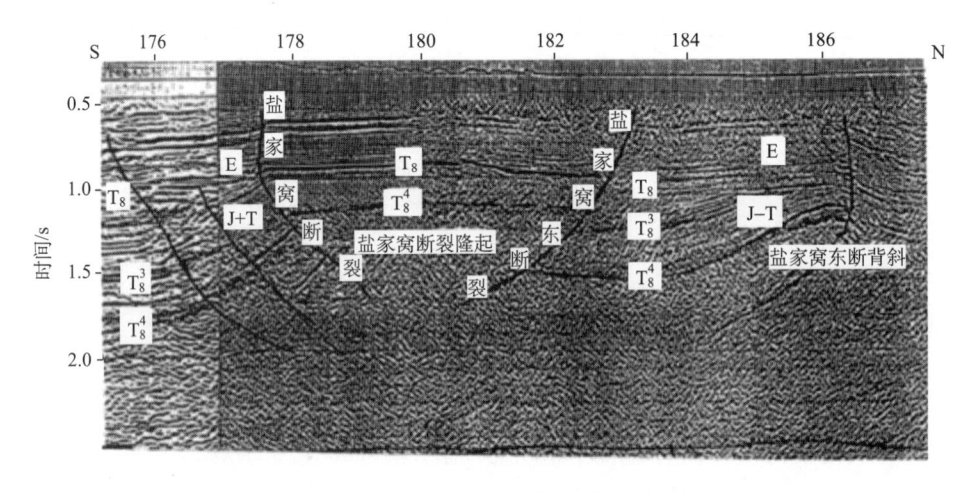

图 3.4　焉耆盆地 538 测线叠偏剖面（据河南油田资料）

4. 库代力克断裂

该断裂位于博湖拗陷东部边缘区，南北分别被焉耆盆地南缘断裂和种马场断裂所截，走向北西西，倾向北东，长约 28 km。是分隔包头湖凹陷和种马场凸起的构造界线，与种马场断裂东段一起控制着库代力克背斜构造带（图3.5）。

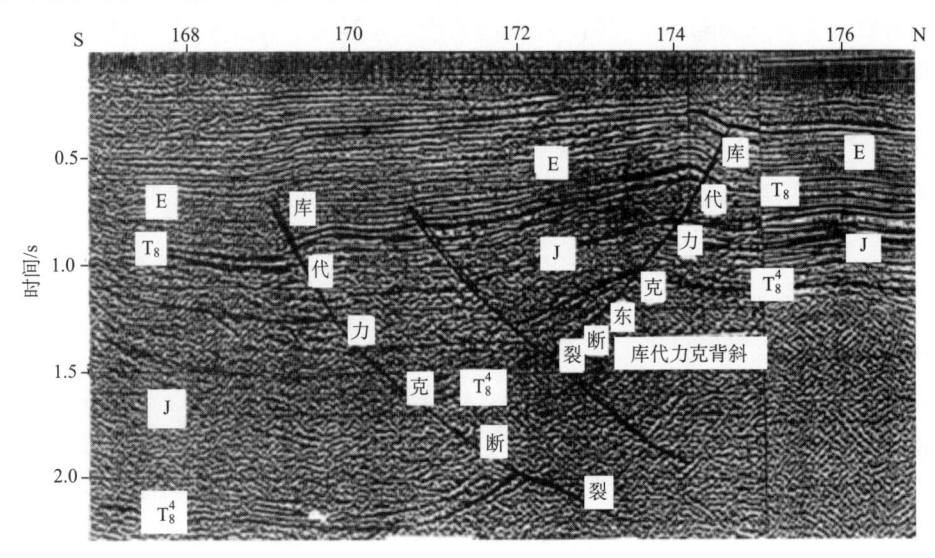

图 3.5　焉耆盆地 534 测线叠偏剖面（据河南油田资料）

（三）断裂活动特点

多数断裂活动具有四个特点：多期继承性、沉积时间的同生性、构造运动期的强烈活动性，以及断裂活动强度在时间、空间的变化性。这可以通过断层两盘中新生代地层发育和保存情况的差异、与断层伴生或由其派生的中新生代褶皱轴线及闭合幅度的变化表现出来。其总体特征是，无论是北西西向的主干断裂，还是北西向的从属断裂，在中生代和新生代，其同生性均具有早期强、中晚期逐渐变弱的特征，构造运动幕时的活动强度上燕山晚期运动强于喜马拉雅期运动。在平面上，由盆地南北边缘向盆地腹部活动强度逐渐变小，中生代时沉降中心位于盆地南部的库鲁克塔格山前一带，新生代古近纪的沉降中心位于盆地北部的和静-和硕一带，第四系的沉降中心则迁移至盆地北缘的南天山山前一带，反映盆地的构造活动性随时代的变新具有由南向北逐渐迁移的特点。

（四）平面特征和组合

1. 平面展布

平面上，焉耆盆地主要发育三组构造，即近东西向、北西向和北东向，以前两组较为发育（图 3.6）。东西向断裂是盆地的主要断裂，对盆地内的沉积起控制作用，可称为控盆断裂。如盆地南北缘的边界断裂，盆地内的种马场断裂和焉南断裂等。从断裂性质看，东西向断裂以冲断层为主，断面以南倾为主。北西向断裂主要局限在东西向断裂之间，对凹陷内的正负向构造起分隔作用。如宝浪-苏木构造带和库代力克构造带上的断裂。从断层力学性质看，北西向断裂多具有走滑特征，在排列上具有雁行式组合。从断裂的发育程度看，近东西向断裂发育比较连续，北西向断裂受东西向断裂限制，表明东西向断裂为主要断裂，北西向断裂为从属断裂。从断裂的形成时间看，两组断裂应属同期变形的产物，北西向断裂在变形中起着构造的调节作用。

盆地断裂在平面上主要有三种组合形式，即"入"字型组合、雁行式组合和帚状组合。

1）"入"字型组合

在Ⅰ、Ⅱ级逆冲断裂的旁侧发育一系列分支断裂，该断裂与主断裂呈 10°~30°交汇，构成"入"字型组合。如本区的种马场断裂带，焉耆低凸起南、北缘断裂等均发育不同级别的分支断裂。

2）雁行式组合

一排排性质相同，走向特征一致的断层在平面上呈雁行式排列。如宝浪-苏木背斜构造带两侧的断裂自西而东依次为才坎诺尔断层、查坎诺尔断层、黑疙瘩东断层，它们组成雁行式组合。这些断层的形成是由左行扭动造成的。

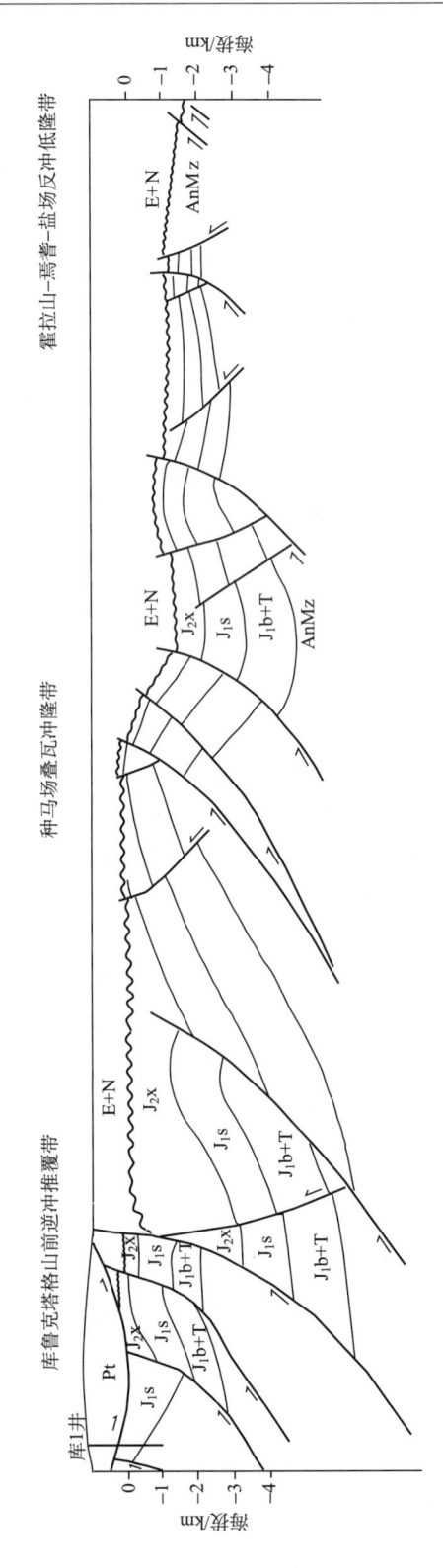

图 3.6 焉耆盆地南北向构造剖面（据河南油田资料）

3）帚状组合

据塔什店地区的构造研究成果，在焉耆盆地南缘北西西向边界断裂的西段发育向东南方向收敛、向西南方向撒开的帚状旋卷断裂系。此种组合特征是由燕山晚期和喜马拉雅期继承性左行压扭性构造变形所造成的。

2. 剖面特征

在剖面上，冲断层以南倾断层为主，在背斜的后翼部及冲断带的前缘常发育反向（北倾）冲断层。从地震剖面看，冲断层向下产状一般变缓，向下汇入前中生界的软弱面中。从断层的组合特征看，主要有以下几种类型：

1）叠瓦冲断组合

由一系列空间上紧密相邻、倾向相同的冲断层组成，构成叠瓦式排列。这种构造组合主要发育在库鲁克塔格山前的盆缘，位于种马场背斜带北翼的冲断层也可以看作是叠瓦断层组合。

2）冲断层组合

由两条相向倾斜的冲断层构成，形成"两断夹一隆"的构造格局，亦称"冲起构造"，典型的构造如种马场构造带，该隆起由几组南倾的断裂和北倾的调节断层组成。这种构造也常在冲断带的前缘发育，如在494剖面的北端可以看到发育一个冲起构造。

3）对冲断层组合

由两条相背倾斜的断层组成，在两条断层之间常形成负向构造（图3.7），即所谓的"对冲成盆""背冲成山"，挤压型的盆地在大的尺度上都可以看作是一个对冲构造。这种类型最典型的是焉耆构造带，由北倾的焉南断裂与其南侧的南倾断裂一起形成一个对

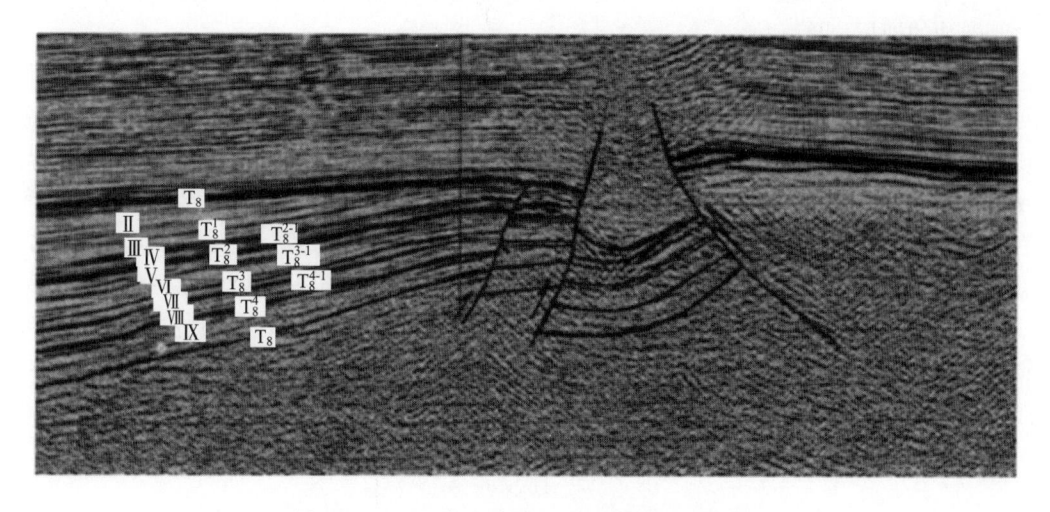

图 3.7　520测线地震剖面（据河南油田资料）

冲构造组合。焉南断裂是一条发育比较连续的反向冲断层，其延伸几乎贯穿全区，这种连续性的发育一方面可能是由于该断裂形成相对较晚，另一方面其形成的力源可能与中天山由北向南的挤压有关。

4）花状构造

花状构造是走滑构造的一种典型剖面形态特征，是指断裂向下合并、向上发散的一种断层组合，与背冲断层组合相近，有时很难区分。花状构造又分为正花状构造和负花状构造，前者是由一系列相向倾斜的逆断层组成，代表一种压扭环境下的产物，后者由一系列相向倾斜的正断层组成，形成负向构造，代表张扭环境下的产物。花状构造和冲起构造的区别主要在于冲断层向下的伸延趋势，如变平的则为冲起构造，如较陡直的则为花状构造，但在实际工作中要结合其他资料加以判断。该区最典型的花状构造见于宝浪-苏木构造带。

二、演化剖面特征

1. 平衡剖面原理

平衡剖面是盆地构造分析中常用的方法，其原理是根据物质守恒，以体积守恒、面积守恒、长度守恒、断距一致等作为约束条件。选择的剖面要有代表性，既要考虑整个研究区的构造变形特征，也要考虑剖面质量、间隔及被剥蚀地层的厚度等问题。一条平衡的剖面首先要保证其真实性，要与露头资料、钻井、地震等地质资料相符合；其次要保证其合理性，要以体积守恒、面积守恒、长度守恒、断距一致等条件加以约束。

2. 平衡剖面演化特征

根据平衡剖面原理，在焉耆盆地选择了510和548两条剖面，在进行过程中考虑了盆地剥蚀的地层厚度。

两条剖面显示（图3.8，图3.9），早侏罗世八道湾期至中侏罗世西山窑期盆地处于伸展阶段，断层不甚发育，以地层超覆沉积、正断层和同沉积正断层为特征，断层产状南倾；从中侏罗世三间房期开始，特提斯构造带向北俯冲的远程效应与炎热的气候共同导致盆地处于动荡调整阶段，盆地存在一定的挤压效应，同时在三间房组至奇古组出现紫色、红色碎屑岩；从早白垩世开始，新疆区域处于伸展构造背景，盆地范围再次扩大，塔北隆起消失，库车盆地与塔里木盆地连通，焉耆盆地沉积早白垩世地层；盆地大幅缩短始于早白垩世晚期，盆地开始抬升，地层遭到剥蚀及变形，此时期构造变形不是很明显，虽然断层仍然不甚发育，但是断层性质发生变化，发生正倒转，断层产状呈直立；强烈构造变形主要发生于晚白垩世，此时期以大量发育逆断层及逆冲断层为特征，盆地周缘山体隆升并向盆地逆冲推覆，中生代地层遭到强烈剥蚀。

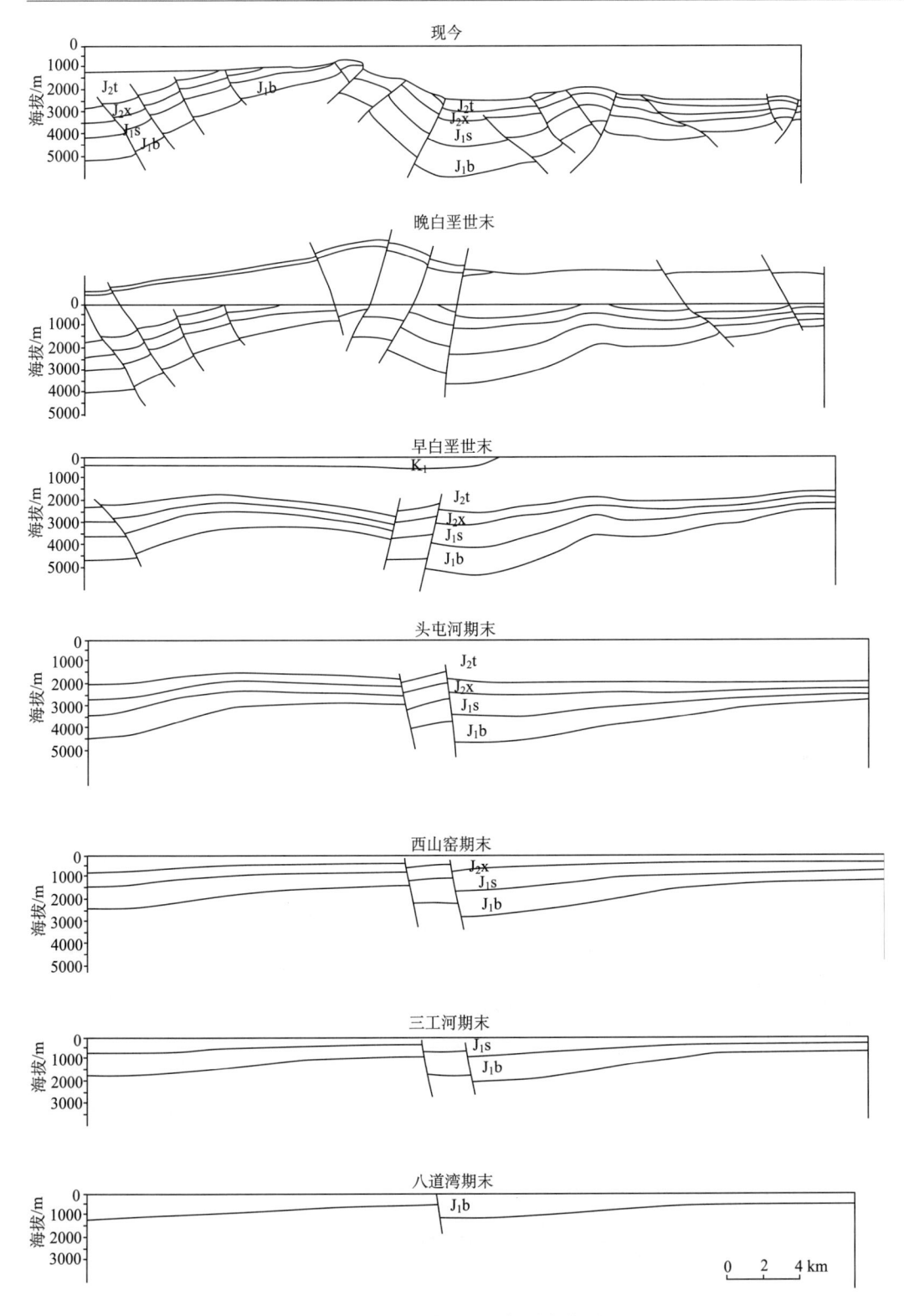

图 3.8　焉耆盆地 510 剖面演化图

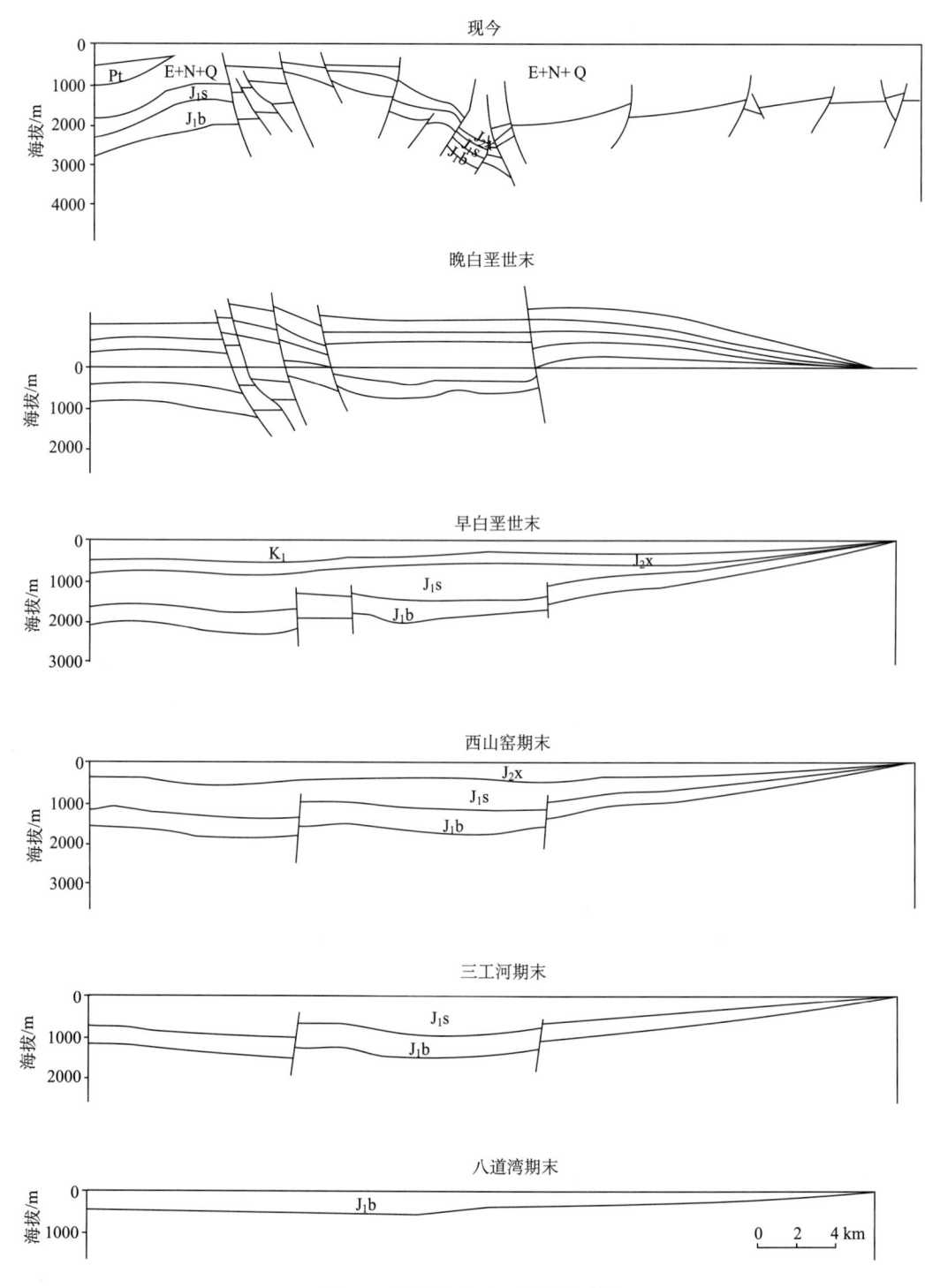

图 3.9 焉耆盆地 548 剖面演化图

三、盆地及周邻地区张性构造证据

焉耆盆地西南缘霍拉山海西运动晚期 A 型花岗岩-石英正长岩体表明盆地处于非造山环境,为造山期后应力松弛、相对稳定的拉张环境下形成的。盆地北部八伦台之南的干沟一带发现张性石英岩脉,其 K-Ar 同位素年龄为 190 Ma,相当于早侏罗世早期。盆地内部张性断层张裂隙及其充填脉体和焉浅 2 井及焉浅 3 井发育张性角砾岩,反映其处于拉张环境(吴富强,1999a;刘新月等,2002a),盆地内 520 地震剖面(图 3.10)的地层超覆及地震反射的终止端自下而上向陡侧偏移是正断层活动并控制沉积的反映。

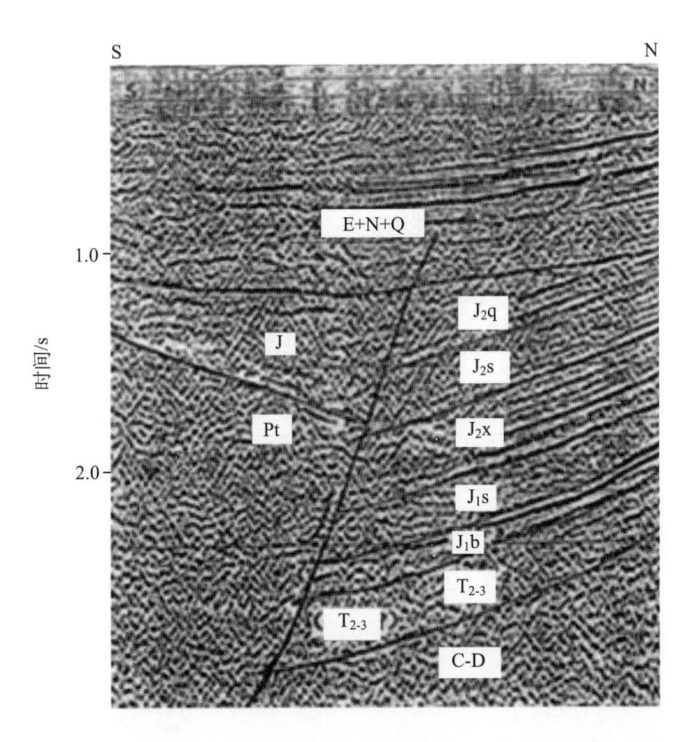

图 3.10 焉耆盆地 520 地震剖面(示残余正断层,据河南油田资料)

焉耆盆地西南侧的库车盆地侏罗系自南向北明显变厚,多数情况下这种变厚是通过地震反射同相轴之间的时距向北逐渐连续加大所反映的,但是在少数剖面中,可以见到侏罗系内 T_{8-2} 的大波阻抗面被断层切断,断层面多数向北陡倾,侏罗系厚度在北侧下降盘比南盘上升盘要厚,这种断距可达 100~200 ms,断距向上逐渐消失,是侏罗纪同沉积生长正断层的表现(贾承造等,2001)(图 3.11)。

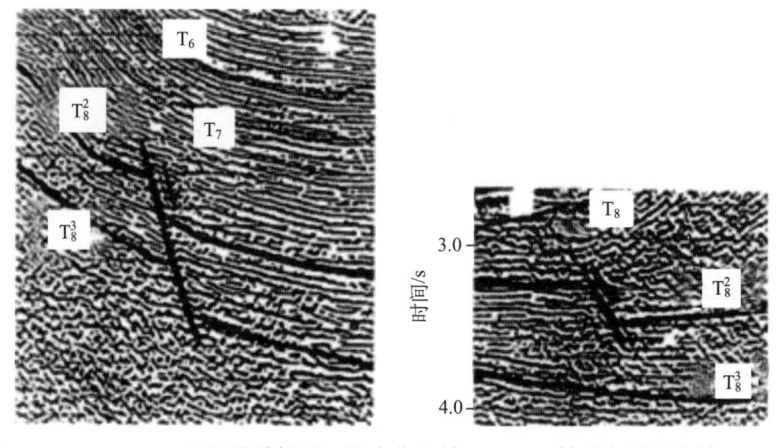

图 3.11 DQ98-W32 局部地震剖面（据卢华复等，2000，转引自贾承造等，2001）

第二节 盆地内部裂变径迹年龄特征

一、磷灰石年龄分析

焉耆盆地内部钻井中采集 17 个样品，磷灰石 Central 年龄主要集中于新生代，其中 5 个磷灰石年龄集中于 65~99 Ma，时间为晚白垩世（图 3.12）。为了准确划分盆地演化期

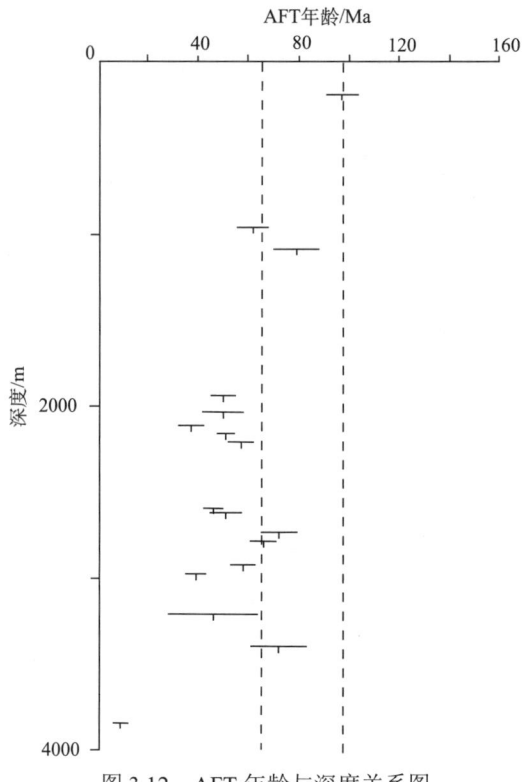

图 3.12 AFT 年龄与深度关系图

次，本书根据磷灰石裂变径迹长度及锆石样品测试年龄与地层年龄的关系、$P(\chi^2)$ 大小、单颗粒年龄雷达图、年龄频率分布直方图及年龄高斯拟合曲线对样品数据进行分析，确定构造抬升冷却时间。

（一）北部凹陷

北部凹陷有 9 个样品，分别位于宝浪-苏木构造带和本布图构造带上。宝浪-苏木构造带的样品为 B1 系列，本布图构造带的样品为 T3 和 Yc 系列。

1. 宝浪-苏木构造带

B1（1）样品的时代为古近纪，磷灰石 AFT-Central 年龄（50±8 Ma）小于地层年龄，但 $P(\chi^2)=0$，AFT-Central 年龄为混合年龄。裂变径迹呈偏右的非对称分布，径迹长度偏向长径迹，平均长度为 11.8±1.9 μm（图 3.13），表明样品经历了高温退火和后来的抬升冷却。而雷达图和高斯拟合曲线显示 B1（1）样品包含两期年龄（图 3.14），分别是 20 Ma 和 82 Ma，前者代表该构造带在喜马拉雅早期的构造抬升冷却事件，后者可能代表了物源区晚白垩世构造事件的残存径迹年龄记录。

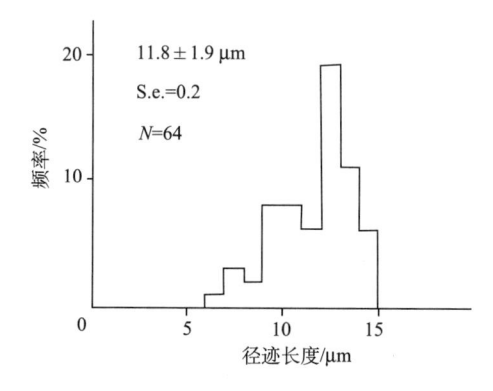

图 3.13 B1（1）磷灰石裂变径迹长度分布图

S.e.为标准偏差

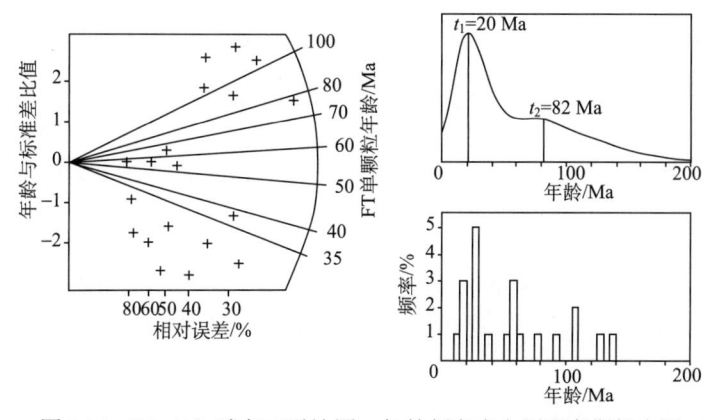

图 3.14 B1（1）磷灰石雷达图、年龄频率直方图和高斯拟合图

B1（2）样品的时代为中侏罗世西山窑期，磷灰石 AFT-Central 年龄（57±5 Ma）小于地层年龄，但 $P(\chi^2)<5\%$（0.6%），AFT-Central 年龄为混合年龄。径迹长度分布偏向长径迹一侧、平均径迹长度为 12.0±1.6 μm（图 3.15），表明经历高温退火和后来的抬升冷却。雷达图、年龄频率直方图和高斯拟合曲线拟合出 45 Ma 一个年龄（图 3.16），与 Central 年龄相当。因此，B1（2）样品构造抬升冷却年龄为 45 Ma。

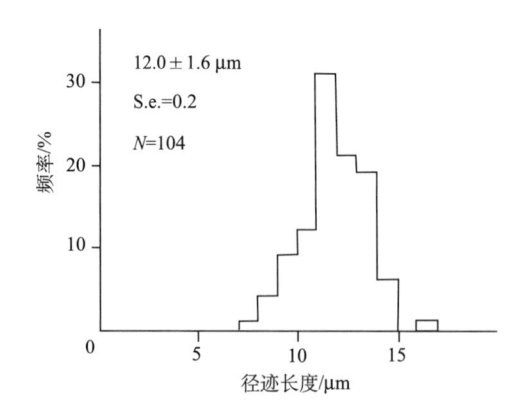

图 3.15　B1（2）磷灰石裂变径迹长度分布图

S.e.为标准偏差

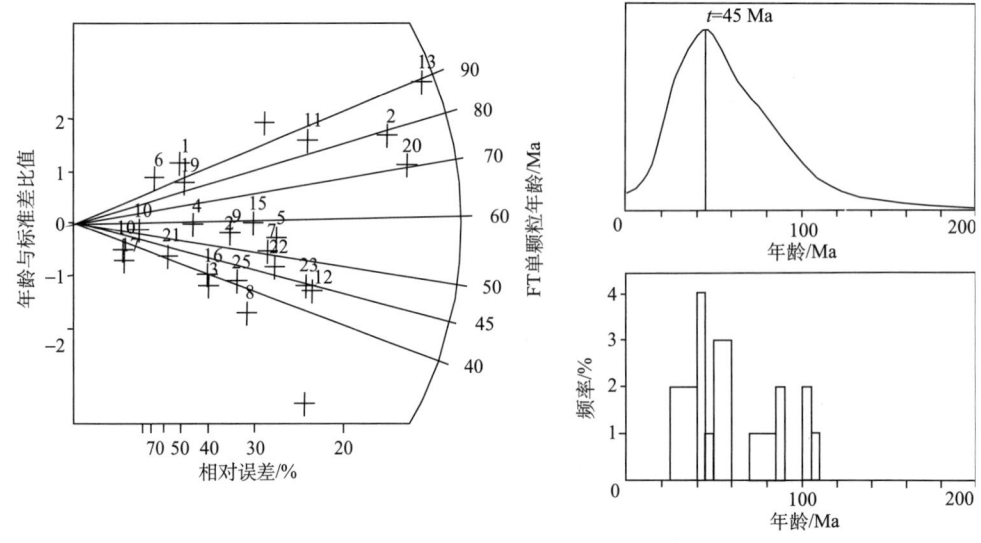

图 3.16　B1（2）磷灰石雷达图、年龄频率直方图和高斯拟合图

B1（3）样品为下侏罗统八道湾组含砾砂岩，磷灰石 AFT-Central 年龄（46±4 Ma）小于地层年龄，但 $P(\chi^2)>5\%$（8.9%），径迹长度呈略右偏不对称分布、平均径迹长度为 10.5±1.8 μm（图 3.17），表明样品经历了完全退火和后来的抬升冷却。雷达图指示样品的所有单颗粒 AFT 年龄均落入同一组（图 3.18），样品的 AFT-Central 年龄可视为冷却年龄。其高斯拟合年龄 36.7 Ma 与 AFT-Central 年龄相当，表明这一地区中生界至少在 46 Ma 左右已经抬升到了 AFT-封闭温度以浅的位置，指示一次重要的构造抬升事件。

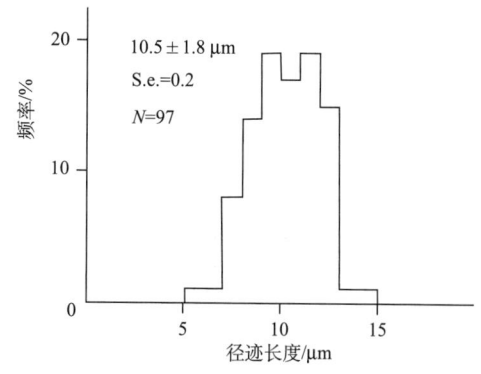

图 3.17　B1（3）磷灰石裂变径迹长度分布图
S.e.为标准偏差

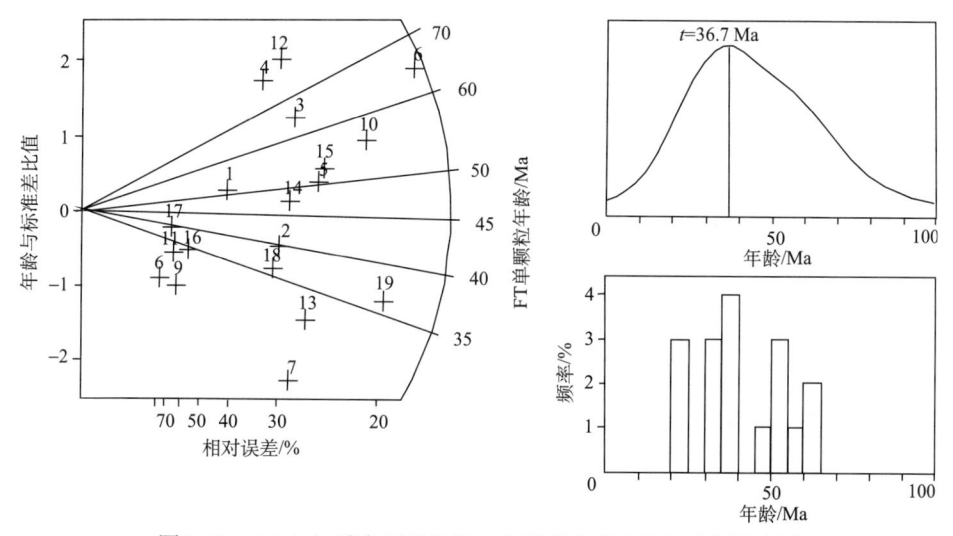

图 3.18　B1（3）磷灰石雷达图、年龄频率直方图和高斯拟合图

B1（4）样品为三叠系片岩，磷灰石 AFT-Central 年龄（46±18 Ma）小于地层年龄，但 $P(\chi^2)=0$，AFT-Central 年龄为混合年龄，径迹长度分布偏向长径迹一侧，平均径迹长度为 12.0±1.9 μm（图 3.19），表明经历高温退火和后来的抬升冷却。雷达图、年龄频

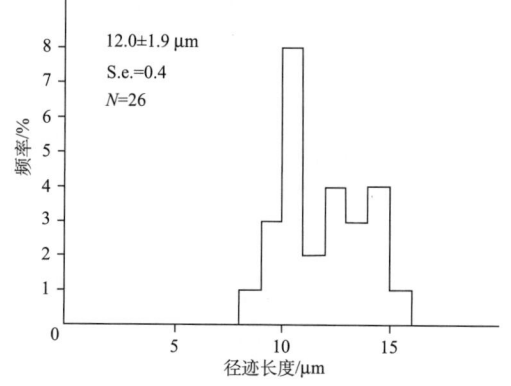

图 3.19　B1（4）磷灰石裂变径迹长度分布图
S.e.为标准偏差

率直方图和高斯拟合曲线显示了两组年龄,分别为 6.4 Ma 和 80 Ma(图 3.20)。因此,B1(2)样品存在喜马拉雅晚期和燕山晚期晚白垩世构造抬升冷却事件。

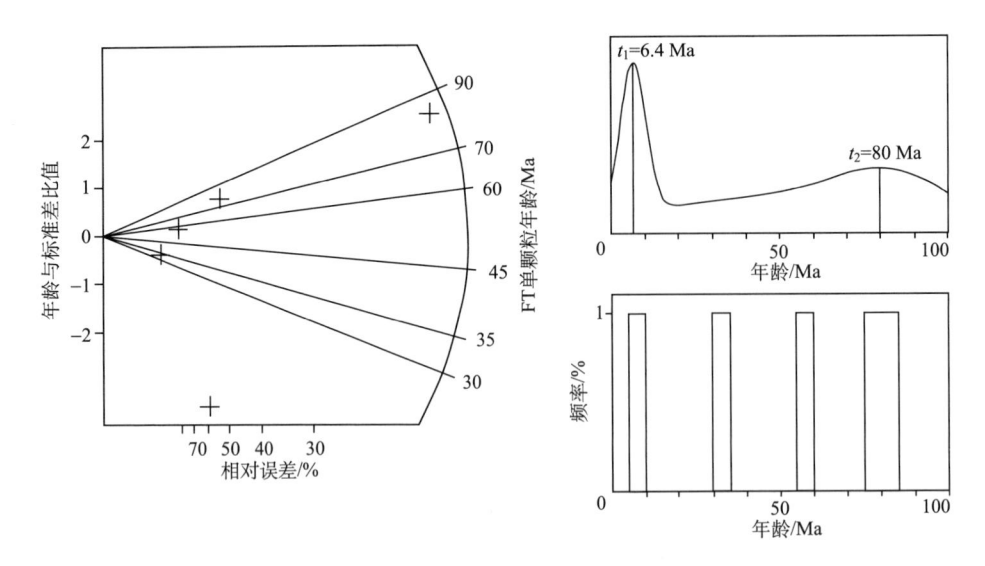

图 3.20 B1(4)磷灰石雷达图、年龄频率直方图和高斯拟合图

B1(5)样品为石炭系灰岩,磷灰石 AFT-Central 年龄(72±11 Ma)小于地层年龄,但 $P(\chi^2)>5\%$(5.7%),颗粒数较少,导致雷达图指示样品的所有单颗粒 AFT 年龄分布分散,径迹长度呈右偏、非典型不对称分布(图 3.21)。样品的单颗粒年龄频率直方图和高斯曲线拟合年龄为 44 Ma(图 3.22),与 AFT-Central 年龄有一定的差异,此年龄仅作参考。

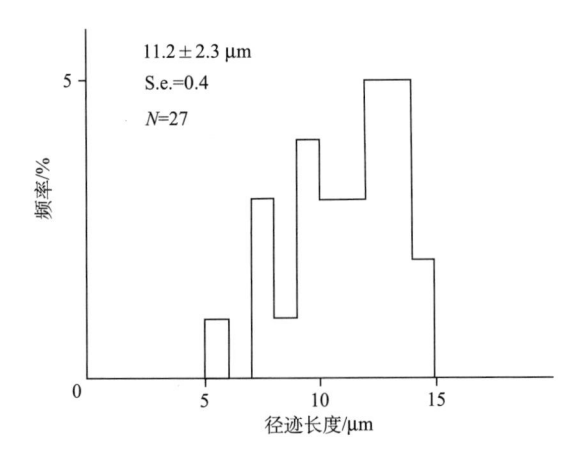

图 3.21 B1(5)磷灰石裂变径迹长度分布图

S.e.为标准偏差

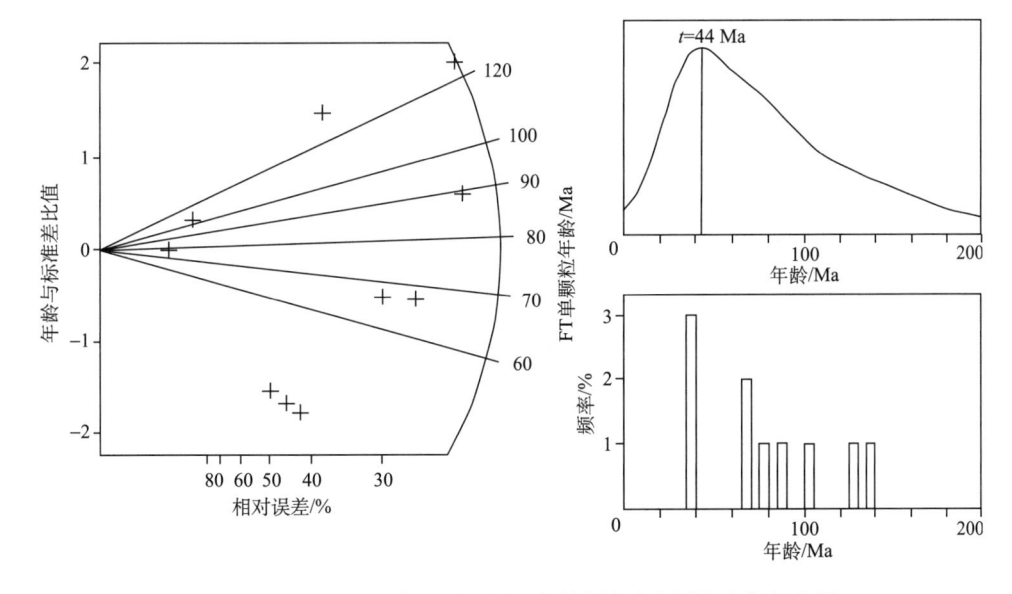

图 3.22　B1（5）磷灰石雷达图、年龄频率直方图和高斯拟合图

从以上样品分析中，宝浪-苏木构造带存在三期构造抬升运动，分别为燕山晚期 80 Ma 的晚白垩世 42~46 Ma 的始新世和 6.4 Ma 的中新世构造运动。

2. 本布图构造带

T3（01）样品为下侏罗统三工河组砂岩，磷灰石 AFT-Central 年龄（41±4 Ma）小于地层年龄，但 $P(\chi^2)$>5%（34.5%），径迹长度呈右偏单峰不对称分布，平均径迹长度为 11.4±1.7 μm（图 3.23），样品的 AFT-Central 年龄可视为经历完全退火后抬升至未退火带的冷却年龄。雷达图指示样品的所有单颗粒 AFT 年龄均落入同一组（图 3.24），样品的高斯拟合年龄为 33 Ma，与 AFT-Central 年龄相当。因此，AFT-Central 年龄表明中生界至少在 41 Ma 左右已经抬升到了 AFT-封闭温度以浅的位置，指示一次重要的构造抬升事件。

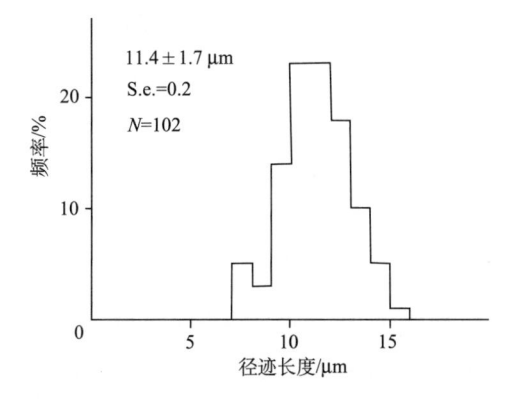

图 3.23　T3（01）磷灰石裂变径迹长度分布图

S.e.为标准偏差

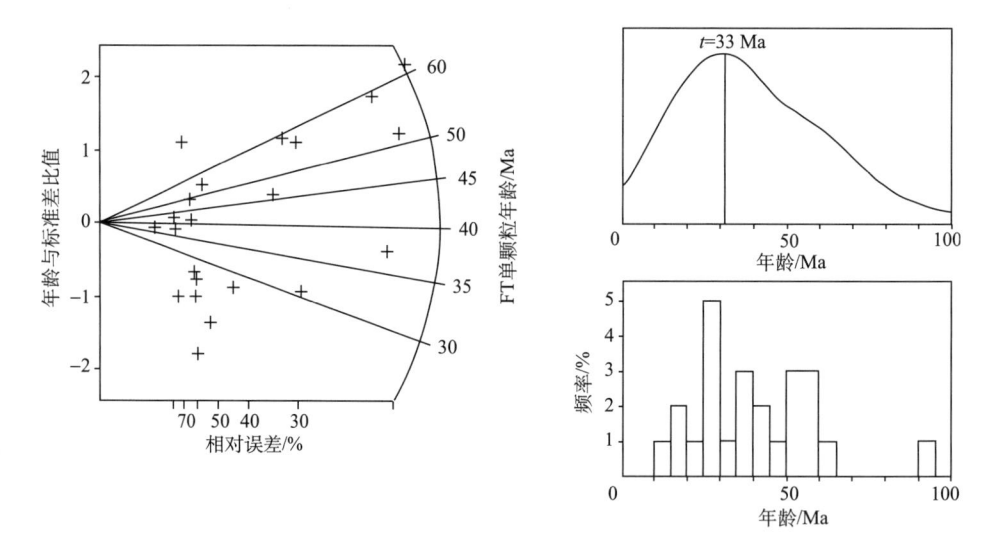

图 3.24 T3（01）磷灰石雷达图、年龄频率直方图和高斯拟合图

T3（02）样品为下侏罗统八道湾组含砾砂岩，磷灰石 AFT-Central 年龄（39±4 Ma）小于地层年龄，但 $P(\chi^2)<5\%$（4.2%），径迹长度分布偏向长径迹一侧，平均径迹长度为 10.3±2 μm（图 3.25），代表该样品经历了高温退火和后来的抬升冷却，AFT-Central 年龄为混合年龄。从雷达图、单颗粒 AFT 年龄分布的年龄频率直方图和高斯拟合曲线可以看出，T3（02）样品仅有 32 Ma 一个年龄（图 3.26），代表了新生代构造事件的年龄记录。

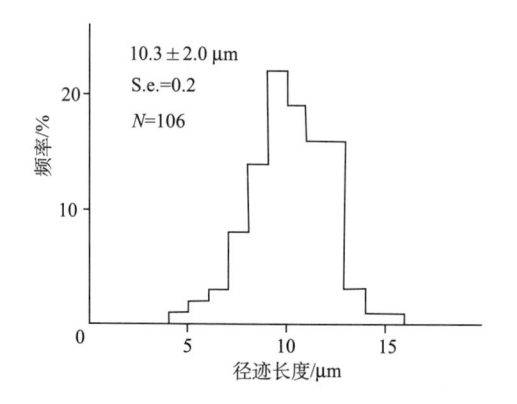

图 3.25 T3（02）磷灰石裂变径迹长度分布图

S.e.为标准偏差

T3（03）样品为中侏罗统西山窑组砂岩，磷灰石 AFT-Central 年龄（51±6 Ma）小于地层年龄，但 $P(\chi^2)=0$，径迹长度分布偏向长径迹一侧，平均径迹长度为 11.3±1.5 μm（图 3.27），表明样品经历了高温退火和后来的抬升冷却，AFT-Central 年龄为混合年龄。从雷达图可以看出，单颗粒 AFT 年龄至少包含两个组分，年龄频率直方图和高斯拟合曲线拟合出两个年龄（图 3.28），分别为 16.5 Ma 和 62 Ma，这表明该区新生代存在两期构造抬升冷却事件。

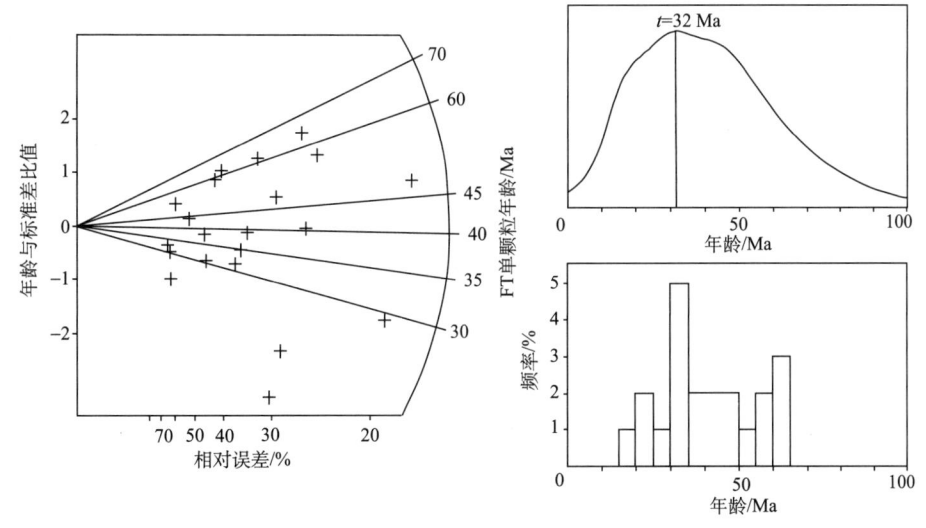

图 3.26　T3（02）磷灰石雷达图、年龄频率直方图和高斯拟合图

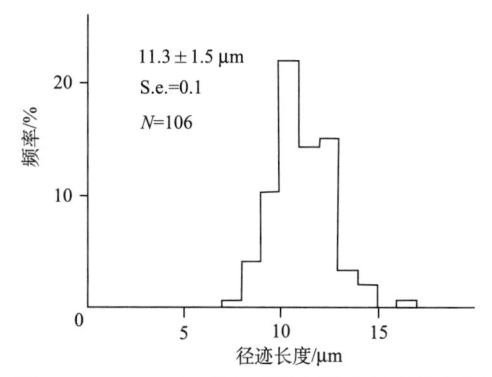

图 3.27　T3（03）磷灰石裂变径迹长度分布图

S.e.为标准偏差

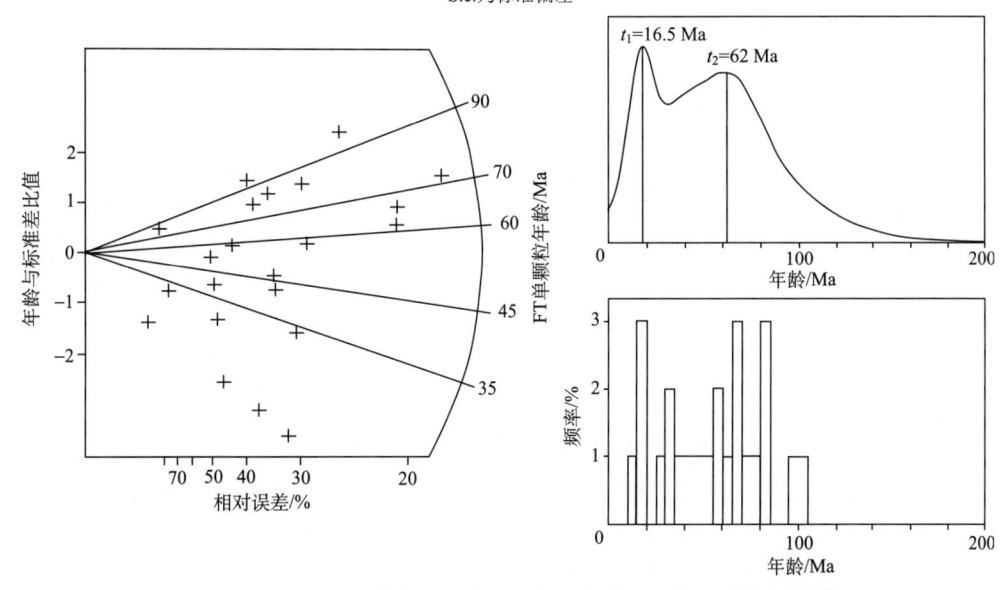

图 3.28　T3（03）磷灰石雷达图、年龄频率直方图和高斯拟合图

Yc01 样品为海西中期花岗岩，其磷灰石 AFT-Central 年龄明显小于地层年龄，但 $P(\chi^2)$>5%（8.1%），径迹长度呈右偏单峰不对称分布，平均径迹长度为 11.3±1.3 μm（图 3.29），总体表现为样品经历了完全退火后反弹至未退火带的冷却年龄，AFT-Central 年龄 66±5 Ma 可视为冷却年龄。雷达图指示样品的所有单颗粒 AFT 年龄均落入同一组（图 3.30），而样品的 AFT-Central 年龄与高斯拟合年龄（65 Ma）相当一致，表明花岗岩在 66 Ma 左右已经抬升到了 AFT-封闭温度以浅的位置，指示一次重要的构造抬升事件。

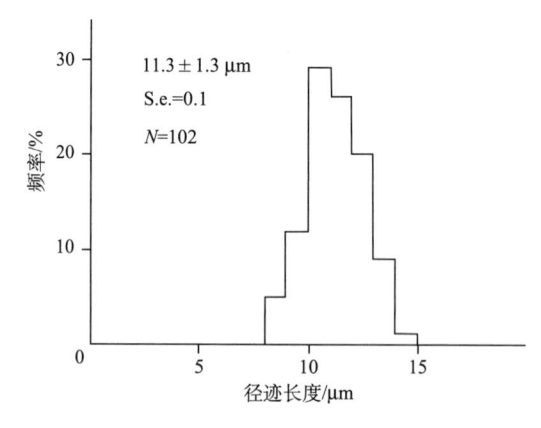

图 3.29 Yc01 磷灰石裂变径迹长度分布图

S.e.为标准偏差

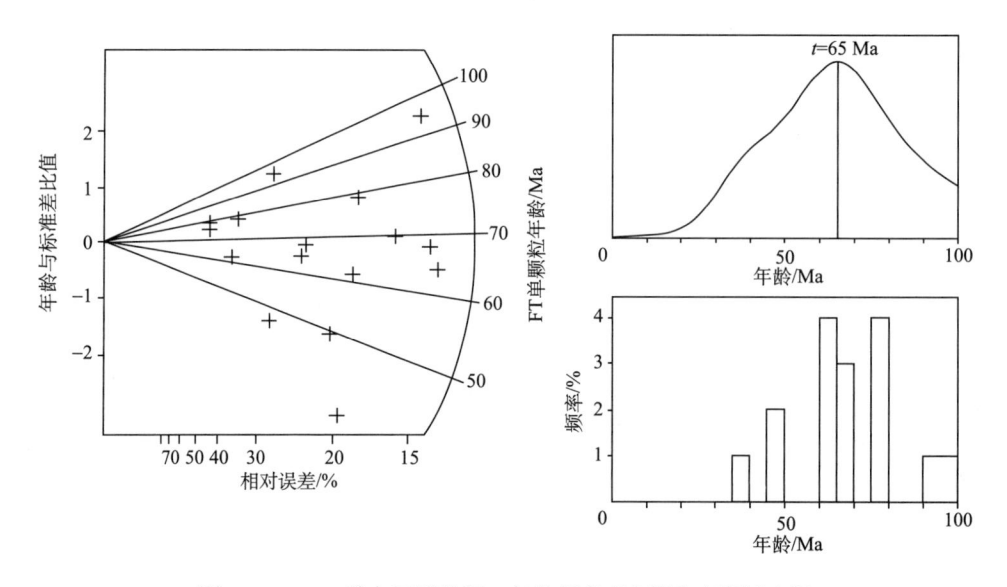

图 3.30 Yc01 磷灰石雷达图、年龄频率直方图和高斯拟合图

Yc02 样品为古近系砂岩，磷灰石 AFT-Central 年龄明显小于地层年龄，但 $P(\chi^2)$<5%（1.3%），径迹长度呈右偏不对称分布，分布偏向长径迹一侧，平均径迹长度为 11.6±1.6 μm（图 3.31），表明样品经历了高温退火和后来的抬升冷却，AFT-Central 年龄 50±5 Ma 为混合年龄。雷达图指示样品的所有单颗粒 AFT 年龄至少有两组（图 3.32），样品的年龄

频率直方图与高斯拟合曲线显示了两组年龄，分别对应了 12.5 Ma 和 45 Ma 两个高斯拟合年龄，代表新生代喜马拉雅期构造抬升事件的冷却年龄。

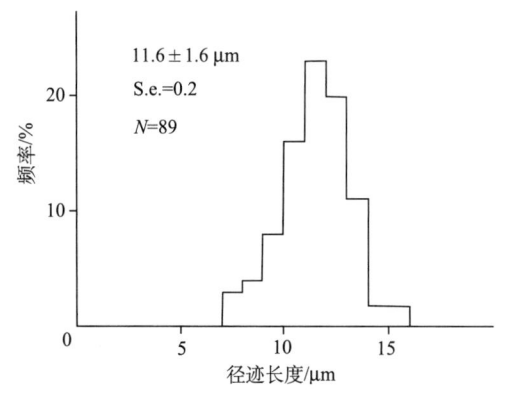

图 3.31　Yc02 磷灰石裂变径迹长度分布图

S.e.为标准偏差

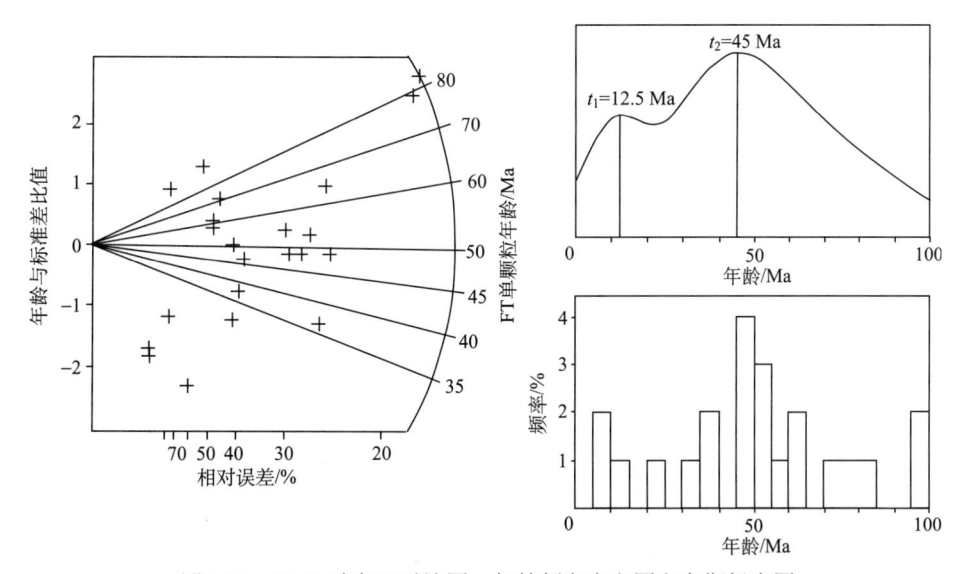

图 3.32　Yc02 磷灰石雷达图、年龄频率直方图和高斯拟合图

（二）博湖拗陷西部

盆地西部 Ch2 系列和 Yq4（01）样品，其中 Ch2 系列的 Ch2（01）和 Ch2（02）分别为下侏罗统八道湾组砂岩和三工河组砂砾岩，AFT-Central 年龄明显小于地层年龄，但 $P(\chi^2)=0$ 和 $P(\chi^2)<5\%$（2.1%），径迹长度分布偏向长径迹一侧，平均径迹长度为（11.6±1.5）～（11.7±1.3）μm（图 3.33），表明样品经历了高温退火和后期的抬升冷却，Central 年龄（分别为 9±3 Ma 和 58±5 Ma）为混合年龄。从单颗粒 AFT 年龄分布的雷达图和高斯拟合曲线可以看出，样品 AFT 年龄都包含一组年龄（图 3.34，图 3.35），分别为 1.25 Ma 和 54.5 Ma，表明该区构造抬升冷却发生于新生代，但存在两期构造运动。

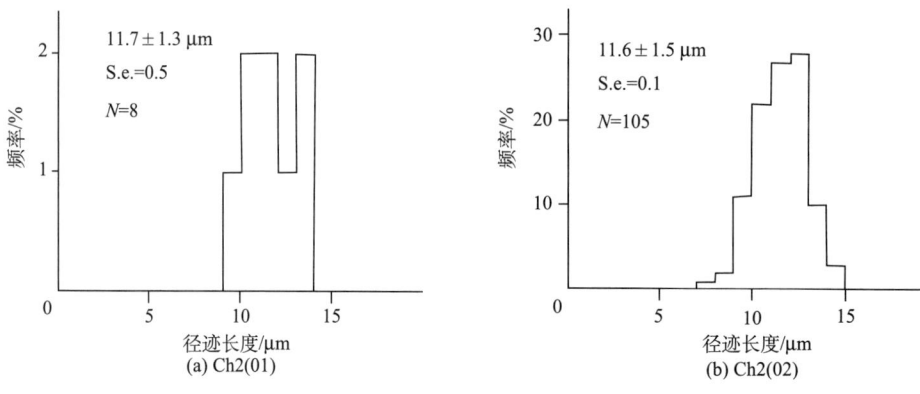

图 3.33 博湖拗陷西部磷灰石裂变径迹长度分布图

S.e.为标准偏差

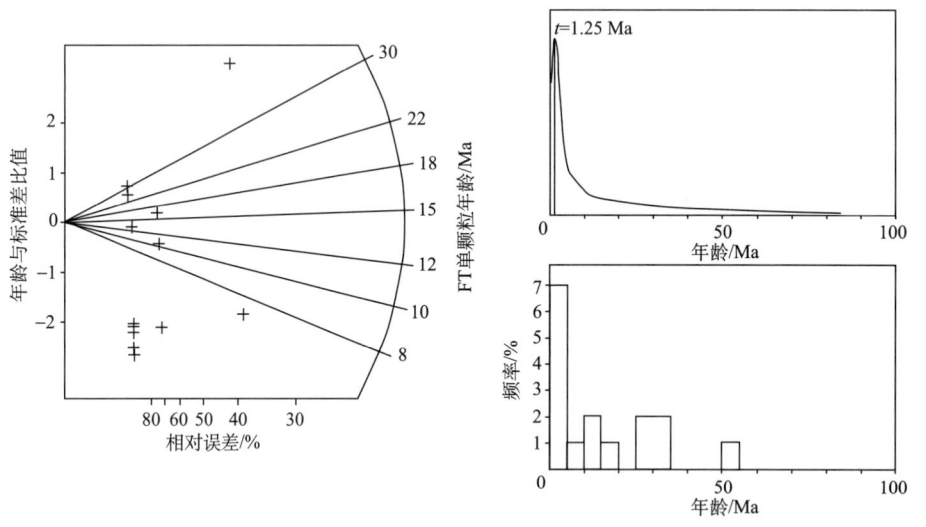

图 3.34 Ch2（01）磷灰石雷达图、年龄频率直方图和高斯拟合图

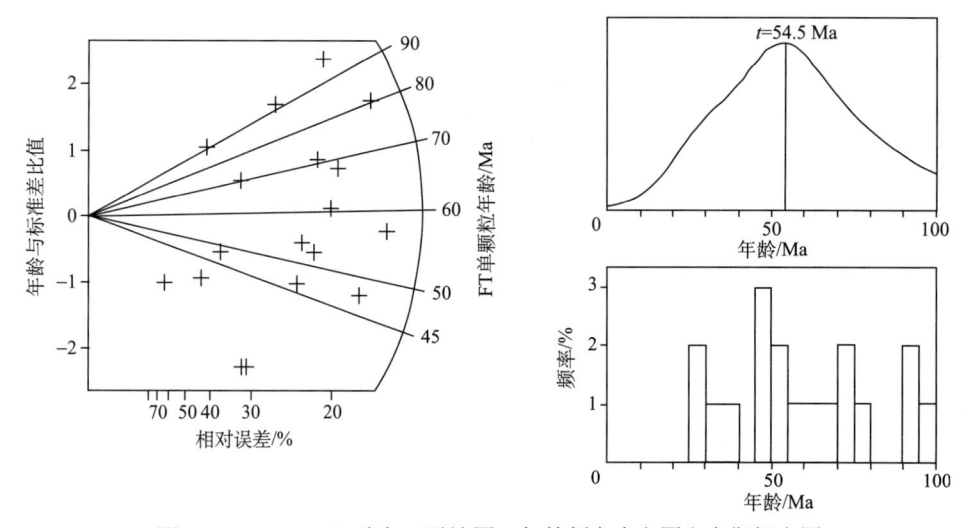

图 3.35 Ch2（02）磷灰石雷达图、年龄频率直方图和高斯拟合图

Yq4（01）样品为海西期花岗岩，AFT-Central 年龄（97±6 Ma）小于地层年龄，但 $P(\chi^2)<5\%$，径迹长度分布偏向长径迹一侧，平均径迹长度为 13.0±1.6 μm（图 3.36），表明样品经历了高温退火和后期冷却，Central 年龄为混合年龄。单颗粒 AFT 年龄分布的雷达图、年龄频率直方图和高斯拟合曲线上拟合出 90 Ma 一个年龄（图 3.37），与 Central 年龄一致，表明其于晚白垩世发生构造抬升运动。

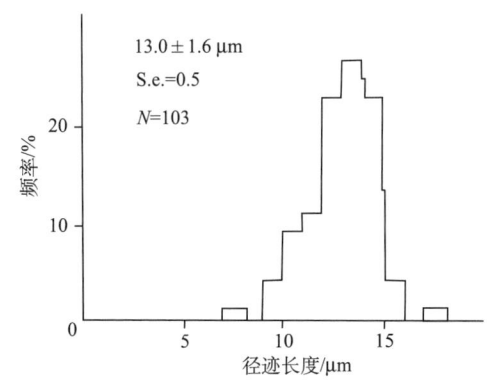

图 3.36 Yq4（01）磷灰石裂变径迹长度分布图

S.e.为标准偏差

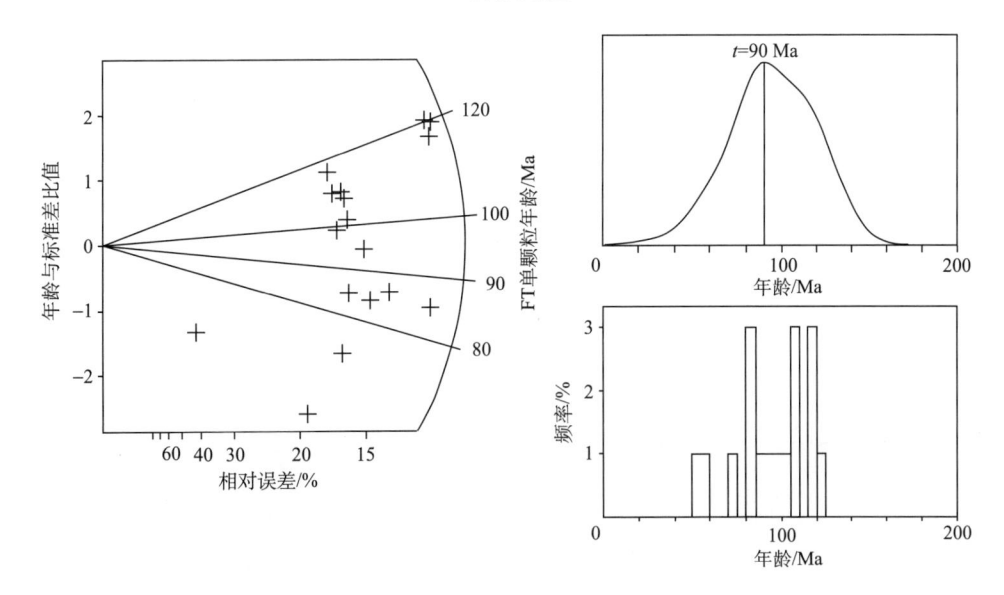

图 3.37 Yq4（01）磷灰石雷达图、年龄频率直方图和高斯拟合图

（三）博湖拗陷中部

盆地中部 M2 井中 M2（02）和 M2（03）样品分别为下侏罗统三工河组砂岩和中上三叠统砂岩，其中 M2（02）磷灰石 AFT-Central 年龄（62±6 Ma）明显小于地层年龄，但 $P(\chi^2)>5\%$（68.3%），径迹长度呈右偏不对称分布，平均径迹长度为 12.6±1.8 μm

（图 3.38），总体表现为样品经历了完全退火后反弹至未退火带的冷却年龄，AFT-Central 年龄可视为冷却年龄。雷达图指示样品的所有单颗粒 AFT 年龄均落入同一组，Central 年龄与高斯拟合年龄（53.3 Ma）相当（图 3.39），表明这一地区中生界至少在 62 Ma 左右已经抬升到了 AFT-封闭温度以浅的位置，指示一次重要的构造抬升事件。

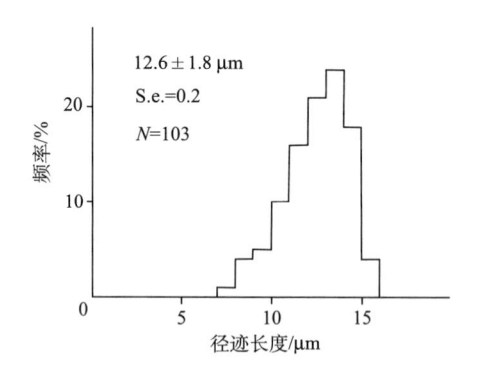

图 3.38 M2（02）磷灰石裂变径迹长度分布图

S.e.为标准偏差

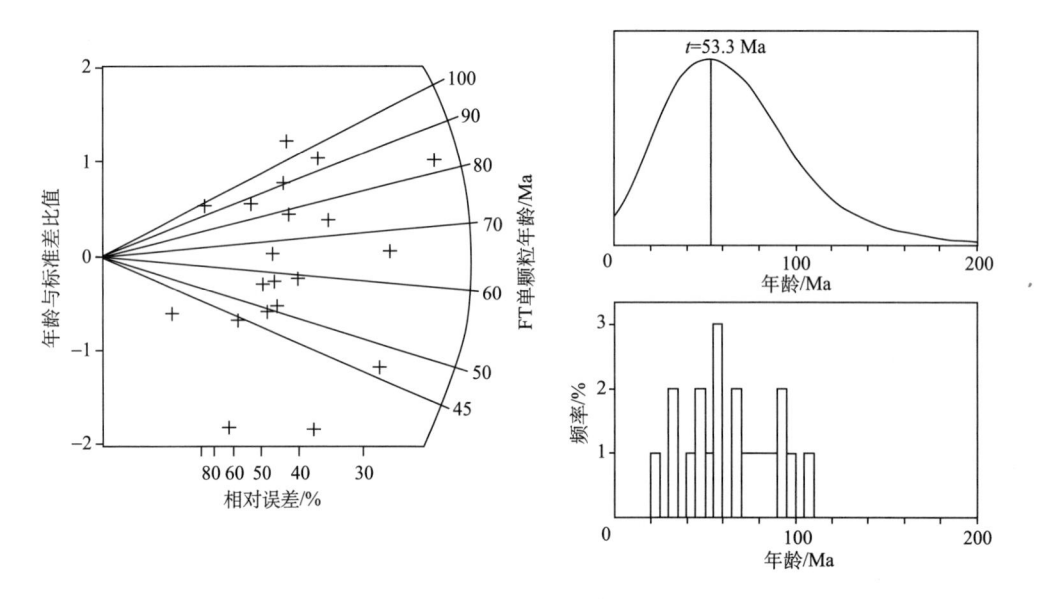

图 3.39 M2（02）磷灰石雷达图、年龄频率直方图和高斯拟合图

M2（03）样品磷灰石 AFT-Central 年龄（37±5 Ma）明显小于地层年龄，但 $P(\chi^2)$<5%（1.7%），径迹长度分布偏向长径迹一侧，平均径迹长度为 12.4±1.5 μm（图 3.40），表明样品经历了高温退火和后期冷却，Central 年龄为混合年龄。雷达图、年龄频率直方图和高斯拟合曲线拟合年龄为 20 Ma（图 3.41），表明此时期存在构造抬升运动。

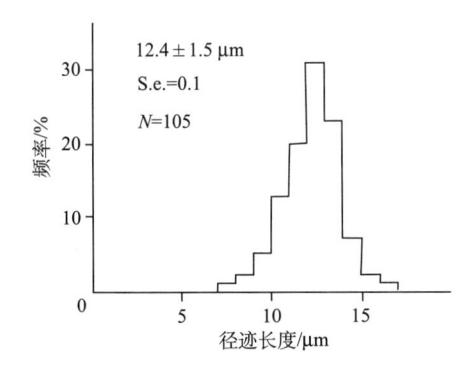

图 3.40　M2（03）磷灰石裂变径迹长度分布图

S.e.为标准偏差

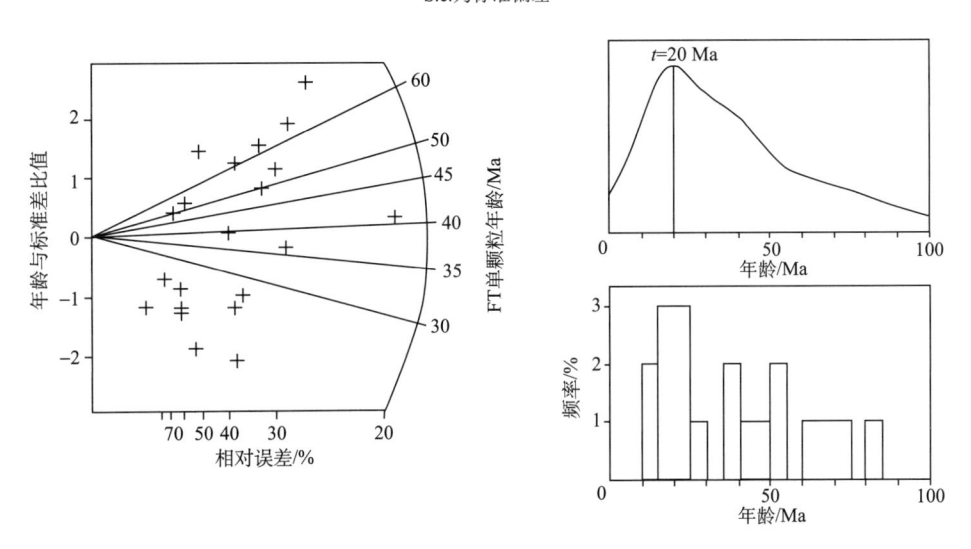

图 3.41　M2（03）磷灰石雷达图、年龄频率直方图和高斯拟合图

（四）博湖拗陷南部

盆地南部磷灰石样品包括 Kq01 石炭系片岩和 Yq02 下侏罗统三工河组砂岩。

Kq01 样品磷灰石 AFT-Central 年龄（55±9 Ma）小于地层年龄，但 $P(\chi^2)<5\%$，径迹长度分布偏向长径迹一侧，平均径迹长度为 12.1±1.7 μm（图 3.42），表明样品经历了高温退火和后期抬升冷却，Central 年龄为混合年龄。单颗粒 AFT 年龄分布的雷达图、年龄频率直方图和高斯拟合曲线包含两个年龄组（图 3.43），分别为 23.3 Ma 和 50 Ma，显示新生代具有两期构造抬升冷却事件。

Yq02 样品磷灰石 AFT-Central 年龄（79±9 Ma）明显小于地层年龄，但 $P(\chi^2)>5\%$（36.9%），其径迹呈双峰（图 3.44），单颗粒 AFT 年龄分布的雷达图、年龄频率直方图和高斯拟合曲线包含两个年龄组（分别为 30 Ma 和 76 Ma）（图 3.45），这可能与所测颗粒数较少有关，但是 76 Ma 与 Central 年龄一致。因此，构造抬升冷却事件发生于 79 Ma 左右。

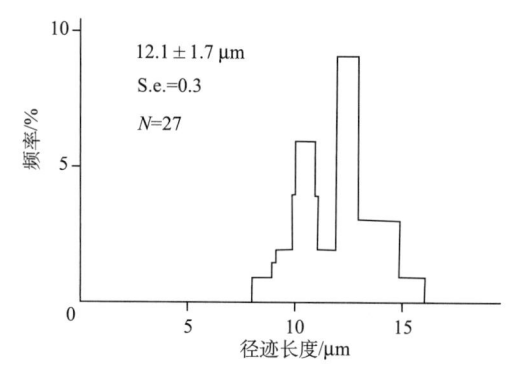

图 3.42　Kq01 磷灰石裂变径迹长度分布图

S.e.为标准偏差

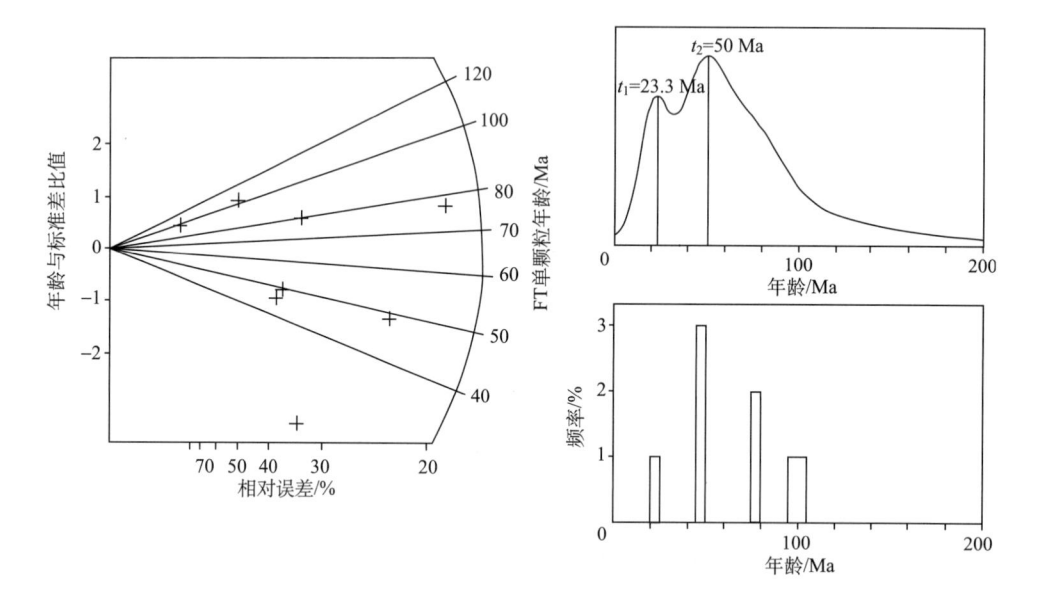

图 3.43　Kq01 磷灰石雷达图、年龄频率直方图和高斯拟合图

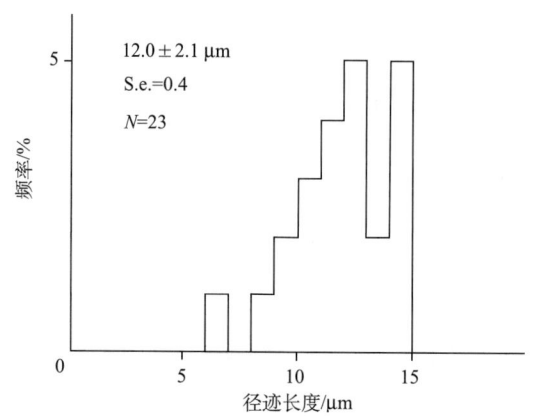

图 3.44　Yq02 磷灰石裂变径迹长度分布图

S.e.为标准偏差

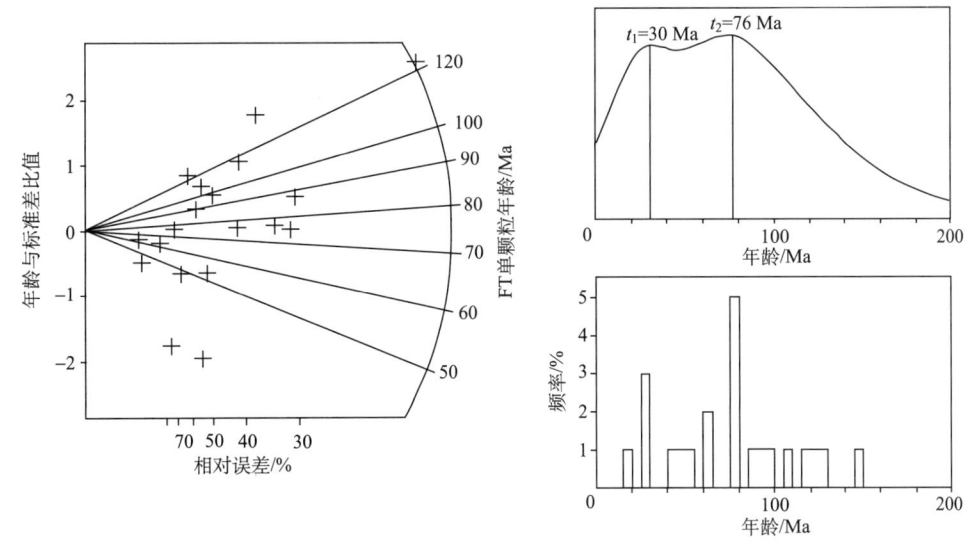

图 3.45 Yq02 磷灰石雷达图、年龄频率直方图和高斯拟合图

二、锆石年龄分析

（一）北 部 凹 陷

1. 宝浪-苏木构造带

B1（1）样品锆石 ZFT-Central 年龄为 224±24 Ma，明显大于地层年龄，但 $P(\chi^2)>5\%$（24.3%），Central 年龄主要代表物源碎屑年龄，应该属于源区构造事件的残存径迹年龄记录。雷达图显示单颗粒 ZFT 年龄分布于同一组分中（图 3.46），年龄频率直方图和高斯拟合曲线显示的年龄为 168.5 Ma，说明在古近纪沉积时期，源区构造抬升剥蚀的地层已涉及中侏罗统。

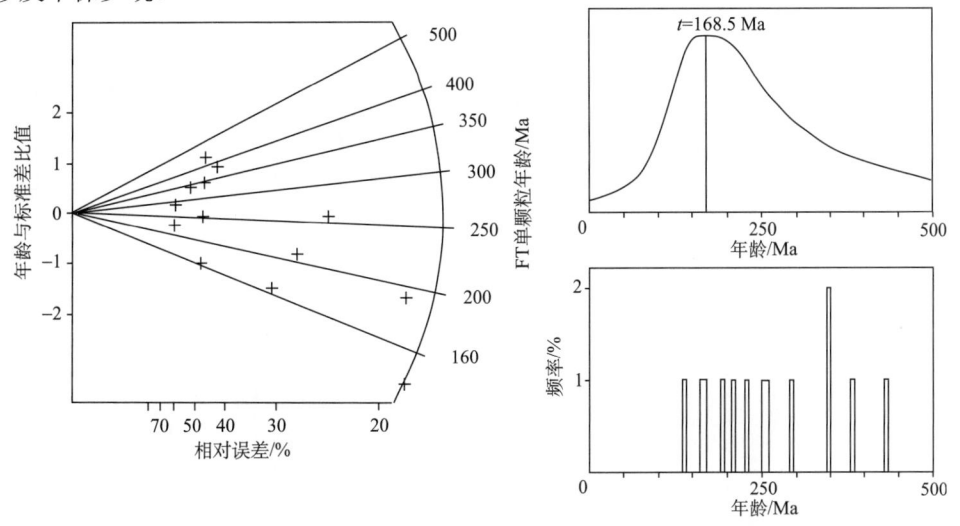

图 3.46 B1（1）锆石雷达图、年龄频率直方图和高斯拟合图

B1（2）样品锆石 ZFT-Central 年龄为 180±16 Ma，稍大于地层年龄，且 $P(\chi^2)<5\%$（0.01%），Central 年龄相当于源区 ZFT 年龄所占比例较大的混合年龄。雷达图、年龄频率直方图和高斯拟合曲线显示至少包含两个年龄组，分别为 125 Ma 和 170 Ma（图 3.47），前者表明该区于早白垩世晚期存在构造抬升冷却事件，后者和地层年代相当，可能是源区径迹年龄记录。

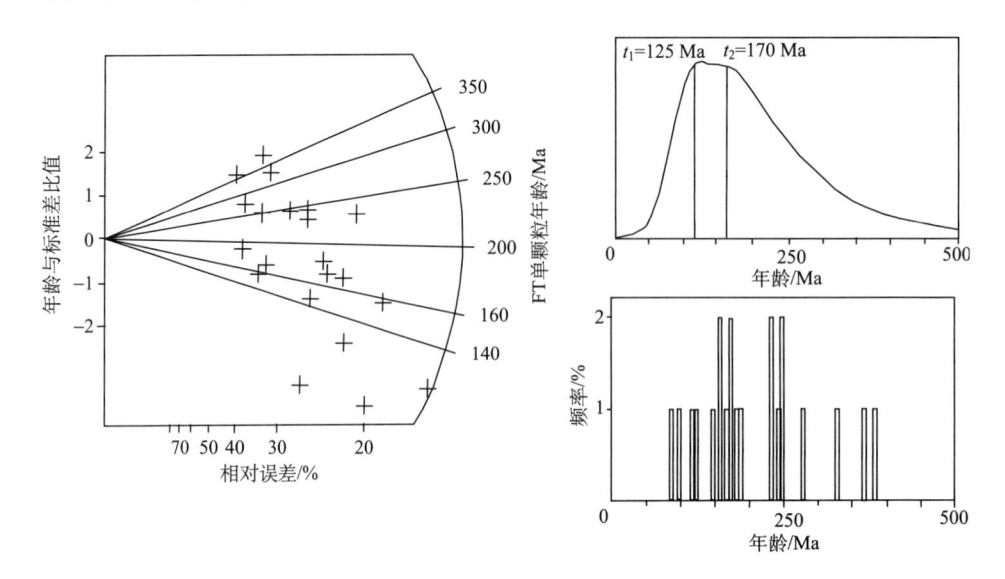

图 3.47　B1（2）锆石雷达图、年龄频率直方图和高斯拟合图

B1（3）样品锆石 ZFT-Central 年龄为 190±19 Ma，略小于地层年龄，但 $P(\chi^2)=0$，Central 年龄为混合年龄，包含了一定量较老径迹的年龄。雷达图显示单颗粒 ZFT 年龄分布于同一组分中（图 3.48），年龄频率直方图和高斯拟合曲线显示的年龄为 127 Ma，以上说明该区构造抬升冷却时间发生在早白垩世晚期。

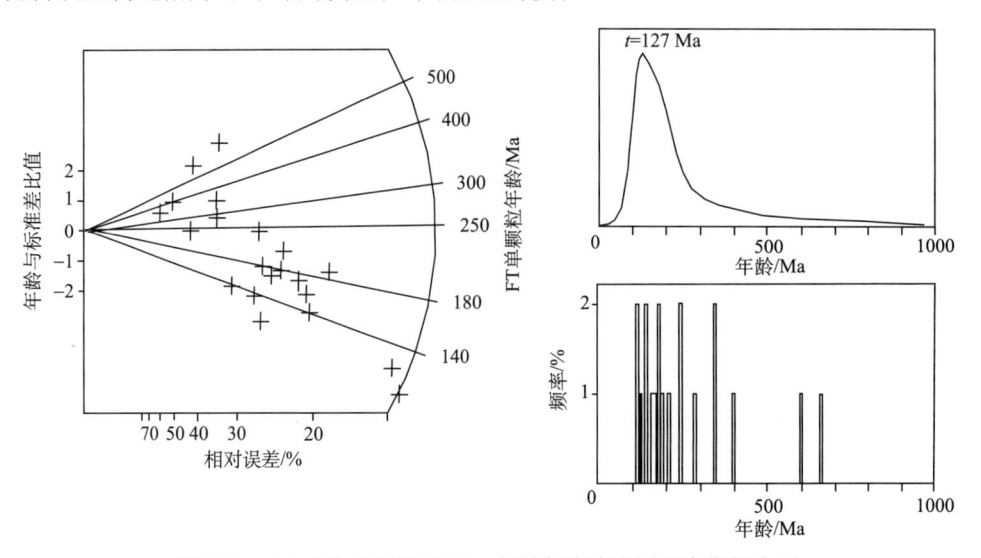

图 3.48　B1（3）锆石雷达图、年龄频率直方图和高斯拟合图

2. 本布图构造带

T3（01）样品锆石 ZFT-Central 年龄为 290±31 Ma，明显大于地层年龄，但 $P(\chi^2)<5\%$（0.1%），Central 年龄主要为大于地层年龄的混合年龄，雷达图显示单颗粒 ZFT 年龄分布包含两个组分。年龄频率直方图和高斯拟合曲线均显示有两组年龄，分别为 150 Ma 和 370 Ma（图 3.49），前者表明该区在燕山中期晚侏罗世的一次构造运动，后者显然是物源碎屑年龄。

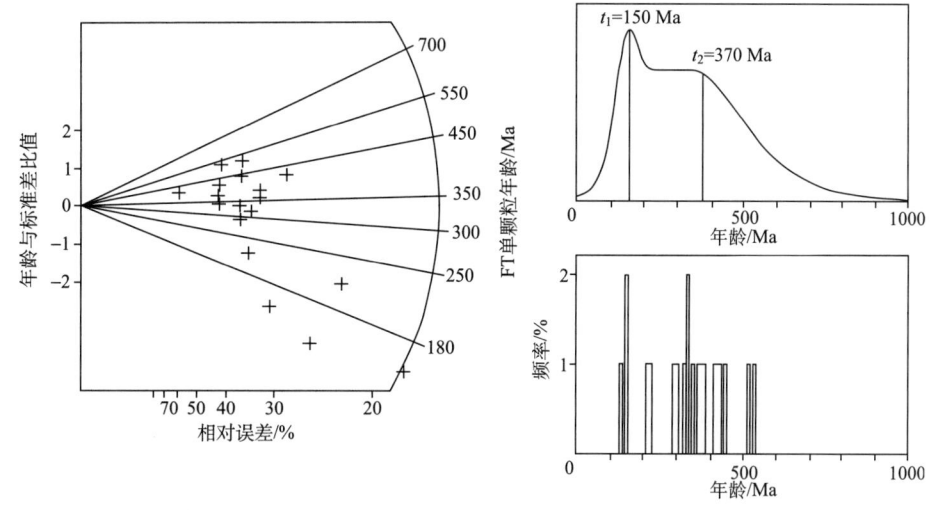

图 3.49　T3（01）锆石雷达图、年龄频率直方图和高斯拟图

T3（02）样品锆石 ZFT-Central 年龄为 208±27 Ma，稍大于地层年龄，但 $P(\chi^2)=0$，相当于源区 ZFT 年龄所占比例较大的混合年龄。雷达图显示单颗粒 ZFT 年龄至少包含两个组分，年龄频率直方图和高斯拟合曲线均显示有两组年龄（图 3.50），分别为 113 Ma 和 352 Ma，前者代表早白垩世末的构造抬升运动，后者代表物源碎屑年龄。

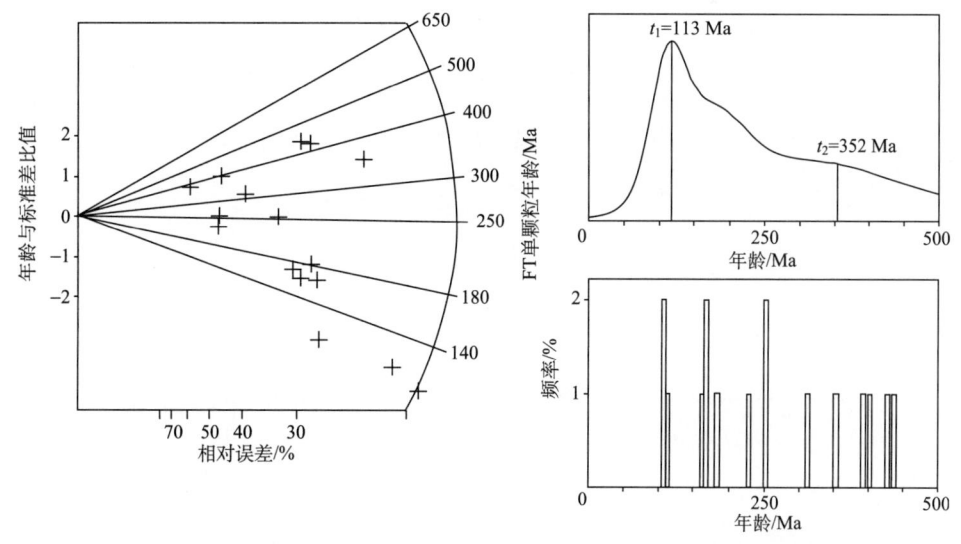

图 3.50　T3（02）锆石雷达图、年龄频率直方图和高斯拟合图

Yc01 样品锆石 ZFT-Central 年龄明显小于地层年龄，但 $P(\chi^2)=0$，样品的 ZFT-Central 年龄 235±34 Ma 为较老径迹年龄，占有较大比例的混和年龄。雷达图、年龄频率直方图和高斯拟合曲线显示有可能包含三组年龄（图 3.51），高斯拟合年龄分别为 87.5 Ma、183.4 Ma 和 298 Ma，早侏罗世晚期焉耆盆地处于伸展环境，此值为异常值，后者 298 Ma 年龄可能属于碎屑源区碎屑年龄记录。因此，该区存在一期构造抬升冷却事件：燕山晚期晚白垩世构造抬升事件。

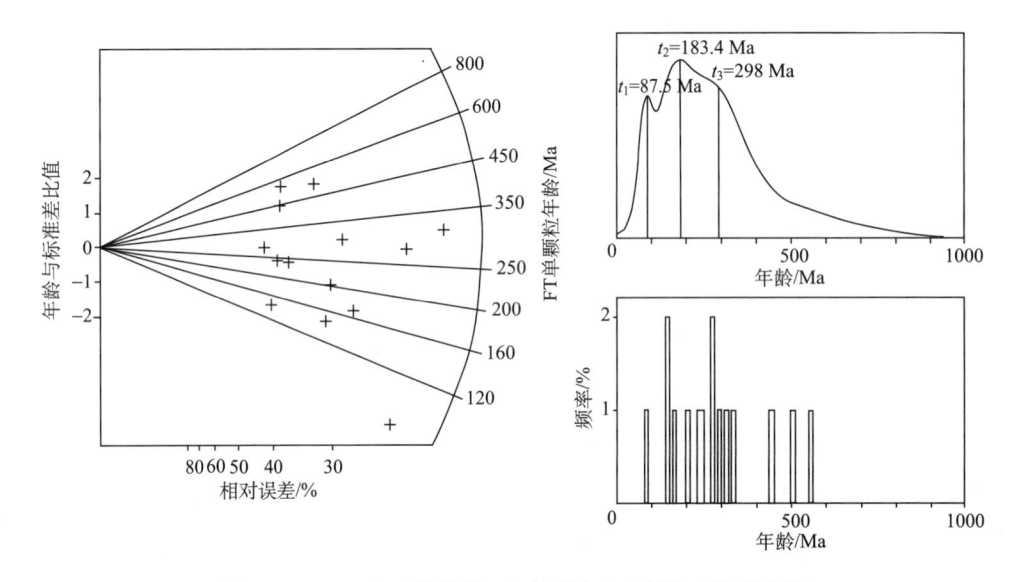

图 3.51 Yc01 锆石雷达图、年龄频率直方图和高斯拟合图

Yc02 样品锆石 ZFT-Central 年龄（203±26 Ma）明显大于地层年龄，且 $P(\chi^2)=0$，单颗粒 ZFT 年龄分布雷达图、年龄频率直方图和高斯拟合曲线均显示（图 3.52），其年龄

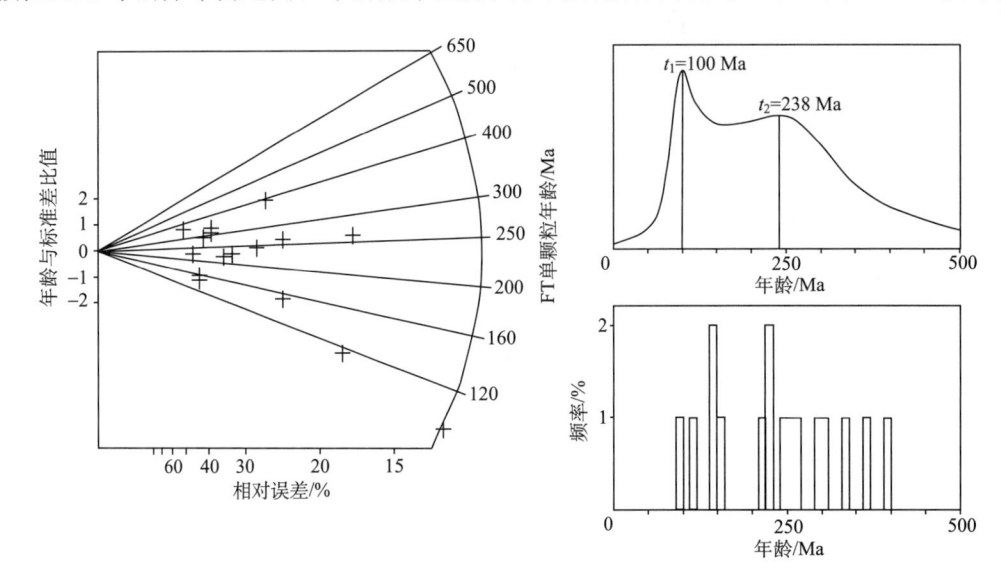

图 3.52 Yc02 锆石雷达图、年龄频率直方图和高斯拟合图

组成主要为大于地层年龄的混合年龄，仅含有少量的新生径迹年龄。年轻年龄组对应的高斯拟合年龄为 100 Ma，指示该区存在燕山晚期早白垩世末的一次构造抬升事件；最老的年龄组对应的高斯拟合年龄为 238 Ma，显然是物源区碎屑残存径迹年龄记录。

（二）博湖拗陷西部

Ch2（01）和 Ch2（02）样品锆石 ZFT-Central 年龄（分别为 167±15 Ma 和 183±15 Ma）小于地层年龄，但 $P(\chi^2)=0$ 和 $P(\chi^2)<5\%$（2.1%），样品的 Central 年龄含有一定的较老年龄径迹的混合年龄。样品单颗粒 ZFT 年龄分布雷达图显示可能存在两个年龄组（图 3.53，图 3.54），但频率直方图和高斯拟合曲线仅给出了一个年龄，分别为 125 Ma 和 166.6 Ma，指示该区存在早白垩世晚期和中侏罗世晚期两期构造抬升运动。

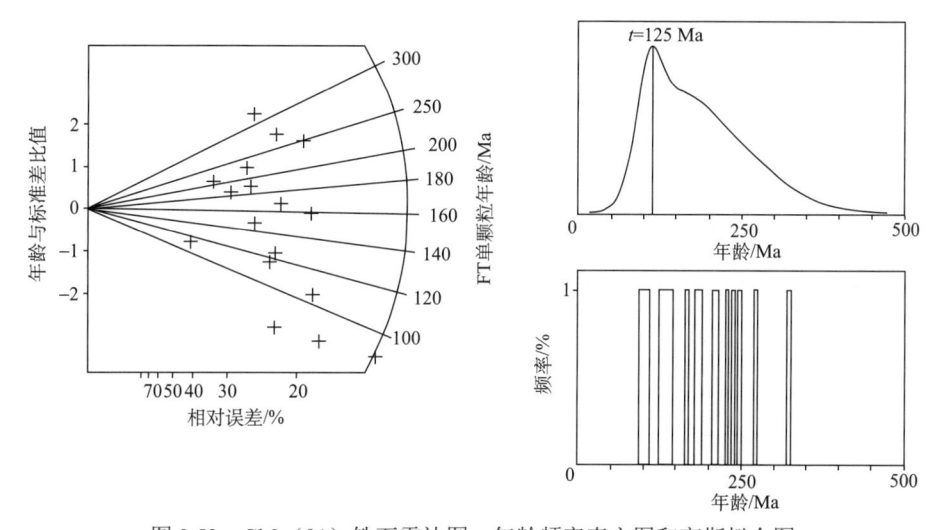

图 3.53 Ch2（01）锆石雷达图、年龄频率直方图和高斯拟合图

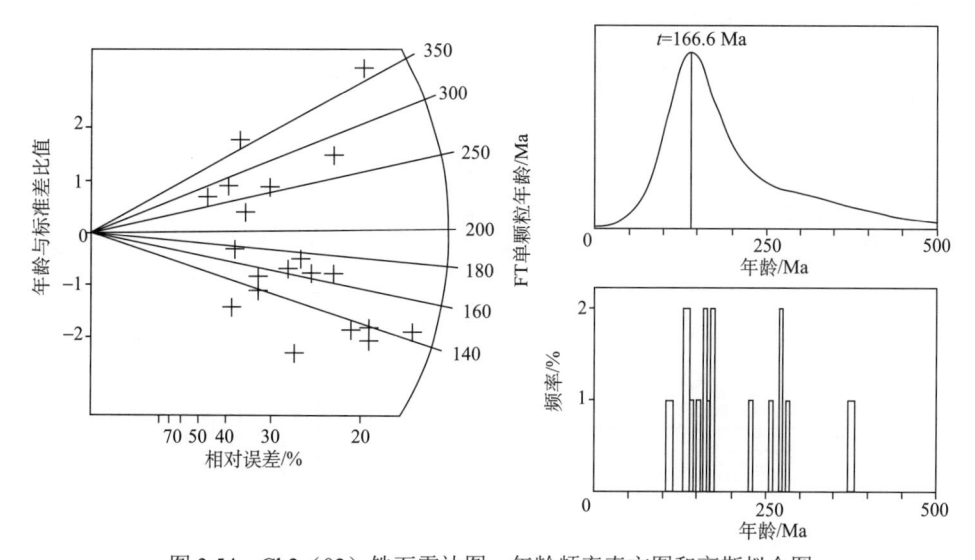

图 3.54 Ch2（02）锆石雷达图、年龄频率直方图和高斯拟合图

Yq4（01）样品锆石 ZFT-Central 年龄（223±14 Ma）明显小于地层年龄，但 $P(\chi^2) < 5\%$（4.4%），Central 年龄是含有相对较老年龄径迹的混合年龄，单颗粒 ZFT 年龄分布的雷达图、年龄频率直方图和高斯拟合曲线包含一组年龄（图3.55），为 193.5 Ma，在 Central 年龄误差范围内，故 Central 年龄为构造抬升年龄，此次构造抬升为印支晚期构造运动造成的。

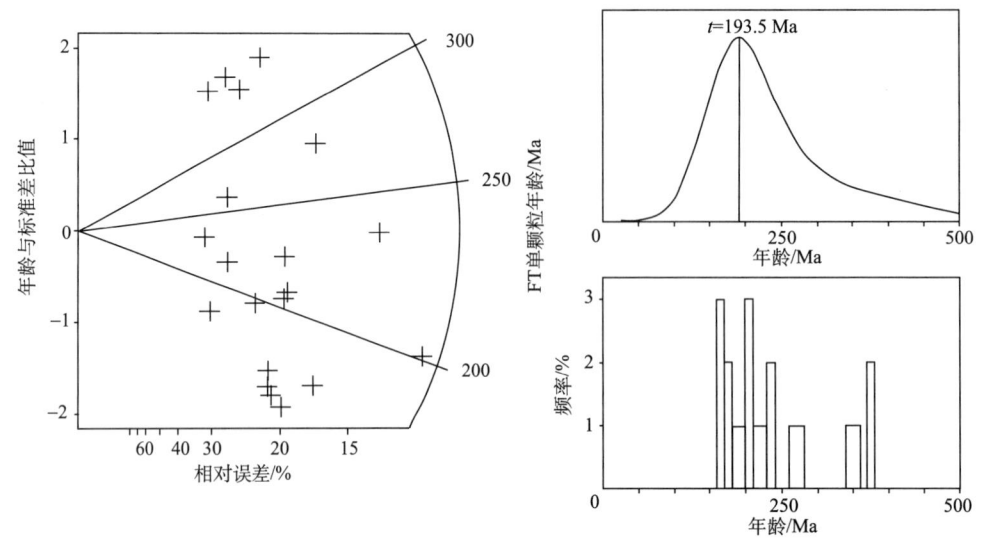

图 3.55 Yq4（01）锆石雷达图、年龄频率直方图和高斯拟合图

（三）博湖拗陷中部

M2 井的 M2（02）样品锆石 ZFT-Central 年龄（283±34 Ma）明显大于地层年龄，但 $P(\chi^2) < 5\%$（0.1%），Central 年龄为含有较多年龄较老径迹的混合年龄，单颗粒 ZFT 年龄分布雷达图、年龄频率直方图和高斯拟合曲线均显示存在一组年龄（图3.56），年龄值为 198 Ma，这记录了碎屑年龄。

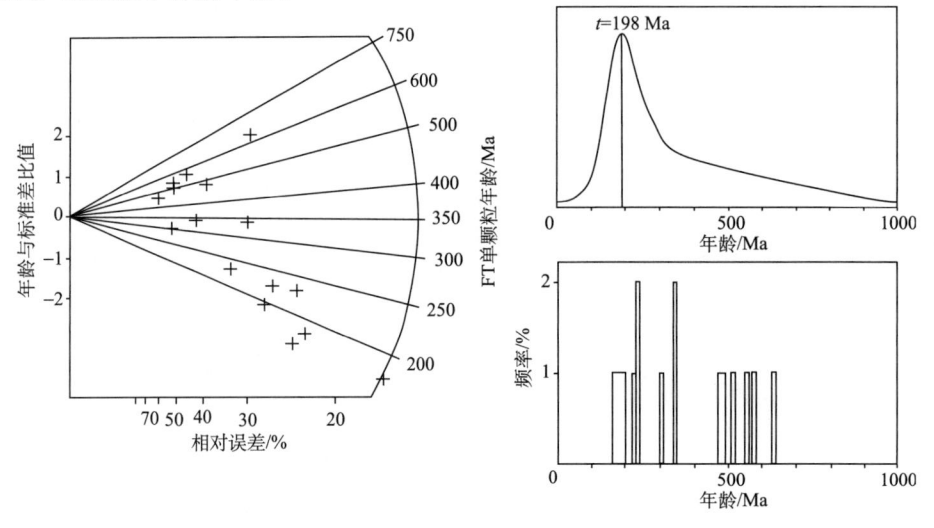

图 3.56 M2（02）锆石雷达图、年龄频率直方图和高斯拟合图

M2（03）样品锆石 ZFT-Central 年龄（259±38 Ma）稍大于地层年龄，但 $P(\chi^2)=0$，Central 年龄为含有较多年龄较老径迹的混合年龄，单颗粒 ZFT 年龄分布雷达图、年龄频率直方图和高斯拟合曲线均显示存在两组年龄（图3.57），年龄值分别为88.3 Ma 和 222.2 Ma，前者指示该区于晚白垩世发生构造抬升运动，后者记录了碎屑年龄。

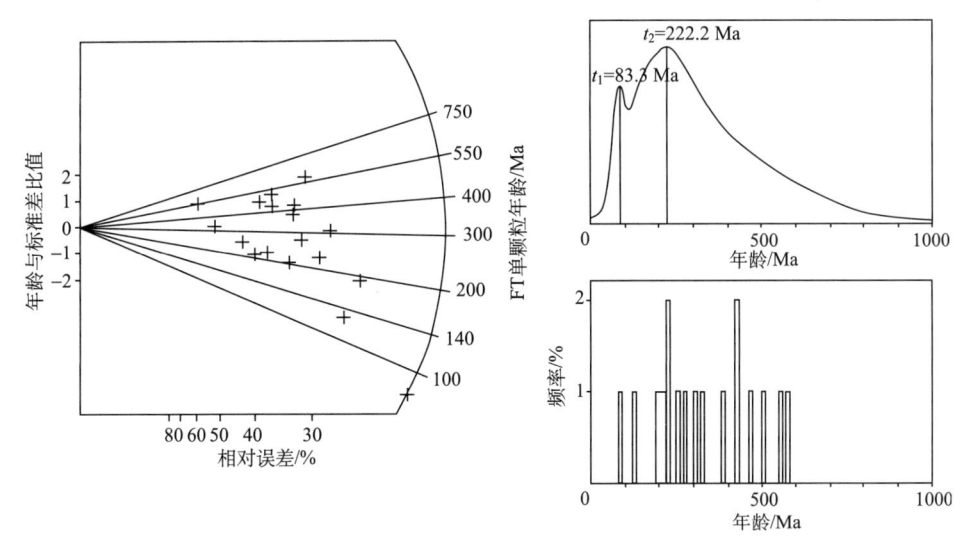

图 3.57　M2（03）锆石雷达图、年龄频率直方图和高斯拟合图

（四）博湖拗陷南部

Yq01 为下侏罗统八道湾组砂岩，样品锆石 ZFT-Central 年龄（197±12 Ma）与地层年龄相当，但 $P(\chi^2)>5\%$（72.8%），单颗粒 ZFT 年龄分布的雷达图、年龄频率直方图和高斯拟合曲线显示的年龄为 187.5 Ma（图3.58），这与 Central 年龄是一致的，记录了源区碎屑年龄。

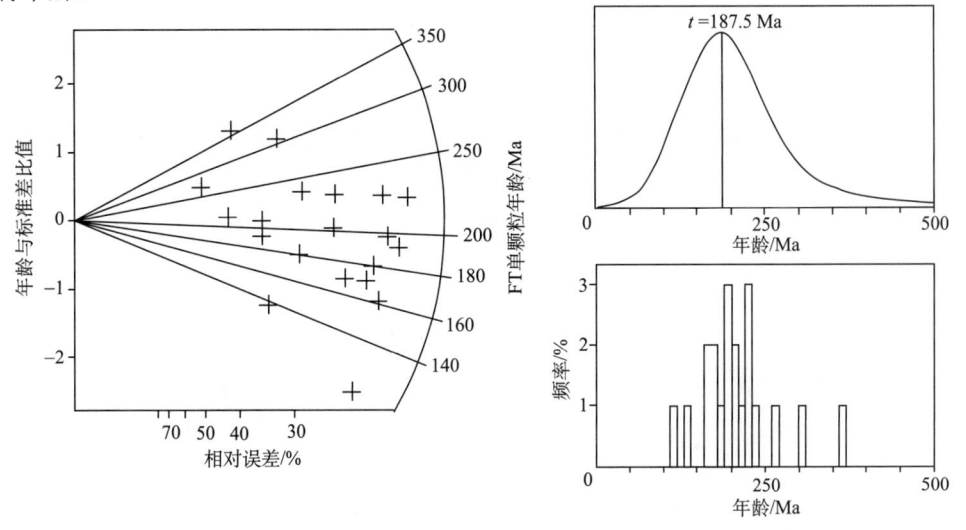

图 3.58　Yq01 锆石雷达图、年龄频率直方图和高斯拟合图

Yq02 样品锆石 ZFT-Central 年龄（117±18 Ma）明显小于地层年龄，但 $P(\chi^2)<5\%$（0.01%），Central 年龄为较老径迹年龄占有较大比例的混和年龄，单颗粒 ZFT 年龄分布的雷达图、年龄频率直方图和高斯拟合曲线显示有一个年龄组（图3.59），为 112.5 Ma，表明早白垩世末存在一期构造抬升运动。

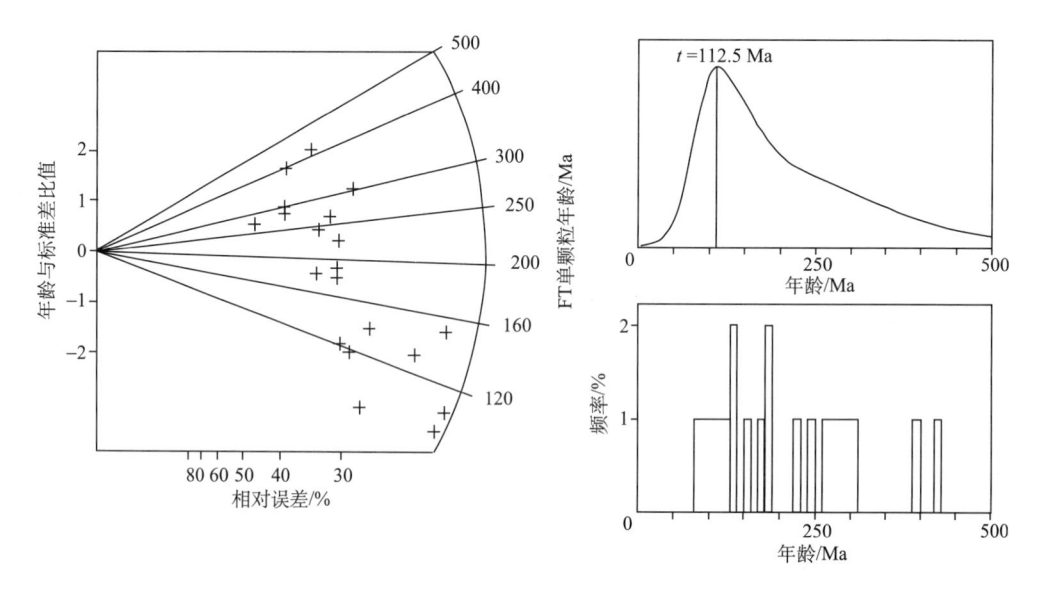

图 3.59　Yq02 锆石雷达图、年龄频率直方图和高斯拟合图

Yq03 为石炭系片岩，样品锆石 ZFT-Central 年龄（163±25 Ma）明显小于地层年龄，但 $P(\chi^2)>5\%$（15%），测试单颗粒太少，造成单颗粒 ZFT 年龄分布的雷达图、年龄频率直方图和高斯拟合曲线拟合年龄与 Central 年龄不符（图3.60），这里仅作参考。

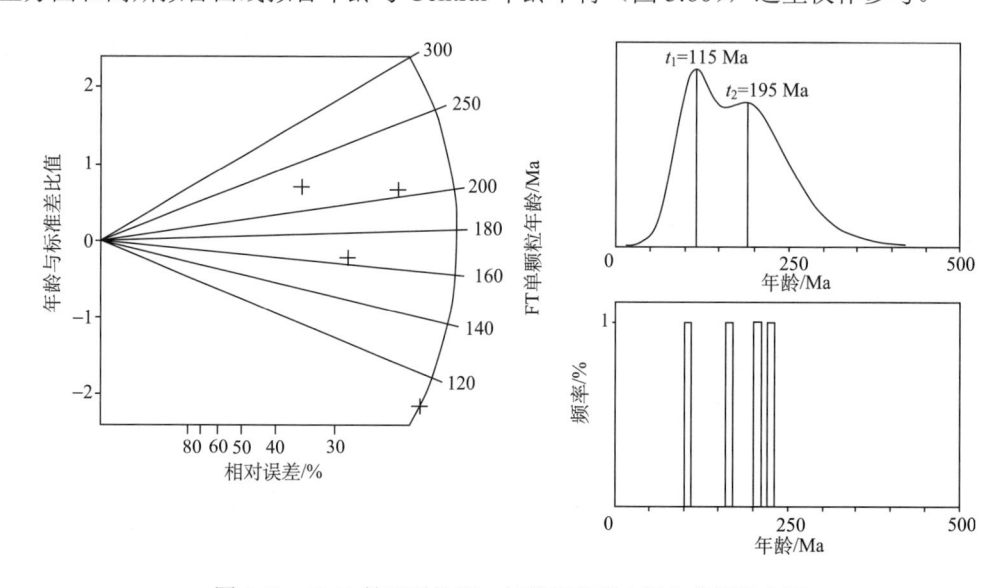

图 3.60　Yq03 锆石雷达图、年龄频率直方图和高斯拟合图

磷灰石和锆石年龄分析显示，博湖拗陷北部年龄分布于 5 个年龄段：150 Ma 左右（晚侏罗世晚期）、127~66 Ma（早白垩世中晚期—晚白垩世）、62 Ma 左右（古新世）、41~46 Ma（始新世）、16.5~6.4 Ma（中新世）。数据主要集中于早白垩世中晚期—晚白垩世、始新世和中新世 3 个时期，说明盆地北部主要存在 3 期构造抬升运动，而 150 Ma 左右晚侏罗世晚期的数据可能是盆地局部存在对特提斯构造运动的反映。

盆地西部磷灰石和锆石年龄表明该地区存在 5 期构造运动，中生代和新生代各有两期，分别为晚三叠世、早白垩世晚期—晚白垩世、始新世早期和更新世早期。

博湖拗陷中部、南部径迹年龄分析显示该区存在 3 期构造运动，分别为晚白垩世晚期的燕山运动、古新世早期和中新世早期构造运动。

由裂变径迹年龄分析和盆地地层间的接触关系，焉耆盆地构造运动分成 5 个期次：中生代包括两个期次，分别为晚三叠世、早白垩世中晚期—晚白垩世；新生代包括 3 期，分别为始新世、渐新世和中新世。而样品年龄显示，盆地内部抬升时间要晚于周缘山体抬升时间。

第三节 地层剥蚀与剥蚀厚度恢复

地层的剥蚀厚度是影响盆地烃源岩热演化史和油气成藏史的重要因素，地质学家历来十分重视，提出了许多恢复方法。目前，常用的方法主要包括泥岩声波曲线法、不连续镜质组反射率曲线法、构造横剖面法及最优化方法等。本书对焉耆盆地中生代地层剥蚀厚度的恢复主要采用磷灰石裂变径迹法、地层趋势对比法和声波时差法。

一、中生代地层遭剥蚀证据

（一）裂变径迹证据

磷灰石和锆石裂变径迹年龄显示，焉耆盆地中生代抬升冷却年龄在早白垩世中晚期—晚白垩世，这表明盆地中侏罗统西山窑组之上沉积有一定的中上侏罗统和白垩系。

（二）成岩阶段证据

焉耆盆地中生代地层划分为三大成岩阶段：同生成岩阶段、早成岩阶段（分早成岩 A、B 期）和晚成岩阶段（分晚成岩 A、B、C 期）。焉耆盆地宝浪-苏木构造带、本布图地区和种马场地区中新生代地层缺失早成岩 B 期，而包体测温显示，上述地区中侏罗统西山窑组在盆地抬升前已进入晚成岩 A 期，说明西山窑组之上沉积了一套早成岩 B 期的地层，这套地层在燕山晚期构造运动中被剥蚀。

（三）镜质组反射率证据

盆地 Yc 井的镜质组反射率变化在 0.6%~0.8%，虽然 R^o 测值较少，但仍然可以看出 R^o 和 I_{HC} 值随埋深的增加而增大，T_{max} 和 I_P 值变化较为复杂，没有明显的规律性（图3.61）。

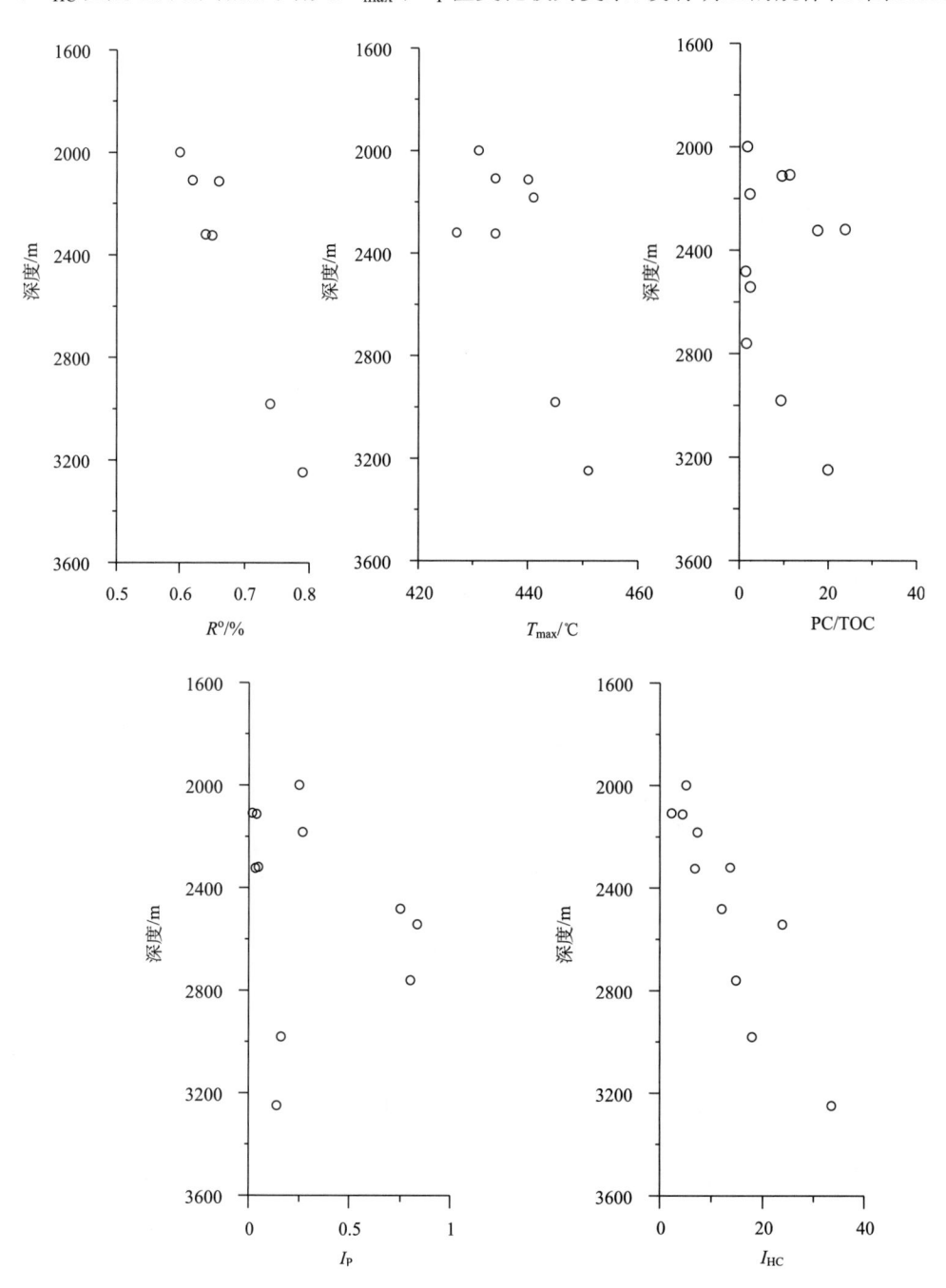

图 3.61　Yc 井 R^o、I_P、I_{HC} 与埋深的关系图

盆地 B1 井的镜质组反射率大都在 0.6%~1.1%，在剖面上有随埋深增加而增加的趋势，但变化比较复杂，反射率左右摆动，R^o 和 T_{max} 的演化趋势相吻合，即 3250 m 的位置上，R^o 和 T_{max} 值随埋深的增加有迅速增加的趋势，而 I_P 和 I_{HC} 从此位置随埋深的增加开始变小（图 3.62）。

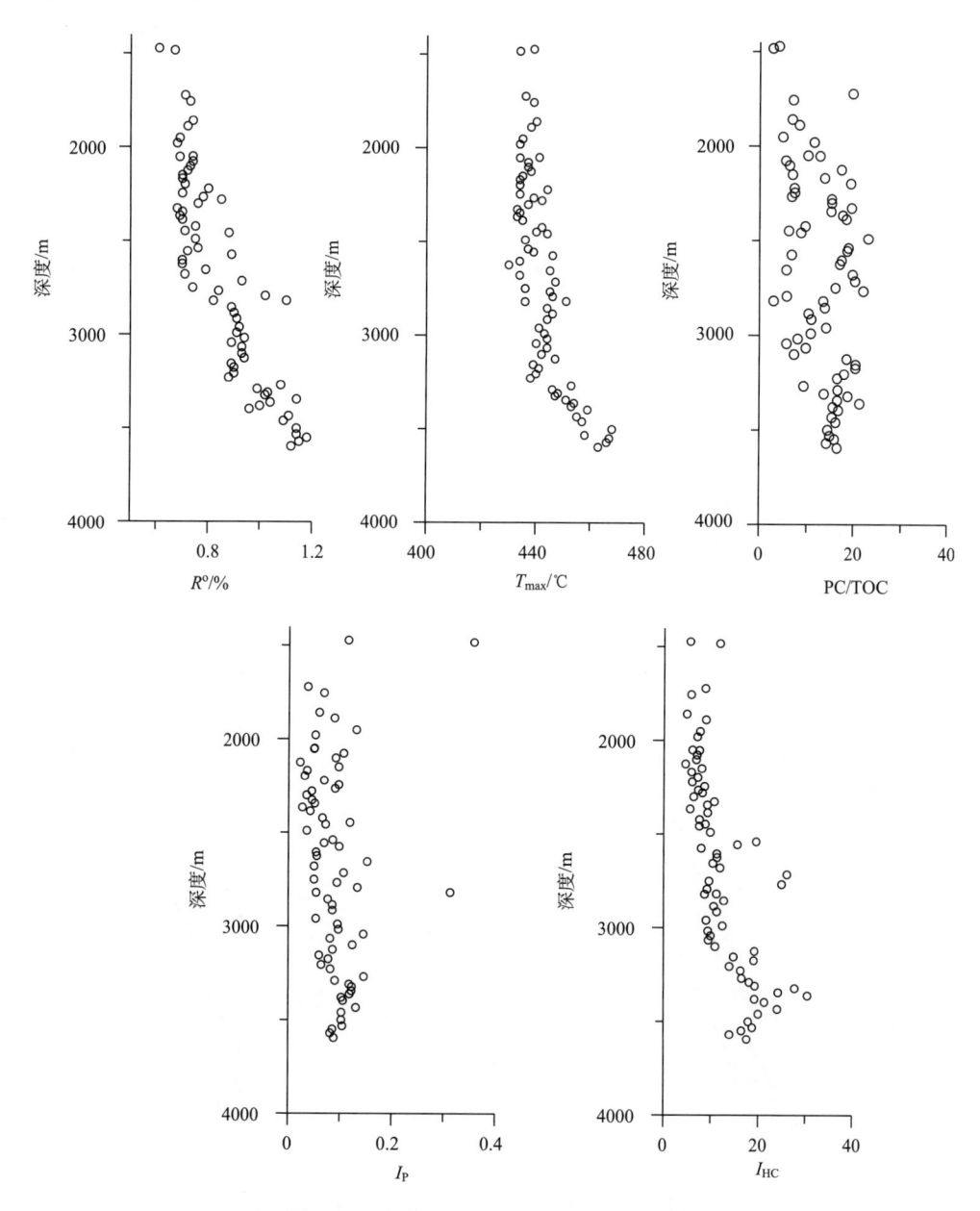

图 3.62 B_1 井 R^o、I_P、I_{HC} 与埋深的关系图

从上面两口侏罗系剖面井镜质组反射率随埋深的变化表明，侏罗系源岩的热演化程度在博湖拗陷显示等时性。即埋深进入侏罗后，Yc 井侏罗系的源岩均已成熟，R^o 均大

于 0.6%。包头湖凹陷的 B1 井，在 1227 m 进入侏罗系（J_2s），源岩 R^o 已达 0.61%，这是十分典型的等时性特征。这一现象揭示了现残存的侏罗系沉积后，博湖拗陷仍经历了进一步的沉降并接受了一定厚度的沉积，而且在博湖拗陷的南、北部和东、西部所经受的沉降-沉积在时间和厚度上大致相同，从而造成本区侏罗系地层烃源岩成熟，且热演化程度大体相当。因后期该地区经受了较长时间的沉积间断，更晚又重新沉降和堆积的新生代地层对侏罗纪地层的热演化没有产生影响，因而相近地区同一套地层热演化程度大体相当，表明其经历了相同的热演化过程和大致在同一时间达到同一热演化程度。

（四）泥岩声波时差资料提供的剥蚀信息

众多研究表明，在连续沉积的地层剖面中，泥岩的声波时差曲线在半对数坐标上呈一条连续的直线。当剖面中有剥蚀面存在，并且新沉积物的厚度小于原来的剥蚀厚度时，地层剖面中泥岩的声波时差曲线则在不整合面处出现间断。根据沉积物的压实不可逆原理，可以根据不整合面以下泥岩声波时差曲线的趋势求出地层的剥蚀厚度。

通过对焉耆盆地 20 余口探井泥岩声波时差资料的整理和作图发现，焉耆盆地泥岩的声波时差曲线主要有三种类型，即连续型、正向间断型和反向间断型。

1. 连续型声波时差曲线

连续型声波时差曲线是指在整个地层剖面中泥岩的声波时差曲线呈一条连续的直线，在不整合面处没有直线的不连续。这种类型的声波时差曲线表明，新沉积物的厚度大于原来地层的剥蚀厚度。它只能提供地层剥蚀厚度的上限（图 3.63）。

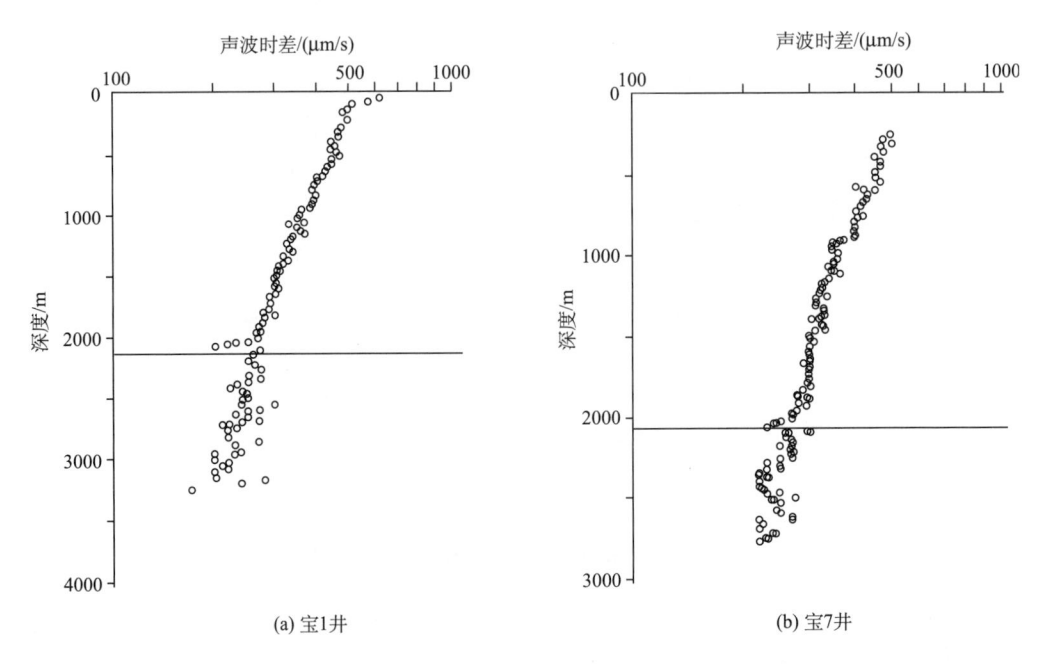

(a) 宝1井

(b) 宝7井

图 3.63　连续型声波时差曲线

2. 正向间断型声波时差曲线

正向间断型声波时差曲线是指在不整合面处声波时差曲线发生间断，不整合面以下老地层的声波时差明显小于不整合面以上相邻新地层的声波时差（图 3.64）。根据这种类型的声波时差曲线可以恢复地层的剥蚀厚度。具体方法是将不整合面以下的声波时差曲线按趋势向上外推至原始地表声波时差值处，从不整合面至地表值处的垂直距离就是不整合面处的剥蚀厚度。

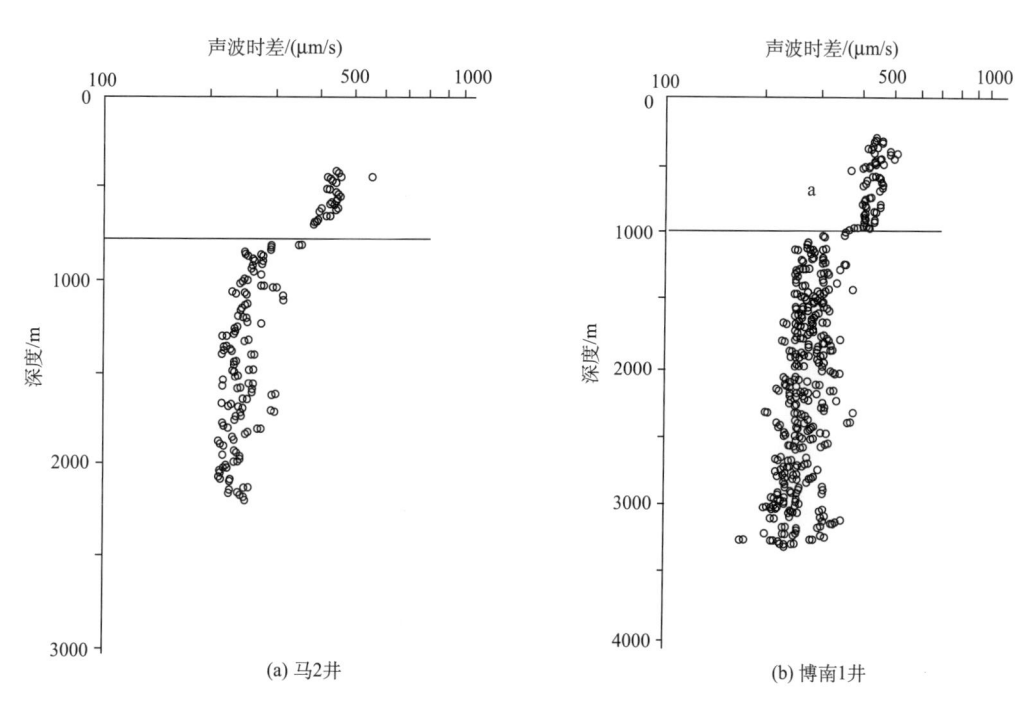

图 3.64　正向间断型声波时差曲线

3. 反向间断型声波时差曲线

反向间断型声波时差曲线是指在不整合面处声波时差曲线发生间断，不整合面以下老地层的声波时差反而明显大于不整合面以上相邻新地层的声波时差（图 3.65）。这一类声波时差曲线的形成主要与不整合面以下地层在抬升之前强烈的成岩作用有关，成岩作用使骨架之间的强度增大，所能承受的抗压能力增强。这类声波时差曲线也说明地层的剥蚀厚度要小于上覆新沉积物的厚度。

(a) 宝2井 (b) 宝5井

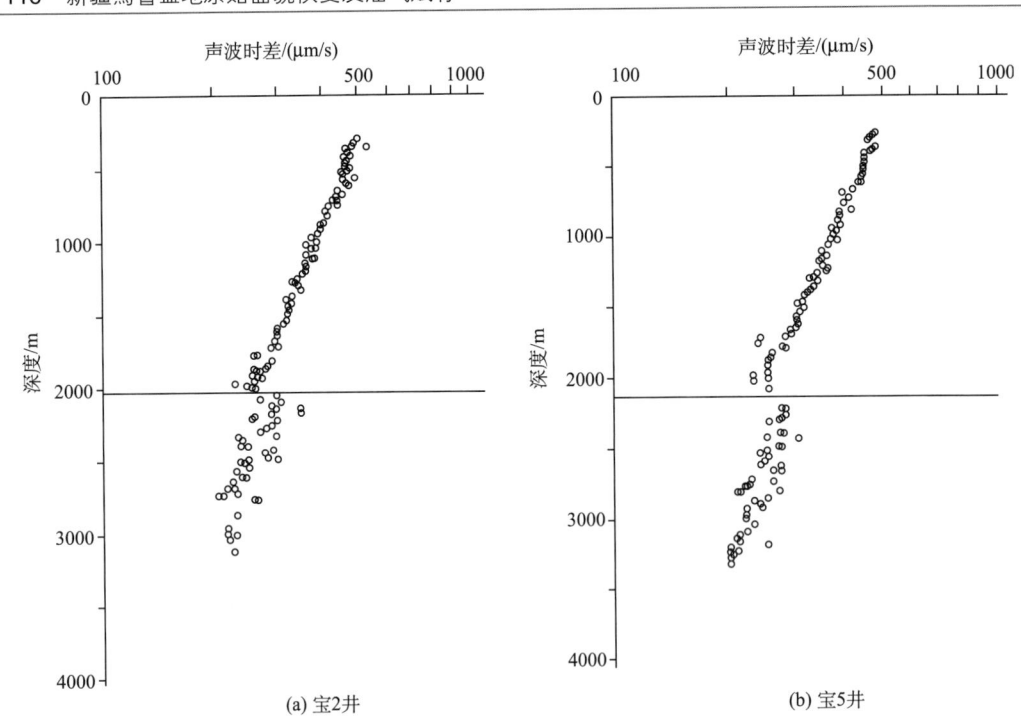

图 3.65　反向间断型声波时差曲线

二、剥蚀厚度恢复

（一）磷灰石裂变径迹法

1. 原理

磷灰石裂变径迹法是利用裂变径迹参数确定古地温梯度 ΔG 直接进行地层剥蚀厚度恢复。当古地温梯度与今一致时，古今温度差值与地温梯度的比值就是地层剥蚀厚度。古今地温梯度不变是地质历史时期的特例，多数盆地的古今地温梯度是不同的。这时，剥蚀厚度可利用公式求取：$\Delta H=(110\pm10-T)/G\pm d$ [T 为古平均地表温度（22 ℃），G 为古地温梯度，d 为具体地区古部分退火带底界与现今平均地表高差，现今平均表面高于古部分退火带底界为负，低于古部分退火带底界为正]。

2. 古地温梯度的确定

盆地北部 4 口钻井裂变径迹长度小于原始径迹长度 16.3±0.9 µm，径迹年龄小于地层年龄，说明经历了高温退火。T3 井（2621~2974 m）和 Yc 井（2312.6~2744 m）从中侏罗统西山窑组到下侏罗统三工河组，随埋深增加，磷灰石裂变径迹表现为表观年龄有规律地减小（图 3.66），Yc 井径迹长度从 11.4 µm 减小到 10.1 µm，表明两个样品处于退火带；Ch2 井两个样品井深分布在 2920~3828 m，样品 Ch2（02）井深 2920 m，表观年龄为 58±5 Ma，小于地层年龄，径迹长度为 11.6±1.5 μm，表明其经历了中等程度的退火，处于退火带的中部。样品 Ch2（01）井深 3823 m，表观年龄为 9±3 Ma，远小于地层年龄，其退火程度最高。从以上分析来看，3000 m 左右样品仍处于部分退火带区间，部分退火带底界应当大于 3000 m，从样品 Ch2（01）推断完全退火带的位置应当在 3800 m 左右。因此，北部凹陷确定的部分退火带底为 3800 m，这个界限对应的古地温为 125 ℃ 或 130 ℃；部分退火带的上限约为 2000 m，这个界限对应的古地温为 60~70 ℃。因此，推算出白垩世抬升前的古地温梯度为 3.33~3.61 ℃/100 m。

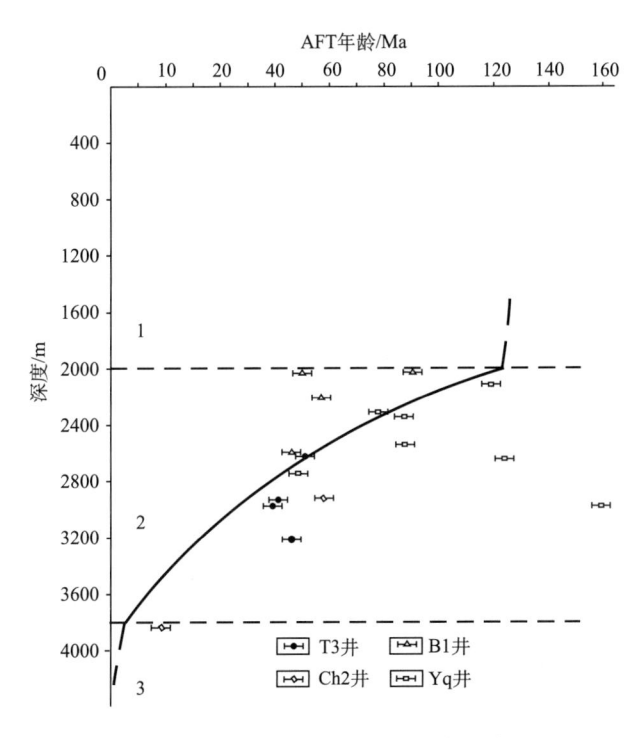

图 3.66　盆地北部凹陷 AFT 年龄-深度图

1. 未退火带；2. 部分退火带；3. 完全退火带

南部凹陷 Bn 井 6 个样品，三间房组 2 个，样品 Bn01 井深 1468 m，表观年龄为 131.4±4.2 Ma，径迹长度为 11.9±2.3 μm，年龄小于地层年龄，退火程度较低；样品 Bn06 井深 1470 m，裂变径迹年龄为 199.8±4.4 Ma，年龄大于地层年龄，径迹长度为 10.9±2.1 μm，应当处于未退火带底界。通过对这两个样品的分析，南部凹陷部分退火带的位置应当在 1400 m 左右。西山窑组 1 个样品，表观年龄为 108.0±8.2 Ma，径迹长度为 11.8±2.5 μm，年龄小于地层年龄，已发生部分退火。三工河组 3 个样品，年龄随深度的增加迅速减小，径迹长度随深度的增加变短。这 5 个样品表观年龄随深度的增加递减，长度随深度的增加变短，说明随深度的增加，这几个样品退火程度在不断增加，其退火规律与处于部分退火带地层退火规律一致，应当处于部分退火带区间。Yq 井一个样品 Yq02，井深 1083 m，表观年龄为 79±9 Ma，径迹长度为 12.0±2.1 μm，中等程度退火，应当处于部分退火带区间（图 3.67）。

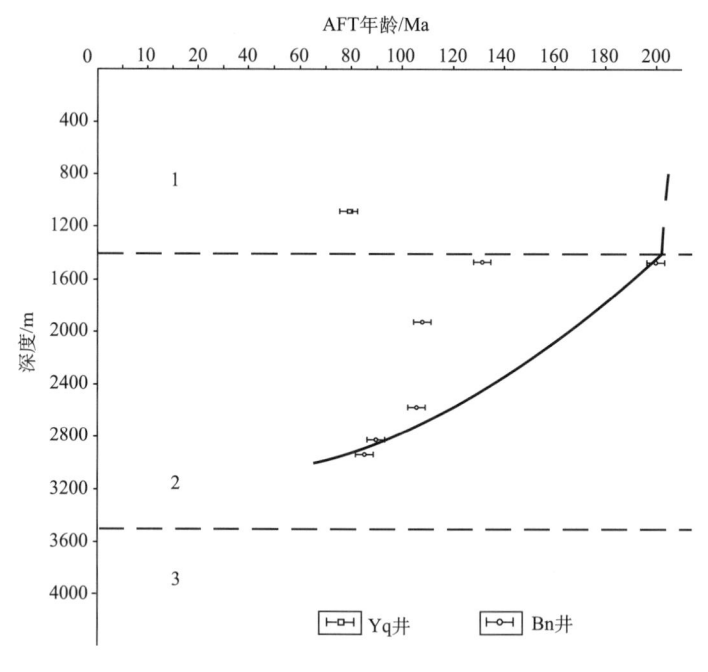

图 3.67　盆地南部凹陷 AFT 年龄-深度图
1. 未退火带；2. 部分退火带；3. 完全退火带

南部凹陷这几个样品都处于未退火带和部分退火带区间，不能通过这几个样品确定南部凹陷的部分退火下限。根据河南油田研究，博南 1 井完全退火带的深度应在 3500 m 以下的八道湾组，其古近系属未退火带，故将博湖拗陷部分退火带上限划分在 1400 m 左右，部分退火带底界划分在 3500 m。通过计算，南部凹陷白垩世抬升前的古地温梯度为 3.2~3.6 ℃/100 m。

（二）声波时差法

声波时差法的原理是：在连续沉积的地层剖面中，泥岩的声波时差曲线在半对数坐标上呈一条连续的直线。当剖面中有剥蚀面存在，并且新沉积物的厚度小于原来的剥蚀厚度时，地层剖面中泥岩的声波时差曲线则在不整合面处出现间断。根据沉积物的压实不可逆原理，可以根据不整合面以下泥岩声波时差曲线的趋势求出地层的剥蚀厚度。

焉耆盆地泥岩的声波时差曲线主要有三种类型，即连续型、正向间断型和反向间断型。连续型和反向间断型都表明在遭到剥蚀后期新沉积地层厚度大于剥蚀地层厚度，所保存的孔隙度是遭到后期改造残留的信息；正向间断型反映剥蚀后沉积地层厚度小于剥蚀地层厚度，剥蚀面下伏地层中保留了当时地层孔隙度信息，可用于地层剥蚀厚度恢复。

因此，声波时差法只能适用于博湖拗陷南部和中部种马场构造带。

（三）地层趋势对比法

构造横剖面法恢复地层剥蚀厚度的基本原理是，从地层剖面中地层保存最完整、剥蚀最少的点出发，依据某一层段地层原始厚度在盆地中的变化趋势，求出该层段的剥蚀厚度。显然，这种方法求出的是地层剥蚀厚度的下限值（最小剥蚀厚度）。这一方法的关键是选取地层保存较好的剖面。焉耆盆地侏罗纪—白垩纪为一个统一的沉积盆地，侏罗系各组沉积相的研究成果也说明了这一点。南北两凹陷地层厚度变化既有连续性，又有一定的差异性。由于南部地层保存较完整，因此南部凹陷剥蚀厚度的恢复中以侏罗系中-下部保存比较完整地层的厚度变化趋势作为上部被剥蚀地层的原始厚度变化趋势。但北部凹陷的厚度趋势不能直接从南部凹陷外推，而要综合考虑南北两凹陷的差异。北部凹陷侏罗系厚度的变化趋势主要按北部凹陷内侏罗系下部保存比较完整的八道湾组、三工河组和西山窑组确定，而北部凹陷中心部位被剥蚀地层的原始厚度则根据南部凹陷的外推结果，并结合种马场南北两侧侏罗系的厚度比例及变化规律确定。

根据上述三种方法的适用条件，对焉耆盆地中生界剥蚀厚度进行了恢复（图3.68）。恢复后显示，焉耆盆地中生代地层剥蚀厚度以种马场构造带最为强烈，向西、南、北剥蚀强度减弱。焉耆盆地中生代地层后期剥蚀强烈，剥蚀厚度一般为200~2600 m，中侏罗统西山窑组以上地层基本被剥蚀，在剥蚀强烈区西山窑组和三工河组也被部分剥蚀。其中北部凹陷四十里城和七里铺两次凹中心部位的剥蚀厚度分别在1400 m和1200 m左右，中、南部凹陷深凹陷处的剥蚀厚度为1000~2600 m，种马场地区剥蚀厚度最大，达2600 m，宝浪-苏木构造带最大剥蚀量为1900 m。

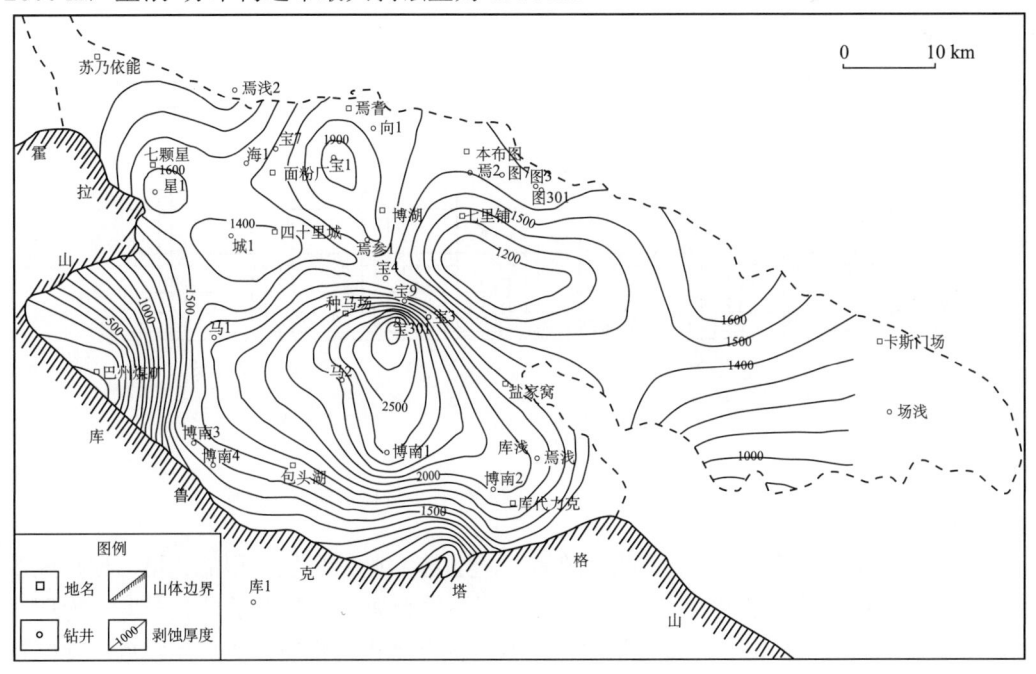

图3.68 焉耆盆地中生界剥蚀厚度图

经地层对比研究，在焉耆盆地邻区库车拗陷的中侏罗统克孜勒努尔组相当于焉耆盆地的中侏罗统西山窑组和三间房组（贾承造等，2004）。而库车拗陷的中上侏罗统克孜勒努尔组（112.7~838.4 m）、恰克马克组（198~279 m）、齐古组（101.3~348.9 m）、喀拉扎组（12~63.3 m）各组地层最大厚度累计 1529.6 m；白垩系卡普沙良群（下统）和巴什基奇克组（主要为下统，含有上统）总厚度为 236.7~1678.97 m。可见，在库车拗陷，中上侏罗统和白垩系最大厚度累计约 3200 m，焉耆盆地中生代地层被剥蚀厚度与库车盆地的同时代中生代地层最大厚度相差不是太大，表明焉耆盆地被剥蚀的地层厚度中应含有中上侏罗统和白垩系地层。这从另一个侧面证明，焉耆盆地与库车拗陷在中生代晚期有着相似的沉积环境和沉降背景。

第四节　构造运动期次及改造

以上研究显示焉耆盆地形成至今经历了多期构造运动，尤其是中生代地层于燕山构造运动晚期遭到强烈的剥蚀与改造。厘清焉耆盆地构造运动期次及改造特征为研究盆地原始面貌、演化特征、油气成藏及保存等方面奠定了基础。

一、构造运动期次

根据矿物裂变径迹分析所确定的抬升过程及阶段和残留地层的接触关系等，确定在焉耆盆地演化过程中发生了 5 期构造运动（图 3.69，表 3.2）。

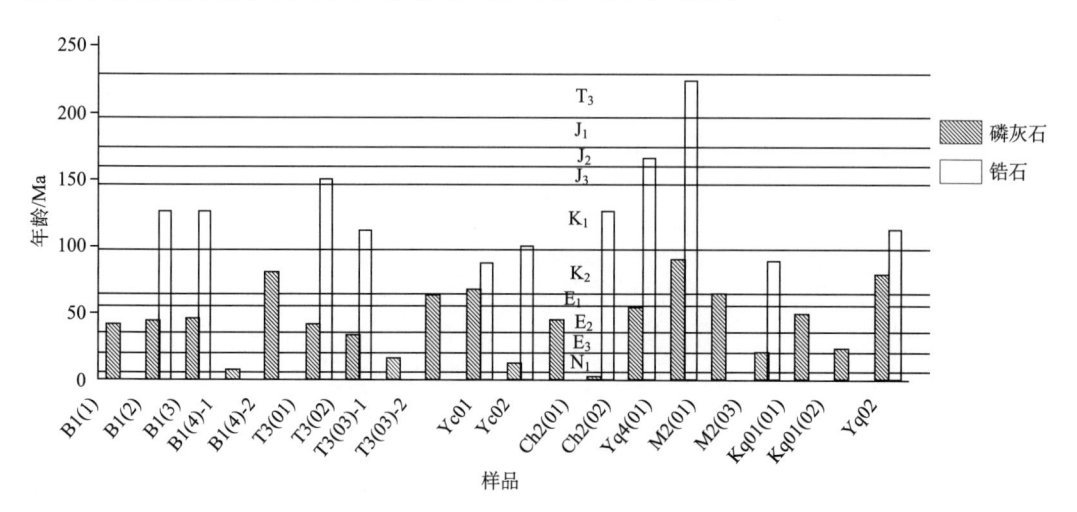

图 3.69　焉耆盆地内裂变径迹年龄柱状图

中生代有两期构造运动，分别发生在晚三叠世末和晚白垩世沉积前。第一期形成了上三叠统与下侏罗统八道湾组间的微角度-平行不整合面。第二期于早白垩世中晚期开始，焉耆盆地周边霍拉山和库鲁克塔格山隆升并向盆地内部推覆，离山体较近的地区抬升，如 Ch2 和 Yq02 井；盆地北部宝浪-苏木构造带与本布图构造带开始出现雏形；晚白垩世，焉耆盆地整体抬升，北部宝浪-苏木构造带与本布图构造带进一步加强，中央构造带（种马场低凸起）形成并急剧抬升；强烈的剥蚀-夷平作用造成侏罗纪早中期地层遭到剥蚀，形成第二期不整合面。

新生代发生 3 期构造运动（表 3.2），分别为始新世、渐新世和中新世，并形成了对应的不整合面。其中始新世夷平面范围最广，此时期也是盆地整体抬升的剧烈时期。

表 3.2 焉耆盆地构造期次表

时代	盆地演化阶段	不整合面	变形机制	构造背景
Q	陆内前陆盆地—破裂前陆盆地阶段	喀什运动	南北向挤压	印度板块与欧亚板块碰撞
N_2		哈密运动		
$E_3 N_1$		乌恰运动		
E_2				
E_1	沉降阶段	准噶尔运动	区域塌陷和伸展	板块内部调整阶段
K_2	抬升剥蚀阶段		近南北向挤压	新特提斯洋向北俯冲
K_1	伸展阶段		碰撞造山期后地壳冷却及应力松弛所导的热塌陷沉降和伸展	板块内部调整阶段
J_2-J_3	振荡阶段			
J_1-J_2	断陷阶段			
T_{2-3}	前陆盆地阶段	古天山运动	近南北向挤压	古特提斯洋向北俯冲

二、盆地改造特征

中国陆相盆地最显著的特点之一是后期改造较强烈，且后期改造形式和强度因地而异（刘池洋，1996）。对于焉耆盆地而言，其改造特征主要是结合其本身的构造活动、剥蚀强度、断裂活动特点进行分析。

（一）改 造 期 次

焉耆盆地经历的几次构造运动对盆地形成、发展起着决定作用，造成盆地沉积盖层的构造变形和地层的剥蚀，现今盆地面貌是多次改造的表现，而后期改造主要表现为燕山期改造和喜马拉雅期改造。

1. 燕山期改造

燕山期改造作用主要表现在印支晚期晚三叠世和燕山晚期早白垩世中晚期—晚白垩世的构造运动，后者对盆地发展影响巨大。燕山晚期运动造成盆地周边山体急剧隆升并向盆地方向推覆，前中生代地层推覆到侏罗纪地层之上；地层抬升且遭到强烈的剥蚀，白垩系完全缺失，侏罗系中上部遭到剥蚀，地层收缩量达到最大。

燕山晚期构造运动也是盆地构造形成及强化的重要时期。晚白垩世强烈的挤压使早期伸展正断层反转为逆断层，形成一系列的冲断隆起带。在盆地南部凹陷形成种马场冲断隆起带、盐家窝冲断隆起带和库代力克冲断隆起带，隆起幅度达 1000~2000 m，种马场断裂、种马场南断裂和种马场北断裂断距达 500~1000 m。北部凹陷一系列的北西向和北北西向构造带得以强化，如宝浪-苏木构造带和本布图构造带。

2. 喜马拉雅期改造

喜马拉雅运动在盆地周缘山前地带表现为逆冲推覆作用，前中生代地层推覆到新生代地层之上；在盆地内部表现为强烈的隆升和冲断作用，构造变形造成侏罗系与上覆古近系一同卷入褶皱，一系列北西向构造带最终定型，如宝浪-苏木构造带和本布图构造带，同时在带内发育大量的逆断层，形成受逆断层控制的背斜和断背斜。

（二）改 造 类 型

根据焉耆盆地构造活动、构造变形和地层剥蚀程度将盆地改造类型划分为抬升剥蚀改造、复合改造及逆冲推覆-褶皱改造三种类型（图 3.70），每种改造类型有其独特的地质特征和发育环境。

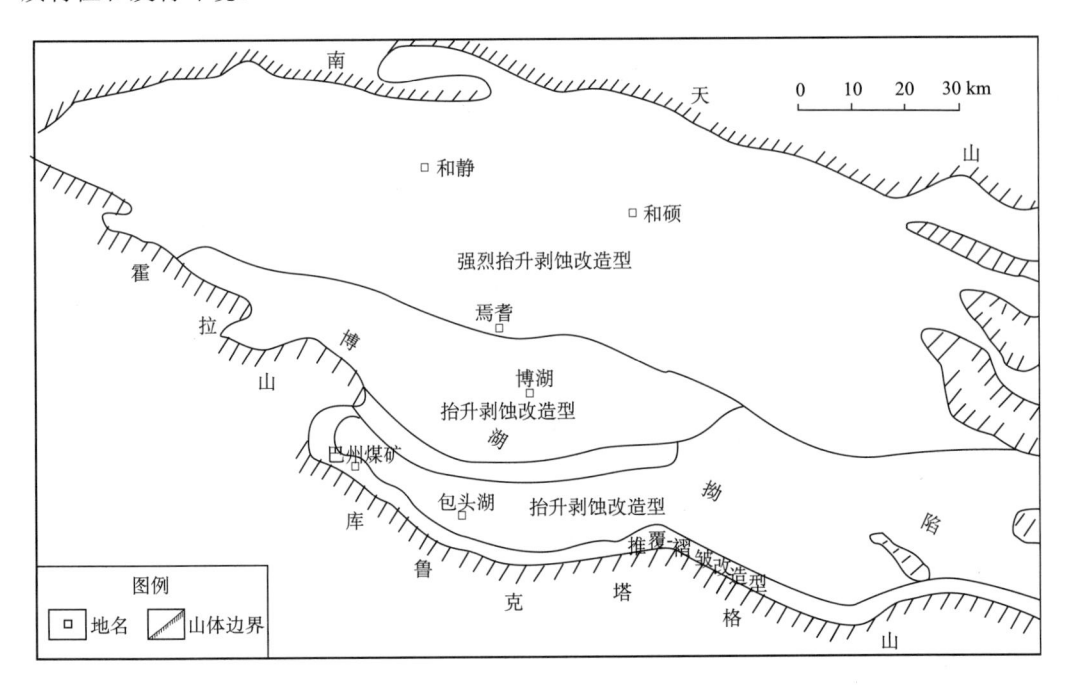

图 3.70 焉耆盆地改造类型图

1. 抬升剥蚀改造型

抬升剥蚀改造型包括强烈抬升剥蚀改造型和抬升剥蚀改造型。

1）强烈抬升剥蚀改造型

此类型主要分布于焉耆盆地北部的和静拗陷和焉耆隆起，这两个地区早期沉积有一定的侏罗纪—早白垩世地层，只是在后期的构造作用下遭到强烈的抬升，早期沉积的地层被剥蚀殆尽。

2）抬升剥蚀改造型

此类型分布于博湖拗陷南部凹陷和北部凹陷，整体呈现抬升剥蚀特征，剥蚀的地层包括白垩系和中上侏罗统。

尽管此类型具有较强的剥蚀厚度，但是烃源岩保存较好的地区其仍然具有勘探前景。如焉耆盆地博湖拗陷北部宝浪-苏木构造带和本布图构造带的背斜圈闭中就已找到油气。

2. 复合改造型

焉耆盆地此类型主要分布于种马场构造带中，是断块改造、抬升剥蚀和逆冲推覆改造三种类型的叠加。种马场构造带在侏罗纪以伸展断块的形式存在，也是沉积地层较厚的地带；早白垩世末—晚白垩世，断层性质发生反转，由正断层转变为逆断层，形成一系列逆冲断块构造；地层剥蚀为盆地内最强烈的地区，部分烃源岩层遭到剥蚀。种马场构造带西部为霍拉山山前推覆构造与断块叠加形成的复合改造型，造成中生代地层俯冲于前中生代地层之下。

3. 逆冲推覆-褶皱改造型

逆冲推覆-褶皱改造型存在于焉耆盆地西缘霍拉山山前和库鲁克塔格山山前一带，特点为逆冲推覆体发育，推覆体活动时间为晚白垩世和新生代，在焉耆盆地南缘形成飞来峰（图 3.71）。目前看来，西缘霍拉山山前推覆体之下存在中生代地层，这在焉耆盆地城2井钻探及MT资料得以确定；而南缘库鲁克塔格山山前推覆体之下存在双层或多层结构。

（三）改 造 强 度

通过盆地断裂密度图和剥蚀强度相结合研究焉耆盆地改造强度。

1. 断裂密度等值线特征

通过断裂的密度特征研究该盆地断裂发育的强度和活动强度。据此，本书根据研究区的断裂分布进行 8 km×8 km 的网格覆盖统计断裂构造在每一个网格内的条数，编制断裂构造密度图（图 3.72）。

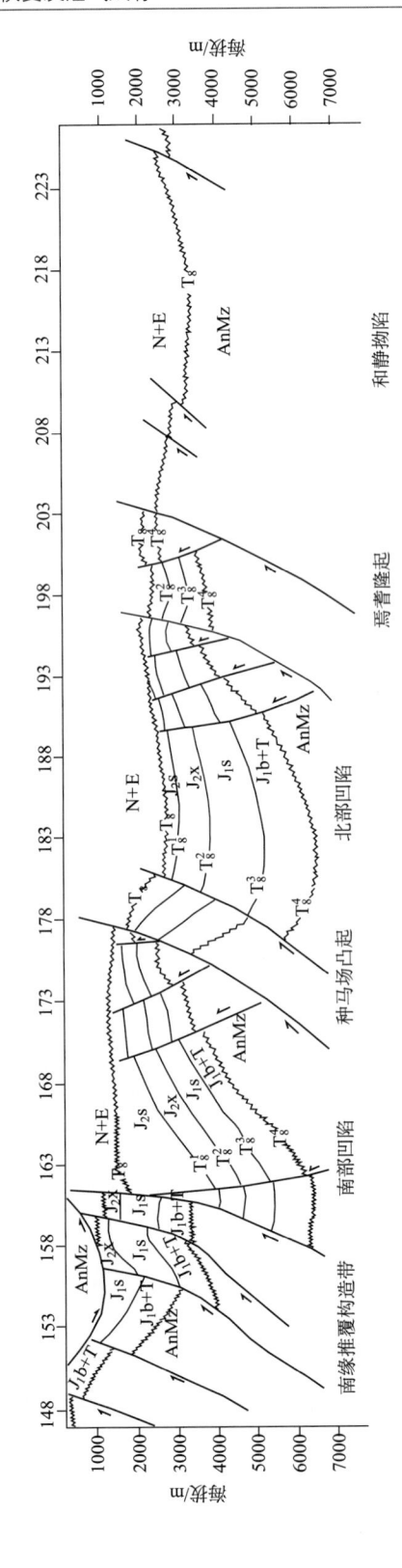

图 3.71 盆地南北向剖面图（据河南油田资料）

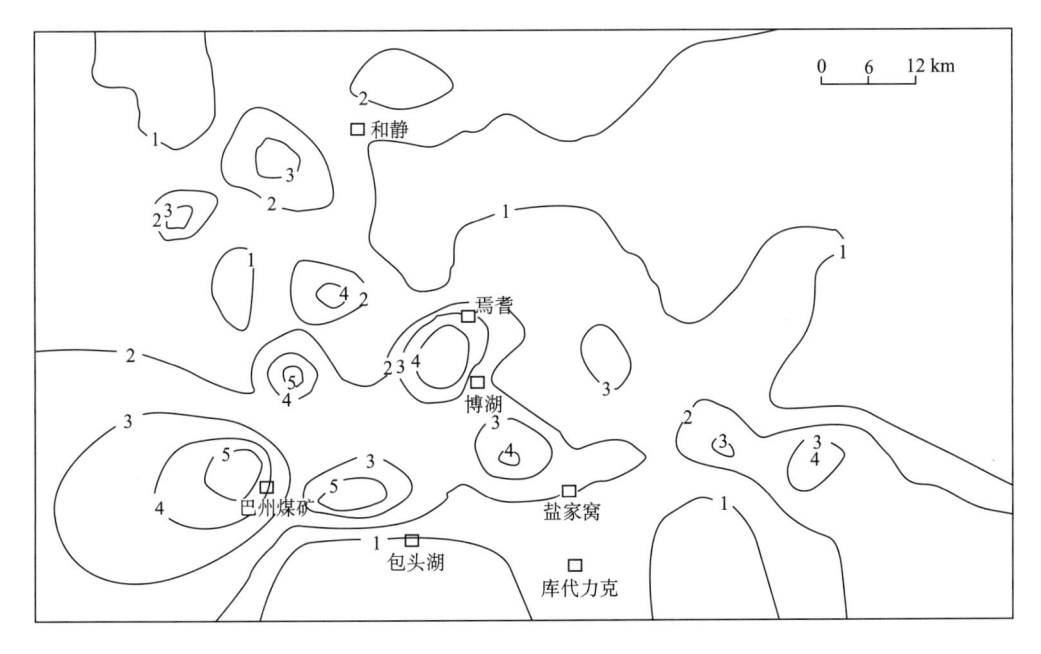

图 3.72　焉耆盆地断裂密度等值线图

焉耆盆地断裂发育，主要密集于霍拉山山前和种马场构造带，整体呈近东西向展布，并以此为分水岭，向北和向南断裂密度减少。说明焉耆盆地断裂活动主要集中于霍拉山山前和种马场构造带，这两个地区是应力相对较集中地区。

2. 剥蚀强度

焉耆盆地剥蚀恢复显示盆地种马场构造带剥蚀最大，由此向南、北方向减弱，表明种马场构造带经历的应力作用强烈。

3. 改造强度划分

油气具有易流动的特性，后期改造往往促使油气再次向低势区移动和分配，在运移过程中聚集于位于低势区同期或前期形成的圈闭中，而应力集中区是断裂活动强烈和形成破碎带及断块、背斜的地区，断裂是沟通古油藏的通道，破碎带、断块和背斜是良好的圈闭。尽管应力集中区遭受的后期改造较强烈，但形成的构造有利于油气的赋存。基于此点，兼顾中生代地层及烃源岩保留特征，将焉耆盆地改造强度划分为强烈、较强和中等三个级别（图 3.73）。

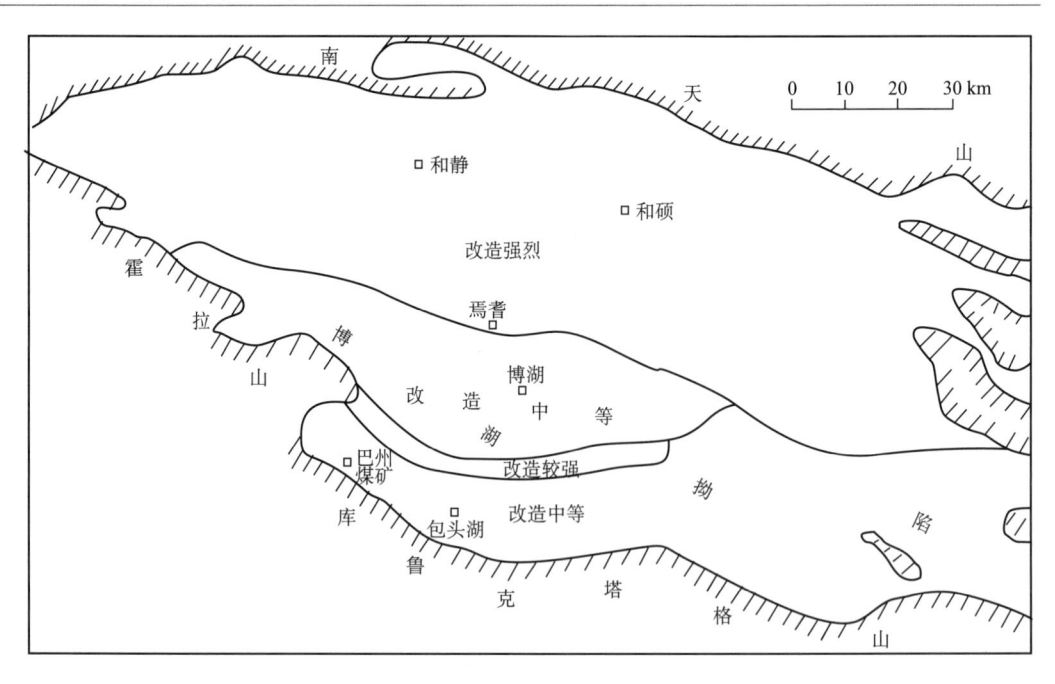

图 3.73　焉耆盆地改造强度图

三、盆 地 属 性

  任何沉积盆地存在产生、发展、消亡和改造的过程。古生代末南天山洋的闭合及古南天山山脉的隆升造就了库车-焉耆盆地的产生，经过燕山期和喜马拉雅期构造运动的发展和后期改造，形成焉耆盆地与库车盆地现今的面貌。强烈的后期改造使得焉耆盆地古今面貌发生了巨大的改变，导致人们对盆地性质的认识差别较大。至今为止，焉耆盆地中生代构造属性一直没有定论，目前存在压性（压扭性）盆地（李永林等，2000；陈文学等，2001；赵追等，2001；周建勋等，2002；陈文礼，2003；姚亚明等，2003；袁政文，2003；朱战军、周建勋，2003；刘新月等，2004；刘新月，2005）、张性（张扭性）盆地（何明喜等，1995；马瑞士等，1997；吴富强，1999，2000a，2000b；刘新月等，2002a，2002b；袁政文等，2004）和拉分盆地（郭召杰等，1995，1998a，1998b）三种认识。

  通过对盆地构造背景、盆内构造及与周边盆地等的综合研究，认为在焉耆盆地烃源岩发育的主要时期，即侏罗纪处于构造变动不强烈的弱伸展环境，主要表现在以下几个方面。

  （1）区域上，新疆境内分布了范围广、厚度大的侏罗纪沉积，焉耆盆地就沉积了厚达 3000~5000 m 的侏罗纪湖、沼相沉积。如此大的沉积厚度，不是一个简单的小盆地短时期内所能达到的。在其他相邻、相近盆地，也有相当或更厚的同时代沉积。这说明当时在新疆地区广大范围内，地表起伏不大，大区域接受沉积，不存在可造成明显分割的高山或大型隆起。焉耆盆地内没有广泛的粗相带边缘沉积地层，也证明了这一认识。

（2）在侏罗纪时，新疆地区各板块运动没有表现为汇聚型的特征；在天山南、北两侧，也没有见到侏罗纪有前陆盆地属性的沉积。而这个时期，隆升逆掩被夷平所取代，盆地充填从低水位系为主变为以湖相系为主。

（3）平衡演化剖面和盆地内留存的古构造行迹显示，焉耆盆地中生代发育伸展正断层。

（4）焉耆盆地在侏罗纪主要演化阶段具较高的古地温场，古地温梯度达 3.33~3.61 ℃/100 m。

通过上述分析可见，焉耆盆地于侏罗纪是一个处于弱伸展构造环境的沉降-沉积区。后期强烈的改造，使盆地侏罗纪的构造-沉积特征遭到强烈改造，致使今古盆地面貌迥异。

第四章　盆地地温场特征及其热演化

我国大地构造及含油气盆地热演化研究成果表明，以贺兰山、六盘山为界，其东含油气盆地现今地温表现为热盆，地温梯度通常大于 3 ℃/100 m，以西含油气盆地现今地温表现为冷盆，地温梯度大都小于 3 ℃/100 m（周中毅、潘长春，1992；胡圣标等，1998；刘池洋、杨兴科，2000）。但焉耆盆地的热演化史明显不同于西部其他盆地，现今地温梯度北部凹陷平均为 3.48 ℃/100 m，南部凹陷为 3.06 ℃/100 m，高于相邻的塔里木盆地和吐哈盆地的地温梯度，而与东部含油气盆地现今地温梯度比较接近，明显表现为热盆特征。通过采用磷灰石裂变径迹等多种方法来恢复古地温梯度，确定古地温场的状况，分析造成现今高地温的原因。

第一节　现今地温梯度及其影响因素

一、现今地温梯度

1. 焉 2 井现今地温与埋藏深度的关系

焉 2 井是一口连续测井温的井，按测井温的要求，完钻后泥浆必须在井筒中循环 3~7 天，待循环与井底温度平衡后进行系统井温测定。测井温过程中，2000 m 以上每 200 m 测一个温度点，2000 m 以下每 50 m 测一个温度点，该井实际测温 36 个点。经过对焉 2 井测井温与井深（H）进行回归，得出如下关系式（图 4.1）：

$$t=15.22+0.0327H \qquad (R=0.9998, N=36) \qquad (4.1)$$

式中，t 为现今地温，单位为℃；H 为埋藏深度，单位为 m；R 为相关系数；N 为实测温度点数。按照年平均实测地表温度计算，该区常用平均地表温度为 14.2 ℃。

关于年平均地表温度还可以通过作图法求得，即通过系统的井温测试资料，作出井温与埋藏深度的关系图，并将其井温与深度的回归线延伸至地面的温度值亦可作为该区的地表温度。由图 4.1 可知，焉 2 井的井温与深度的回归线上延至地表的温度为 15.22 ℃，由于回归方程的 R 高达 0.9998，因此，认为该值可作为本区其他井计算地温梯度时的地面温度代表值。此值虽然和该区地面温度略有差异，但其作为本区实际求得值仍有一定的可信度。

根据该井井温与深度回归方程，求得某一深度的井温，减去前述该区的地表温度（15.22 ℃或 14.3 ℃），再除以该深度，即得该井的地温梯度（℃/100 m）。例如，欲求焉 2 井 2000 m 处的地温梯度，根据上述回归方程计算得 2000 m 处的井温为 80.62 ℃，再减去本区的地表温度(15.22 ℃或 14.3 ℃),再除以 20 个 100 m,即得焉 2 井的地温梯度为 3.27 ℃/100 m 或 3.32 ℃/100 m。

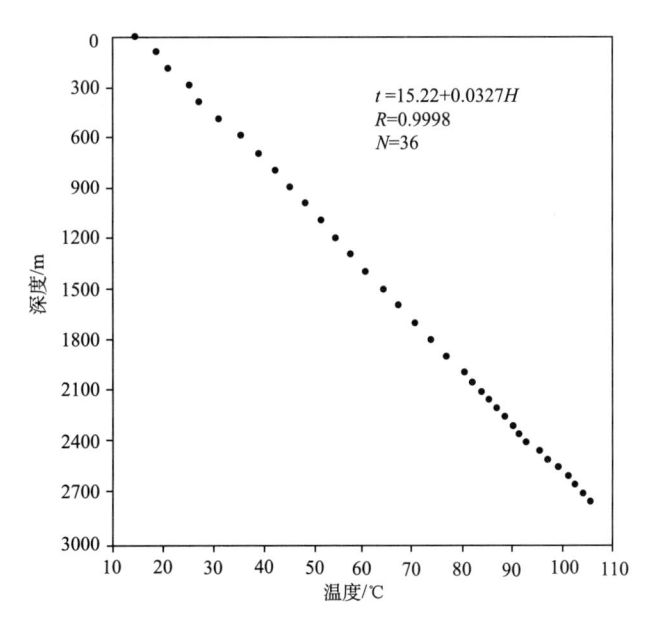

图 4.1 焉 2 井深度与实测温度的关系(据河南油田资料)

2. 各油区油井地温梯度

本区现今地温梯度的研究是依据试油时的油层温度进行计算,表 4.1 是博湖拗陷各油田有关井的地温梯度。

表 4.1 博湖拗陷各油区油井地温梯度

地区	井号	地温梯度/(℃/100 m)	地区	井号	地温梯度/(℃/100 m)
宝北	向 1	3.34	本布图	图 1	3.23
	宝 6	3.30		图 2	3.00
	宝 7	3.22		焉 2	3.27
	宝 101	3.49	博南	库浅 1	3.28
	宝 2	3.46		博南 1	2.83
宝中	宝 3	2.89	种马场	马 1	3.48
	宝 4	3.77			
	宝 5	3.56			

二、现今地温梯度变化规律

多口井实测地温资料结果表明（图4.2），焉耆盆地现今有较高的地温梯度，主要勘探区域博湖拗陷地温梯度均大于 2.8 ℃/100 m，以种马场凸起最高，向南（南部凹陷）、北（北部凹陷）逐渐降低；且北部凹陷地温梯度又高于南部凹陷。

北部凹陷本布图构造焉 2 井区的 3 口井地温梯度为 3.0~3.27 ℃/100 m，平均为 3.11 ℃/100 m。宝浪-苏木构造带由北向南地温梯度逐渐缓慢升高，到宝 4 井达到最高，再向南急剧降低。宝北构造 28 口井地温梯度为 3.12~3.66 ℃/100 m，平均为 3.37 ℃/100 m；宝中构造 5 口井地温梯度为 3.17~3.56 ℃/100 m，平均为 3.39 ℃/100 m；宝南构造的宝 4 井达到 3.77 ℃/100 m，再向东南方向降至宝 3 井的 2.89 ℃/100 m。

中央隆起种马场构造带的马 1 井地温梯度达 3.48 ℃/100 m。

南部凹陷地温梯度相对较低，博南 1 井地温梯度为 2.83 ℃/100 m。

总的看来，焉耆盆地博湖拗陷现今地温梯度一般为 3.20~3.40 ℃/100 m，与相邻的塔里木盆地现今地温梯度为 1.8~2.5 ℃/100 m（贾承造等，2001），吐哈盆地现今地温梯度平均为 2.36 ℃/100 m（姚亚明等，2004）。由此看来，焉耆盆地博湖拗陷现今地温梯度相对较高，这对该区油气生成和运移聚集均十分有利。

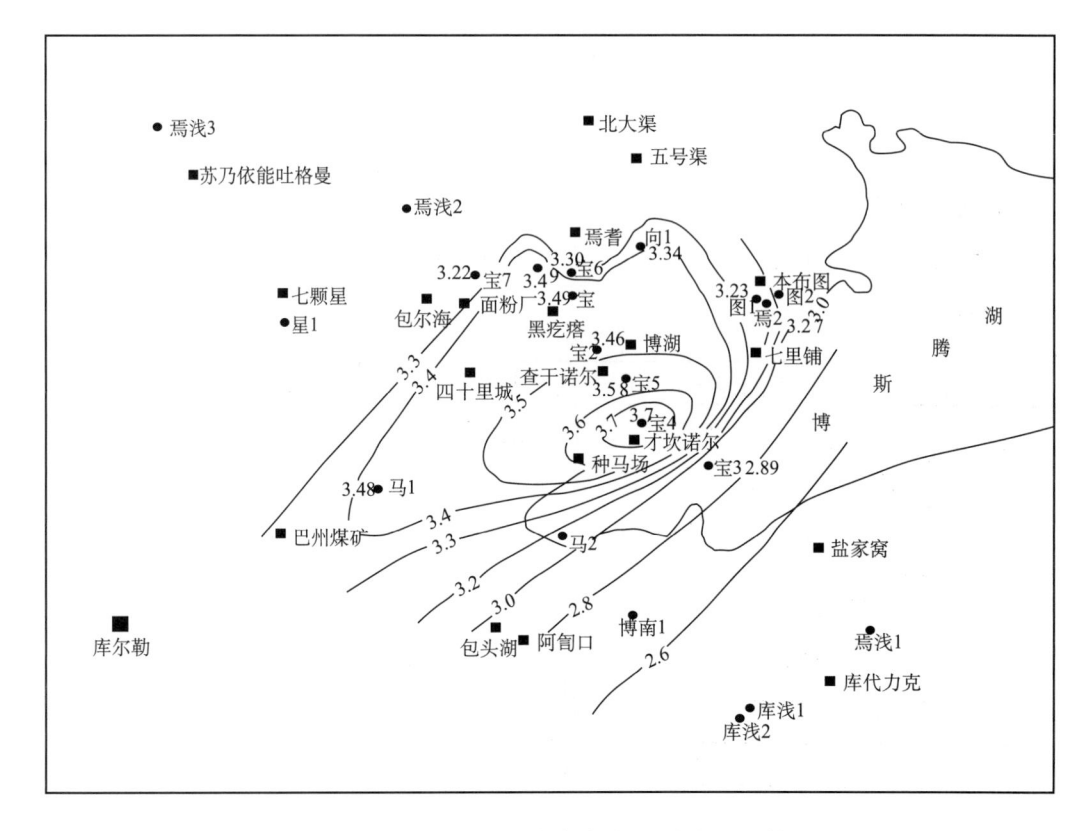

图 4.2 焉耆盆地南部现今地温梯度变化图（据姚亚明等，2004）

三、高地温梯度原因分析

针对现今地温梯度较高的特点,从沉积盖层放射性元素含量来进行分析。为此,实测了盆地各种不同类型岩石的放射性元素含量,从 U、Th、K_2O 等放射性物质的含量来看均不高(表 4.2)。因此,可以认为地温梯度高的原因来自地内深处,而不是沉积盖层。

表 4.2 焉耆盆地各种类型岩石放射性元素含量表

样号	井位	岩性	层位	深度/m	K_2O/%	U/(μg/g)	Th/(μg/g)
S01	博南1井	泥岩	八道湾组下段	3596	2.66	6.20	13.3
S02		含砾粗砂岩	三工河组中段	3002	1.57	5.49	6.3
S03		中-细砂岩	三工河组上段	2556	1.55	3.55	5.4
S04		泥岩	三工河组上段	2448	3.16	5.49	13.2
S05	焉参1井	粉细砂岩	西山窑组上段	1997	3.05	5.89	13.1
S06		中砂岩	三工河组中段	2491	2.41	3.30	9.7
S07		粗砂岩	三工河组下段	2748	1.85	2.71	5.1
S08		中砂岩	八道湾组中段	3250	2.30	5.57	7.8
S09		含砾粗砂岩	三工河组下段	2742	2.14	2.48	6.5

从高地温梯度大面积分布来看,亦不属于局部异常热源所引起。因此,只能从地壳深部寻找引起现今地温高的原因。

计算得出的博南 1 井的大地热流值达到 86 mW/m²,焉参 1 井的大地热流值也较高,达到 89 mW/m²,再一次说明高地温梯度的原因来自地内深处(张恺,1993;任战利,1999)。

焉耆盆地地壳厚度约 46 km,与南天山相比明显减薄,而且对应着莫霍面的局部隆起(隆起最高处正对着和静拗陷),深部热源上升,可能是引起现今地温高的原因之一。

该断裂在南天山西部的库勒湖等地为一条北东东走向的蛇绿岩带,是南天山北坡早古生代被动陆缘与南坡晚古生代沟-弧-盆体系的分界线。该断裂过库勒湖东延,经巴音布鲁克南缘转为北西西走向,称霍拉山断裂。霍拉山断裂东延连接焉耆盆地,焉耆断裂就相当于这一断裂带的北界主断裂,以北倾为主。焉耆断裂正是博湖拗陷的北部边界,它对于沟通深部热源具有重要影响。

第二节　古地温及古地温梯度恢复

一、侏罗系古地温确定

（一）磷灰石裂变径迹样品分析结果

磷灰石裂变径迹样品，南部凹陷的博南 1 井采集岩心 5 件，北部凹陷的焉参 1 井采集岩心 7 件、宝 1 井和城 1 井各采集岩心 1 件，共计 14 件，样品层位分布及磷灰石裂变径迹测定结果见表 4.3。

表 4.3　焉耆盆地侏罗系裂变径迹样品层位分布及分析结果

井号及岩性	取样深度/m	层位	颗粒数/个	自发裂变径迹 P_s/(10^5/cm^3)	自发裂变径迹 N_s/条	诱发裂变径迹 P_i/(10^5/cm^2)	诱发裂变径迹 N_i/条	r_{si}	$P(\chi^2)$/%	表观年龄/Ma	径迹长度/(μm)(N)
焉参 1 浅灰色砂岩	2110.92	西山窑组	10	2.67	210	4.15	326	0.97	>50	119.0±3.8	11.4±1.9（122）
焉参 1 浅灰色砂岩	2312.66	三工河组	12	4.84	536	11.51	1275	0.92	>10	77.9±2.6	11.1±1.8（126）
焉参 1 浅灰色砂岩	2341.6	三工河组	14	7.73	918	17.05	2024	0.67	<0.1	87.1±9.2	11.0±1.9（111）
焉参 1 浅灰色砂岩	2540.56	三工河组	12	6.39	730	13.3	1519	0.83	<0.1	87.8±8.4	11.0±1.6（107）
焉参 1 浅灰色砂岩	2641	三工河组	13	8.56	846	13.24	1308	0.93	<0.1	123.9±9.1	10.1±2.0（106）
焉参 1 浅灰色砂岩	2744	三工河组	17	2.05	369	8.13	1466	0.87	>2	48.5±3.6	11.0±2.2（64）
焉参 1 浅灰色砂岩	2977	八道湾组	5	13.65	393	19.48	561	0.96	<0.1	159.6±52.9	10.4±1.9（104）
宝 1 红色砂岩	2028.67	古近系	15	5.04	635	9.46	1193	0.92	<0.1	90.7±9.8	11.8±2.1（113）
场浅 1 红色砂岩	451	古近系	16	2.43	365	18.25	2741	0.22	<0.1	28.2±4.9	11.6±2.6（90）
博南 1 含砾砂岩	1468	三间房组	13	1.66	309	2.33	434	0.95	>80	131.4±4.2	11.9±2.3（114）
博南 1 含砾砂岩	1928.6	西山窑组	13	4.01	491	6.91	845	0.91	>2	108.0±8.2	11.8±2.5（112）
博南 1 含砾砂岩	2557.8	三工河组	14	7.60	948	12.56	1568	0.97	>1	105.8±8.4	11.3±1.8（106）
博南 1 含砾砂岩	2821.1	三工河组	3	3.05	51	5.93	99	0	>1	89.8±34.9	11.0±2.2（57）
博南 1 含砾砂岩	2932.1	三工河组	12	4.52	431	9.84	938	0.98	>10	85.1±2.6	10.5±1.8（105）

（二）磷灰石裂变径迹表观年龄特征

1. 北部凹陷

北部凹陷焉参 1 井虽未采集到古近系样品，但在西北约 6.5 km 的宝 1 井采集古近系砂岩一件，其磷灰石裂变径迹表观年龄为 90.7±9.8 Ma，拗陷东部场浅 1 井的古近系，磷灰石裂变径迹表观年龄为 28.2±4.9 Ma，呈现出与埋藏深度无关的变化规律，表现出沉积物来源的复杂性和成岩后未发生退火；中侏罗统西山窑组 1 个样品，表观年龄为 119.0±1.8 Ma，远小于这套地层年龄，表明其已发生部分退火；下侏罗统三工河组 5 个样品，表观年龄为 77.9~48.5 Ma，较其形成年龄减少 59.8%~77.2%，显示出明显的退火特征。从中侏罗系西山窑组到下侏罗统三工河组和八道湾组，随埋深增加，磷灰石裂变径迹表观年龄有规律地减小，亦表明其退火作用在连续地发生，由图 4.3 可见，焉参 1 井发生完全退火的深度可能在 3300 m。根据表观年龄变化，可将焉参 1 井古近系划为未退火带；中下侏罗统 1950~3300 m 为部分退火带；3300 m 以下为完全退火带。

2. 南部凹陷

南部凹陷博南 1 井共采集 5 件样品，西山窑组上部采集 1 件样品，表观年龄为 131.4±4.2 Ma，小于地层年龄，已部分退火；西山窑组下部采集 1 个样品，表观年龄为 108.0±8.2 Ma，小于地层年龄，表明其经历过较高温度，已部分退火；三工河组采集 3 件样品，随埋深增加，表观年龄有规律降低，由 105.8±8.4 Ma 降至 85.1±2.6 Ma，这一连续变化表明，由三工河组至西山窑组，本区增温作用在连续发生，退火作用在连续进行。可以推测，博南 1 井完全退火的深度应在 3500 m 以下的八道湾组地层。由此看来，南部凹陷博南 1 井古近系属未退火带；西山窑组、三工河组和 3500 m 以上的八道湾组属部分退火带；3500 m 以下的八道湾组则进入完全退火带。

（三）裂变径迹的长度分布特征

1. 北部凹陷焉参 1 井磷灰石裂变径迹长度分布

由图 4.3 可见磷灰石裂变径迹表观年龄随埋深的增加而有规律地降低，裂变径迹平均长度随埋深的增加而缩短（由 11.4±1.9 μm 缩短至 10.1±2.0 μm），这反映本区侏罗纪地层一直经受着持速增温的影响，从而导致表观年龄有规律地降低和裂变径迹有规律地缩短。但从径迹长度的配分关系来看，既有左侧半梯度（图 4.3 中的 20、26、28），又有右侧半梯型（图 4.3 中的 24、29）。左侧半梯度长度分布的特点是主峰向径迹长度减小一侧偏离，表明地层经历最高古地温后，发生了区域抬升而降温的过程；右侧半梯型长度分布的特点是地层由老到新、径迹长度分布主峰向径迹长度增大一侧偏离，反映地层的缓慢冷却过程。由此看来，焉参 1 井中下侏罗统由八道湾组到西山窑组，径迹的长度分布为两种分布型式交替出现，如三工河组（图 4.3 中的 28、26）的径迹长度分布呈现为左

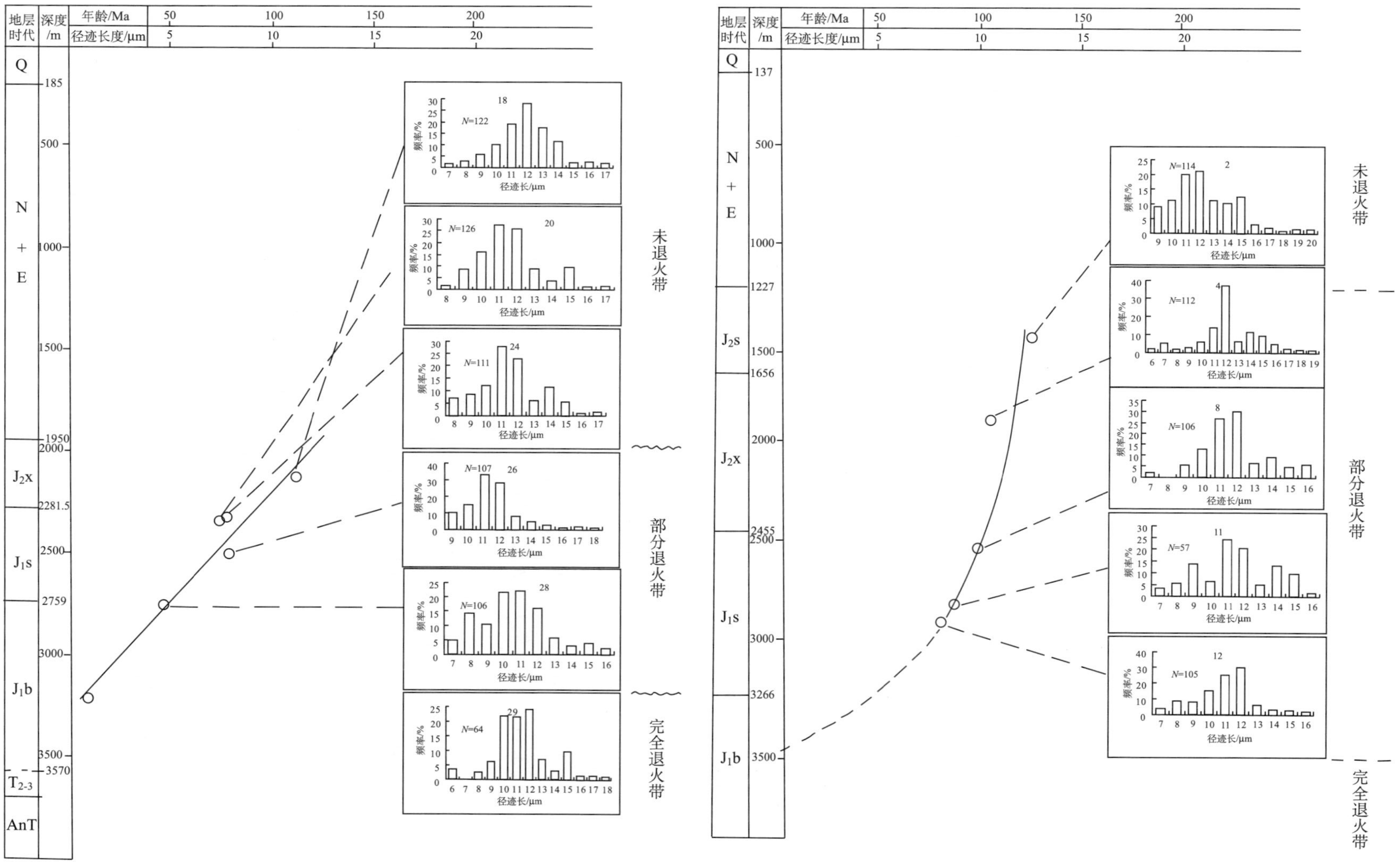

图 4.3 焉参 1 井和博南 1 井磷灰石裂变径迹表观年龄和长度分布深度的变化

侧半梯型分布，主峰向径迹长度减小一侧偏离，表明该区经最高古地温后逐渐降温冷却；但该井三工河组顶部（图 4.3 中的 24、20）的径迹分布又出现右半梯型，并由三工河组到西山窑组，其径迹则完全变为单峰分布，表示其刚进入部分退火带的特征。上述两种径迹分布类型的交替出现，预示本区中下侏罗统受热史的波动变化，但由八道湾组到西山窑组的持续增温仍属主导。博湖拗陷北部侏罗系已部分退火，但八道湾组埋深超过 3300 m 则进入完全退火带。根据计算，侏罗系受热时间在 10~100 Ma，最大古地温为 70~135 ℃，古地温梯度为 2.6~4.0 ℃/100 m。

2. 南部凹陷博南 1 井磷灰石裂变径迹长度分布

前已叙及，该井侏罗纪地层从西山窑组到三工河组已进入部分退火带，其径迹长度配分主要为左侧半梯型（图 4.3 中的 2、8、12），由三工河组到西山窑组，主峰向径迹长度减小一侧偏离。证明该区经历晚白垩世早期沉积埋深最大古地温之后，发生了区域性抬升降温，而新生代埋藏增温不足以达到侏罗纪沉积末的最大古地温，由此推断本区最大古地温发生在晚白垩世早期沉积后。博南 1 井侏罗系的受热时间为 10~100 Ma，据计算，该井最大古地温仍为 70~135 ℃，与焉参 1 井相近，古地温梯度由 3.7 ℃/100 m 增至 4.0 ℃/100 m。

表 4.3 和以上讨论说明，在 15~48.5 Ma，特别是 131.4~77.9 Ma 期间，中下侏罗统埋深在 2000~3500 m，部分大于此深度，所处温度 80~125℃，进入重要生油期。测试样品现今埋深 2100~3000 m，其上尚有厚度不等的新生界。从最高热演化阶段发生的时间来看，对应的是早白垩世晚期到晚白垩世早期，也就是说在这个时候埋藏达到最厚。随后的晚白垩世中晚期由于挤压隆升，在进入第一个成藏期的同时，有 2000 m 左右的中上侏罗统和白垩系遭受剥蚀。

（四）古地温及古地温梯度恢复

应用镜质组反射率法及磷灰石裂变径迹法估算了不同井的古地温，并将古地温与现今地温进行了对比。由对比结果可以看出焉耆盆地博湖拗陷存在两种情况：① 博湖拗陷北部凹陷现今地温与古地温基本一致，焉参 1 井、宝 1 井、宝 3 井属于此种类型（图 4.4），这种类型表明现今地温为地层经历的最高温度，为增温型凹陷；② 博湖拗陷南部凹陷和种马场断裂构造带上古地温高于现今地温，马 1 井、博南 1 井属于此种类型（图 4.5），这种类型表明凹陷属降温过程，为冷却型凹陷，此种类型的凹陷适合于古地温的恢复及古地温梯度的直接计算。

博南 1 井多种方法估算的古地温值一致性较好，古地温明显高于现今地温（图 4.5），恢复的古地温梯度为 4.00~4.23 ℃/100 m。

马 1 井估算的古地温远高于现今地温，恢复的古地温梯度约为 4.36 ℃/100 m。

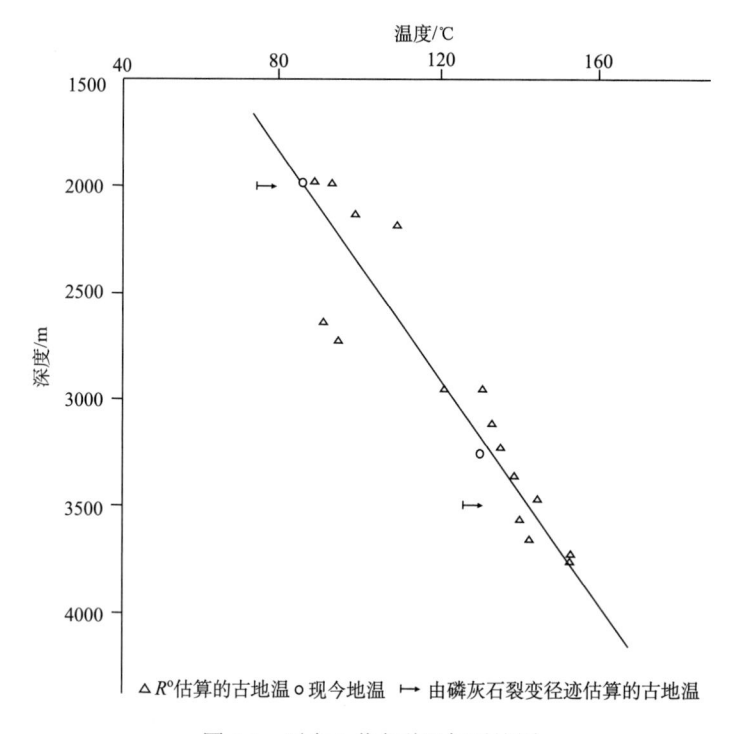

图 4.4　焉参 1 井各种温标对比图

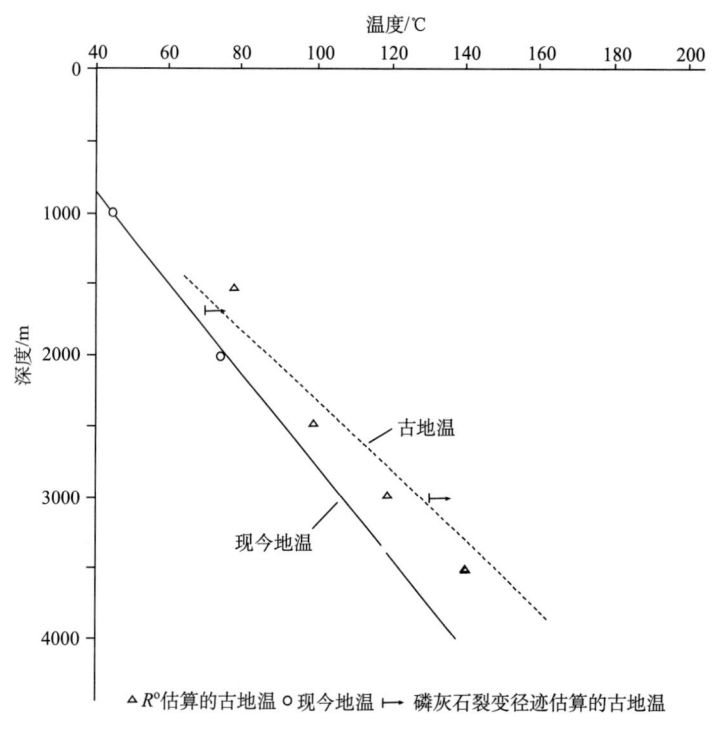

图 4.5　博南 1 井各种温标对比图

由多种方法恢复的古地温梯度为 4.00~4.36 ℃/100 m，此地温梯度值代表了晚白垩世晚期抬升冷却前盆地的地温梯度，此地温梯度值高于现今地温梯度值。结合其沉积相带的展布符合断陷盆地的特点以及南深北浅的箕状形态，说明焉耆盆地侏罗纪盆地类型应属内陆拉张断陷。动力来源是欧亚板块南缘古特提斯洋的俯冲导致弧后陆内扩张和海西期造山运动后的构造应力松弛，使得古天山造山带在中生代盆地发育时期处于区域拉张、伸展的构造环境。

综上所述，从古地温恢复及磷灰石裂变径迹分析结果来看，焉耆盆地博湖坳陷北部凹陷侏罗系现今处于最大温度状态，西山窑组—八道湾组现今地温为 84~142 ℃，仍处于有利生油阶段。在早白垩世晚期—晚白垩世早期，西山窑组—八道湾组地温可达 55~109 ℃，处于第一次生油阶段。因此，北部凹陷有两次生油及运移过程，第一次为早白垩世晚期—晚白垩世早期，第二次为古近纪以来。

博湖坳陷南部凹陷和种马场断裂构造带上古地温高于现今地温，在早白垩世晚期—晚白垩世早期达到最大古地温，侏罗系西山窑组—八道湾组古地温达 70~140 ℃，主要生油期仅有一次，在早白垩世晚期—晚白垩世早期。

这说明虽然焉耆盆地现今没有残存白垩纪地层，但当初在早白垩世、晚白垩世早期应接受有一定的沉积。否则，难以解释剥蚀量和古地温的关系，更无法说明早期生成的油气能够较好地保存下来。实际上只是到了晚白垩世中晚期才开始抬升剥蚀并处于沉积间断，到古近纪始新世再次下沉接受沉积。

二、与相邻盆地的对比

1. 吐哈盆地

该盆地现今地温梯度为 2.5 ℃/100 m（黄第藩等，1992；柳益群等，1997），大地热流值约为 44.48 mW/m^2，地温梯度分布总体上具有东高西低的特点。古地温恢复表明，吐哈盆地晚侏罗世—早白垩世地温梯度较高，可达 2.31~3.61 ℃/100 m，平均值约为 3.00 ℃/100 m，早中侏罗世地温梯度较低，小于 3.00 ℃/100 m。吐哈盆地各凹陷构造热演化史差异较大，哈密坳陷、托克逊凹陷部分地区古地温高于现今地温，主力生油期较早；台北凹陷虽有过短暂抬升剥蚀时期，但总体上一直处于持续埋藏增温过程。由此可以看出，吐哈盆地古地温梯度高于现今地温梯度，吐哈盆地从侏罗纪以来，地温梯度是逐渐减小的。

分析其原因，从吐哈盆地构造演化来看早二叠世—晚二叠世早期吐哈地块经历了一次地壳扩张期，形成了裂谷盆地，由晚二叠世早期向坳陷型盆地转化，晚二叠世晚期—三叠纪早期具前陆坳陷性质，中晚三叠世盆地为大型坳陷盆地。因此，吐哈盆地早二叠世地温梯度可能较高，可达 4.00 ℃/100 m，晚二叠世向坳陷盆地转化，进入三叠纪已处于大型坳陷盆地性质，盆地地温梯度将逐渐减小，地温梯度估计为 2.50~3.00 ℃/100 m。侏罗纪以来地温梯度逐渐降低。

2. 塔里木盆地和准噶尔盆地

塔里木盆地地温梯度为 2.00 ℃/100 m，大地热流值为 44 mW/m²；准噶尔盆地地温梯度为 2.10 ℃/100 m，大地热流值为 35 mW/m²。而恢复的古地温梯度表明，在中生代晚期塔里木盆地温梯度为 2.50 ℃/100 m，准噶尔盆地地温梯度小于 3.00 ℃/100 m。它们的古地温梯度普遍高于现今地温梯度，是中生代晚期（主要为 J_3-K_1）存在一期构造热事件的反映。

对于塔里木、准噶尔这些低温盆地，它们在盆地演化早期地温梯度较高，但由于沉积厚度较小，未进入生烃期。而后期随着地温梯度的减小及埋藏深度的增大，烃源岩才逐渐进入主生烃期，因此，这类盆地生烃期晚，延续时间长。如塔里木盆地由于地温低，沉降速率小，古生代和中生代烃源岩在新生代之前仍处于成熟阶段，盆地内以液态烃为主；中新世后，盆地在喜马拉雅运动作用下发生急剧沉降，烃源岩热演化程度高，并进入生气高峰期。

低温型的吐哈盆地、塔里木盆地地温梯度低，生油门限深，油气埋藏深度大，给油气勘探带来了一定的困难。如吐哈盆地生油门限达 2800~3000 m，塔里木盆地生油门限达 3600~4400 m，油气勘探深度加大。

从吐哈盆地、塔里木盆地和准噶尔盆地现今地温梯度大地热流值来看，它们比焉耆盆地都要低，而中生代晚期地温梯度值也比焉耆盆地要小。分析原因主要是在中生代时，这些盆地地壳厚度大，地壳深部活动性弱，没有发生过热事件，或虽然发生了但规模较小。而焉耆盆地中生代为伸展盆地，表现为热盆，更有利于有机质向油气快速转化，生油门限小，油气层埋藏浅，有利于油气的生成和聚集。

第五章 盆地中生代沉积特征与原始沉积边界探讨

第一节 沉积环境及沉积特征

一、沉积环境标志分析

盆地沉积地层的岩石学特征、无机地球化学特征、有机质类型、孢粉组合、地震相和单井综合柱状剖面等特征是判别沉积环境的重要标志。对这些标志的综合研究及结合盆地的具体地质实际是探讨中生代焉耆盆地的沉积环境及沉积特征的重要依据。

1. 岩石组成和类型

1）砾岩（类）

沉积物粒度粗，砾岩发育是焉耆盆地侏罗系沉积重要特征之一。从表 5.1 可以看出，侏罗系砾岩类含量为 1.43%~74.29%，一般大于 25%，平均为 36.7%。厚度为几十厘米至数十米，一般为 5~15 m，砾石粒径为 2~35 mm，但以 2~5 mm 和 8~15 mm 两种粒级最常见，前者多分布在水下河道，后者则以河道和分支河道较广泛。砾石成分以变质岩为主，如石英岩、千枚岩、板岩、片岩等，花岗岩、喷出岩、凝灰岩、沉积砂泥岩等也较常见，其他岩类较少。砾石分布有一定成层性，有时可见叠瓦状排列，多具正韵律粒序变化。砾岩发育反映沉积过程强水动力条件，是辫状河三角洲、扇三角洲及辫状河沉积的重要特征。

三叠系、古近系及新近系总的来看砾岩不太发育。三叠系除露头剖面有一定含量砾岩外，焉参 1 井、宝 1 井均为一套细粒沉积物。古近系只在鄯善郡存在少量砾岩，含量为 16.02%~17.58%，葡萄沟组、桃树园组均极少见。

2）砂岩类

砂岩类包括粗砂岩、中砂岩和细砂岩，颜色主要为灰色、深灰色、灰白色和棕红色。单层厚度为 0.1~20 m，一般为 2~5 m。总的来看，本区砂岩含量较低，一般低于 20%，以岩屑砂岩、长石岩屑砂岩为主，成分成熟度较低，分选、磨圆中等偏差。河流、辫状河三角洲、扇三角洲前缘均可发育。

表 5.1 焉耆盆地各层系岩类含量统计表

地区及岩石类别	地层	新近系（N）	古近系（E）	西山窑组（J_2x）	三工河组（J_1s）	八道湾组（J_1b）	小泉沟组（$T_{2-3}xq$）
宝北	砾岩类			17.93	47.75	72.07	0
	砂岩类			25.5	16.35	2.11	34.4
	粉砂岩类			0	0.69	0	5
	泥岩类			38.97	31.29	11.47	61.6
	煤+碳质泥岩			17.6	3.92	14.35	0
宝中	砾岩类	0.39	17.58	16.76	47.29	31.79	0.79
	砂岩类	0.97	0	12.54	12.42	20.76	5.51
	粉砂岩类	21.17	21.52	8	1.21	1.14	10.24
	泥岩类	77.47	60.97	50.76	38.84	38.72	83.46
	煤+碳质泥岩	0	0	11.83	0.24	7.59	0
本布图	砾岩类	0	16.02	1.43	40.23	74.29	
	砂岩类	7.5	0.6	60.83	22.1	2.35	
	粉砂岩类	23.86	5.34	0	1.86	0.84	
	泥岩类	68.64	78.04	29.15	31.86	18.99	
	煤+碳质泥岩	0	0	8.59	3.95	3.53	
种马场	砾岩类			28.33	38.22	38.28	
	砂岩类			11.58	11.19	6.57	
	粉砂岩类			13.73	0	1.53	
	泥岩类			15.67	33.16	16.37	
	煤+碳质泥岩			30.69	17.43	37.25	
哈满沟	砾岩类			18.2	42.2	43	
	砂岩类			40.3	32.5	18.5	
	粉砂岩类			13.5	7.2	8.1	
	泥岩类			13	1.7	3.4	
	煤+碳质泥岩			15	16.4	26	
库代力克	砾岩类			8.4	5.8		
	砂岩类			28.6	25.5		
	粉砂岩类						
	泥岩类			23.8	53.9		
	煤+碳质泥岩			39.2	14.8		

3）粉砂岩类

粉砂岩类包括粉砂岩、泥质粉砂岩。中生界含量很低，一般为百分之几，古近系和新近系含量相对较高，可达 23.86%。粉砂岩的不发育反映本区以强水动力作用为主，为辫状河三角洲、扇三角洲、辫状河沉积特征。

4）泥岩类

泥岩类包括泥岩、砂质泥岩、粉砂质泥岩、膏质泥岩等。中生界以灰色、深灰色、灰黑色为主，新生界以棕红色、黄色、褐色为主。侏罗系暗色泥质岩含量为11.47%~50.76%，一般为30%~40%，盆地边缘偏低。三叠系为3.4%~83.49%。暗色泥质岩与煤、碳质泥岩总和可占地层的40%~60%，总体反映砂泥互层特征。侏罗系暗色泥质岩累计总厚达675.5 m，为盆地提供了重要烃源岩。

5）煤和碳质泥岩

由于碳质泥岩生油特征及环境意义与煤类似而将两者合并。煤、碳质泥岩的发育是侏罗系另一重要特征，从露头剖面和马1井钻探情况看，水西沟群八道湾组、三工河组与西山窑组均存在煤和碳质泥岩，其含量高，可达30.69%，一般为10%~20%。露头剖面和马1井三叠系也发育煤和碳质泥岩。煤、碳质泥岩一般形成在温暖潮湿的沼泽环境中，根据环境组合特征，本区存在湖沼、河沼及平原沼泽三种类型。

2. 无机地球化学特征

利用泥岩中的微量元素与古盐度的关系和自生矿物中的各种同位素含量的变化等信息，可判别古水介质性质及古沉积环境。

3. 有机质类型

对于不同沉积环境中形成的泥岩，其干酪根的显微组分明显不同，即使是由相同原始母质形成的干酪根，由于其搬运距离、沉积时的氧化还原条件不同，所形成的显微组分也存在较大的差别。目前国内对有机质类型的划分方案有两种：一种是三类四型方案，即标准腐泥型（Ⅰ）、含腐殖的腐泥型（Ⅱ$_1$）、含腐泥的腐殖型（Ⅱ$_2$）及标准腐殖型（Ⅲ）。另一类方案是胡见义和黄第藩（1992）以我国陆相含油气盆地资料为基础所提出的三类五型方案（表5.2）。本书采用后一种方案研究焉耆盆地的有机质类型。不同类型的干酪根代表不同的成因类型，反映了不同的沉积环境。Ⅰ型和Ⅱ型干酪根表明有机质来源于低等水生生物，代表远源深水还原环境；Ⅲ型干酪根表明有机质来源于陆生的高等植物，

表 5.2　我国陆相有机质三类五型划分方案标准表

参数 \ 类型	Ⅲ$_2$ 标准的腐殖型	Ⅲ$_1$ 含腐泥腐殖型	Ⅱ 腐殖-腐泥型	Ⅰ$_2$ 含腐殖腐泥型	Ⅰ$_1$ 标准腐泥型
H/C 原子比	<0.8	0.8~1.0	1.0~1.3	1.3~1.5	>1.5
O/C 原子比	>0.30	0.30~0.25	0.25~0.15	0.15~0.10	<0.10
红外光谱 1460/1600	<0.20	0.20~0.4	0.4~0.80	>0.80	
红外光谱 2920/1600	<0.65	0.65~1.25	1.25~3.25	>3.25	
δ^{13}C/‰	>−22.5	−22.5~−25.5	−25.5~−28	<−28	
岩石热解 IH	<65	65~260	260~475	>475	

注：1460/1600 为对称饱/芳值；2920/1600 为不对称饱/芳值

代表近源的浅水还原-氧化环境。

4. 孢粉组合

由于孢粉外壁含有一种孢粉素的物质,既能耐酸碱,而且加热至 300 ℃ 也不会破坏;同时孢粉化石数量比大化石多,故常用孢粉组合序列来反映古气候。

5. 地震相

地震相是通过地震反射剖面对沉积体各种特征的综合反映,根据地震反射参数来研究沉积相背景和岩相特征。地震反射参数是划分地震相的标志。目前,国内外采用的地震反射参数较多,本书主要采用的参数有反射波振幅、连续性、相单元内部结构和相单元几何外形等。

二、中上三叠统小泉沟组

1. 无机地球化学

利用 B、Ga、Sr 等微量元素及 Pb/K、Ca/Mg、B/Ga 和 (K+Na)/(Ca+Mg) 等的比值(表 5.3)可以有效地划分出小泉沟组的沉积环境。

表 5.3 焉耆盆地中上三叠统微量元素与沉积环境对比表(据河南油田资料)

沉积环境	B/ppm*	Ga/ppm	Sr/ppm	Ca/Mg	B/Ga	(K+Na)/(Ca+Mg)	Rb/K	样品数
海相	>100	8±	800~1000	>1.8	>4.2	>0.5	<6×10⁻³	
陆相	<80	>17	100~300	<1.8	<3.7	<1.0	>4×10⁻³	
T$_{2-3}$xq	72.64	16.6	195.03	0.4	4.5	1.76	3.1×10⁻³	9

注:*1 ppm=10⁻⁶。

中上三叠统小泉沟组中各类无机地球化学指标,均属于陆相范围。这说明,进入中三叠世,该地区已完全脱离海相环境,小泉沟组是在陆相环境中沉积形成的。

2. 有机质类型

根据盆地北部焉参 1 井和宝 1 井该组地层中各种有机地球化学分析结果(表 5.4),并与胡见义和黄第藩划分的类型对比可知,小泉沟组的有质机类型为Ⅲ型。这表明该组地层沉积时,盆地北部为近源较浅水沉积环境。

3. 孢粉组合

中晚三叠世小泉沟期是观音座莲蕨科、紫萁科蕨类植物发展阶段(表 5.5)。孢粉组合以具纹饰蕨类丰富为主要特征,伴随少量桫椤科植物孢子。这一时期,喜热喜湿的真蕨类植物茂盛,反映了温暖潮湿热带的气候。

表 5.4 焉耆盆地有机质类型表（据河南油田资料）

井号	层位	O/C	H/C	HI	^{13}C	1460/1600	2920/1600	类型
焉参1井	J$_2$x	0.11	0.74	100	−24	0.33	0.42	III
	J$_1$s	0.11	0.77	80	−24	0.38	0.67	II$_1$-III
	J$_1$b	0.09	0.83	259	−24	0.48	0.77	III
	T$_{2-3}$xq	0.09	0.28	172	−22		0.59	III
宝1井	J$_2$x	0.07	0.7	67	−23	0.27	0.31	III
	J$_1$s	0.09	0.71	240	−24	0.29	0.52	III
	J$_1$b	0.06	0.09	249	−25	0.4	0.87	II$_2$-III
	T$_{2-3}$xq	0.04	0.33	51	−24		0.12	III
焉浅1井	J$_1$x	0.08	0.65	67	−24	0.15	0.25	III

注：1460/1600 为对称饱/芳值；2920/1600 为不对称饱芳值

表 5.5 焉耆盆地三叠纪—侏罗纪孢粉组合统计表（据河南油田资料）

地层		孢粉组合	优势分子		古植被	古气候
侏罗系	西山窑组	*Cyathidites-Deltoidospora-Cycadopites*	*Cyathidites* *Deltoidospora* *Cycadopites*	0~28.8% 0~20% 0~36%	桫椤科、苏铁植物发展阶段	热带、亚热带潮湿气候
	三工河组	*Cyathidites-Deltoidospora-Protoconiferus-Quadraeculina*	*Cyathidites* *Deltoidospora* *Protoconiferus* *Quadraeculina* *Piceites*	0~30.7% 0~29% 0~8% 0~18% 0~6%	桫椤科、松科发展阶段	
	八道湾组	*Cyathidites-Apiculatisporis-Cycadopites-Piceaepollenites*	*Cyathidites* *Apiculatisporis* *Granulatisporites* *Cyclogranisporites* *Deltoidospora*	0~27.7% 0~23% 0~19% 0~22% 0~21.5%	观音座莲蕨科、紫萁科、桫椤科发展阶段	
三叠系	小泉沟组	*Apiculatisporis-Cyclogranisporite-Granulatisporites-Piceaepollenites*	*Apiculatisporis* *Cyclogranisporites* *Granulatisporites* *Osmundacidites* *Piceaepollenites*	0~20.3% 0~21% 0~9.8% 0~10% 0~10%	观音座莲蕨科、紫萁科发展阶段	

4. 单井剖面

该组只有宝1井、焉参1井和场浅1井3口井综合柱状图。

宝1井中小泉沟组岩性组合以砂砾岩、砂岩和泥岩互层为主，夹有粉砂岩和泥岩。砂岩和砂砾岩多呈灰色。

焉参1井该组岩性组合以泥岩为主，夹有薄层的深灰色粉砂质泥岩和粉砂岩，顶部含有少量的砂砾岩。砂砾岩呈浅灰色，泥岩多呈深灰色和灰黑色。

场浅1井中该组岩性组合以深灰色泥质粉砂岩夹粉砂岩、砂岩与粉砂岩互层。

5. 沉积相

以上分析表明，在现今盆地范围内，小泉沟期该区发育辫状河-三角洲-湖泊沉积体系（图5.1）。

中晚三叠世小泉沟期属陆相沉积环境，当时为热带潮湿气候。该组沉积时期西部和北部水动力条件活跃；南部水动力条件不活跃。西部哈满沟为辫状河沉积体系，北部主要发育辫状河沉积体系，宝北区为辫状河三角洲平原沉积体系，宝中区为辫状河三角洲前缘沉积体系。湖泊沉积体系为小泉沟组的主要沉积类型，盆地深凹陷部位大都被湖水覆盖。

三、下侏罗统八道湾组

1. 有机质类型

该组地层只有两口井有有机质类型分析的测试结果（表5.4）。参照表5.4可知，焉参1井该组地层的有机质类型总体为Ⅲ型；而宝1井该组地层的有机质类型为Ⅱ$_2$-Ⅲ型。而Ⅲ型有机质代表生物主要来源于陆缘的较浅水环境。

2. 孢粉组合

该组地层的孢粉组合为 *Apiculatisporis*（圆形锥瘤孢属）、*Cycadopites*（苏铁粉属）和 *Piceaepollenites*（云杉粉属）（表5.5），是观音座莲蕨科、紫萁科和桫椤科植物发展阶段。桫椤科植物兴盛发达，紫萁科和观音座莲蕨科孢子继续繁盛，反映了由中晚三叠世向早侏罗世的过渡性。这说明该组沉积时期的古气候为温暖潮湿的热带气候。

3. 地震相

北部凹陷主要为中强振幅，中连续，亚平行反射，边缘为近空白反射相。种马场构造带表现为弱振幅-近空白反射相。南部凹陷主体反映为中振幅、中短连续、平行反射相。近空白相在靠近物源区为河流相或辫状河三角洲平原相，在远离物源区为湖泊相。中（强）振幅、长连续、平行反射相为湖泊相，中强振幅、中长连续、亚平行反射相为辫状河三角洲前缘-湖沼相。这说明在北部凹陷为辫状河三角洲前缘-湖泊相，边缘空白常为辫状河流相，种马场构造带为湖泊相，南部凹陷为湖泊相。

4. 分区岩类统计

在按地区统计岩类含量中，焉参1井以北砾岩类含量较高，泥岩类较低；焉参1井以南砾岩类较少而泥岩类较多（图5.2），表明北部为浅水环境，南部为较深水环境。

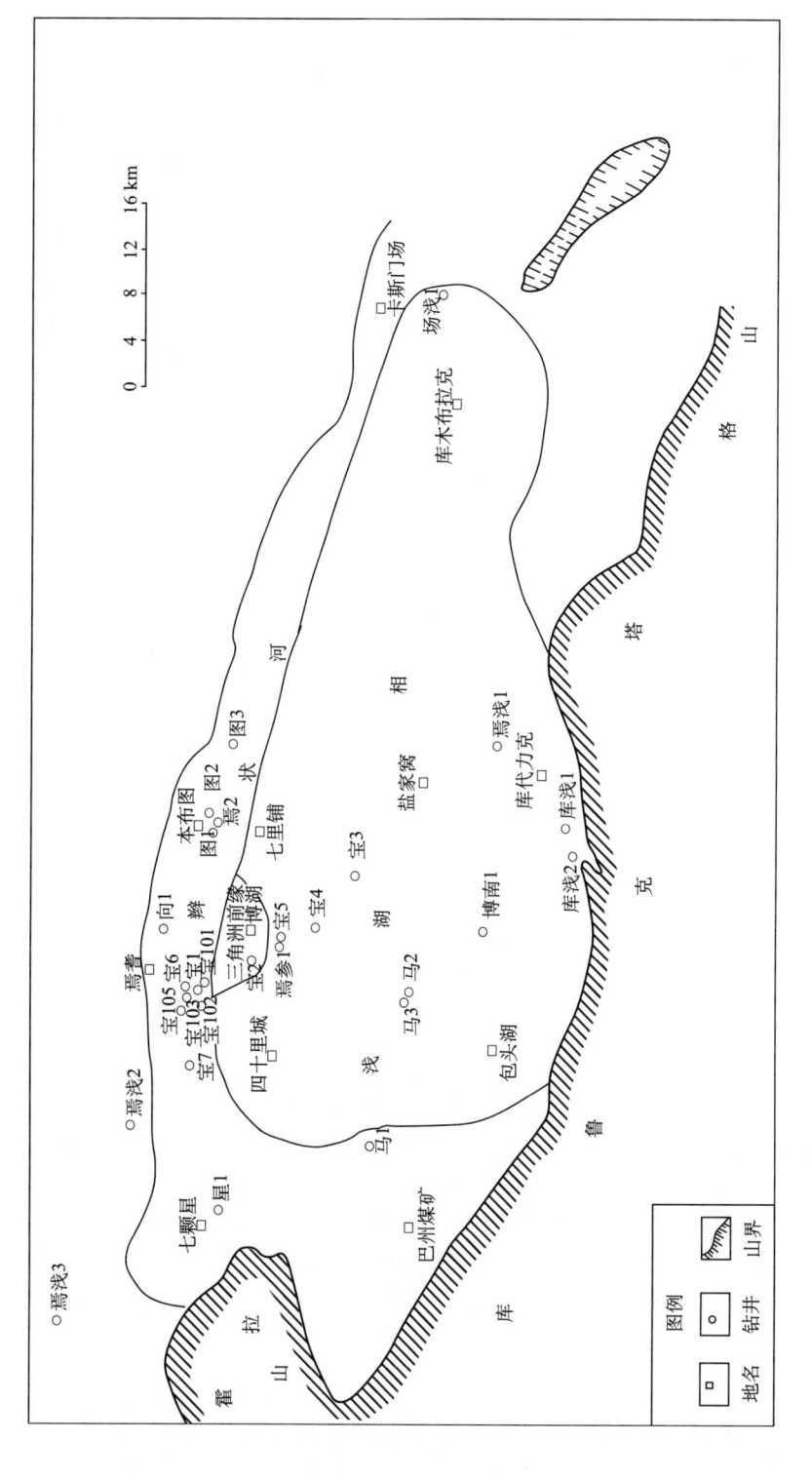

图 5.1 焉耆盆地中晚三叠世小泉沟期沉积相图

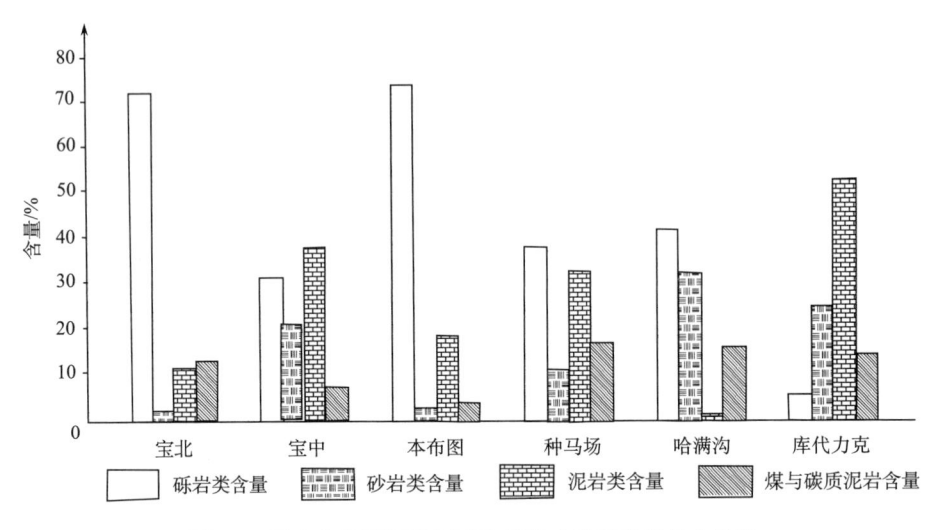

图 5.2　焉耆盆地不同地区下侏罗统八道湾组岩类含量图

5. 单井剖面

盆地北部，宝1井的该组地层以浅灰色砾状砂岩、砾岩、灰白色细砾岩为主，夹薄层灰色、深灰色泥岩和灰黑色碳质泥岩，局部见煤线；表明属于辫状河沉积相。焉参1井该组地层岩性组合为泥岩和灰色砾状砂岩、含砾砂岩与煤层，夹有灰色粉砂岩、细砂岩和细砾岩，泥岩多呈深灰色与黑色，表明为辫状河平原相沉积。

盆地南部，场浅1井中该组地层岩性组合为灰绿色泥质粉砂岩、粉砂岩夹少量砂岩，表明为湖泊相沉积。焉浅1井中该组地层岩性组合以煤与泥岩为主，夹有少量砂砾岩，表明为湖泊相沉积。

综上所述，八道湾沉积类型自北而南总体依次表现为辫状河-辫状河三角洲平原-湖泊相（图5.3）。

四、下侏罗统三工河组

1. 有机质类型

该组3口井有机质类型分析资料（表5.4）。该组地层各类测试结果，与胡见义和黄第藩的分类标准对比表明，三口井的有机质类型主要属III型，部分指标与II型有关。这说明在三工河期沉积时，生物来源于陆生植物及低等水生生物，沉积水体从浅到较深。

2. 孢粉组合

该组孢粉组合为 *Cyathidites*（桫椤孢属）、*Deltoidospora*（云杉粉属）、*Protoconiferus*（原始松柏粉属）、*Quadraeculina*（四字粉属）（表5.5）。该时期为桫椤科、松科植物的发展阶段，喜湿凉的松柏类植物高度发达，古老松柏类植物发展为鼎盛时期，表明这一时期气候湿润，气温偏低。

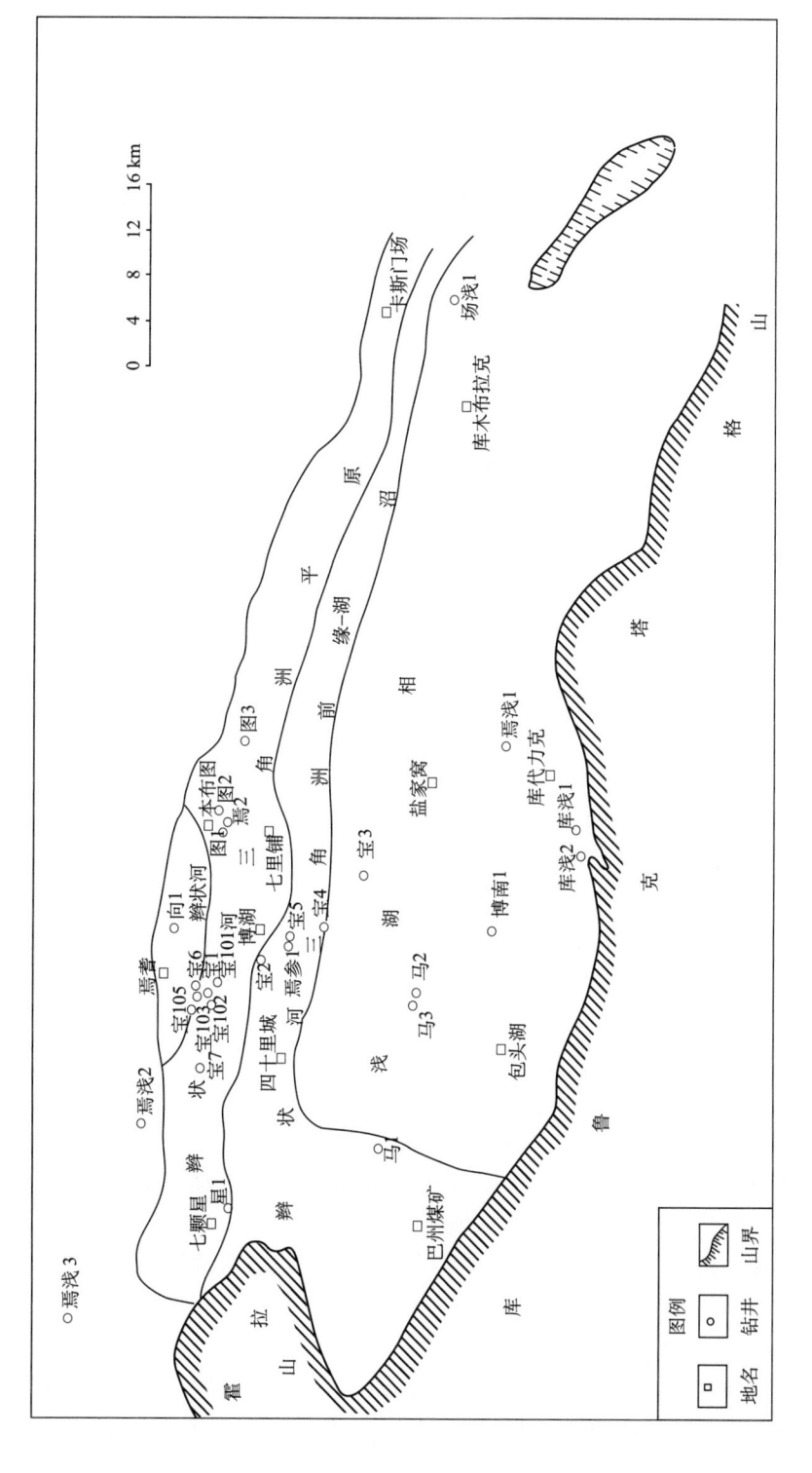

图 5.3 焉耆盆地早侏罗世八道湾期沉积相图

3. 地震相

该组地层地震相特征为：北部凹陷主要以近空白相发育为特征，向南扩至种马场构造带。南部凹陷以中振幅、长连续、平行反射为特征。这表明北部凹陷沉积相为河流相或辫状河三角洲平原相，南部为浅湖-较深湖相。

4. 单井剖面

本组地层有 7 口井的单井剖面，自北向南简述于下：

（1）盆地北部，宝 1 井该组地层岩性组合以砂岩、砂砾岩和含砾砂岩为主，夹有泥岩、碳质泥岩和薄层煤，砂砾岩与泥岩多呈灰色，上部煤层发育，表明为辫状河三角洲平原相。宝 3 井该组地层岩性组合为：上段为含砾砂岩、砾状砂岩、细砂岩与深灰色泥岩不等厚互层；下段为浅灰色砂砾岩夹薄层深灰色泥岩，表明为浊流沉积。

（2）盆地中部，宝 4 井该组地层岩性组合为：上部为深灰色泥岩与灰白色和浅灰色砾状砂岩、砂砾岩呈不等厚互层；中下部以浅灰色砂砾岩为主，夹深灰色泥岩，表明为浊流沉积。焉参 1 井该组地层岩性分为上、下两段，上段为深灰色泥岩、浅灰色砾状砂岩、含砾砂岩，与细砂岩不等厚互层，顶部见灰黑色碳质泥岩；下段为杂色细砾岩、浅灰色砾状砂岩与薄层灰黑色泥岩不等厚互层，表明为辫状河三角洲前缘相。

（3）盆地中西部，马 1 井该组地层岩性组合主要为深灰色泥岩、粉砂质泥岩与灰黑色碳质泥岩，夹有灰色砂砾岩、含砾砂岩、粉砂岩与泥质粉砂岩。表明为河湖相。

（4）盆地南部，博南 1 井该组地层岩性组合以灰色、深灰色泥岩为主，夹有煤层及砂砾岩，表明为湖泊相。焉浅 1 井该组地层岩性分为上、中、下三部分，上部以碳质泥岩为主，夹砂砾岩；中部以泥岩、碳质泥岩为主，夹砾状砂岩；下部为泥岩和煤层互层。因此，属于湖沼相。

5. 分区岩类统计

按地区统计各类岩类含量中，库代力克地区泥岩类含量为 23.8%，煤与碳质泥含量为 39.2%，二者之和为 63%；种马场地区泥岩类含量为 15.67%，煤与碳质泥岩含量为 30.69%，二者之和为 46.36%（图 5.4），为盆内三工河组泥质含量最高的地区。表明盆地中南部以湖泊相和湖泊-湖沼相为主。

综上所述，在今盆地范围内，早侏罗世三工河期沉积环境为辫状河-辫状河三角洲平原-辫状河三角洲前缘-浅湖。辫状河流相分布在盆地北部，辫状河三角洲平原分布于宝北与宝中地区，辫状河三角洲前缘分布于宝中地区，盆地中部及南部分布着浅湖相（图 5.5）。

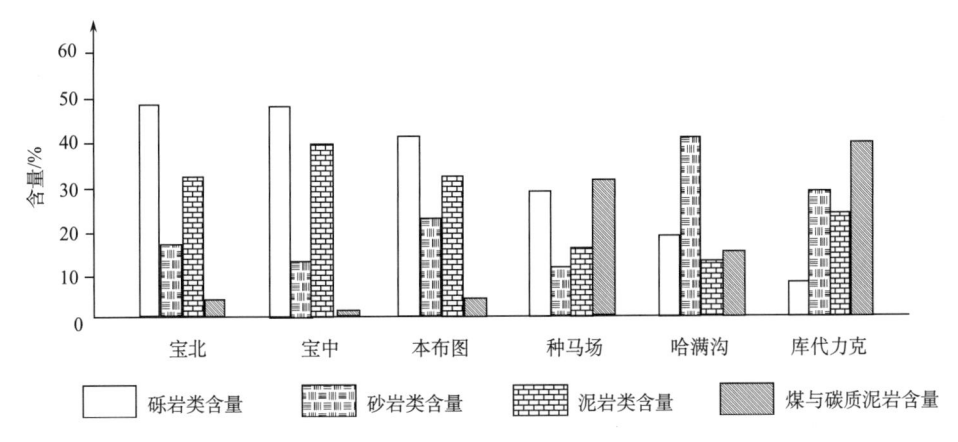

图 5.4 焉耆盆地不同地区下侏罗统三工河组岩类含量图

五、中侏罗统西山窑组

1. 有机质类型

西山窑组有 3 口井有统计数据（表 5.4）。其中，焉参 1 井中 O/C 值为 0.11，H/C 值为 0.74，HI 值为 100，^{13}C 值为–24，1460/1600 值为 0.33，2920/1600 值为 0.42；宝 1 井中 O/C 值为 0.07，H/C 值为 0.7，HI 值为 67，^{13}C 值为–23，1460/1600 值为 0.27，2920/1600 值为 0.31；焉浅 1 井中 O/C 值为 0.08，H/C 值为 0.65，HI 值为 67，^{13}C 值为–24，1460/1600 值为 0.15，2920/1600 值为 0.25，与胡见义和黄第藩的划分类型进行对比，三口井的有机质类型均为Ⅲ型，说明西山窑沉积时期有机质来源于陆生植物，现今盆地北部距物源区近的浅水环境。

2. 孢粉组合

西山窑组时期孢粉组合为 *Cyathidites*（桫椤孢属）、*Deltoidospora*（三角孢属）、*Cycadopites*（苏铁粉属）（表 5.5）。这一时期是桫椤科、苏铁植物大发展阶段，孢粉化石以 *Cyathidites*、*Deltoidospora* 为优势种群，*Cycadopites* 植物花粉达到鼎盛，古老植物绝迹，松科植物急剧衰退。这表明当时的古气候为温暖潮湿型，碳质泥岩与煤层的发育就是这种古气候的有力佐证。

3. 地震相

该组地震相特征为：北部凹陷为中振幅、中长连续、亚平行反射相；本布图以东出现近空白反射相；南部凹陷为中强振幅、中连续、平行反射相。

该组地震相表明北部凹陷为辫状河三角洲前缘相，本布图地区为河流相或辫状河三角洲平原相，南部为浅湖相。

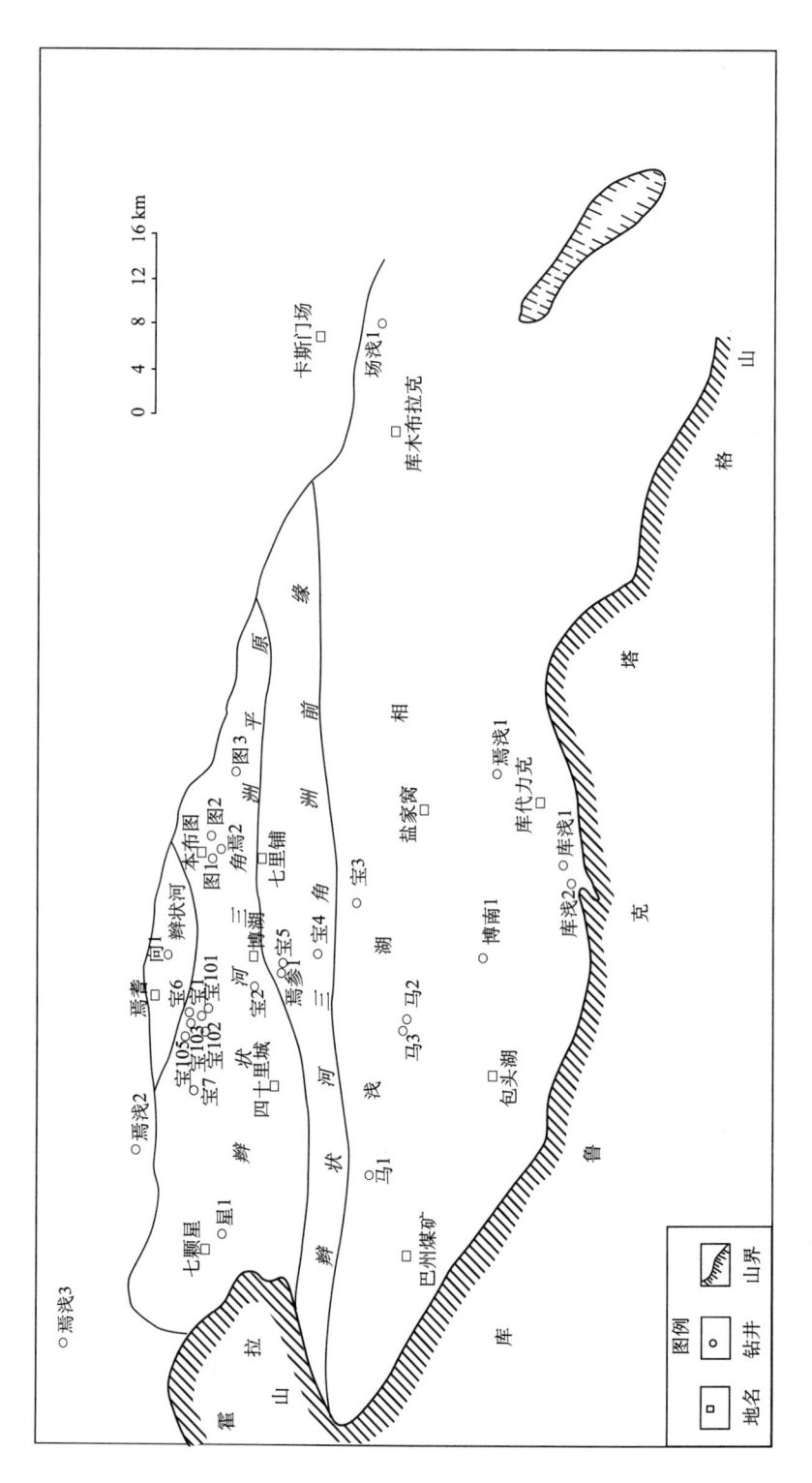

图 5.5 焉耆盆地早侏罗世三工河期沉积相图

4. 单井剖面

本组地层有 5 口井的单井剖面，自北向南简述于下：

（1）盆地北部的宝 1 井中，该组地层岩性组合主要为泥岩与浅灰色砾状砂岩和细砂岩，夹有薄层煤及碳质泥岩，泥岩多呈深灰色，表明为辫状河三角洲前缘-湖沼相。

（2）盆地中部的宝 3 井中，该组地层岩性组合主要为灰白色、浅灰色和杂色砾状砂岩，以及浅灰色细砂岩、泥质粉砂岩与泥岩，夹煤层，泥岩主要为灰色与灰黑色，表明为辫状河三角洲前缘-湖沼相。

（3）盆地中北部的焉参 1 井中，该组地层岩性组合主要为泥岩、灰白色含砾砂岩和煤，夹棕红色粉砂岩，煤层较多。泥岩呈灰色、灰黑色，表明为辫状河三角洲前缘-湖沼相。

（4）盆地中西部的马 1 井中，该组地层岩性组合主要为浅灰色砂砾岩、砾状砂岩、含砾砂岩与深灰色泥岩、煤及碳质泥岩互层夹粉砂岩与泥质粉砂岩，表明为辫状河三角洲前缘-湖沼相。

（5）盆地南部的博南 1 井中，该组地层岩性组合主要为杂色、深灰色泥岩与砂砾岩互层，表明为湖沼相。

5. 盆地西部塔什店煤田探井砂泥比

盆地西部塔什店煤田探井中砂泥比等值线总体呈北西向展布，朝南东向开口。其西北部等值线较密集，东南部较宽缓，中部比值小于 30%（图 5.6）。由此可见，塔什店地区中部为浅湖相沉积，周边为河流相沉积。

综合以上各因素分析结果，在中侏罗世西山窑期，盆地北部本布图地区为辫状河三角洲平原沉积相；宝北至宝中、哈满沟及盆地南缘为辫状河三角洲前缘-湖沼沉积相，中南部为浅湖沉积相（图 5.7）。

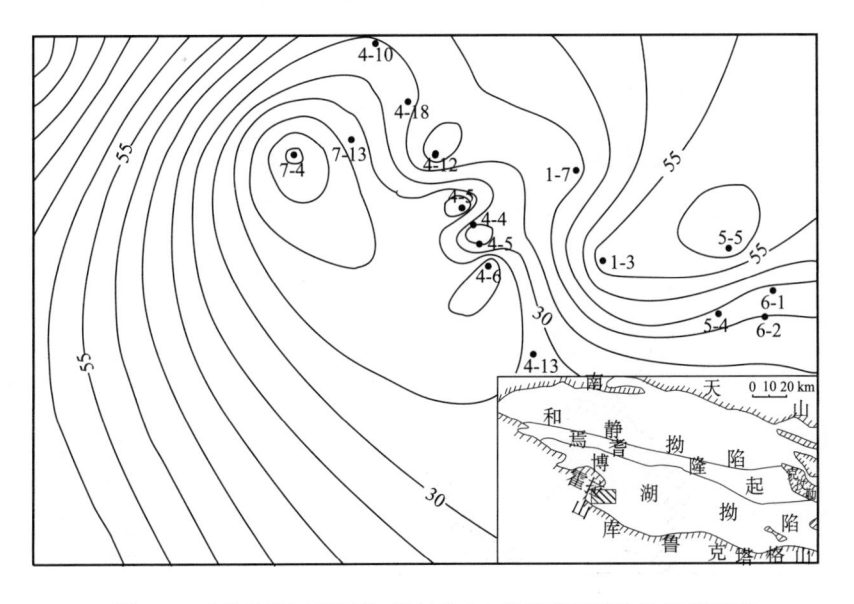

图 5.6　焉耆盆地西部塔什店地区西山窑组砂泥百分比等值线图

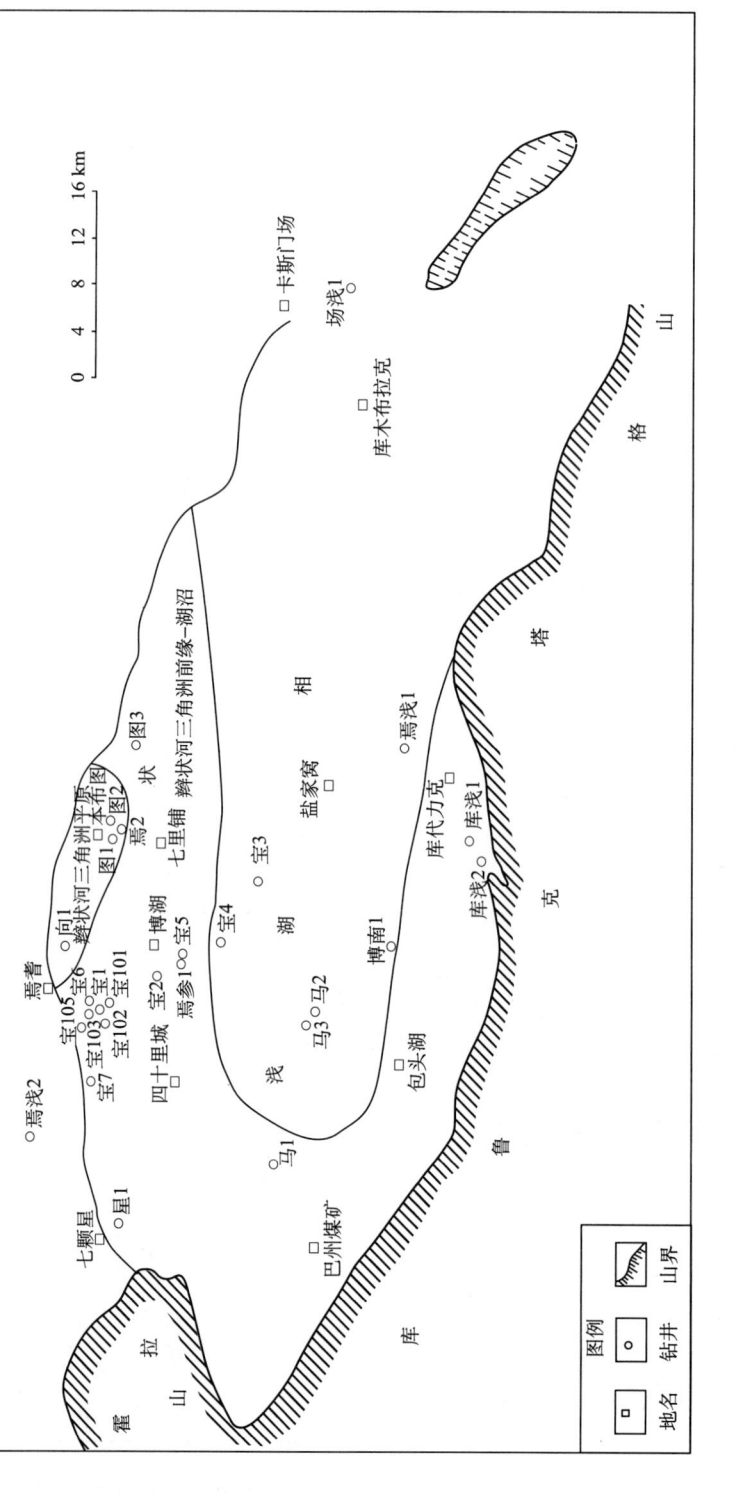

图 5.7 焉耆盆地中侏罗世西山窑期沉积相图

综上所述，焉耆盆地中生代沉积环境总体具有继承性，北部表现为辫状河相沉积环境，南部为较深的浅湖相沉积环境，这与姜在兴等（1999a，1999b）和吴明荣等（2002）的看法一致。

六、与邻区对比

1. 地层发育情况比较

新疆地区侏罗系有很好的对比性（表5.6）（周志毅、林焕令，1995；吴因业等，1998；薛良清、李文厚，2000；何宏等，2002；刘海兴等，2003）。首先北疆的准噶尔盆地和吐哈盆地处于同一沉降带上（准噶尔-吐鲁番沉降带），侏罗系发育情况十分相似：水西沟群发育两套良好的煤系地层，即八道湾组、西山窑组。八道湾组细分为上下两个煤层段，中间夹一套稳定湖相地层；西山窑组中下部最发育煤层，可作为区域对比的标志。塔里木盆地分属库车-罗北、喀什两个沉降带，但侏罗系发育特征相似，总体上为一套较粗的碎屑岩系，发育上下两个含煤层段（阳霞组、克孜勒努尔组下部）。焉耆盆地属于天山沉降带，特征介于南北疆之间，属于一种过渡类型。

表 5.6 晚三叠世-侏罗纪地层对比表

准噶尔盆地	吐哈盆地	塔北库车盆地	焉耆盆地
吐谷鲁群	吐谷鲁群	卡普沙良群	
喀拉扎组	喀拉扎组	喀拉扎组	?
齐古组	齐古组	齐古组	
头屯河组	七克台组	恰克马克组	七克台组
	三间房组		三间房组
西山窑组	西山窑组	克孜勒努尔组	西山窑组
三工河组	三工河组	阳霞组	三工河组
八道湾组	八道湾组	阿合组	八道湾组
郝家沟组	上三叠统郝家沟组	上三叠统塔里奇克组	上三叠统

南北疆侏罗系基本上都表现为两个水体进退的沉积旋回。上部旋回的上半部为上侏罗统，南北基本一致，即下部为砂泥岩红色建造，上部为红色磨拉石，或者全为砂砾岩夹泥岩红层。中下侏罗统煤系沉积则以中天山为界，南北岩相略有差异。

焉耆盆地与周缘盆地侏罗系发育的异同主要体现在以下几个方面。

（1）全区的相似性：侏罗系具有上下两分性（水西沟群、石树沟群），水西沟群是气候温湿、适宜成沼的煤系地层（俗称黑侏罗），石树沟群是气候逐渐干旱条件下的产物（俗称红侏罗）。

（2）与南疆对比：水西沟群沉积物粒度粗，相似于南疆库车地区，但下含煤层系不一致，库车地区对应于八道湾组的阿合组不含煤，相当于三工河组的阳霞组是库车地区的主要含煤层系。八道湾组、三工河组两套下粗上细的沉积旋回与库车地区相似。

（3）与北疆对比：水西沟群两套主要含煤层系与北疆相当，但沉积物明显比北疆粗。三工河组的含煤性比北疆好，就是说新疆地区三工河组及其相当层位煤层的发育程度自南向北（库车-焉耆-吐哈、准噶尔）逐渐变差。吐哈和准噶尔八道湾组细分为上下两个煤层段，中间夹一套稳定湖相地层，焉耆盆地八道湾组为一套向上变细的正旋回沉积。

2. 沉积环境对比

库车拗陷-焉耆盆地-吐哈盆地-准噶尔盆地侏罗系基本可以对比，北疆和焉耆盆地划分为八道湾组、三工河组—西山窑组、石树沟群，库车拗陷相应地可划分为阿合组、杨霞组—克孜勒努尔组下部、克孜勒努尔组上部。但其八道湾组内部的演化南北有别，库车拗陷为一套向上逐渐变细的粗碎屑岩系，不含煤；北疆则具明显的沼泽—湖泊—沼泽演化特征；焉耆盆地八道湾组上、下含煤比较集中，中部也含煤，基本表现为向上变细旋回，中部湖泊相不发育。受沉积旋回和气候的影响，中下侏罗统与中上侏罗统有明显差异，沉积物下粗上细。中下侏罗统是侏罗纪盆地发育鼎盛时期的产物，辫状河沉积占主导地位，沉积砂体粒度粗，以砾岩、砂砾岩和不同程度含砾的中、粗砂岩为主；因气候温暖潮湿，煤沼发育，沉积物呈灰色、深灰色和灰黑色。中上侏罗统是在侏罗纪盆地由盛转衰、气候由湿转干的过程中沉积的。构造沉降的减弱、与沉积盆地关联的汇水盆地地形高差的削弱和降水量的减少，使此套地层呈现较细粒级的层序。

第二节 岩石矿物特征与沉积边界

盆地沉积地层中的岩石矿物特征记录和保存了碎屑来源的信息，因而被广泛应用于沉积盆地与造山带的相对位置、演化过程及相互作用等方面的研究（Got *et al.*，1981；李珍等，1998；张琴等，1999；陈纯芳等，2001；何钟烨等，2001；彭军等，2002；赵红格、刘池洋，2003；李忠等，2005；方世虎等，2006），本书主要通过地层中的岩石矿物特征（碎屑含砾百分比、碎屑矿物成熟度指数和碎屑重矿物稳定系数）统计和分析（表5.7）及地层厚度对焉耆盆地物源区和沉积边界进行分析。

表5.7 岩矿分析参数数据一览表

类别 地层	碎屑含砾百分比/%	碎屑矿物成熟度指数	碎屑重矿物稳定系数
中侏罗统西山窑组	17	10	10
下侏罗统三工河组	19	15	23
下侏罗统八道湾组	17	8	10
中上三叠统小泉沟组	5		
合计	58	33	43

一、岩石矿物特征分析意义

1. 碎屑含砾百分比

据碎屑岩的结构特征,将粒径大于 2 mm 的碎屑称为砾级碎屑。在碎屑形成过程中,粗碎屑的含量和分布特征,明显受沉积介质动力条件和搬运距离的控制,故其可用来分析盆地的沉积特征和环境,进而推断盆地的古沉积范围和物源区。

碎屑岩含砾百分比按以下公式求取:

$$碎屑岩含砾百分比 = \frac{砾岩厚度 + 砂砾厚度 + 砾状砂岩厚度 + 含砾砂岩厚度}{地层厚度} \times 100\% \quad (5.1)$$

碎屑岩含砾百分比为进行此方面研究的参数之一。含砾碎屑百分比越大,则粗粒碎屑含量越多,表明水动力活跃,搬运距离较短,离物源区近;含砾碎屑百分比越小,则搬运距离较远,水体不很活跃,离物源区相对较远。

2. 碎屑矿物成熟度指数

一般来说,碎屑沉积物在形成过程中,在分化、搬运和沉积等多种因素的影响下,稳定碎屑富集程度称为碎屑沉积物的矿物成熟度。碎屑岩中,石英碎屑是最稳定的组分,长石碎屑和岩屑的稳定性较差。碎屑岩中石英碎屑含量与长石碎屑和岩屑含量的比值,称为碎屑岩矿物成熟度指数,按以下公式求取:

$$碎屑岩物成熟度指数 = 石英含量/(长石含量 + 岩屑含量) \quad (5.2)$$

各种动力的搬运作用是影响碎屑岩矿物成熟度的主要因素。搬运距离越长,不稳定矿物损失越多,石英含量相对增多,岩石的矿物成熟度越高。因而碎屑岩矿物成熟度指数也作为分析盆地沉积特征与推断古沉积边界的依据。

3. 碎屑重矿物稳定系数

通常将碎屑岩中稳定重矿物相对含量(%)与不稳定重矿物相对含量(%)的比值称为碎屑重矿物稳定系数。此系数可用来研究碎屑沉积物的搬运方向、距离等。碎屑重矿物稳定系数越大,则离物源区越远,搬运距离越长;反之,则离物源区越近,搬运距离较短。

焉耆盆地碎屑重矿物有 19 种,其中稳定重矿物主要有锆石、电气石、石榴子石、磁铁矿、榍石、金红石、锡石、板钛矿、刚玉、萤石和锐钛矿,不稳定重矿物有云母、绿帘石、绿泥石、黝帘石、角闪石、透闪石和钠闪石。

二、岩石矿物特征分析

（一）中上三叠统小泉沟组

中上三叠统仅在盆地西南缘哈满沟有出露，厚 37.9 m。在盆地内只有宝 1 井、马 2 井、马 3 井和场浅 1 井 5 口井钻穿该组地层，厚度为 121~189 m。该组地层中仅有碎屑含砾百分比数据。

焉耆盆地中上三叠统小泉沟组地层碎屑含砾百分比有 5 个数据（表 5.8），在博湖拗陷北部、中部和南部均有分布。其中井下数据有 4 个，数值均小于 11%。其最大值约 10.29%（宝 1 井），最小值仅 4.6%（马 2 井），总的趋势为北部高南部低。

表 5.8　中上三叠统小泉沟组碎屑岩含砾百分比统计表

井号	宝 1 井	焉参 1 井	场浅 1 井	马 2 井	哈满沟
百分值/%	10.29	6.3	8.07	4.6	42.3

对盆地各组地层的岩石类型含量分区统计（图 5.8）：中上三叠统小泉沟组中砾岩和砂岩总含量在宝北为 34.4%（其中砾岩含量为 0）；种马场地区为 44.85%（其中砾岩含量

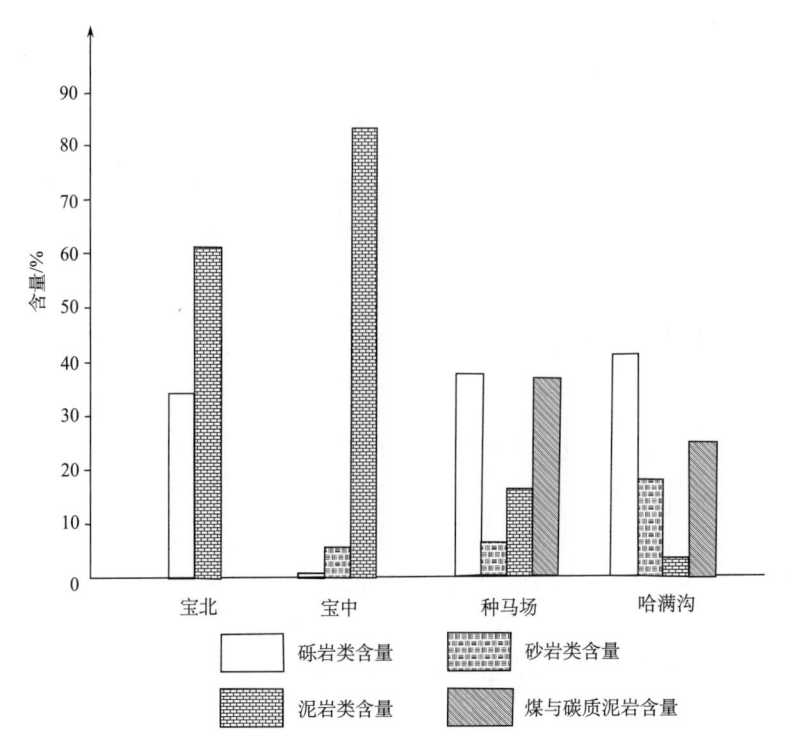

图 5.8　焉耆盆地不同地区中上三叠统小泉沟组岩类含量对比图

为 38.28%）；哈满沟为 61.5%（砾岩含量为 43%）；宝中地区砾岩与砂岩含量最小，仅有 6.3%，而泥岩和煤、碳质类含量高达 84%。这说明，在小泉沟组沉积时，哈满沟附近水动力活跃，搬运距离短，粗粒岩屑多，距物源区和沉积边界近；宝北的水动力条件也较活跃，搬运距离短，粗粒碎屑较多；而宝中地区处于水体相对较深，水动力不活跃，沉积环境稳定的主沉积区。这与独立进行的碎屑岩含砾百分比的统计结果相一致。

由此可见，在中晚三叠世小泉沟期，本区有两个物源搬运区：近哈满沟地区，沉积物搬运自西向东；在北部地区自北向南搬运，主要物源区应在哈满沟地区的西北（图 5.9）。宝中地区为水体相对较深、环境较稳定的沉积区，距盆地沉积边界较远。

（二）下侏罗统八道湾组

八道湾组在现今盆地内分布较广，共有 31 口井钻遇或钻穿该组地层。该组地层在种马场之南最厚，马 2 井为 1221 m；在西部，马 1 井为 821 m；在盆地北部，宝 1 井厚 592.5 m，星 1 井厚 590 m；在盆地南部，焉浅 1 井厚 368 m，博南 1 井厚 333.56 m（未穿）。这反映八道湾组地层由今盆地中南部向四周减薄，南部比北部要薄。

1. 碎屑含砾百分比

本组 17 口井有碎屑含砾百分比统计数据，博湖拗陷中央构造带有 2 口井，南部凹陷有 4 口井，余者分布于北部凹陷。地层中砾石成分以变质岩为主，包括石英岩、千枚岩、板岩和片岩等，也常见花岗岩和喷出岩，砾石的粒径为 2~35 mm，但以 2~5 mm 和 8~15 mm 为主，砾石分布多具正韵律粒序变化，大粒径砾石主要分布于盆地西部哈满沟一带。其中最大值为 79.95%（向 1 井），最小值为 23.46%（马 2 井）（图 5.10）。

1）北部地区

焉参 1 井以北的北部地区，总体数据都大于 50%。其中以焉耆县东南向 1 井含砾石层的比例为全区最大，这与分区统计结果一致，表明该地区为一个距物源区较近的粗碎屑物质堆积区（图 5.10）。

2）中南部

在盆地中南部，现有 6 口井有八道湾组碎屑含砾百分比值，除宝 4 井（74.4%）属异常外，其余 5 口井数据都在 23.46%~29.7%，为全区最低值分布区。

在盆地中南部八道湾组碎屑岩含砾岩百分比最低，说明距物源区较远，水动力不大活跃，沉积环境较为稳定。

3）西南部

在盆地西南部，仅有马 1 井有地层碎屑含砾百分比值，为 38.2%。在按地区统计的八道湾组各类岩石含量中，在哈满沟地区砾岩类含量为 42.2%，砂岩类含量为 32.5%，二者之和可达 74.7%，比中南部砾岩类百分比要多；相应该区的泥岩类和煤岩又比中南

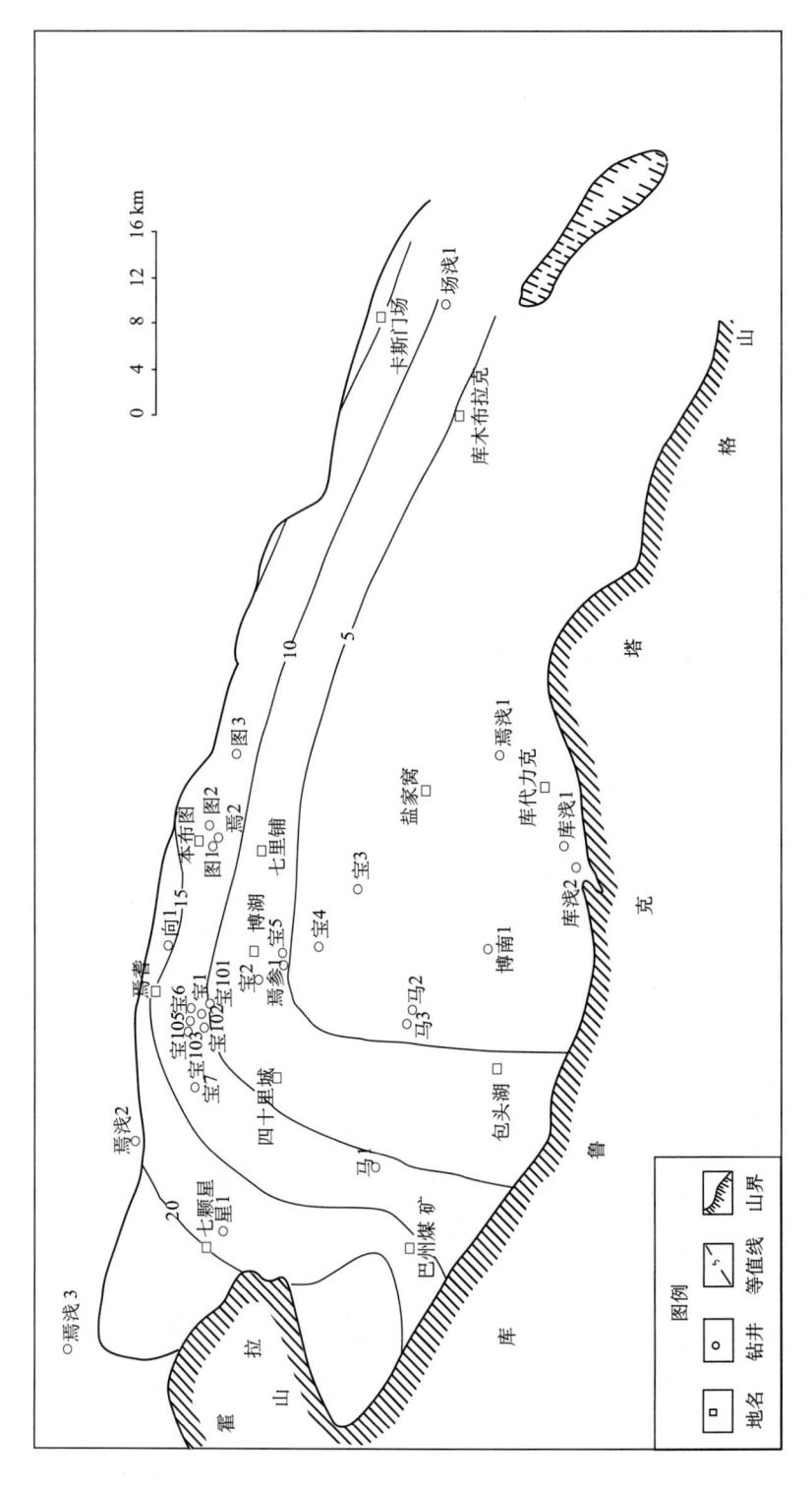

图 5.9 焉耆盆地中上三叠统小泉沟组碎屑含砾百分比图

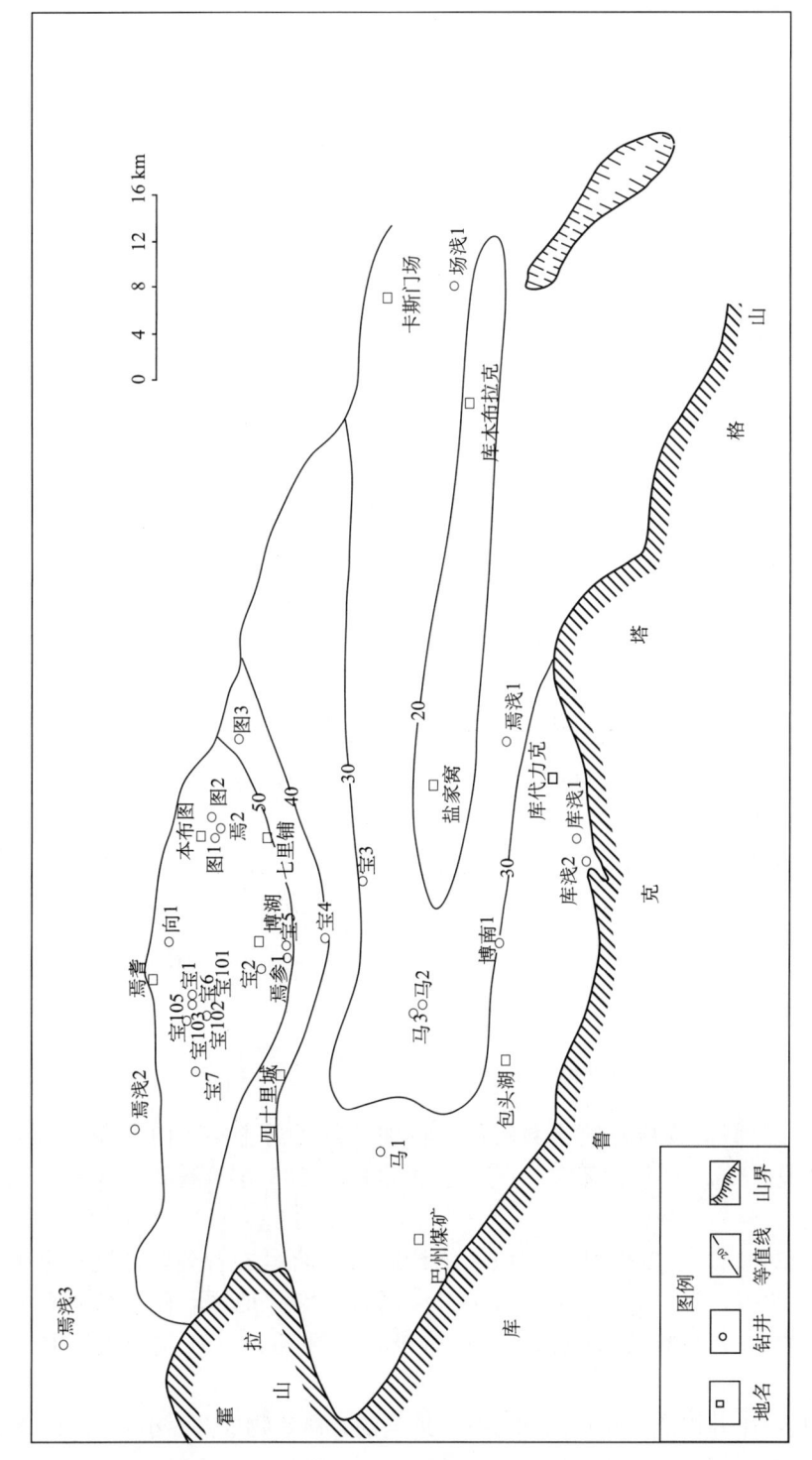

图 5.10 焉耆盆地下侏罗统八道湾组碎屑含砾百分比等值线图

部要低很多。故哈满沟地区比盆地南部要接近物源区；但与盆地北部相比，哈满沟地区距物源区相对较远，水动力也较活泼。

在盆地内从南向北，该组地层中碎屑含砾百分比总体向北明显变大（图5.11）。

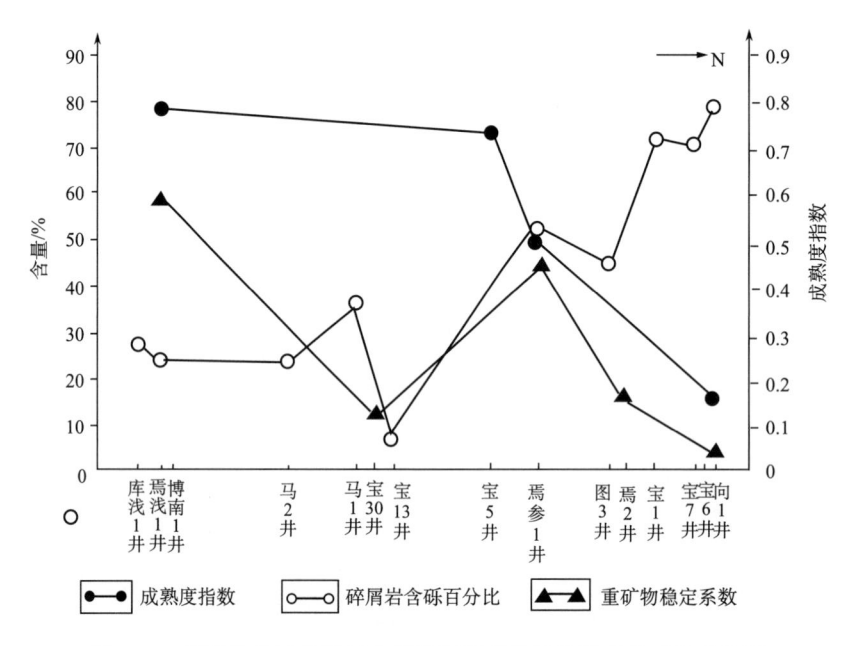

图5.11 焉耆盆地下侏罗统八道湾组岩矿分析参数南北变化对比图

因此，在早侏罗世八道湾期，盆地北部距物源区最近，水动力活跃；西南部哈满沟地区离物源区相对较远，水动力较为活跃；南部离物源区最远，水动力不活跃，沉积水体较为稳定。

2. 碎屑矿物成熟度指数

1）北部地区

在盆地北部，碎屑矿物成熟度指数较低，特别是位于焉耆县东南方向的向1井仅0.16，为全区最小值。但在北部宝中区，宝2井和宝208井碎屑矿物成熟度指数大于1。

宝中区的宝2井和宝208井与按地区统计的八道湾组岩石类型含量在宝中地区砾岩类高达31.79%，砂岩类占20.76%不符；同时在宝中地区，碎屑含砾百分比较高，碎屑重矿物稳定系数较低。综合分析推断，上述两口井在盆地内不具有代表性。

综上所述，焉参1井以北（包括焉参1井）地层的碎屑矿物成熟度小于0.52，为盆地内最小值区，表明该区碎屑岩成熟度低，距碎屑物源区较近（图5.12）。

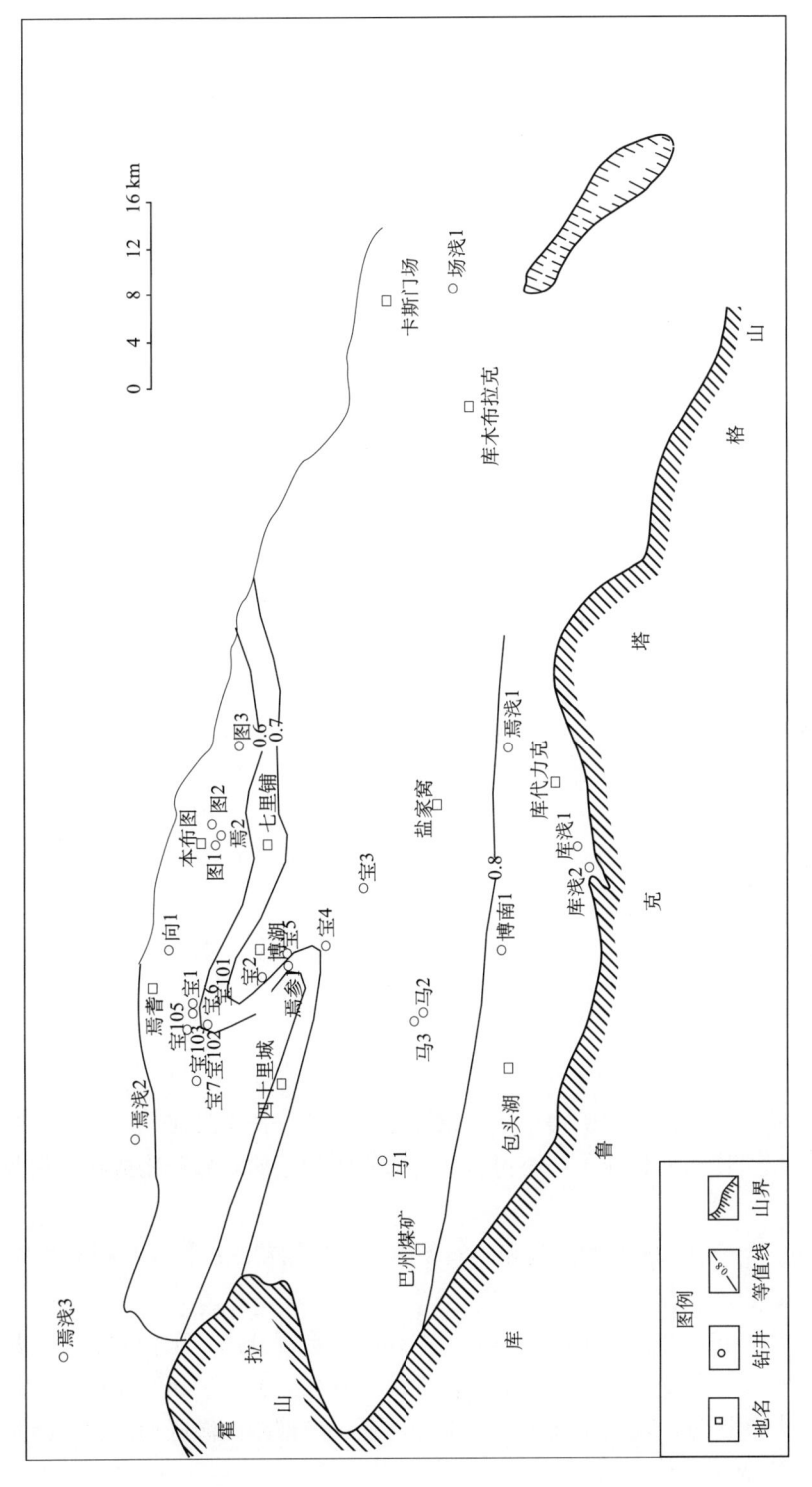

图 5.12 焉耆盆地下侏罗统八道湾组碎屑矿物成熟度指数等值线图

2）南部地区

在盆地中南地区共有两口井有采样数据及哈满沟地区地层剖面采样数据，其值居于0.73~0.84，为全区的高值区。这说明该区碎屑成熟度较高，距物源区较远。其中西区哈满沟地区碎屑岩矿物成熟度指数为0.84，焉浅1井为0.79。结合焉浅1井八道湾组中碎屑重矿物稳定系数要远大于哈满沟地区，故认为盆地南部东区距物源区要比西部哈满沟距物源区远。

八道湾组碎屑矿物成熟度指数总体由南向北降低表明，在现今盆地北部沉积时碎屑物搬运距离较短，距盆地原始沉积边界较近；在盆地中南部沉积物搬运距离和距沉积边界相对较远。

3. 碎屑重矿物稳定系数

本组有9个（7口井和2个露头剖面）碎屑重矿物稳定系数统计数据，其中最大值为59.34%（焉浅1井），最小值为3.03%（向1井）。

1）北部地区

在盆地北部，地层中碎屑重矿物稳定系数小于20%，向1井中仅为3.03%。说明该区距碎屑物源区近，搬运距离近，碎屑物由北向南搬运（图5.13）。

在现今盆地北部的宝5井仅钻达八道湾期地层中段，用于重矿物分析的22个样品采自上段上部；离宝5井较近的焉参1井，该组地层重矿物稳定系数高达45.37%。但在宝5井，该组地层的矿物成熟度指数较高，为0.73%。故认为，据采自宝5井八道湾组顶部地层中的碎屑重矿物样品而求得的稳定系数，不能作为该组地层的代表。

2）中南部地区

在西南哈满沟地区的重矿物稳定系数比北部要高，特别是比临近北部边缘的向1井要大许多；但又比东部焉浅1井小得多；这与本组地层的碎屑矿物成熟度指数分布特征相一致。

这说明，哈满沟地区离物源区和碎屑物搬运距离均较远；南部中东区离物源区最远，搬运距离也最长。

综上所述，在现今盆地中，八道湾组的碎屑含砾百分比、矿物成熟度指数和重矿物稳定系数从南到北的变化具有明显的规律性，三者彼此补充、相互印证，都表现出现今盆地北部距物源区近，搬运距离短，水动力活跃；南部距物源区远，搬运距离远，水动力不很活跃的特征。

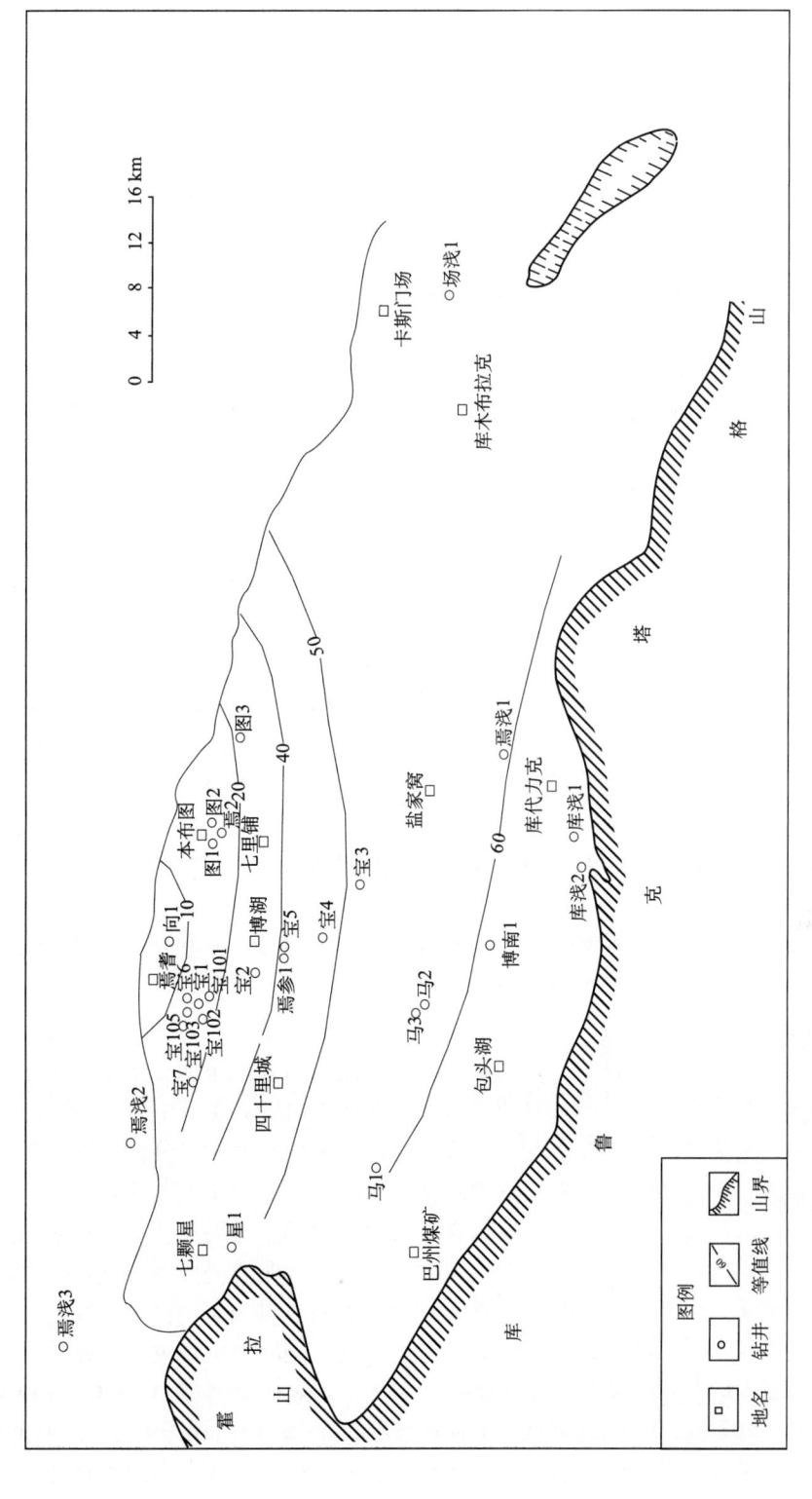

图 5.13 焉耆盆地下侏罗统八道湾组碎屑重矿物稳定系数等值线图

（三）下侏罗统三工河组

1. 碎屑含砾百分比

本组 19 口井有碎屑含砾百分比统计数据，其中最大值为 85.8%（向 1 井），最小值为 22.25%（马 1 井）。在七颗星东南的星 1 井和焉耆县东南的向 1 井，地层的含砾层厚度均大于 80%，形成了两个自北而南的碎屑物源搬运区（图 5.14）。

库浅 1 井三工河组含砾碎屑百分比达 50.4%，尚未见该井的录井和综合柱状图，无法核查该数值的正误。但距该井位置较近的焉浅 1 井、博南 1 井含砾碎屑百分比分别为 38.94%、28.08%。按地区统计的三工河组岩石类型含量，在库代力克地区砾岩仅占 8.4%，砾岩和砂岩共占 37%。对比该区三工河组其他相关岩矿资料，在上述 3 口井中，库浅 1 井的矿物成熟度指数最高，重矿物稳定系数较高。这显然与该井砾岩含量最高代表的地质含义相悖。故认为库浅 1 井的碎屑岩含砾百分比在该区不具有代表性。

在盆地中南部，南北宽约 20 km 的范围内，有三工河组砾岩含量百分比数值全部为 22.25%~28.5%，为全区最低值分布区（图 5.14）。

在分区统计的三工河组岩类含量百分比，砾岩含量及砾岩和砂岩含量均明显地表现出北高南低的特征。值得注意的是，哈满沟地区三工河组砾岩含量为盆地较低值区，仅高于南部的库代力克地区；砂砾岩含量高于南区、中东区，但明显低于盆地中北部。结合盆地南部含煤和碳质泥岩所占比例明显大于北部等资料可认为，距物源区相对较远，水体较为稳定。

三工河组碎屑含砾百分比，在现今盆地北部最高，可达 80%以上，表明沉积时距原始沉积边界较近，碎屑物搬运距离近，水动力活跃；在盆地南部边缘较低，说明距原始沉积边界较远，碎屑搬运距离远，水动力不很活跃；盆地中南部最低，表明距原始沉积边界最远，碎屑搬运距离最长，沉积环境较为稳定。

2. 碎屑矿物成熟度指数

本组有 16 个（15 口井和 1 个露头剖面）碎屑矿物成熟度指数统计数据，其中最大值为 0.98（宝 1 井），最小值为 0.19（向 1 井）。

1）北部地区

除宝 6 井与宝 1 井外，宝 4 井以北地区，该组地层碎屑矿物成熟度指数都小于 0.5。盆地北部和之北，发育有自北向南的碎屑物源搬运区（图 5.15）。

宝 1 井碎屑矿物成熟度指数高达 0.98，宝 6 井矿物成熟度指数为 0.6，距宝 1 井与宝 6 井最近的宝 103 井却为 0.47（图 5.15）。统计的三工河组岩石类型含量，在宝北区砾岩类含量高达 72.07%，表明在宝北区碎屑物经过搬运的距离短。在宝 1 井与宝 6 井中，同时代地层碎屑含砾百分比分别为 62.9%和 70.2%，表明这两口井的碎屑颗粒没有经过远距离的搬运。这与该两口井中碎屑矿物成熟度指数高相矛盾。故该两口井在该区不具有代表性。

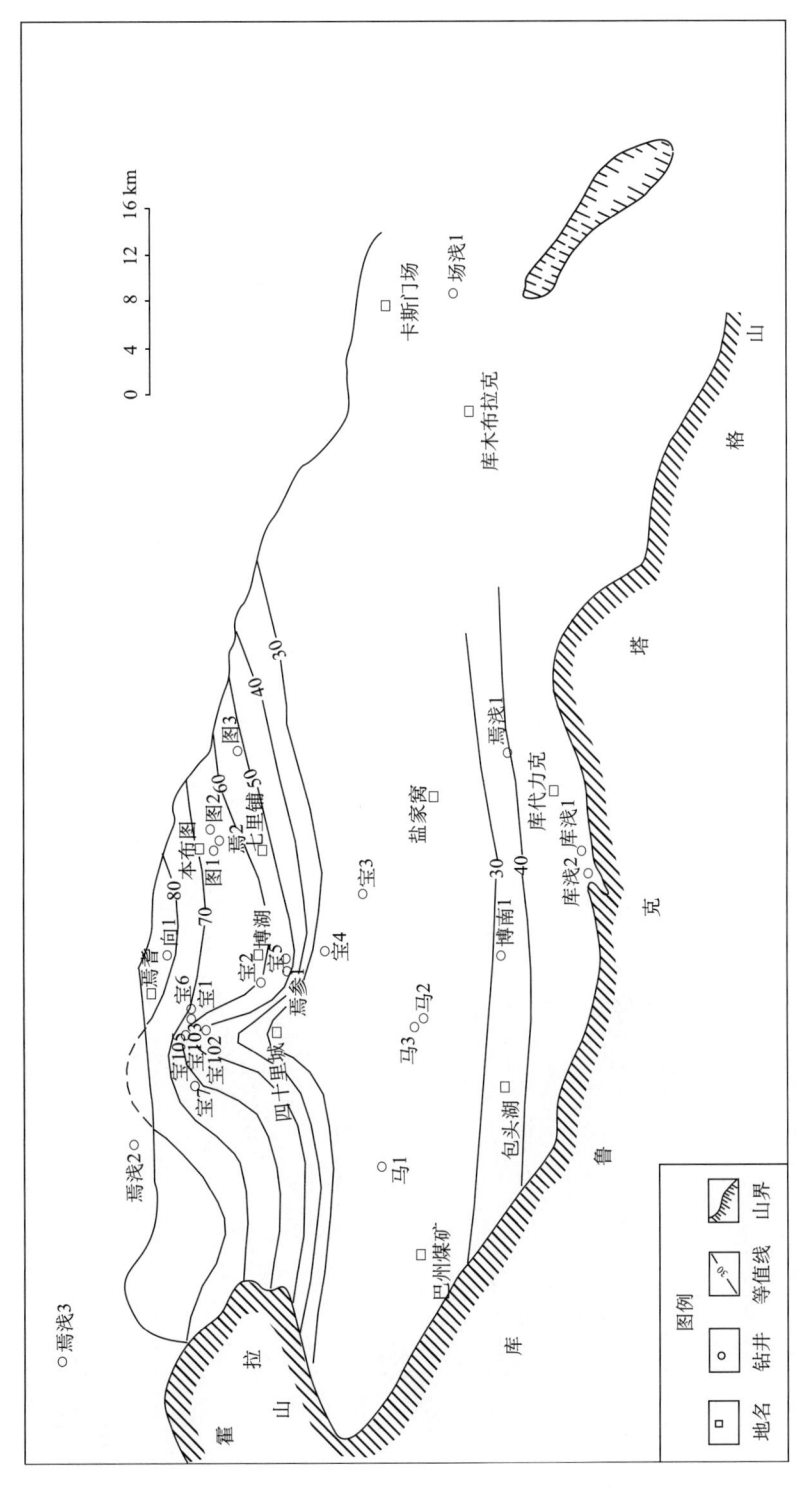

图 5.14 焉耆盆地下侏罗统三工河组碎屑含砾百分比等值线图

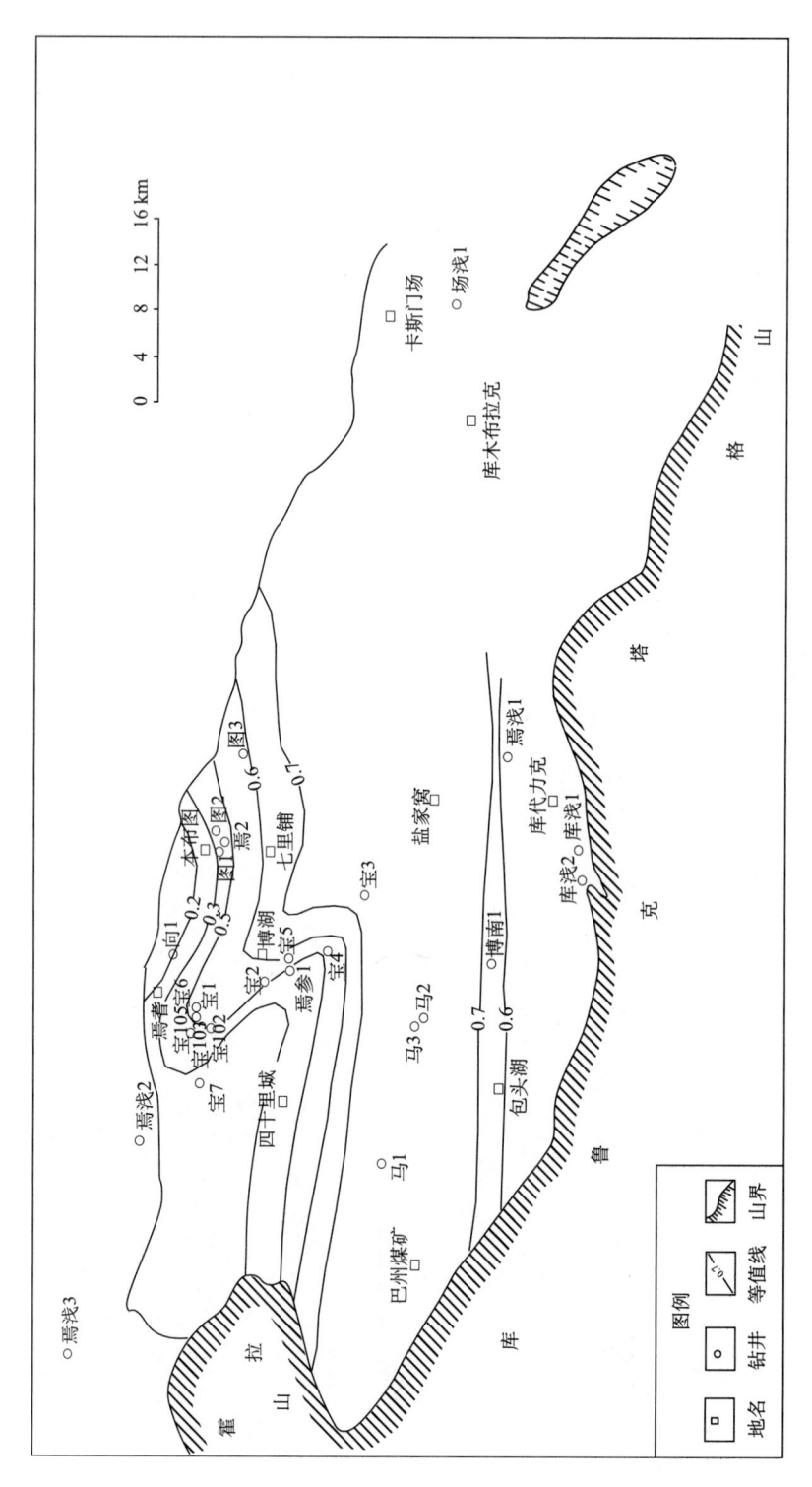

图 5.15 焉耆盆地下侏罗统三工河组碎屑矿物成熟度指数等值线图

2）中南部

在盆地中南部，5 口井有碎屑矿物成熟度指数统计数据，都为 0.56~0.77，位于中部的宝 301 井最高，达 0.77。由宝 301 井向北和向南，矿物成熟度指数降低（图 5.15）。

盆地从北向南，特别是向盆地中南部，各井的碎屑矿物成熟度指数增高；再向南稍有变低，但比北部要高（图 5.16）。

综上所述，三工河组碎屑矿物成熟度指数，在现今盆地北部最低，中部最高；南部比中部要低，但比北部要高。这表明该组沉积时北部距物源区和原始沉积边界最近，水动力活跃；现今盆地南部边缘距物源区和原始沉积边界较远，水动力不很活跃，沉积环境较为稳定；在现今盆地中部最高，距物源区和原始沉积边界最远，水动力最不活跃，沉积环境最为稳定。

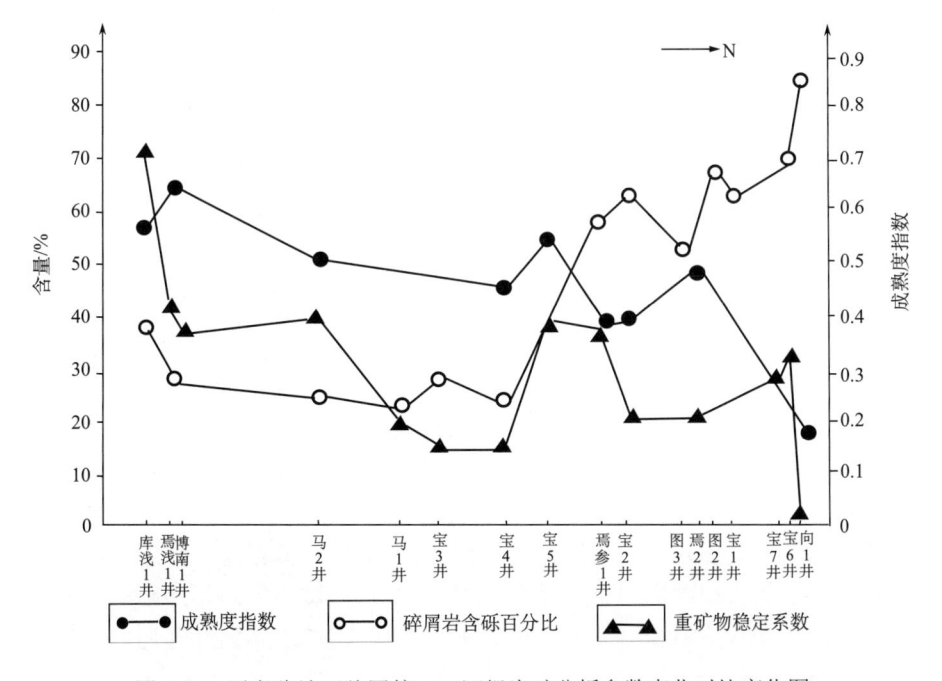

图 5.16　焉耆盆地下侏罗统三工河组岩矿分析参数南北对比变化图

在分地区统计的三工河组岩类含量，砂砾岩含量总体北部比南部要高，泥岩类和煤与碳质泥岩含量则北低南高。在哈满沟地区碎屑矿物成熟度指数为全区最高，其值为 0.85，这与该剖面三工河组砾岩类地层含量最低相一致。这表明进入早侏罗世三工河期，哈满沟地区距沉积边界已较远，甚至可能比盆地南部边缘距物源区更远。

3. 碎屑重矿物稳定系数

该组共有 24 个（23 口井和 1 个露头剖面）重矿物稳定系数统计数据。在钻井数据中最大值为71.14%（马1井），最小值为1.36%（向1井）。

1) 北部地区

在盆地北部，焉参1井以北的14个数据中，除宝201井与图2井外，都小于40%，形成了自北向南的碎屑物源搬运区（图5.17）。

图2井的重矿物稳定系数为47.65%，比距其较近的图1井（28.74%）和焉2井（20.84%）的值要高很多；而图2井中碎屑含砾百分比为68.96%。宝201井重矿物稳定系数为53.99%，比距其最近的焉参1井（36.16%）和宝5井（38.93%）的值高许多。按地区统计的岩类含量，在本布图地区含砾岩类含量为40.23%，含砾岩类与砂岩类含量之和达62.33%；在宝中地区含砾岩类含量为47.29%，含砾岩类与砂岩类之和为59.71%，故上述两口井的重矿物稳定系数值在该区不具有代表性。

2) 中部地区

在盆地中部，重矿物稳定系数数值为11.73%~14.72%，为盆地内数值最低区。但是中部地区的碎屑含砾百分比为24.1%~28.5%，碎屑矿物成熟度指数属中高值。按地区统计的岩类含量，在种马场地区砾岩类含量为28.33%，砾岩类与砂岩类含量之和为39.91%，泥岩类含量为15.67%，煤与碳质泥岩含量为30.6%。这说明现今盆地中部的碎屑物质经过了较长距离的搬运，但是含有一定的粗粒碎屑。根据上述分析推断，腹部较低的重矿物稳定系数，可能是浊流沉积的反映。

浊流是一种高密度的流体，通常为巨大的体积相对整体搬运。由浊流搬运、沉积而形成的浊积岩，矿物成分复杂；没有正常流体搬运过程中矿物随搬运距离增大所发生的粒度、磨圆度、稳定性等差异递变；一般不稳定矿物含量较多，碎屑颗粒的磨圆度不好，分选中等。在盆地中部的宝3井，该组地层岩性组合为：上段为含砾砂岩、砾状砂岩、细砂岩与深灰色泥岩不等厚互层；下段为浅灰色砂砾岩夹薄层深灰色泥岩。宝4井该组地层岩性组合为：上部为深灰色泥岩与灰白色和浅灰色砾状砂岩、砂砾岩呈不等厚互层；中下部以浅灰色砂砾岩为主，夹深灰色泥岩。宝3井、宝4井中碎屑不稳定矿物成分在盆地内部的含量最多；砾岩和砂岩的成熟度较低，分选与磨圆度中等偏差；砾岩层具有粒序层理，砂岩与泥岩互层构成韵律层理。这些都是盆地中部发育浊流沉积作用的表现和结果。

3) 南部地区

盆地南部中东区5口井有重矿物稳定系数统计数据，其值为36.3%~71.14%（图5.17），为盆地内高值分布区，这与盆地内该区碎屑岩含砾百分比低、碎屑矿物成熟度指数高相一致。在按地区统计的岩类含量，在库代力克地区含砾岩类与砂岩类之和为37%，泥岩类含量为23.8%，煤与碳质泥岩含量为39.2%。综合分析认为，盆地南部距原始沉积边界和物源区较远。

在南部西区，仅有马1井和哈满沟剖面两个重矿物稳定系数，数值均较低。

已有的研究结果表明，在沉积物深埋和成岩后又发生隆升剥蚀而裸露地表的岩石，随温压等条件的变化，原生重矿物会有变化并有次生重矿物加入。故露头区的重矿物稳

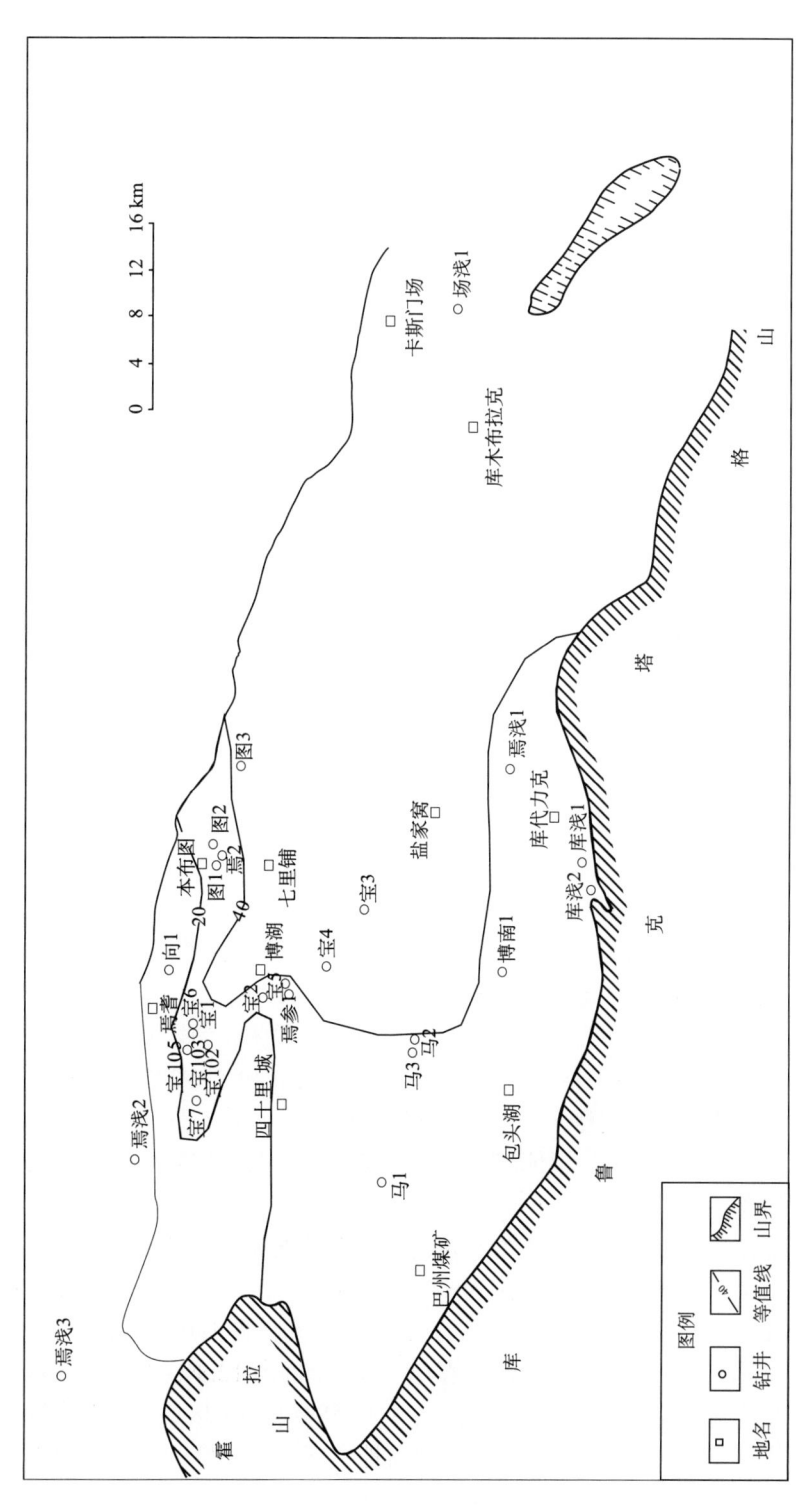

图 5.17 焉耆盆地下侏罗统三工河组重矿物稳定系数等值线图

定系数，一般变化较大，很难准确地反映沉积时的原始面貌，前新生代地层更是如此。所以，哈满沟剖面的重矿物稳定系数在研究中未予考虑。

马 1 井三工河组重矿物稳定系数为 19.62%，比盆地南部各井数值要低得多，但比中部三口井要高。马 1 井同时代地层的碎屑含砾百分比为 22.25%，为盆地 19 个数值中的最低值。此特征与中部地区的 3 口井相似。这启示我们，这种反映不同沉积环境的两类岩矿参量在同一口井的同一时代地层同时存在，很可能也与浊流沉积有关。

从盆地南部到北部，碎屑重矿物稳定系数与碎屑矿物成熟度降低，碎屑含砾百分比增加（图 5.16）。按地区统计的岩类含量，含砾岩类在北部高，南部低；泥岩类、煤与碳质泥岩含量在北部低，南部高。以上说明盆地北部距原始沉积边界和物源区近，水体活跃；现今盆地南部距原始沉积边界和物源区较远，水体不活跃；在盆地中部，地势较低，水体较深，沉积环境较稳定，发育有远距离搬运的浊流沉积。

（四）中侏罗统西山窑组

西山窑组在盆地内分布较广，大多数井钻穿此组地层。但该组上部遭受不同程度剥蚀。北部部分井已缺失上段地层。盆地中部宝 301 井最厚，达 1031 m；南部博南 1 井厚 779 m。该组（残留）地层分布的总体特征为南厚北薄，中部向四周变薄。

1. 碎屑含砾百分比

本组共有 17 个统计数据均为钻井资料。其中最大值为 70.2%（宝 7 井），最小值为 4%（图 3 井）。与三工河组对应各井相比，西山窑组的数值绝大多数变小（图 5.18）。这表明盆地与周邻地区的地貌高差已显著变小或盆地的沉积范围有明显扩大，或二者兼之。

除残留厚度很小的宝 1 井和星 1 井，地层中碎屑含砾岩百分比大于 40% 的井均在宝 2 井以北，表明该区距物源区较近，碎屑物质搬运距离不远（图 5.18）。

宝 1 井西山窑组碎屑含砾百分比为 26.83%，与宝 1 井较近的宝 102 井、宝 6 井中该组地层碎屑含砾百分比分别为 40.59% 和 50.69%。分区统计的岩石类型含量，在宝北区砾岩类含量为 17.93%，砂岩类含量占 25.5%，二者之和为 43.43%（图 5.19）。可见宝 1 井由于西山窑组地层剥蚀甚烈，残留地层仅厚 61.5 m，致使其碎屑岩含砾百分比在该区不具有代表性。星 1 井西山窑组地层残留厚度仅 30 m，其碎屑含砾百分比也不能作为该组地层的代表。

按地区统计的西山窑组岩石类型含量，在宝北地区和本布图地区的砾岩类含量分别为 17.93% 和 1.43%，砂岩类含量分别为 25.5% 和 60.83%，砾石类与砂岩类二者之和分别为 43.43% 和 62.26%。故在北部的物源区是由北向本布图区搬运的（图 5.18）。

在盆地中南部，碎屑含砾百分比数值有 7 个，全部为 12.8%~33.14%，其中位于盆地中部的马 1 井、马 3 井，数值分别为 15.6% 和 14.58%，为全区最低值分布区。

综上所述，西山窑组碎屑含砾百分比由盆地南部至北部呈上升趋势（图 5.20），在现今盆北部最高，可达 70.2%，表明沉积时距离物源区较近，水动力条件活跃；在盆地中南部较低，以盆地中部最低，说明距物源区相对较远，水动力条件不很活跃。

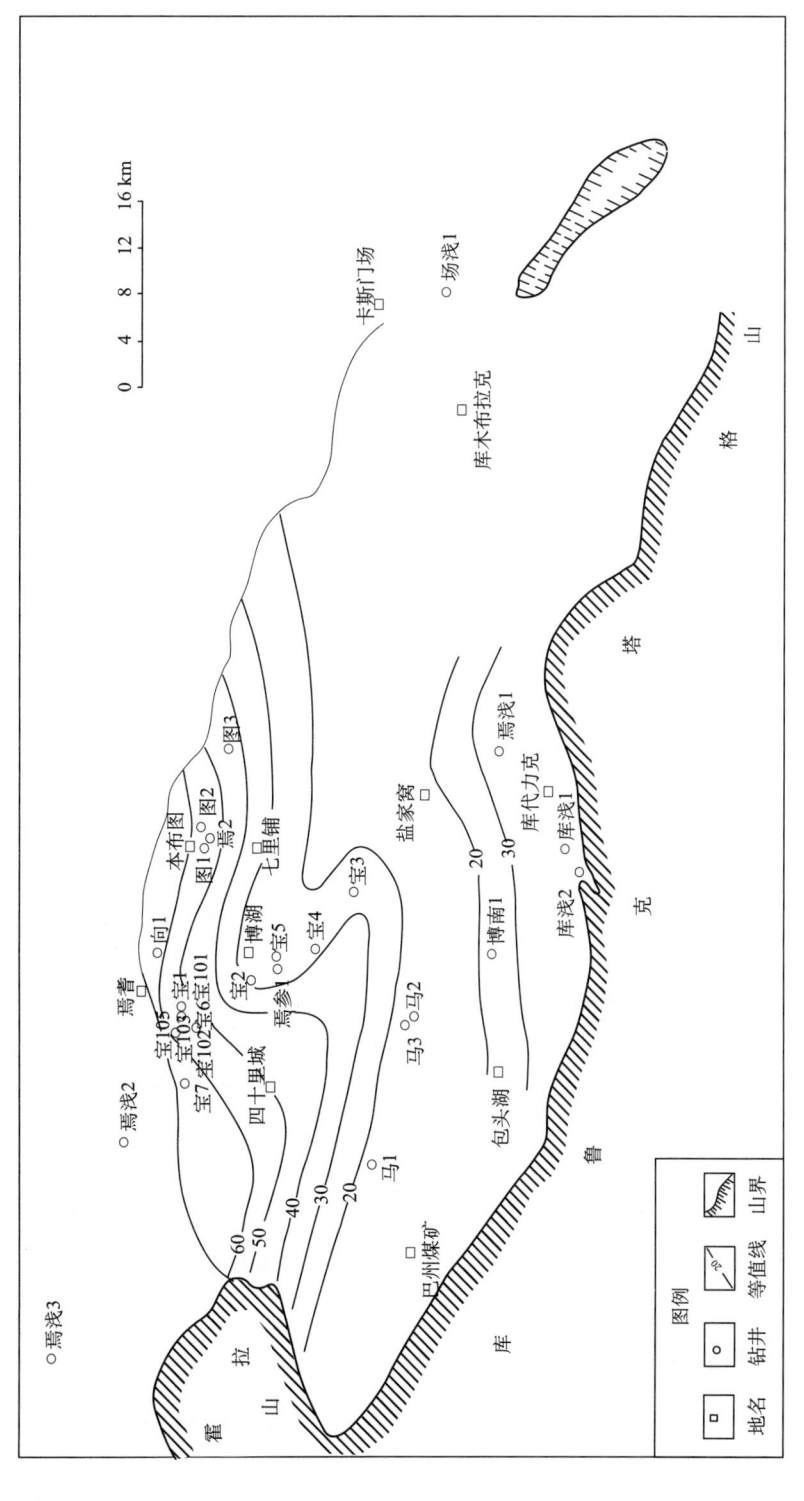

图 5.18 焉耆盆地中侏罗统西山窑组碎屑含砾百分比等值线图

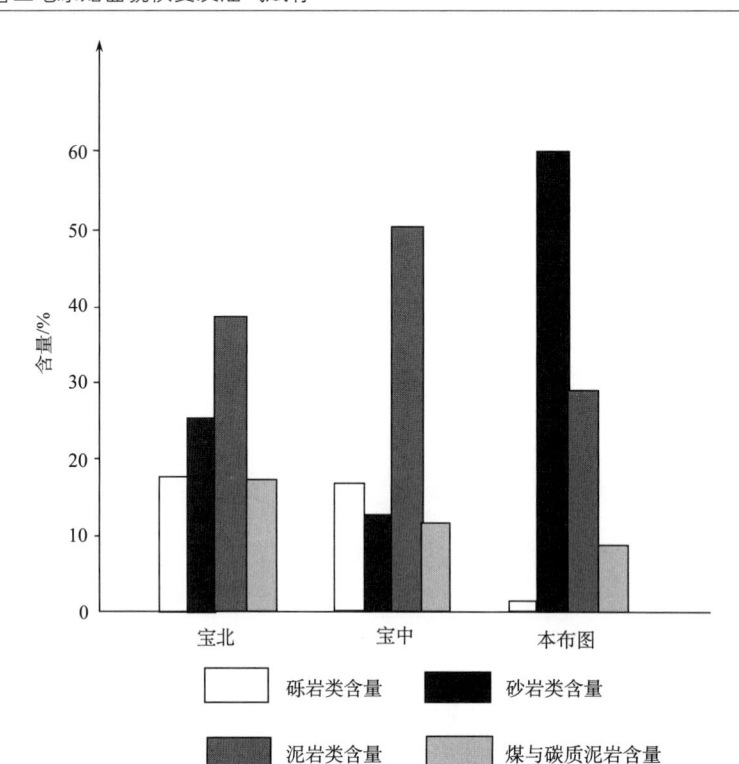

图 5.19 焉耆盆地不同地区中侏罗系西山窑组岩类含量图

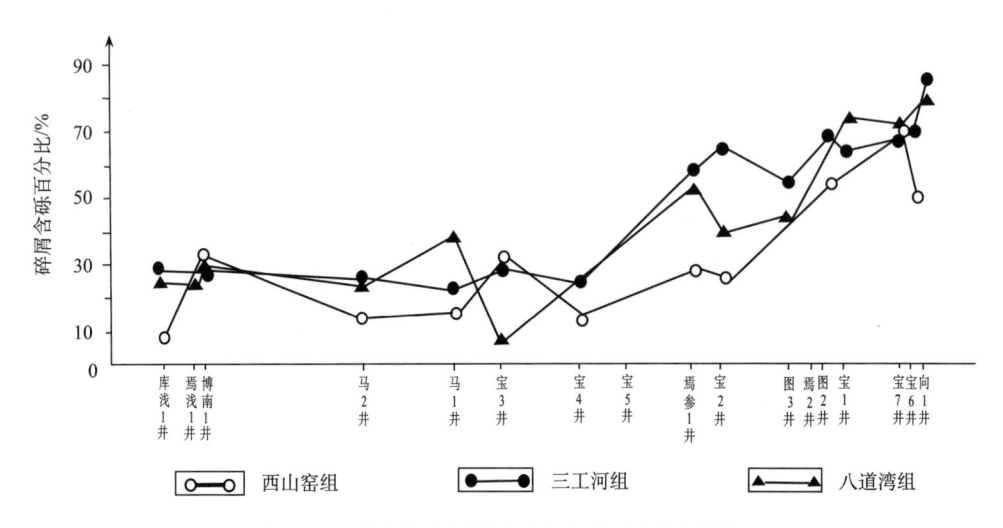

图 5.20 焉耆盆地侏罗系碎屑含砾百分比剖面图

2. 碎屑矿物成熟度指数

该组地层碎屑矿物成熟度指数共有 10 个数据,在盆地北部碎屑矿物成熟度指数值变化较大,既有盆内最大值,也有盆内最小值。

在按地区统计的西山窑组岩石类型含量,在宝北区的含砾岩类数值为 17.93%,为最高含砾岩区。但与宝中地区相差不大,这表明,在宝北区该组地层中的碎屑矿物成熟度指数不可能为整个盆地最高值区。所以宝 1 井和宝 103 井的碎屑矿物成熟度指数数值在北区不具有代表性。

碎屑矿物成熟度指数说明盆地北部宝北区碎屑岩搬运的距离最短,距盆地沉积边界最近,碎屑具有自北向南的搬运特点。在盆地中部之南的焉浅 1 井,碎屑矿物成熟度指数数值为 0.58,比宝 108 井中数值大许多,表明盆地南部离物源区比北部要远。在盆地西南部塔什店地区,该组地层碎屑矿物成熟度指数为 1.25,是库浅 1 井数值的 2 倍还要多,说明盆地西南部离物源区最远。

从盆地南到盆地北,碎屑矿物成熟度指数总体上变小(图 5.21),说明北部距物源近。

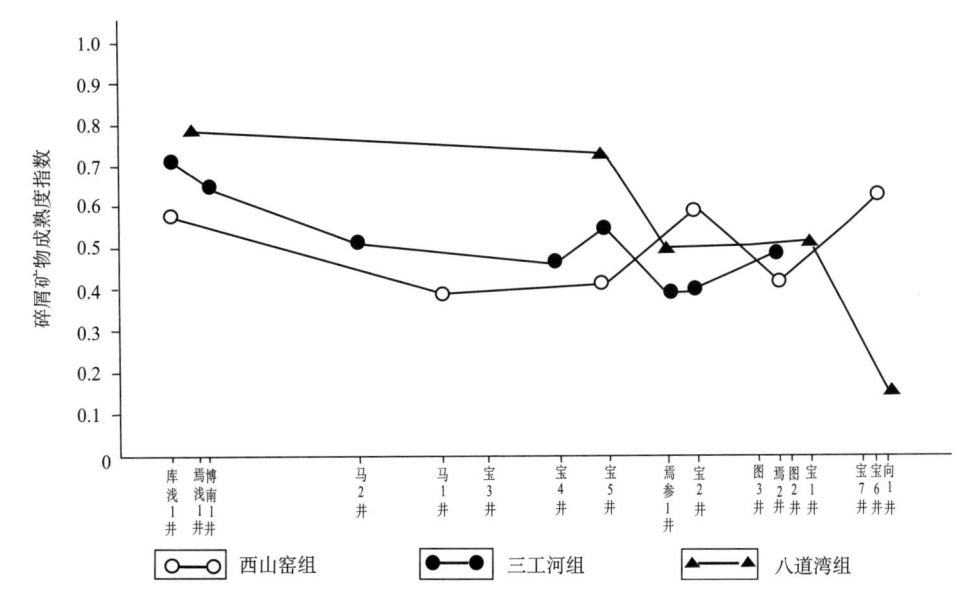

图 5.21 焉耆盆地侏罗系碎屑矿物成熟度指数剖面图

上述西山窑组碎屑矿物成熟度指数在盆地北低南高,表明现今盆地北部距原始沉积边界和物源区较近,碎屑物搬运距离短,水动力条件活跃;在盆地南部距原始沉积边界和离物源区相对较远,碎屑物搬运距离长,水动力条件不很活跃,沉积环境较为稳定。

3. 碎屑重矿物稳定系数

本组 9 口井有碎屑重矿物稳定系数统计数据,其中最大值为 104.41%(宝 108 井),最小值为 11.3%(库浅 1 井)。

在北部,除焉参 1 井和宝 5 井外,碎屑重矿物稳定系数为 30.89%~61.94%,在焉参 1 井北部形成了自北向南的物源搬运区。

在西山窑组,焉参 1 井较低的碎屑重矿物稳定系数(19.22%)与其较低的碎屑含砾百分比(在盆地北部较低,为 28.36%)相矛盾;宝 5 井较低的碎屑重矿物稳定系数与其较高的碎屑矿物成熟度指数(高达 0.42)有悖。按地区统计的西山窑组岩石类型含量,在宝中地区泥岩类高达 50.76%，煤与碳质泥岩含量为 11.83%，故焉参 1 井及宝 5 井中的碎屑重矿物稳定系数在西山窑组不具有代表性。

在盆地中南部博南 1 井和库浅 1 井，该组地层的碎屑重矿物稳定系数分别为 36.69% 和 11.3%。在库浅 1 井低的碎屑重矿物稳定系数与其较高的碎屑矿物成熟度指数（高达0.58）相矛盾。因此，该组地层中库浅 1 井的碎屑重矿物稳定系数不具代表性。

在盆地北部，宝北区到宝中区西山窑组碎屑重矿物稳定系数变大。结合西山窑组碎屑含砾百分比及碎屑矿物成熟度指数可知，西山窑期现今盆地北部距盆地沉积边界较近，水动力条件活跃，碎屑搬运距离短；在盆地南部距盆地沉积边界较远，水动力条件不很活跃，沉积环境稳定，碎屑物搬运距离远。

在现今盆地中，西山窑组从南向北，碎屑含砾百分比总体上变大，碎屑矿物成熟度指数与碎屑重矿物稳定系数总体上变小。这说明西山窑期沉积时，在现今盆地北部距盆地沉积边界近，而南部距盆地沉积边界相对较远。

焉耆盆地在早中侏罗世时期，由北向南碎屑含砾百分比降低、碎屑矿物成熟度指数和碎屑重矿物稳定系数变高（图 5.20~图 5.22），说明盆地北部距沉积边界近，南部距沉积边界远。

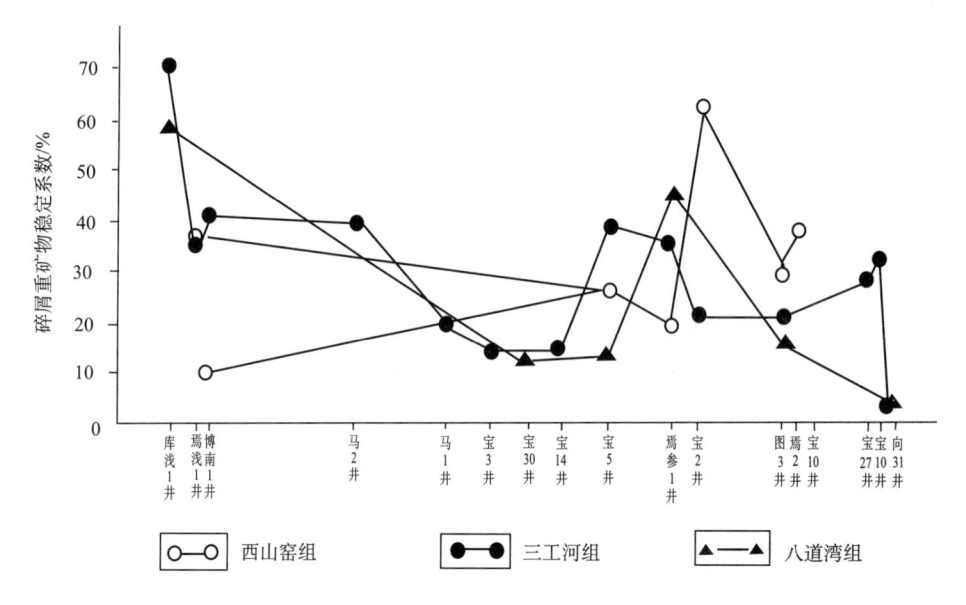

图 5.22 焉耆盆地侏罗系碎屑重矿物稳定系数剖面图

综上所述，该组沉积时北部距物源区近，搬运距离短，水动力活跃；南部距物源区远，搬运距离长，水动力不很活跃。

三、古物源分析

1. 岩石结构成熟度

结构成熟度指岩石中碎屑颗粒受水流或波浪作用磨蚀改造的程度，包括圆度、分选性、基质性质及含量等。据薄片鉴定及岩心观察（表 5.9，表 5.10），焉耆盆地碎屑岩圆度主要为次棱、次圆，二者占总数的 96.9%，尤以次棱为主，表明本区砂岩磨圆度中等偏差。反映沉积物距物源区较近。分选性特征见表 5.10，薄片分析表明分选中等偏好，而粒度分析表明分选性差，考虑到两种资料均有其可信性，故将二者平均，综合分析认为分选性中等偏差。填隙物包括泥质杂基和胶结物。泥质含量为 1%~40%，一般为 5%~12%，胶结物含量为 1%~34%，一般为 2%~8%，平均为 5%。胶结物成分以碳酸盐岩为主，其次为铁质、自生黏土矿物，少量硅质、有机质、石膏等。总的来看，盆地碎屑岩中泥质分布普遍，含量相对较高，而胶结物分布不广泛且含量较低，表明沉积物搬运距离短，堆积速度快，泥质和细粒级碎屑未经充分分选和淘洗，杂基含量高，并导致孔隙度低，物性差，胶结物胶结方式主要为孔隙式，颗粒多呈线接触，反映成岩作用不强烈，侏罗系基本上位于晚成岩 A 亚期。

表 5.9 焉耆盆地砂岩磨圆度特征

项目\磨圆度	棱	次棱	次圆	圆	总计
样品数（件次）	2	242	137	10	391
百分数/%	0.5	61.9	35	2.6	100

表 5.10 焉耆盆地砂岩分选程度统计表

项目\分选性	差	中	好	总计
薄片分析（件次）	37/9.3	181/45.5	180/45.2	398/100
粒度分析（件次）	843/81.2	188/18.1	7/0.7	1038/100
平均	45.3	31.8	22.9	100

综上所述，本区沉积物分选、磨圆中等偏差，杂基分布普遍，胶结物含量较低，反映沉积物结构成熟度中等偏低。

2. 物源分析

钻井揭示，焉耆盆地整体反映为一套粗碎屑沉积，物源丰富。根据沉积物岩矿特征，重矿组合特征，砾岩、砂岩百分含量变化等综合分析，本区可分为两大物源体系，即北部物源体系和南部物源体系。

北部物源区主要来自北部天山。和静拗陷当时可能为山前低矮丘陵分布区，河流分布广泛，属沉积与剥蚀过渡区，局部零星保存有河流相沉积。由于搬运距离相对较短，沉积物分选、磨圆较南部物源稍差，在坡度相对平缓的北部斜坡区形成了范围广泛的辫状河沉积体系，向南砾岩、砂岩含量逐渐降低。岩矿分析表明，砂岩成分成熟度较低，石英平均含量一般为 30%~40%，最高达 46.7%，岩屑含量偏高，一般为

45%~55%，长石含量一般为 10%~15%，最高达 18.7%，岩屑砂岩是主要的岩石类型。岩屑成分以变质石英岩为主，其次为硅质岩、绿片岩、变粒岩、花岗岩等。重矿物组合以锆石、石榴子石发育，含量高为特征，一般均为 30%~50%，其他重矿物含量较低，纵向上重矿物含量发生变化，反映源区距离及岩性发生了变化，重矿物稳定系数普遍较高。

南部物源区与盆地相距较远，岩石类型主要为岩屑砂岩，成分成熟度较高，结构成熟度较北部体系高。重矿物组合与北部物源相比其石榴子石、锆石含量降低，一般低于 35%，双峰性不明显，锡石、磁铁矿、赤褐铁矿、角闪石等含量相对较高。此外，南部物源体系还表现为石榴子石含量比锆石含量高，而北部物源体系反之。重矿物稳定系数南部比北部高。

四、岩石矿物搬运距离对盆地沉积边界的启示

中生代焉耆盆地物源位于盆地北部，碎屑由北向南搬运。因此，通过对盆地北部钻井碎屑重矿物稳定系数、碎屑成熟度指数和碎屑含砾百分比与搬运距离间的对应值进行数理统计回归分析得到与搬运距离之间的关系（图 5.23~图 5.25），加权平均得出搬运距离。

图 5.23 焉耆盆地侏罗系碎屑重矿物稳定系数与搬运距离关系图

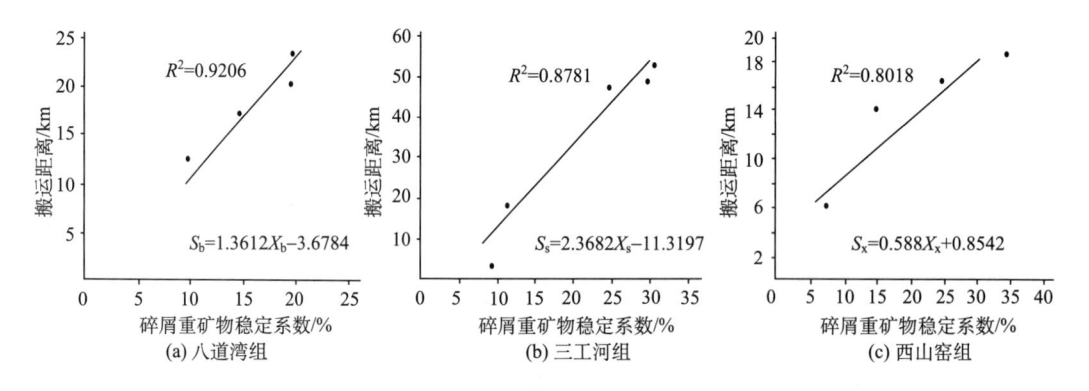

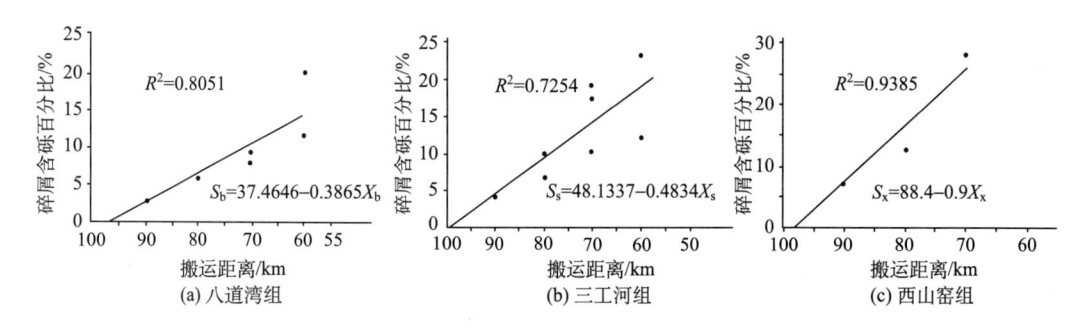

图 5.24 焉耆盆地侏罗系碎屑含砾百分比与搬运距离关系图

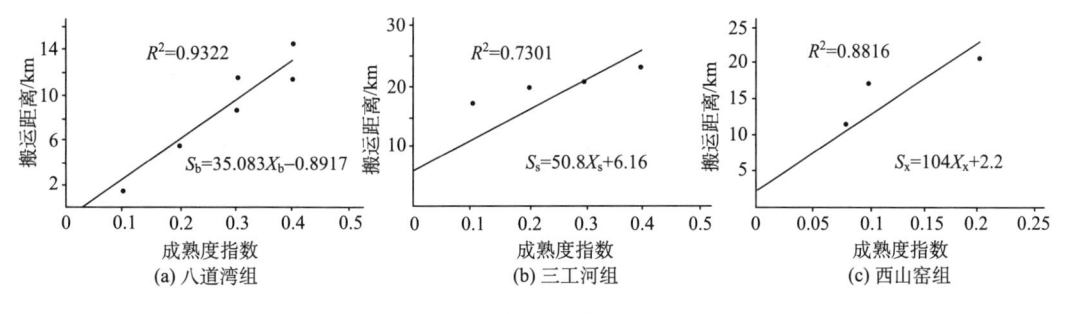

图 5.25 焉耆盆地侏罗系成熟度指数与搬运距离关系图

八道湾组、三工河组和西山窑组碎屑重矿物稳定系数与搬运距离关系分别为

$$S_b=1.362X_b-3.6784 \quad (R^2=0.9206) \quad (5.3)$$

$$S_s=2.3682X_s-11.3197 \quad (R^2=0.8781) \quad (5.4)$$

$$S_x=0.588X_x+0.8542 \quad (R^2=0.8018) \quad (5.5)$$

八道湾组、三工河组和西山窑组碎屑含砾百分比与搬运距离关系分别为

$$S_b=37.4646-0.3865X_b \quad (R^2=0.8051) \quad (5.6)$$

$$S_s=48.1337-0.4834X_s \quad (R^2=0.7254) \quad (5.7)$$

$$S_x=88.4-0.9X_x \quad (R^2=0.9385) \quad (5.8)$$

八道湾组、三工河组和西山窑组成熟度指数与搬运距离关系分别为

$$S_b=35.083X_b-0.8917 \quad (R^2=0.9322) \quad (5.9)$$

$$S_s=50.8X_s+6.16 \quad (R^2=0.7301) \quad (5.10)$$

$$S_x=104X_x+2.2 \quad (R^2=0.8816) \quad (5.11)$$

通过计算，北部探井搬运距离最短为 5 km，最长为 84.8 km（表 5.11~表 5.13）。

表 5.11 焉耆盆地八道湾期碎屑搬运距离表

井号	碎屑重矿物稳定系数/%	碎屑含砾百分比/%	成熟度指数	搬运距离/km
向 1 井	0.81356	6.563925	0.781328	5.064
图 1 井	20.115776	13.926		17.021
图 3 井		20.26535		20.26535
星 1 井		20.49725		20.49725
宝 1 井		9.28875	0.1700063	13.145
焉 2 井	17.655216			17.655216
宝 7 井		10.22408		10.22408

表 5.12 焉耆盆地三工河期碎屑搬运距离表

井号	碎屑重矿物稳定系数/%	碎屑含砾百分比/%	成熟度指数	搬运距离/km
向 1 井		6.65798	0.15812	11.235
图 1 井	56.742368	15.083642	0.20892	30.906
图 3 井		22.61018		22.61018
星 1 井		9.17166		9.17166
宝 1 井		17.72784		17.72784
焉 2 井	38.033588		0.31052	34.543
宝 7 井	54.350486	15.267334		34.809
宝 6 井	65.907302	14.2208		40.064051
宝 102 井		28.72519		28.72519

表 5.13 焉耆盆地西山窑期碎屑搬运距离表

井号	碎屑重矿物稳定系数/%	碎屑含砾百分比/%	成熟度指数	搬运距离/km
图 1 井		39.53		39.53
图 3 井		84.8		84.8
图 2 井		39.296		39.296
焉 2 井	19.01752		0.4588	32.44876
宝 7 井		25.22		25.22
宝 6 井		42.779	0.6772	55.2495
宝 103 井	23.12764			23.12764

由表 5.11~表 5.13 可以看出，对于同一口井（向 1 井、图 1 井、图 3 井、星 1 井和宝 1 井）由八道湾组到三工河组再至西山窑组搬运距离变长，即盆地北部沉积边界向北移，也就是说盆地北部沉积范围从中生代早侏罗世八道湾期到三工河期再至西山窑期呈扩大的趋势。

而在焉耆盆地北部和硕县北部红山地区（现今焉耆盆地之外的北部、南天山南部低丘陵地带）沉积有中生代中侏罗统西山窑组和头屯河组，出露厚度为 154.3 m。西山窑组岩性为由富含有机质的灰绿色、黄绿色、灰黑色及深灰色泥岩、页岩、碳质页岩、粉砂质泥岩、泥质粉砂岩等组成，夹多层灰白色石英砂砾岩及菱铁矿结核，下部夹劣质煤层和煤线；头屯河组岩性为灰白色砾状石英砂岩、含砾石英砂岩、紫红色含砾粗砂岩、细砂岩及砂岩和灰绿色泥岩。这都不是盆地边缘相所具有的沉积特征。同时，北部红山地区裂变径迹年龄表明该区于早白垩世中、晚期开始抬升，说明该区于侏罗纪至早白垩世早期是沉积区。

综上所述，焉耆盆地北部沉积范围超出现今盆地范围，盆地当时沉积边界越过北部红山地区再向北延伸。

第三节 盆地地层厚度与沉积边界关系

一、残留地层厚度对盆地沉积边界的启示

为了探讨盆地沉积边界，本书利用盆地西缘煤田资料和油田资料，编制了侏罗纪不同时期残留地层厚度图及残留地层总厚度图。焉耆盆地侏罗纪各时期南缘地层分布最厚（图 5.26~图 5.28），岩性以泥岩为主，不具边缘相的粗粒特征，说明盆地南缘沉积范围向南有更广的延伸。西缘残留的中下侏罗统八道湾组、三工河组和西山窑组，地层岩性向上变细，到西山窑组时主要为细砂岩和泥岩，厚度随地层时代变小而变厚，这表明在早中侏罗世盆地西部沉积范围是扩大的，特别在西山窑期盆地沉积范围达到最大。总厚度图同样显示出焉耆盆地当时沉积范围向四周延伸（图 5.29）。

二、中生代地层等厚线走向趋势法对盆地沉积边界的启示

盆地内沉积地层厚度等值线受古地形起伏、沉积物的沉积速率和盆地沉降速率的控制。在一个沉积盆地中，地层厚度等值线图反映古地形的变化。在地形平坦地区，地层厚度的变化小，地层厚度等值线稀疏；在盆地边缘地区，随着地形的突变，地层等厚线也就相对密集。一般来讲，斜坡部位的沉积地层等厚线具有低值，深凹处具有高值。根据沉积地层厚度的分布形态受边缘隆起及盆地内部地形起伏控制的原则，本书采取将中生代地层剥蚀厚度与残留地层厚度叠加，顺延地层等厚线延展趋势进行闭合的方法来估计原始沉积盆地的边界。

焉耆盆地内中生代地层厚度等值线呈一不规则同心圆状（图 5.30），在博湖拗陷南部凹陷近库鲁克塔格山前最厚，向四周逐渐减薄。地层最厚处位于盆地南部，可达 5600 m；最薄处位于盆地北部，厚达 1800 m。中生代地层厚度展布特征整体展示了盆地沉积边界远远大于盆地现今范围，延伸至周缘山区中，其中南部边界跨过库鲁克塔格山到达孔雀河斜坡北缘。

综上所述，焉耆盆地中生代沉积范围比现今盆地范围要广，沉积边界向四周延伸；盆地周缘山体于早白垩世中晚期—晚白垩世隆升及山体上残留有侏罗纪地层；这些都说明沉积边界延伸入山区，甚至跨越周缘山区，与周邻的库车、孔雀河斜坡及库米什相连通。

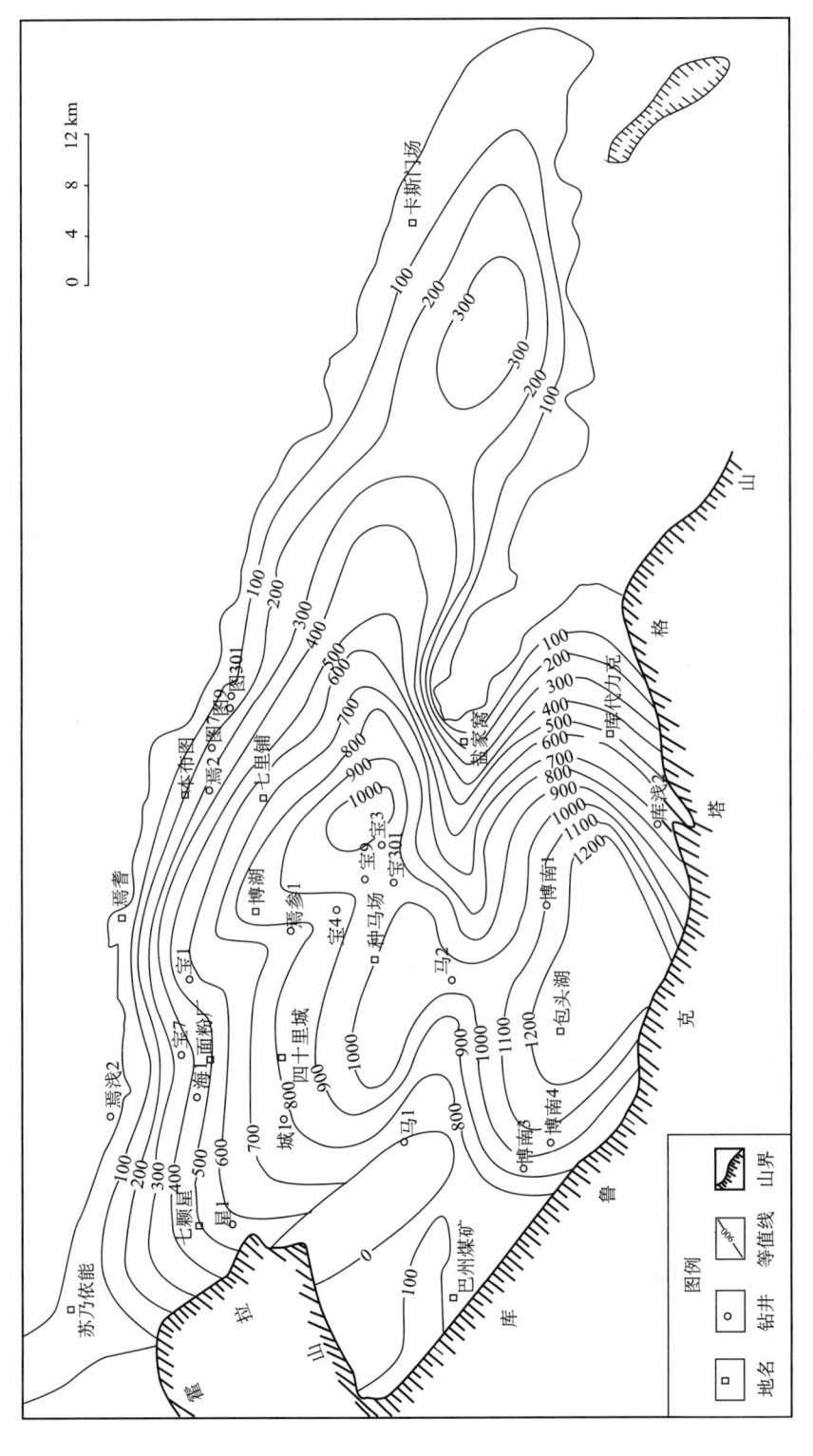

图 5.26 焉耆盆地下侏罗统八道湾组残留地层厚度等值线图

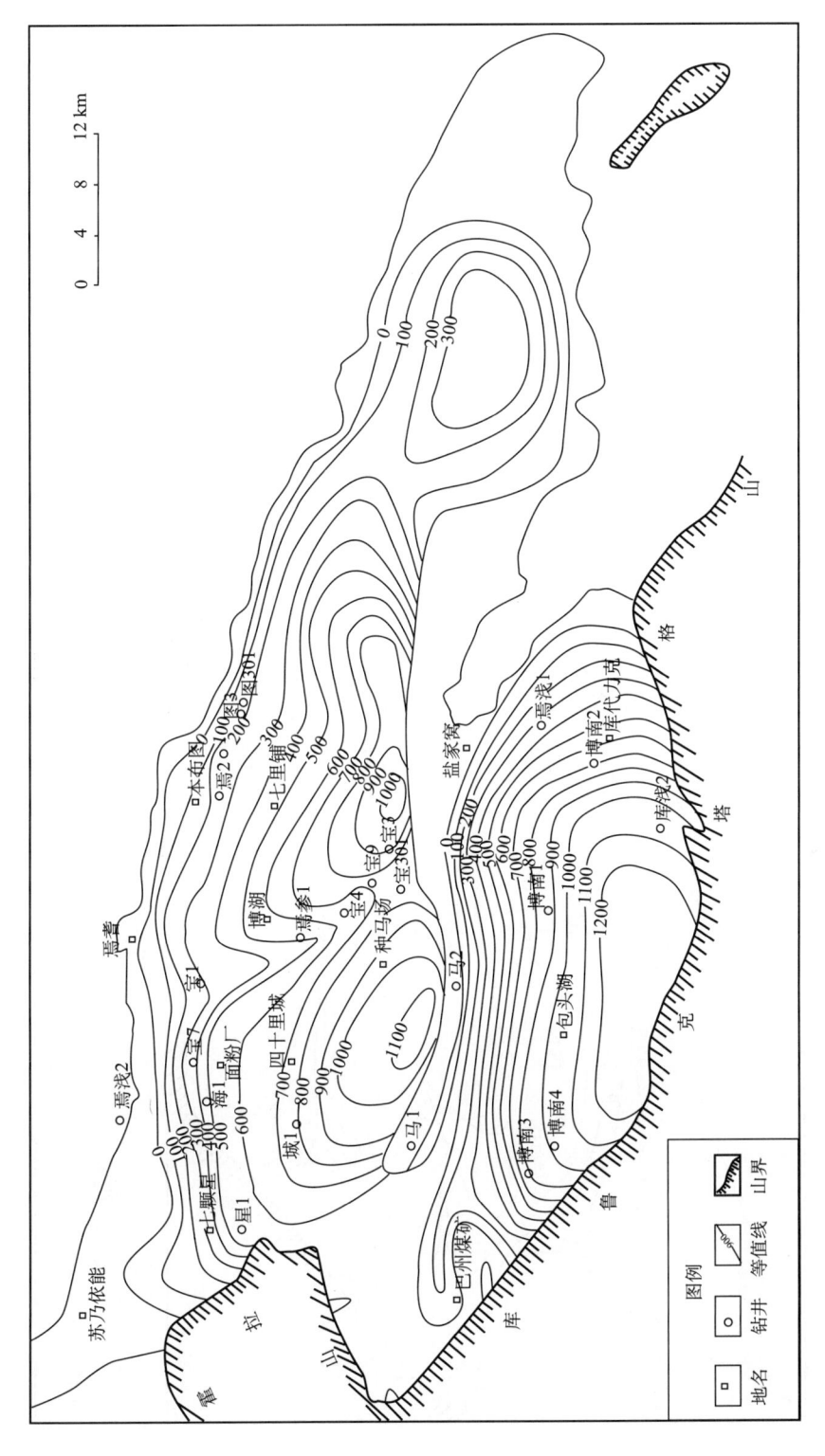

第五章 盆地中生代沉积特征与原始沉积边界探讨 181

图 5.27 焉耆盆地下侏罗统三工河组残留地层厚度等值线图

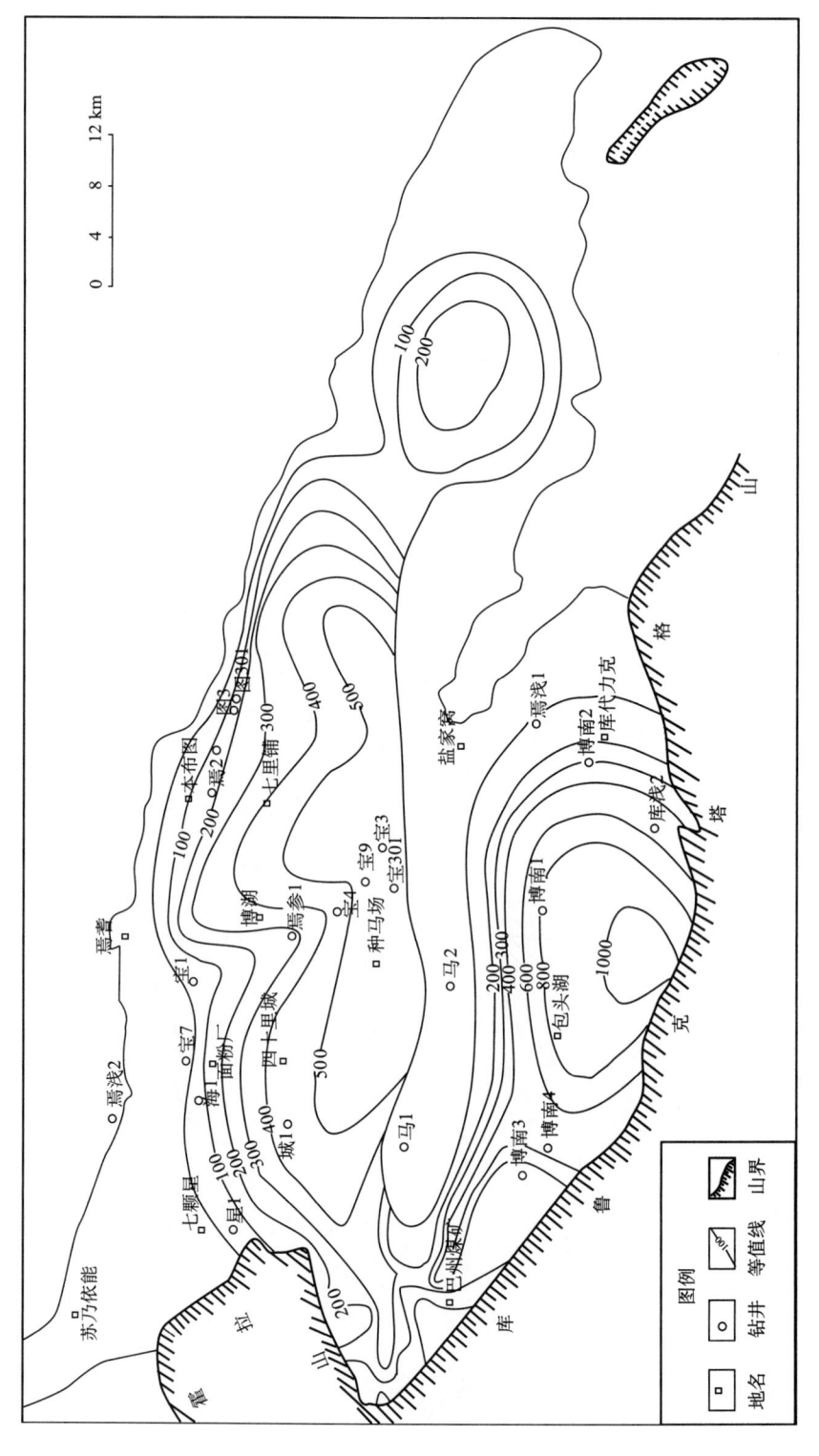

图 5.28 焉耆盆地中侏罗统西山窑组残留地层厚度等值线图

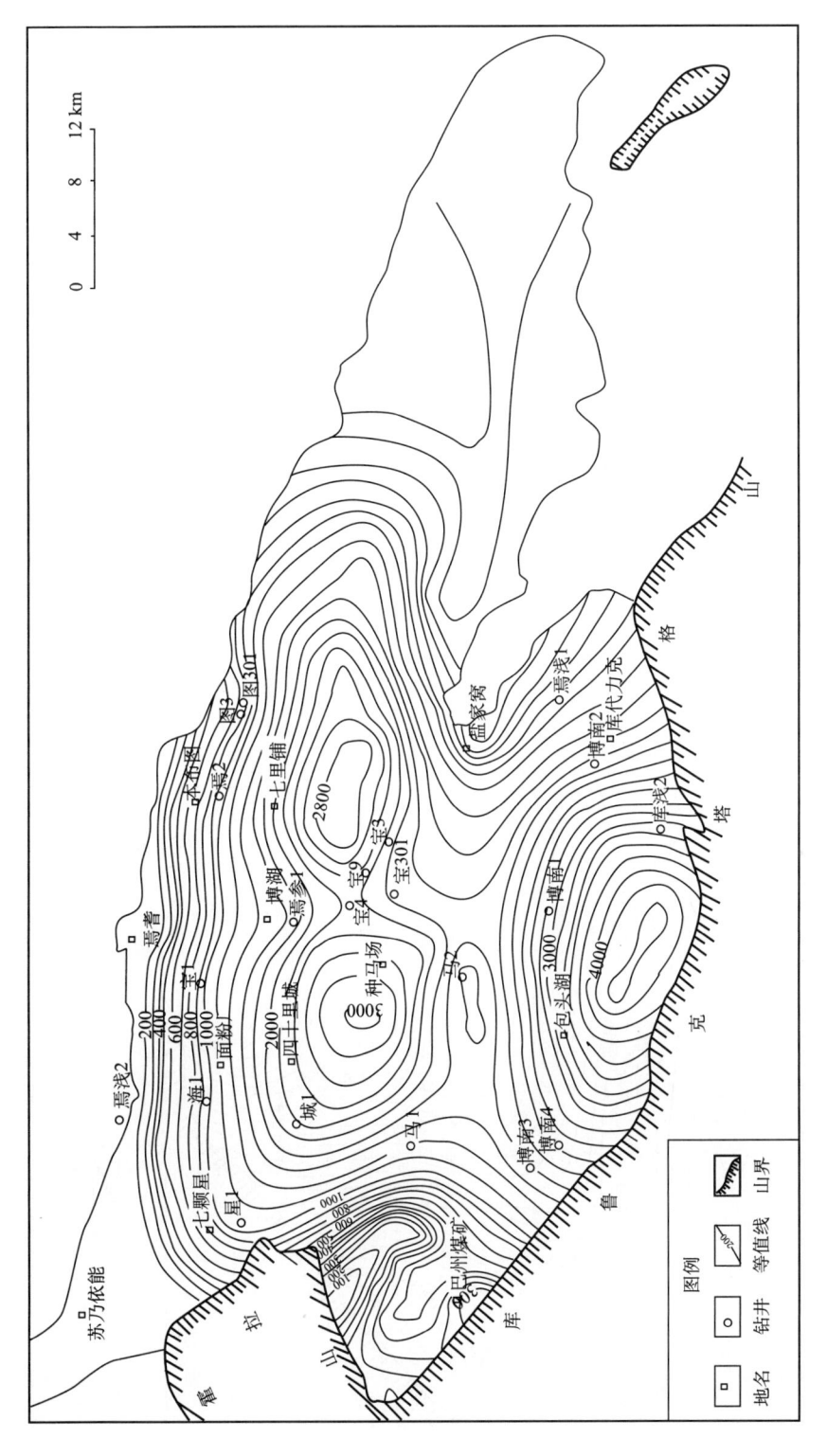

图 5.29 焉耆盆地保罗系残留地层等值线图

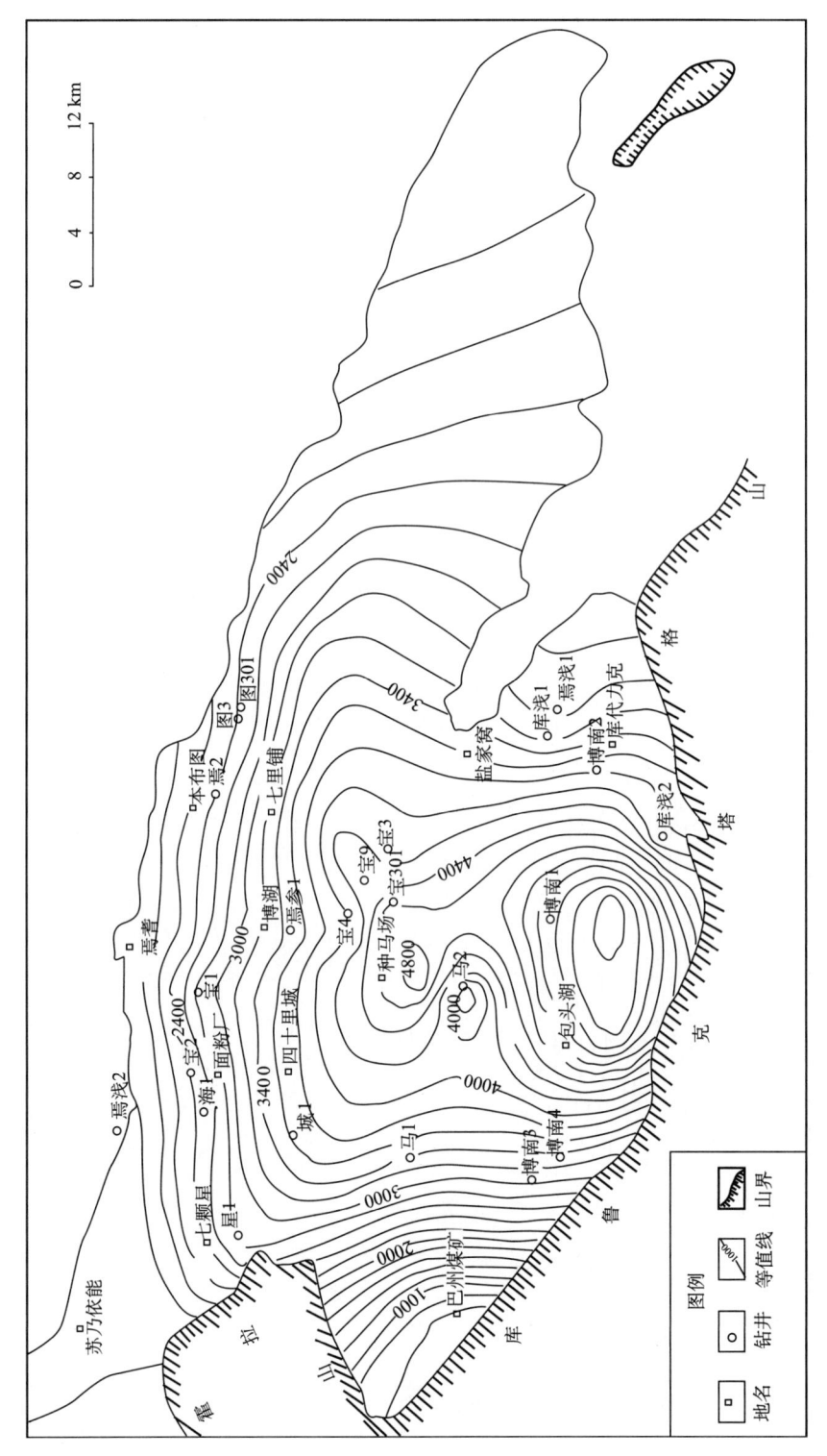

图 5.30 焉耆盆地中生代地层厚度等值线图

第六章　焉耆盆地原始面貌恢复及演化

第一节　与周邻中生代盆地地层对比

一、库车拗陷

库车拗陷位于焉耆盆地西部，其三叠纪—侏罗纪为库车拗陷发育的鼎盛时期，也是区域对比的主要层序，故分系、统、组述之。

1. 三叠系

库车盆地三叠系出露于库车盆地的北部单斜带露头区，一般不整合于晚二叠世沉积地层或早二叠世喷发岩之上，与下侏罗统呈整合或假整合接触。三叠系总体上北厚南薄，而且还存在东西差异。三叠系在库车河剖面最厚，可达 1934 m，向西至克拉苏河剖面、卡普沙良河剖面和阿瓦特河剖面依次减至 1683 m、1308 m 和 924 m；向东地层厚度锐减，在吐格尔明河剖面仅为 165 m。整个三叠纪沉降中心在近南天山山前地带，并以库车河剖面至克拉苏河剖面一带沉降最深。库车拗陷三叠系可划分为俄霍布拉克群、克拉玛依组、黄山街组和塔里奇克组。

早三叠世有 3 个沉降-沉积中心，均靠盆地北部边缘紧邻南天山山前分布，由西至东分别为塔克拉克沉降中心、克拉苏河沉降中心和克孜勒努尔沟沉降中心。下三叠统俄霍布拉克群总体显示粒度粗，以红色砾岩、砂岩为主，局部含泥岩，有少量烃源岩。

中三叠世继承了早三叠世的基本格局。中三叠统克拉玛依组为灰绿色、灰色砾岩、砂岩夹灰绿色粉砂岩及泥岩，顶部出现深灰色和灰黑色泥岩、页岩，总体显示若干个由粗变细的正韵律。

上三叠统黄山街组为灰黄色、灰绿色、深灰色及灰黑色砂岩、粉砂岩、泥岩及页岩，局部含砾岩；上三叠统塔里奇克组由灰黄色、灰绿色、深灰色的砂岩、粉砂岩、泥岩及页岩组成，局部含砾岩及煤层。

2. 侏罗系

库车侏罗纪盆地继承三叠纪盆地发育，侏罗系与下伏三叠系一般呈整合接触，在南斜坡与三叠系呈平行不整合或角度不整合接触。侏罗系厚度总体呈现为北厚南薄趋势。在北部单斜带至依奇克里克-吐格尔明地区，库车河剖面侏罗系厚度最大（2072 m），向东至依南 2 井减薄至 1696 m，向西至阿瓦特河变为 1490 m。

下侏罗统阿合组由浅灰色和灰白色细砾岩、砂岩组成，夹灰绿色、深灰色泥岩及粉砂岩，局部含碳质页岩及煤线，该组有"标准砂岩"之称；其孢粉化石包括蕨类植物孢子和裸子植物花粉，以 Cyathidites（桫椤孢属）占优势。下侏罗统阳霞组以灰绿色、深灰及灰黄色的细砾岩、砂砾岩、砂岩为主，夹泥岩、页岩，局部为砂岩、砾岩与泥岩、页岩互层，含可采煤层；其孢粉组合包括蕨类植物孢子和裸子植物花粉，以 Cyathidites（桫椤孢属）占优势。

中侏罗统克孜勒努尔组为灰绿色和深灰色砂岩与泥岩、页岩及碳质泥岩互层，局部含可采煤层，因煤层易于自燃，故该组又有"火烧层"之称；其孢粉组合包括蕨类植物孢子和裸子植物花粉，以 Cyathidites（桫椤孢属）占优势。中侏罗统恰克马克组主要由灰黄色、灰绿色、深灰色的泥岩、页岩、粉砂岩及砂岩组成，局部含深灰色泥灰岩，且以泥岩、页岩为主，因其颜色深，故有"油页岩组"之称。

上侏罗统齐古组为棕红色、紫红色泥岩夹粉砂岩，局部夹砂岩和泥灰岩，该组以岩石粒度细、红颜色、横向分布稳定为特征；上侏罗统喀拉扎组以灰棕色、红棕色及紫红色的砾岩、砂砾岩及砂岩为主，局部夹泥岩，岩石中泥质杂基含量高，该组分布局限，厚度变化大。

3. 白垩系

目前认为，焉耆盆地缺失白垩系。库车拗陷发育白垩系，其发展、演化和改造又与焉耆盆地息息相关，是该地区进行区域构造事件和后期改造研究的唯一地区。

库车拗陷白垩系出露良好，出露的白垩系呈东西向条带状展布；仅发育下统，上统几乎全区缺失，自上而下包括卡普沙良群（亚格列木组、舒善河组、巴西盖组）和巴什基奇克组，地层总厚度最大近 2000 m，与三叠系、侏罗系相比，白垩系的沉降中心轴线向南迁移，盆地沉降趋于缓慢，沉积速率仅为 4.95~2.17 m/Ma。

下白垩统自下而上分为三个组：亚格列木组（60~243 m）、舒善河组（141~1099 m）和巴西盖组（94~490 m）。亚格列木组主要为灰紫色和棕褐色砾岩、砂砾岩及砂岩，局部夹泥岩，多显示由粗变细的正韵律，地形上呈陡崖，故又有"城墙砾岩"之称；舒善河组是棕褐色和棕红色泥岩、粉砂岩夹细粒砂岩，厚度大，一般为 600~700 m，最厚在 1000 m 以上；巴西盖组由粉红色、棕红色及褐红色的泥岩、粉砂岩及砂岩组成，下部为泥岩夹砂岩，上部为砂岩夹泥岩。其下界与上侏罗统呈假整合接触。

巴什基奇克组呈棕色、紫红色、褐红色，下部为砾岩、砂砾岩夹砂岩及泥岩，上部以泥岩及粉砂岩为主。上白垩统巴什基奇克组在卡普沙良群巴西盖组之上，两者呈假整合-整合接触，主要分布在卡普沙良、捷列维切克、喀拉苏、库车河及库车河以东等地，向东缺失。在库车河该组上部发现钙质超微化石 *Arkangelskiella cymbiformis*、*Quadrum gartneri*、*Calculites obscurus* 等，时代为晚白垩世，因此，不排除该组包含晚白垩世地层的可能。

二、库米什盆地

库米什盆地位于焉耆盆地东部,其研究程度不是很高,中生代地层包括中上三叠统小泉沟组和侏罗系,白垩系缺失(刘洪福等,1996;吴富强,1999b;胡剑风等,2004)。在艾肯布拉克剖面侏罗系保存较全,不仅发育中下侏罗统,还发育上侏罗统齐古组。中上三叠统小泉沟组在盆地东南缘总厚 84.5 m;下侏罗统八道湾组、三工河组和中侏罗统西山窑组、头屯河组厚度为 1428~1767 m。

在甘草湖地区,八道湾组超覆不整合于下石炭统之上,岩性为黄色、灰绿色、紫色的砂岩、复矿砂岩夹石英质砾岩,向东岩性变粗,岩性变为砂岩及砾岩不均匀互层,夹粉砂岩;三工河组为土黄色、灰色、紫色砂岩,粗砂岩,夹石英砂砾岩、碳质页岩及薄煤层,岩性呈东粗西细;西山窑组为灰绿色、玫瑰色的砂质黏土、中粗粒复矿砂岩及碳质页岩,不含煤;头屯河组与下伏西山窑组呈整合接触,与上覆古近系呈角度不整合接触,岩性分上下两段:下段以灰色、黄绿色、玫瑰色及土黄色的粗粒复矿砂岩、砂质黏土岩为主,上段为灰色、紫色及黑色钙质页岩与复矿砂岩互层。

三、尤尔都斯盆地

尤尔都斯盆地位于焉耆盆地北部,其东北缘巴音布鲁克仅出露中生界下侏罗统(文志刚等,1998)及上侏罗统,白垩系缺失。早侏罗世为滨浅湖、河沼相沉积,主要岩石类型有块状具层理的石英细砾岩、大型楔状交错层理的石英细砾岩、块状层理石英杂砾岩及具水平纹理含碳质泥岩和薄层煤。中侏罗统主要发育冲积扇、辫状河相和湖相,由两个岩性段组成:下段西山窑组主要岩石类型由砾岩、砂岩和泥岩旋回层组成,上段由杂色砂粒岩组成。上侏罗统为红色、紫红色砾岩。

尤尔都斯盆地中生代地层较薄,沉积环境变化较为频繁,岩性明显变粗,为典型的近物源沉积体系。

四、孔雀河斜坡

塔里木盆地北东部的孔雀河斜坡位于焉耆盆地南部,中生代地层厚达 454~3350.56 m,包括中下侏罗统和下白垩统,上侏罗统和上白垩统缺失。中生代地层分布于孔雀河断裂南部,白垩系与下伏中侏罗统之间呈明显的不整合接触。

下侏罗统阿合组为灰白色、灰色粗碎屑岩;下侏罗统阳霞组为灰色和深灰色砂岩、含砾砂岩夹泥岩及薄煤层。中侏罗统克孜勒努尔组为浅灰色、灰色砂泥岩互层夹煤层;中侏罗统七克台组为杂色和灰绿色砾岩、含砾砂岩夹杂色粉砂质泥岩、泥岩。下白垩统卡普沙良群为一套棕红色砂砾岩、含砾砂岩、粉砂质泥岩。

孔雀 1 井钻遇的下白垩统厚 111 m,其岩性特征为:上部为浅红色砂质泥岩、粉砂质泥岩、泥岩不等厚互层;顶部为中厚层的红色泥岩、浅灰绿色泥膏岩、石膏质中砂岩;

下部为灰黄色含膏泥岩与灰黄色砂质泥岩、含膏砂质泥岩不等厚互层。

五、有 关 启 示

焉耆盆地中生代地层与库车拗陷可对比（表 6.1），焉耆盆地与库车拗陷及孔雀河斜坡具有相似的沉积环境，由焉耆盆地向北、向南、向东岩性变粗。而焉耆盆地恢复后的中生代地层包括中上侏罗统和白垩系，地层于南部山前最厚，可达 5600 m；盆地北部最薄处也厚达 1800 m；平均厚达 3700 m。焉耆盆地周邻西部库车拗陷中生代地层厚度

表 6.1 焉耆盆地与库车拗陷中生代地层特征对比表

	焉耆盆地			库车拗陷		
地层	岩性	优势孢粉	地层	岩性	优势孢粉
中侏罗统西山窑组	灰色泥岩、粉砂岩，灰黑色碳质泥岩、煤层与浅灰色、灰白色含砾砂岩、细砂岩不等厚互层，厚度为 200~780 m	*Cyathidites*（桫椤孢属）	中侏罗统克孜勒努尔组和恰克马克组	克孜勒努尔组灰绿色、深灰色砂岩与泥岩、页岩及碳质泥岩互层，局部含可采煤层，厚度为 83~125 m；恰克马克组主要由灰黄色、灰绿色、深灰色的泥岩、页岩、粉砂岩及砂岩组成，局部含深灰色泥岩，且以泥岩、页岩为主，厚度为 83~125 m	*Cyathidites*（桫椤孢属）
下侏罗统三工河组	下段以细砾岩、砂砾岩为主，夹泥岩及砂岩；中段为砂砾岩、砂岩与泥岩互层，夹少量煤线；上段以砂岩为主，夹煤层及泥岩，厚度为 140~820 m	*Cyathidites*（桫椤孢属）	下侏罗统阳霞组	灰绿色、深灰色及灰黄色的细砾岩、砂砾岩、砂岩为主，夹泥岩、页岩，局部为砂岩与泥岩、页岩的互层含可采煤层，厚度为 300~480 m	*Cyathidites*（桫椤孢属）
下侏罗统八道湾组	灰色砾状砂岩、含砾砂岩与深灰色泥岩、灰黑色碳质泥岩不等厚互层夹煤层、粉砂岩和细砾岩，厚度为 80~450 m	*Cyathidites*（桫椤孢属）	下侏罗统阿合组	由浅灰色和灰白色细砾岩、砂岩组成，夹灰绿色、深灰色泥岩及粉砂岩局部含碳质页岩及煤线，厚度为 420~480 m	*Cyathidites*（桫椤孢属）
中上三叠统小泉沟组	下部为浅灰色砂岩，含砾砂岩夹砾岩，厚度不大。上部为大套黑色、灰黑色的泥岩、碳质泥岩、砂岩不等厚互层夹灰岩及煤线	*Apiculatisporis*（圆形锥瘤孢属）*Cyclogranisporite*（圆形粒面孢属）*Granulatisporites*（三角粒面孢属）*Piceaepollenites*（云杉粉属）	中上三叠统	中三叠统克拉玛依组为灰绿色和灰色砾岩、砂岩，夹灰色粉砂岩及泥岩，顶部出现深灰色和灰黑色泥岩、页岩，厚度为 70~772 m；上三叠统黄山街组为灰黄色、灰绿色、深灰色及灰黑色的砂岩、粉砂岩、泥岩及页岩，局部含砾岩，厚度为 170~467 m。上三叠统塔里奇克组由灰黄色、灰绿色深灰色的砂岩、粉砂岩、泥岩及页岩组成，局部含砾岩及煤层，厚度为 100~486 m	
下三叠统	缺失		下三叠统俄霍布拉克群	紫红色、灰棕色、灰褐色、灰黄色及灰绿色的砾岩、砂砾岩及砂岩，局部含泥岩，总体以砾、砂岩为主，厚度为 145~592 m	

为 2786~5902.3 m，平均厚度为 4344.15 m；南部孔雀河斜坡中生代地层缺失三叠系，现存的中下侏罗统和下白垩统厚度为 454~3350.56 m，加上剥蚀的上侏罗统厚度，其中生代地层厚度为 754~5350.56 m，平均厚度为 3052.28 m；东部的库米什盆地中生代地层包括三叠系和侏罗系，侏罗系不仅有中下侏罗统，还有上侏罗统奇古组，地层厚度为 1428~1767 m，平均厚度为 1597.5 m。

结合上述，盆地所处大地构造位置及山体隆升时间，可以认为上述盆地相连通，总体以焉耆盆地为中心，向北、南、东地层变薄，岩性变粗，尤尔都斯、孔雀河斜坡及库米什盆地处于周边斜坡带，但是尤尔都斯盆地处于更北缘接近物源区。

第二节　与周邻中生代盆地沉积相对比

一、库车拗陷

1. 三叠纪沉积相特征

早三叠世库车盆地西部阿瓦特河一带以发育滨浅湖沉积为主，往东至卡普沙良河一带主要为辫状河三角洲相沉积；至克拉苏河一带以洪（冲）积扇沉积为主，少量滨浅湖亚相沉积；东部库车河一带以扇三角洲-滨浅湖沉积间而有之，在盆地最东部为扇三角洲相沉积（李维峰等，2000）（图6.1）。

中三叠世继承了早三叠世的基本格局。西部阿瓦特河一带发育辫状河三角洲和滨浅湖亚相沉积；向东至卡普沙良河和克拉苏一带主要为辫状河三角洲相沉积；东部为浅湖相沉积，湖盆向北东方向扩展，盆地沉积面积扩大。中三叠世的沉积相类型，反映气候开始温暖潮湿；此时南天山褶皱系隆升相对平缓，库车盆地沉积相对缓慢。

晚三叠世库车盆地基本格局没变，主要发育辫状河三角洲-滨浅湖-半深湖-深湖沉积体系和曲流河-滨浅湖-半深湖-深湖沉积体系。库车盆地晚三叠世为一快速平稳沉降期，也为一最大湖泛期，在黄山街组泥质灰岩中发现了双壳类弓海螂化石（贾承造等，2001）。弓海螂是典型的海相（滨岸相）化石，指示在晚三叠世时期海水曾经侵入塔里木北部的库车地区。

2. 侏罗纪沉积相特征

库车盆地早侏罗世沉积继承了晚三叠世的格局。早侏罗世湖盆面积逐渐向东、向南扩大，北部南天山山前一带，主要为辫状河三角洲相带，东部为曲流河三角洲和浅湖相沉积。向盆地方向一侧过渡为滨浅湖相带及半深湖-深湖相带。早侏罗世的沉积相类型反映了库车拗陷已经步入了稳定的内陆盆地发育阶段，此时的古气候温暖、潮湿，陆生植物茂盛，古地貌进一步趋于平原化。

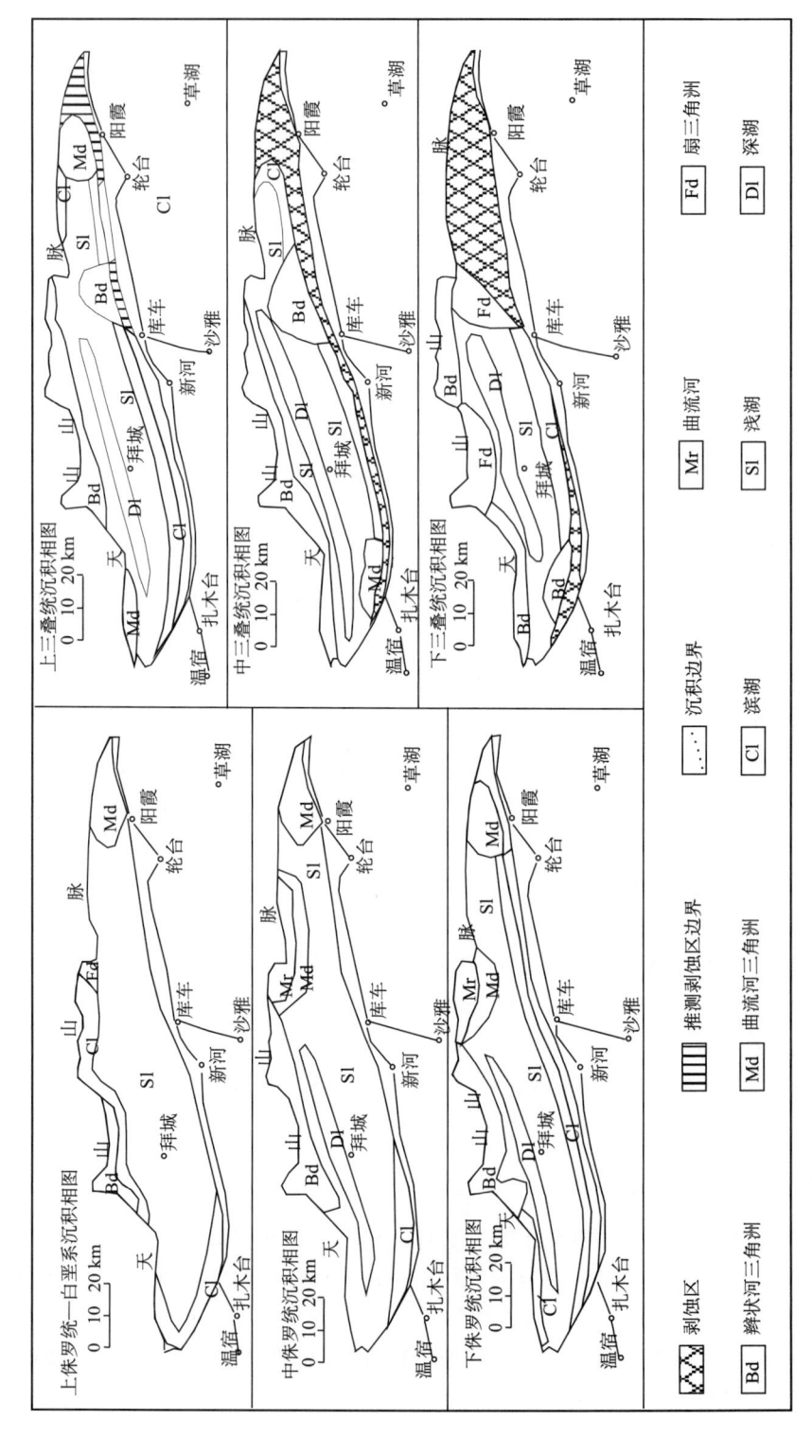

图 6.1 库车盆地中生代沉积相图（据李维峰等，2000）

中侏罗世，库车拗陷继承了早侏罗世温暖、湿润的古气候特征，陆生植物依然茂盛，湖盆面积达到盆地形成以来的最大时期。南天山山前卡普沙良河-克拉苏河-库车河的长条形区域为曲流河（冲积平原）相带，西部阿瓦特河和东部吐格尔明一带为孤立的辫状河三角洲相，向盆地方向一侧过渡为滨浅湖相带及半深湖-深湖相带。在恰克马克组黑色泥灰岩中发现叠层石（边立曾等，2003），叠层石在我国地层中的化石中绝大多数都属海相。因此，这些泥灰岩属海相灰岩，指示中侏罗世在库车地区发生过海侵。

从晚侏罗世开始，古气候已趋炎热、干燥，拗陷逐渐萎缩，水体变浅，但沉积环境稳定，沉积物主要为紫红色泥质岩类。平面展布上，南天山山前除卡普沙良河地区和东部库车河地区分别发育孤立的三角洲砂体和扇三角洲砂体外，其余地区均为滨湖相带向浅湖相带的过渡。

3. 白垩纪沉积相特征

库车盆地早白垩世以干旱-半干旱气候为主，北部南天山山前一带发育辫状河三角洲相带，向盆地方向一侧为广阔的滨浅湖相带。

到晚白垩世巴什基奇克期时，属冲积扇三角洲-滨浅湖相沉积体系，沉积相沿东西向展布，南北向相带变化明显。

库车盆地沉积展布从晚三叠世至白垩纪都朝北东方向开口，且在库车河之东被截断，这显然是后期改造及剥蚀的结果，表明在盆地东部应该沉积有湖相和湖沼相地层及其相关的过渡相和边缘相沉积。

二、尤尔都斯盆地和库米什盆地

尤尔都斯盆地中生代地层只有中下侏罗统。早侏罗世为滨浅湖、河沼相沉积，主要岩石类型有块状具层理的石英细砾岩、大型楔状交错层理的石英细砾岩、块状层理石英杂砾岩及具水平纹理含碳质泥岩和薄层煤；中侏罗世主要发育冲积扇、辫状河相和湖相。侏罗纪盆地滨浅湖相、河流相、沼泽相变化较为频繁。

在现今库米什盆地东南缘中生代岩性较细，碎屑成分、结构成熟度较高，以湖沼相、浅湖相为主；克孜勒山西麓场浅1井中有中侏罗统西山窑组、下侏罗统三工河组和八道湾组地层，岩性为灰色、灰黑色泥岩，粉砂质泥岩与碳质泥岩不等厚互层，为浅湖相沉积。由库米什盆地岩性上看，中生代盆地呈河流-湖沼-浅湖相沉积。

三、孔雀河斜坡

孔雀河斜坡中生代地层包括中下侏罗统和下白垩统，其沉积相特征根据钻井柱、地震相和伽马曲线划分。

早侏罗世初期，孔雀河斜坡开始沉降接受沉积，但只是在英吉苏凹陷一带沉积（图6.2）。早侏罗世中、晚期发生湖侵（图6.3，图6.4），湖盆向北、向南扩大，孔雀河斜坡

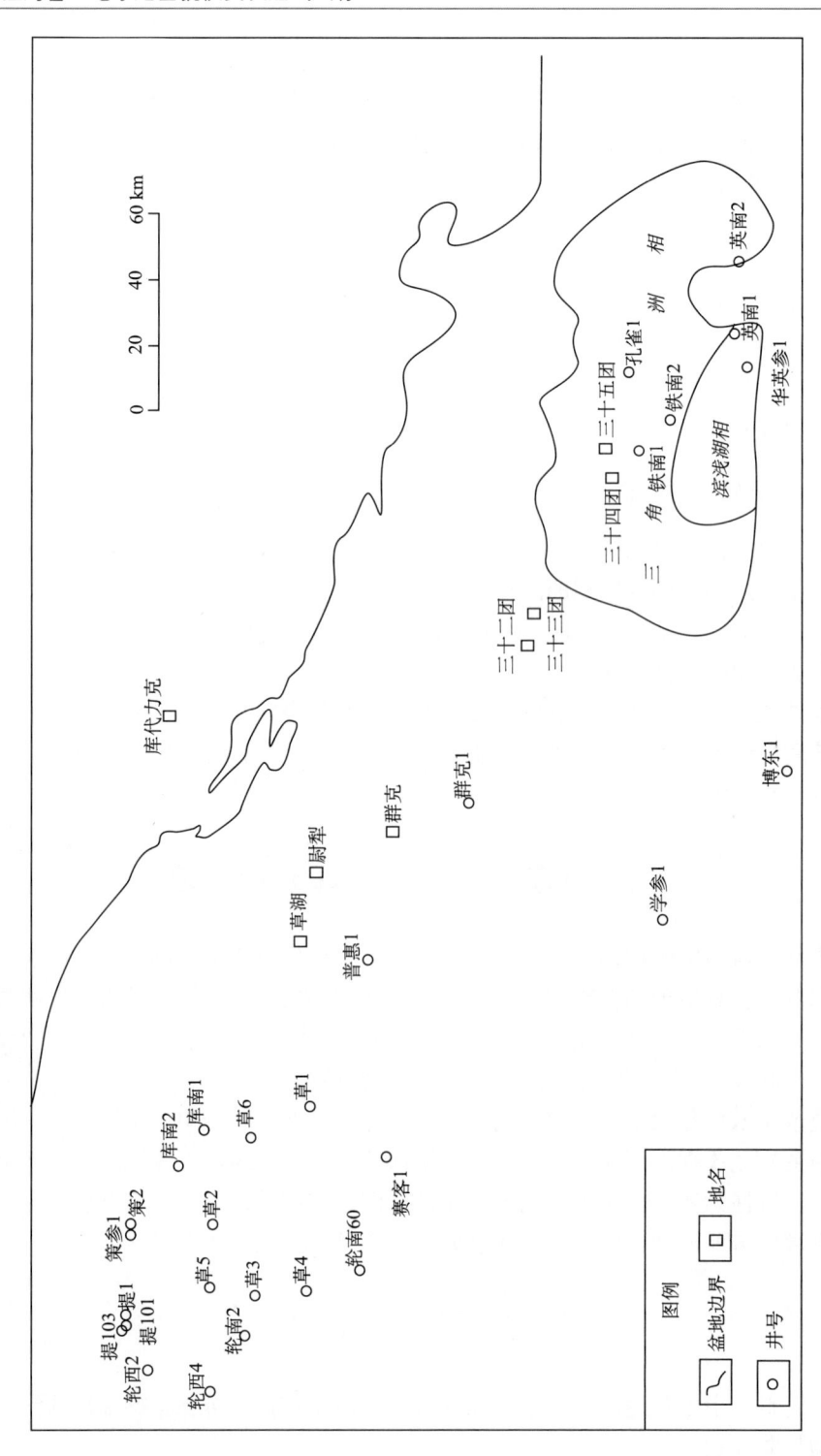

图 6.2 孔雀河斜坡早侏罗世初期沉积相图（据河南油田资料）

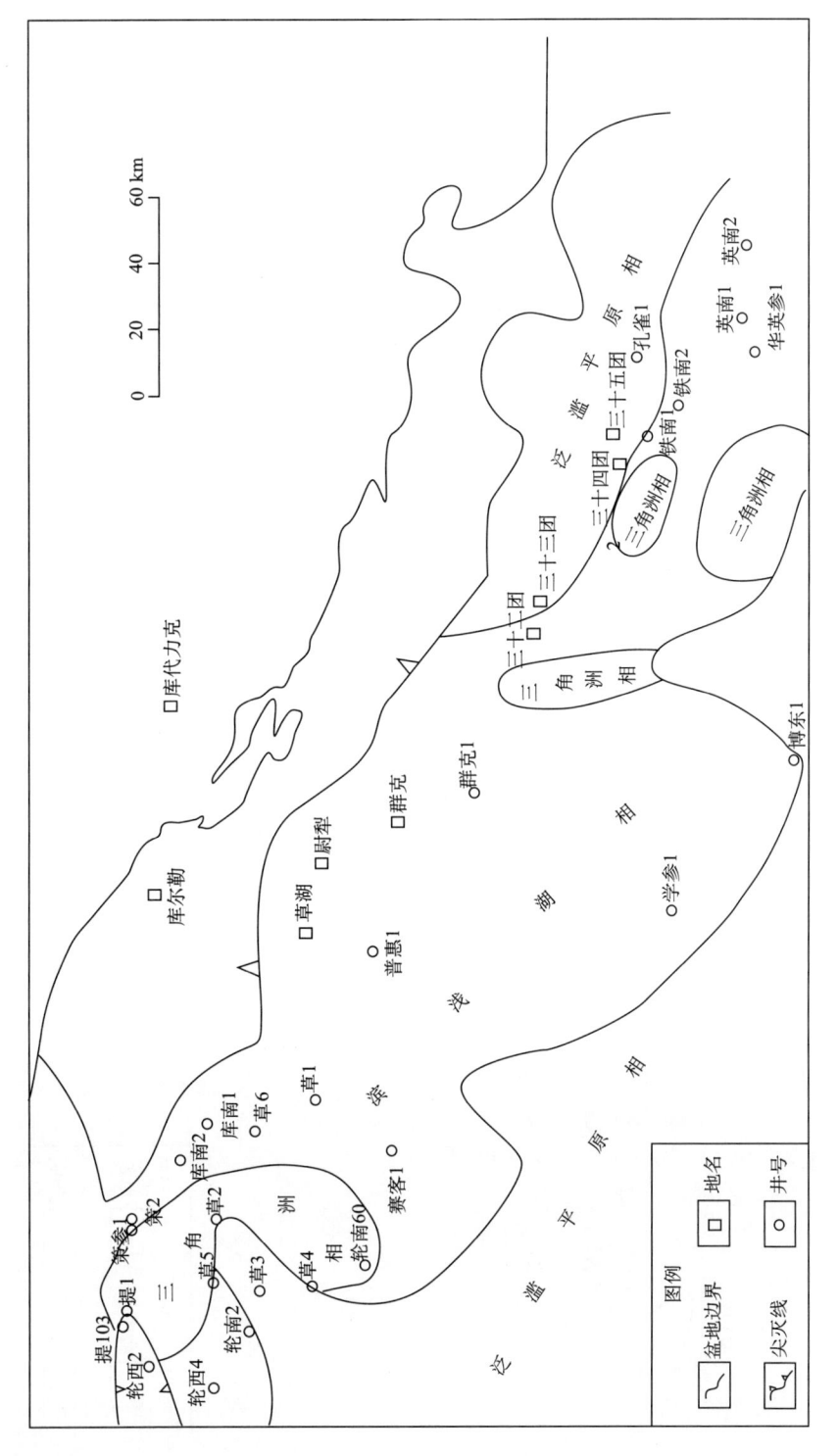

图 6.3 孔雀河斜坡早侏罗世晚期沉积相图（据河南油田资料）

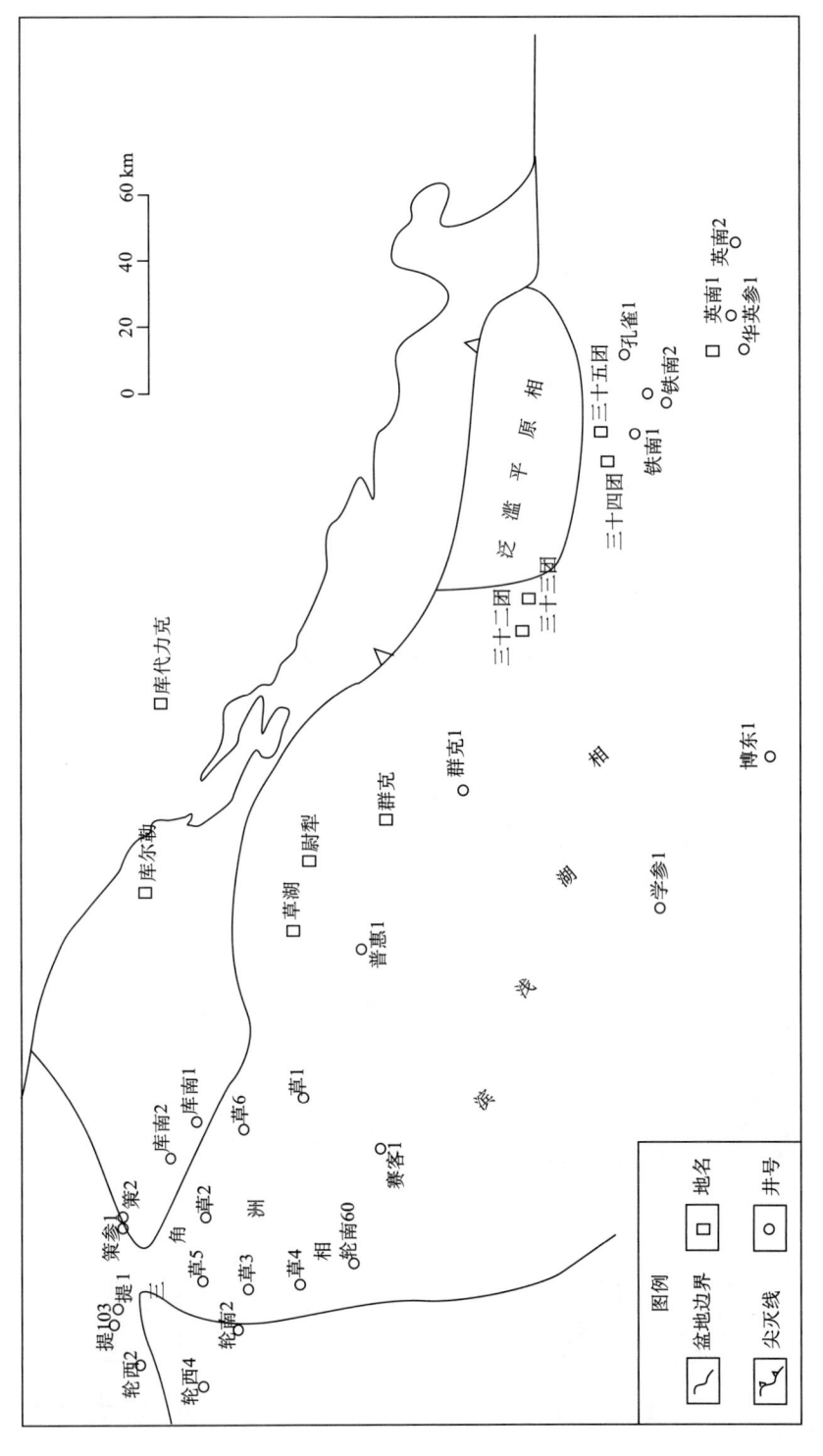

图 6.4 孔雀河斜坡中侏罗世沉积相图（据河南油田资料）

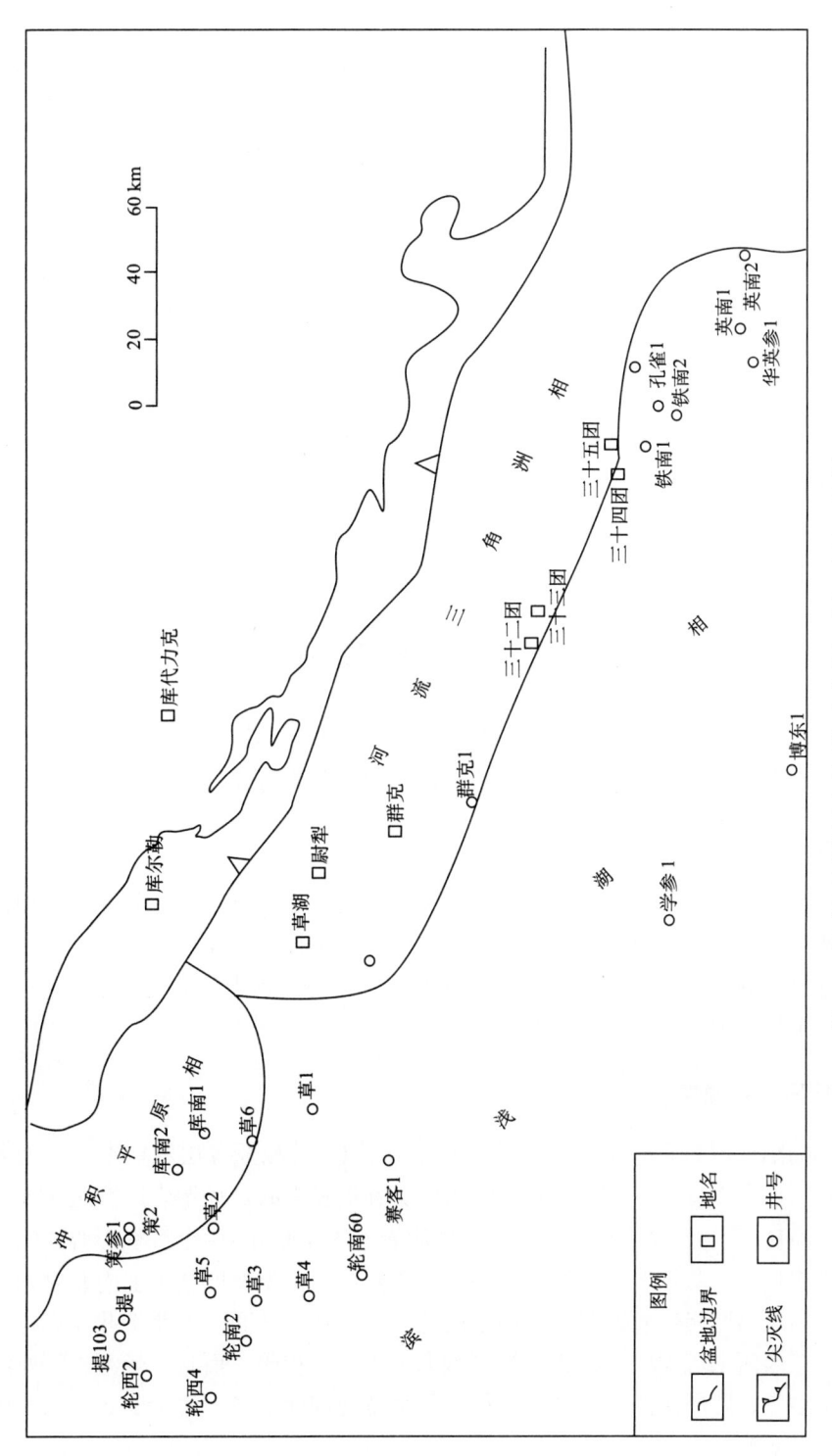

图 6.5 孔雀河斜坡早白垩世沉积相图（据河南油田资料）

沉积范围迅速扩大，并与西部库车盆地相连通。进入中侏罗世晚期—晚侏罗世，气候变得炎热干燥，兼之受特提斯构造的影响，湖盆开始萎缩，造成孔雀河斜坡一带缺失晚侏罗世地层。

早白垩世孔雀河斜坡再次沉降，以湖相和河流相为主（图6.5），但沉积范围比侏罗纪范围更广，与下伏地层呈超覆不整合接触。早白垩世晚期—晚白垩世，受南天山隆升的影响，库鲁克塔格山山体隆升，造成孔雀河斜坡抬升，沉积间断，早期沉积地层遭到剥蚀。

从侏罗纪至白垩纪沉积相展布特征显示，孔雀河斜坡北部不存在边缘相沉积，说明在孔雀河断裂以北存在湖相、河流相及过渡相沉积，现今孔雀河断裂以北无中生代地层分布是后期剥蚀改造的结果。

沉积相对比进一步说明上述盆地是相连通的，总体以库车盆地为中心，尤尔都斯盆地、焉耆盆地、孔雀河斜坡及库米什盆地处于周边斜坡带，但是尤尔都斯盆地处于更北缘接近物源区。

第三节　与周邻中生代盆地烃源岩对比

一、库车拗陷

现已证实，库车拗陷三叠系、侏罗系有 5 套主要烃源层，即上三叠统黄山街组和塔里奇克组、下侏罗统阳霞组、中侏罗统克孜勒努尔组和恰克马克组下部。

1. 三叠系烃源岩

库车拗陷晚三叠世为一快速平稳沉降期，也为一最大湖泛期，为库车盆地油源岩段之一（贾承造等，2001）（图6.6，图6.7）。黄山街组烃源岩厚度大，最厚逾400 m；而塔里奇克组的湖-沼交互相烃源岩，在库车拗陷大部分地区厚度稳定，这显然与该期构造变动较为平静，地势准平面化有关。

2. 侏罗系烃源岩

库车拗陷侏罗系阳霞组—克孜勒努尔组湖-沼交替相烃源层沉积中心分为东西两个（图6.8）。东为克拉2井-库车河剖面-依南2井沉积中心，烃源岩厚度达515~558 m。西为卡普沙良河剖面-老虎台沉积中心，烃源岩厚约400 m。两个沉积中心之间可能被拜城水下隆起相隔。总体上看，源岩沉积中心仍然偏北，但厚度基本上南北对称。

恰克马克组湖相烃源岩层沉积中心南迁至阿瓦特河剖面—大北1井—克拉2井南一线，仍为东西两个沉积中心，其间被拜城东水下隆起相隔。而且，烃源岩等厚线分布总体上呈中心厚、四周薄的"碟形"特征。阿瓦特河剖面最厚，达155 m，向四周逐渐减薄尖灭（图6.9）。

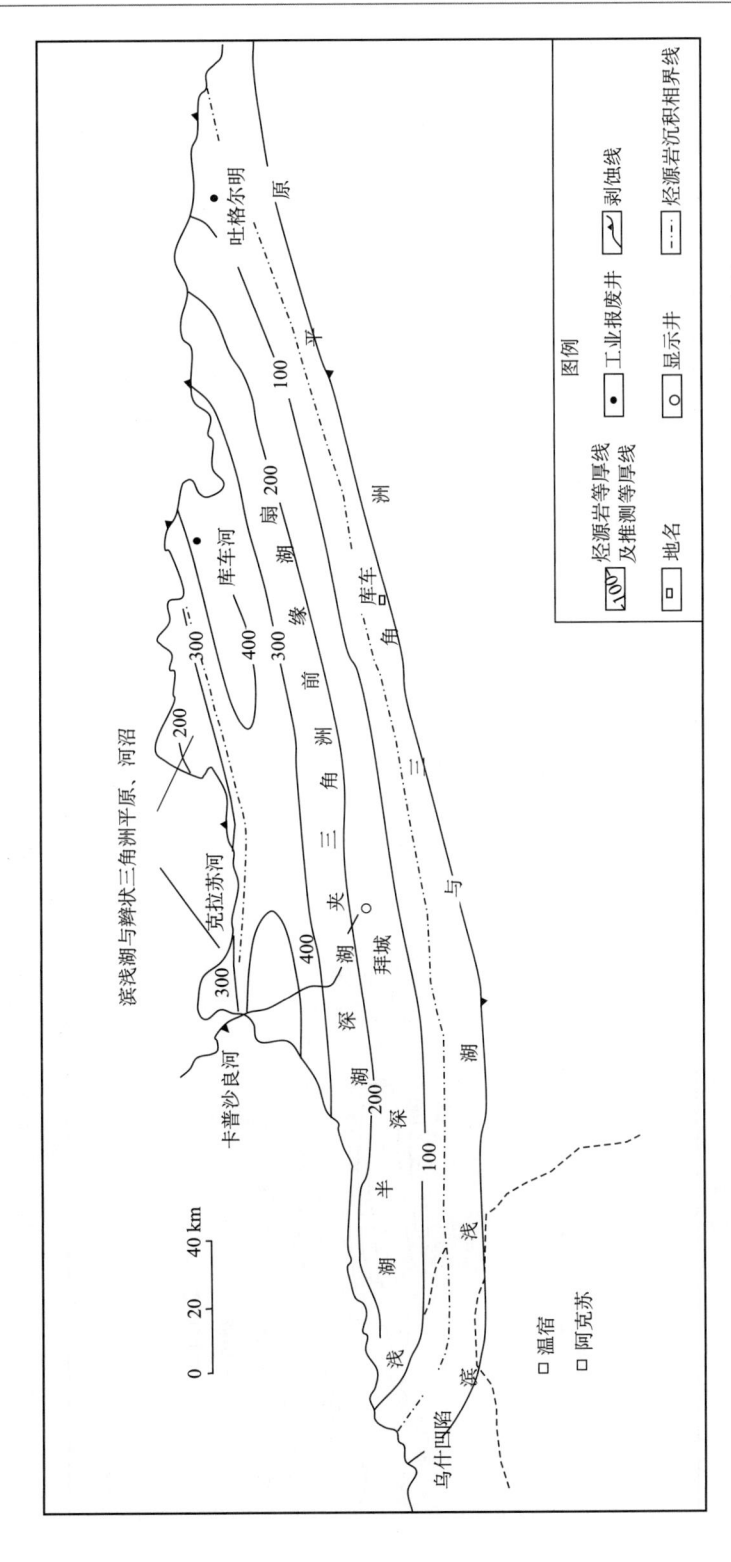

图 6.6 库车拗陷上中三叠统克拉玛依组标志层段与黄山街组湖相烃源岩等厚图（据塔里木油田资料）

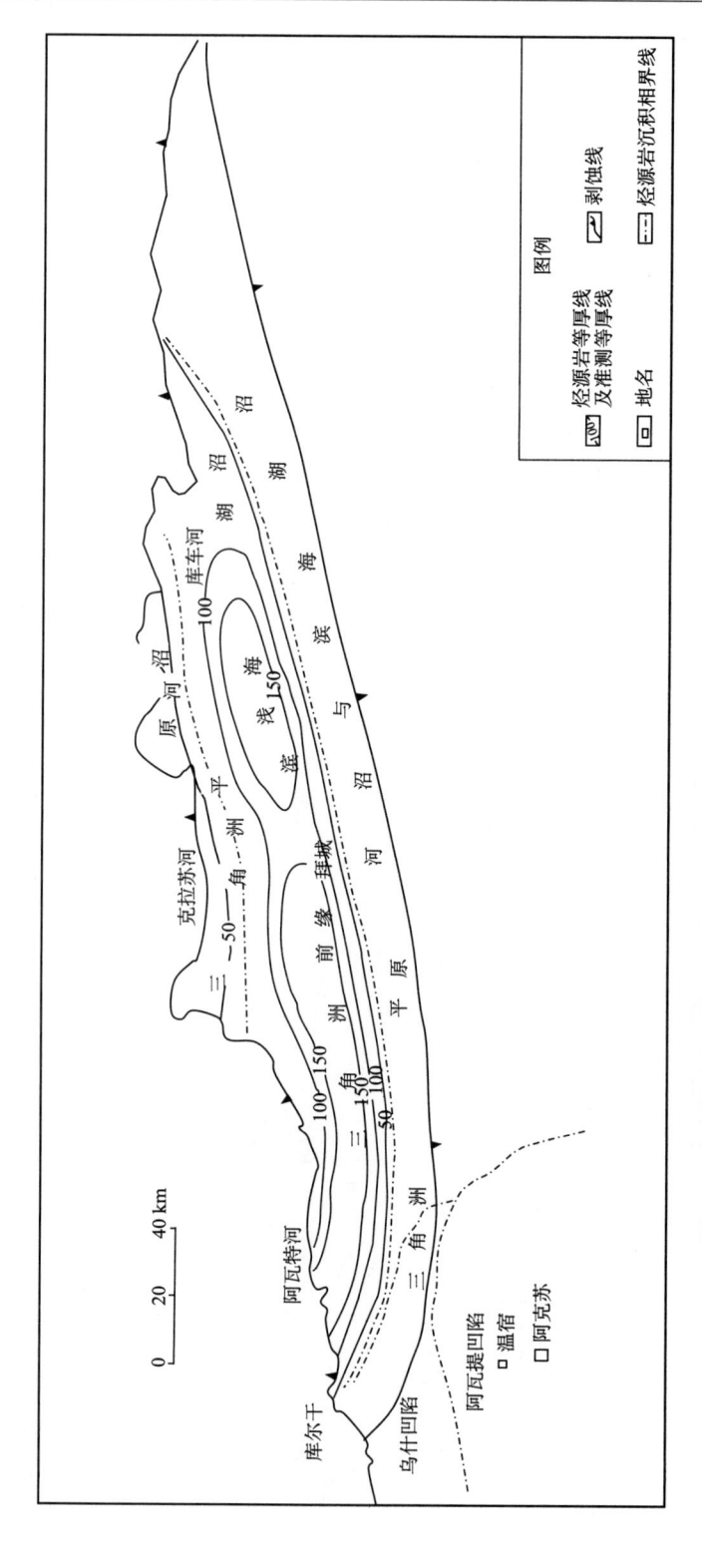

图 6.7 库车坳陷上三叠统塔里奇克组湖-沼间互相烃源岩层等厚图（据塔里木油田资料）

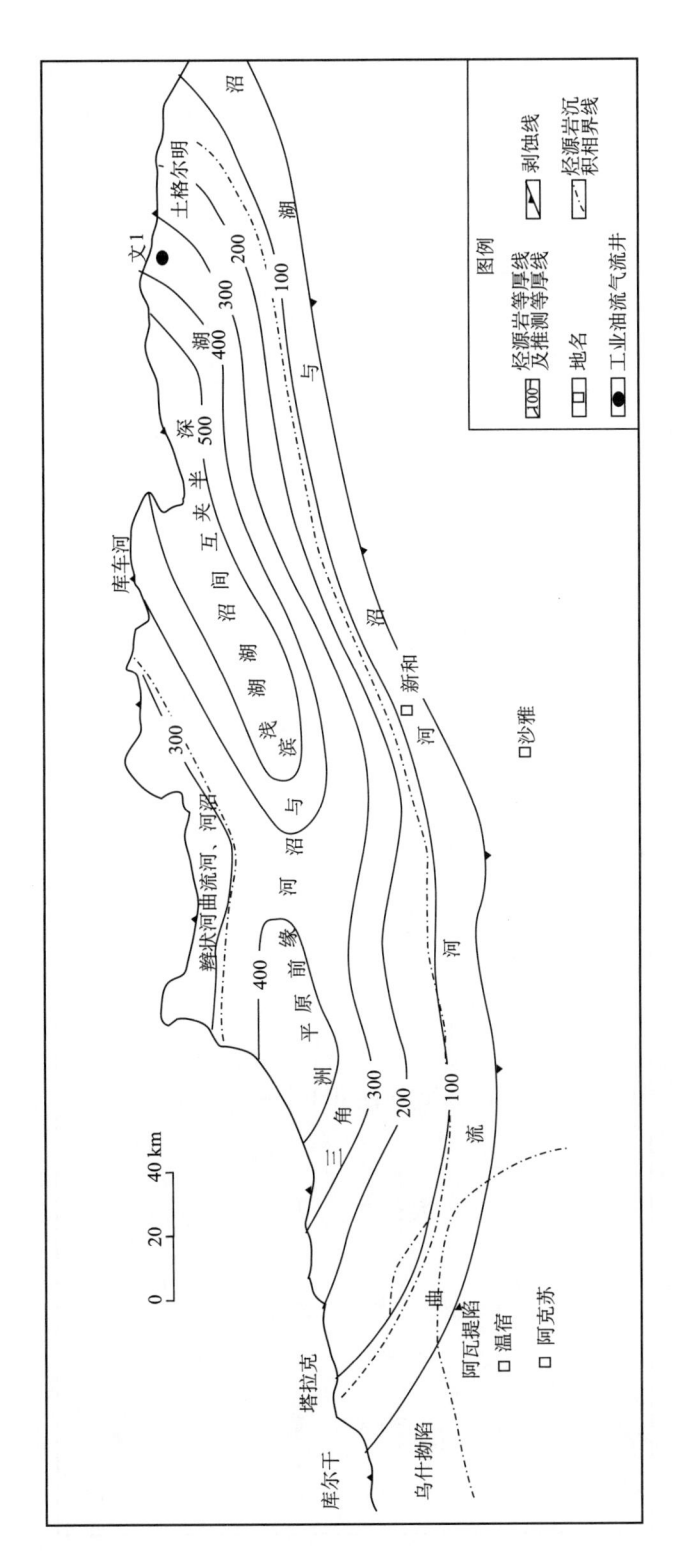

图 6.8 库车拗陷中下侏罗统阳霞组—克孜勒努尔组湖沼间互相烃源岩层等厚图（据塔里木油田资料）

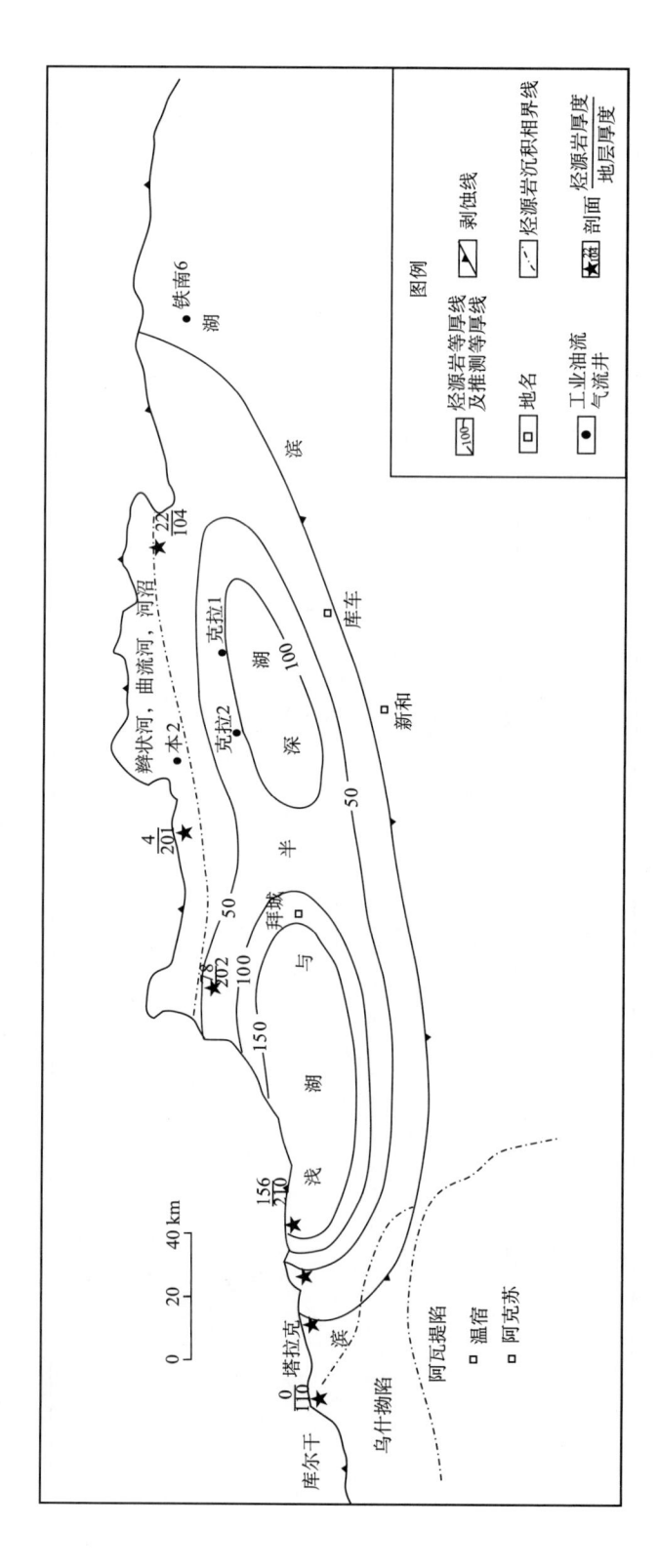

图 6.9 库车拗陷中侏罗统恰克马克组湖相烃源岩层等厚图（据塔里木油田资料）

注：源岩厚度仅为泥岩、页岩、油页岩

这 5 套烃源岩中黄山街组和恰克马克组以湖相泥岩为主，其余 3 套都是含煤沉积。相比而言，侏罗系的沼泽相含煤环境更发育，三叠系则湖相环境更普遍。

二、有关启示

焉耆盆地生烃潜力较好的有利烃源岩层为下侏罗统三工河组中、上段滨浅湖相泥岩和中侏罗统西山窑组湖沼相暗色泥岩及煤系地层，而碳质泥岩对盆地生烃的贡献最大。经对比，这两组地层在时代上分别对应于库车盆地的阳霞组和克孜勒努尔组。焉耆盆地下侏罗统八道湾组中、上部河（湖）沼相暗色泥岩和煤系地层为盆地最具潜力的有利烃源岩。最近的油源表明，焉耆盆地三叠系仍提供了一定的油源。可见，在主要烃源岩时代上，焉耆盆地与库车拗陷有很好的对应性。

焉耆盆地侏罗系八道湾组碳质泥岩分布广，厚度大，在种马场构造西部最厚，沿南北方向迅速减薄；三工河组碳质泥岩厚度变薄，分布范围与八道湾组相似，但分布范围最大；西山窑组碳质泥岩呈不连片分布，厚度最薄，以宝浪-苏木构造带上的焉参 1 井附近最厚，达 35.5 m，向四周变薄。

值得注意的是，焉耆盆地 3 套烃源岩最大的特点是其展布和等厚线被现今盆地西部边界截断（图 6.10~图 6.12）；库车盆地的 5 套湖相和湖沼相烃源岩，除中侏罗统上部恰克马克组外，其余各组的烃源岩层展布和等厚线均在库车河之东被截断（图 6.6~图 6.9），烃源岩等厚线与今盆地边界直接以大角度相交。

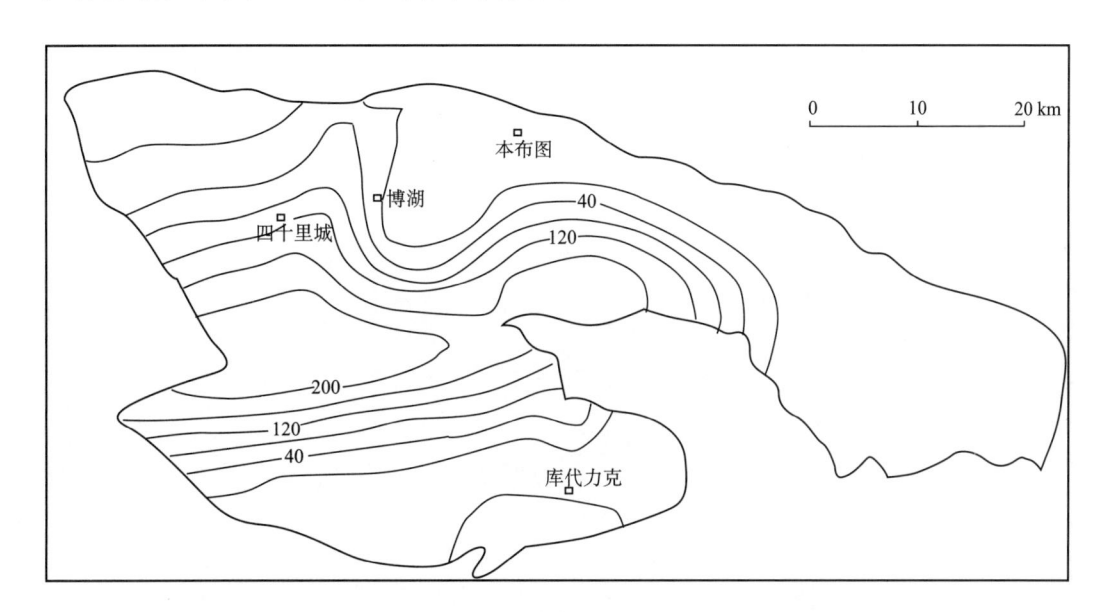

图 6.10 焉耆盆地下侏罗统八道湾组碳质泥岩等厚图（据河南油田资料）

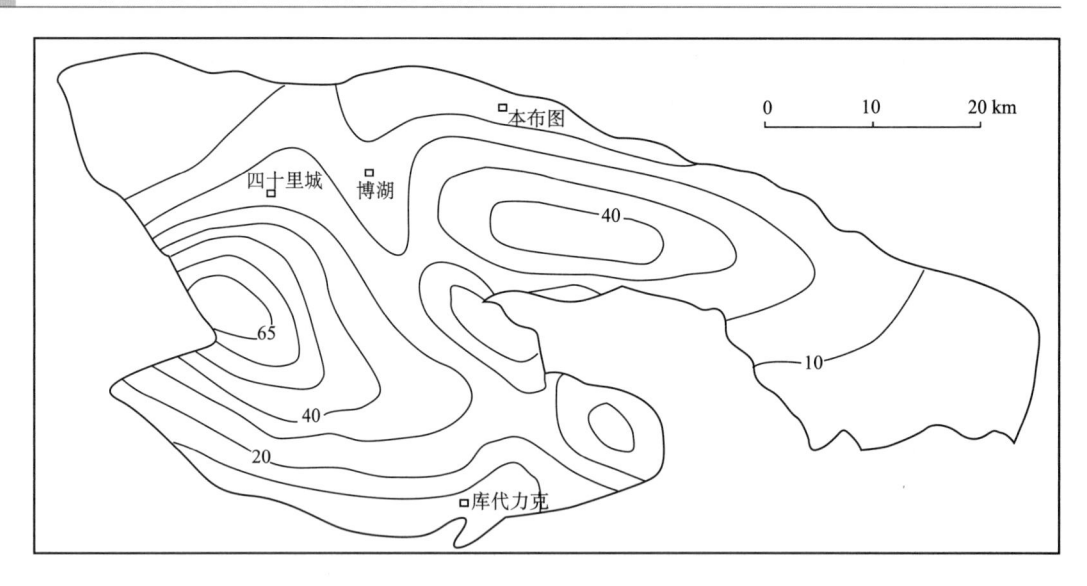

图 6.11 焉耆盆地下侏罗统三工河组碳质泥岩等厚图（据河南油田资料）

显然，在库车河的北东东方向，即今霍拉山一带，应分布有与库车拗陷一同沉积的湖相和湖沼相地层及其相关的过渡相和边缘相沉积。这些同时代地层，在焉耆盆地现今仍存在。因此，在霍拉山地区，早期沉积的中生代地层既有因山体隆升而被剥蚀夷尽，也有因山体向南冲断逆掩而部分被掩埋，可能还存在随山前断层走滑而部分被错移。

以上对比研究及焉耆盆地周缘山体于早白垩世中晚期开始隆升，至今山上残存侏罗纪地层说明，新疆南部各盆地于中生代是相连通的，即库车盆地、尤尔都斯盆地、焉耆盆地、孔雀河斜坡和库米什盆地相连通，它们共同组成塔里木大型盆地的北缘。

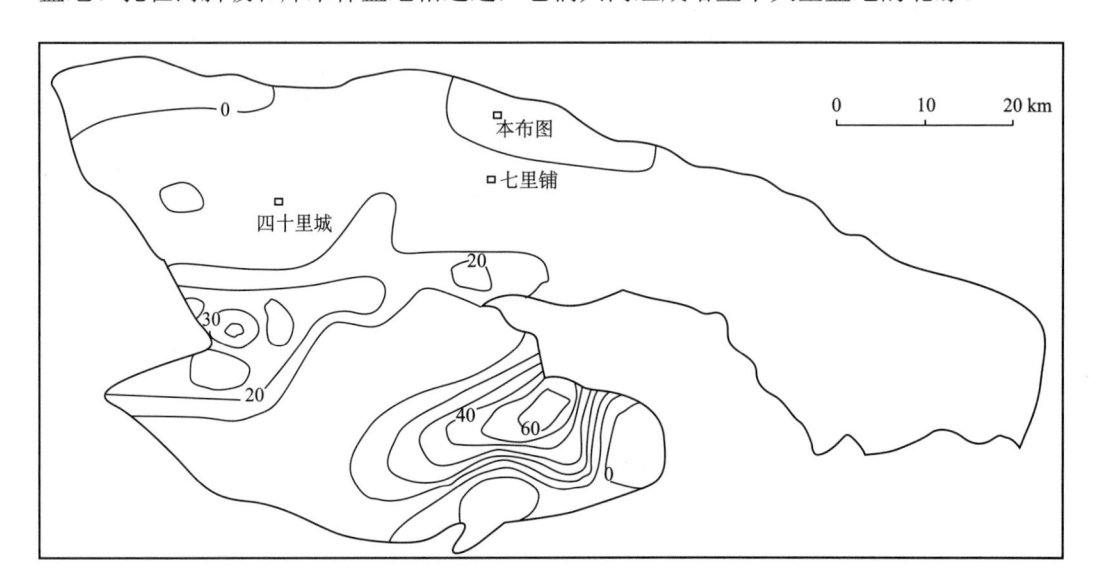

图 6.12 焉耆盆地中侏罗统西山窑组碳质泥岩等厚图（据河南油田资料）

第四节 焉耆盆地原始面貌探讨

一、烃源岩对比

位于山前的沉积拗陷（或盆地），不论其成因或构造属性如何，一般沉积环境不稳定，粗粒碎屑沉积较发育，拗陷（盆地）底部起伏较大，结构复杂且多不对称，致使地层厚度在平面上变化很大。因而仅据地层厚度及其展布变化和岩性，尚难以可靠地恢复沉积时的原始面貌。

但在山前拗陷（盆地）中，水体相对较深或沉积环境较为稳定的湖相、湖沼相沉积，既可反映原始沉积时盆地的相对规模，而且对烃源岩进行恢复可以研究盆地原始面貌。因此，本书用焉耆盆地和库车盆地烃源岩等厚线趋势法探讨焉耆盆地原始面貌（图6.13~图6.15）。

烃源岩恢复显示，早侏罗世八道湾期至三工河期，库车与焉耆地区烃源岩是相连的，其展布范围向北可达尤尔都斯盆地南部；西山窑期，随着气候变的炎热，水体变浅，烃源岩分布范围变小，北部退出尤尔都斯南部。

我们知道，烃源岩是于湖相和湖沼相环境中形成的，也就是说，烃源岩存在的地区反映沉积环境属于湖相及湖沼相，而在其周围还存在湖相、湖沼相、过渡的河流相及边缘向沉积体系，即烃源岩展布的地区之外较大的范围也属于原始盆地的一部分。

二、焉耆盆地中生代原始面貌

为了能精确地恢复盆地原始面貌，本书在烃源岩恢复的基础上，充分考虑盆地地层分布、岩性、沉积相、盆地周边山体隆升时限及盆地演化等特征。

中晚三叠世，焉耆盆地西部库车地区进入稳定的沉积时期，湖盆面积开始扩大，湖水面积几乎占据了整个库车地区，并向东延伸进入焉耆（图6.16，图6.17）及库米什地区，库车-焉耆-库米什开始成为相连通的盆地，但两者之间存在一水下地隆起，而其北部及南部的尤尔都斯孔雀河斜坡地区相对于焉耆地区是地势较高的斜坡区，并没有相应的沉积。晚三叠世末，由于印支晚期构造运动的影响，库车-焉耆-库米什抬升，在库车和焉耆地区形成与上覆下侏罗统的低角度不整合和平行不整合，而霍拉山地区沉积的中晚三叠世地层可能此时遭到剥蚀。

早侏罗世开始，新疆地区进入伸展阶段（宋立珩、薛良清，1999；谢志清，2002；方世虎等，2004；柳永清等，2004；舒良树等，2004；何登发等，2005a，2005b；高小芬等，2014），库车-焉耆-库米什地区再次沉降接受沉积，湖盆仍然占据大部分地区，盆地沉积范围扩大至尤尔都斯盆地和孔雀河斜坡地区（图6.18~图6.20），开始构成了塔里木大型盆地北部边缘。焉耆盆地与周邻盆地间以水下低隆起相连，尤尔都斯盆地和库米什地区分别处于北部及东部边界地区，但尤尔都斯盆地显然处于塔里木大型盆地北部边

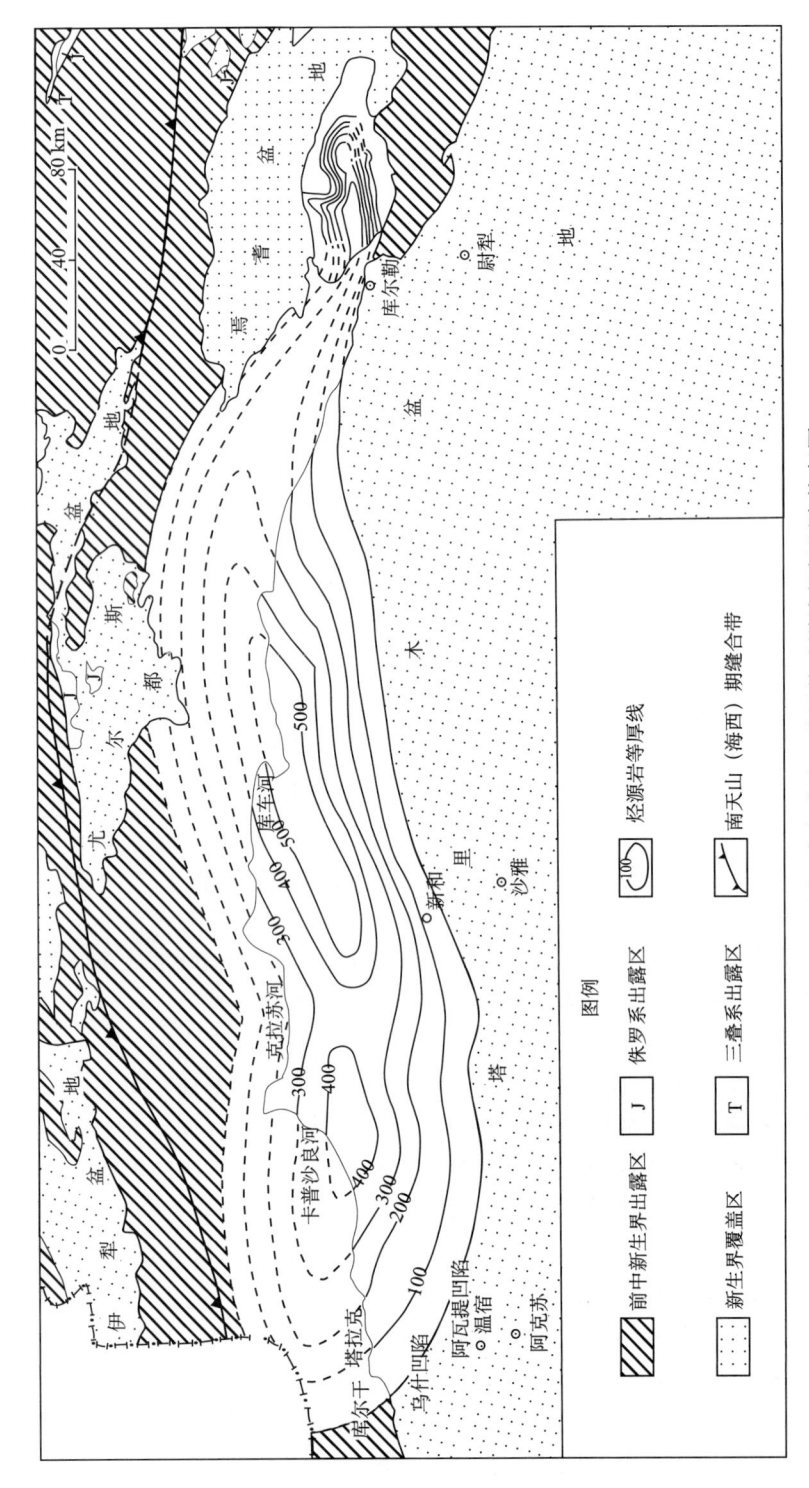

204　新疆焉耆盆地原始面貌恢复及油气赋存

图 6.13　焉耆-库车盆地下侏罗统八道湾组烃源岩恢复图

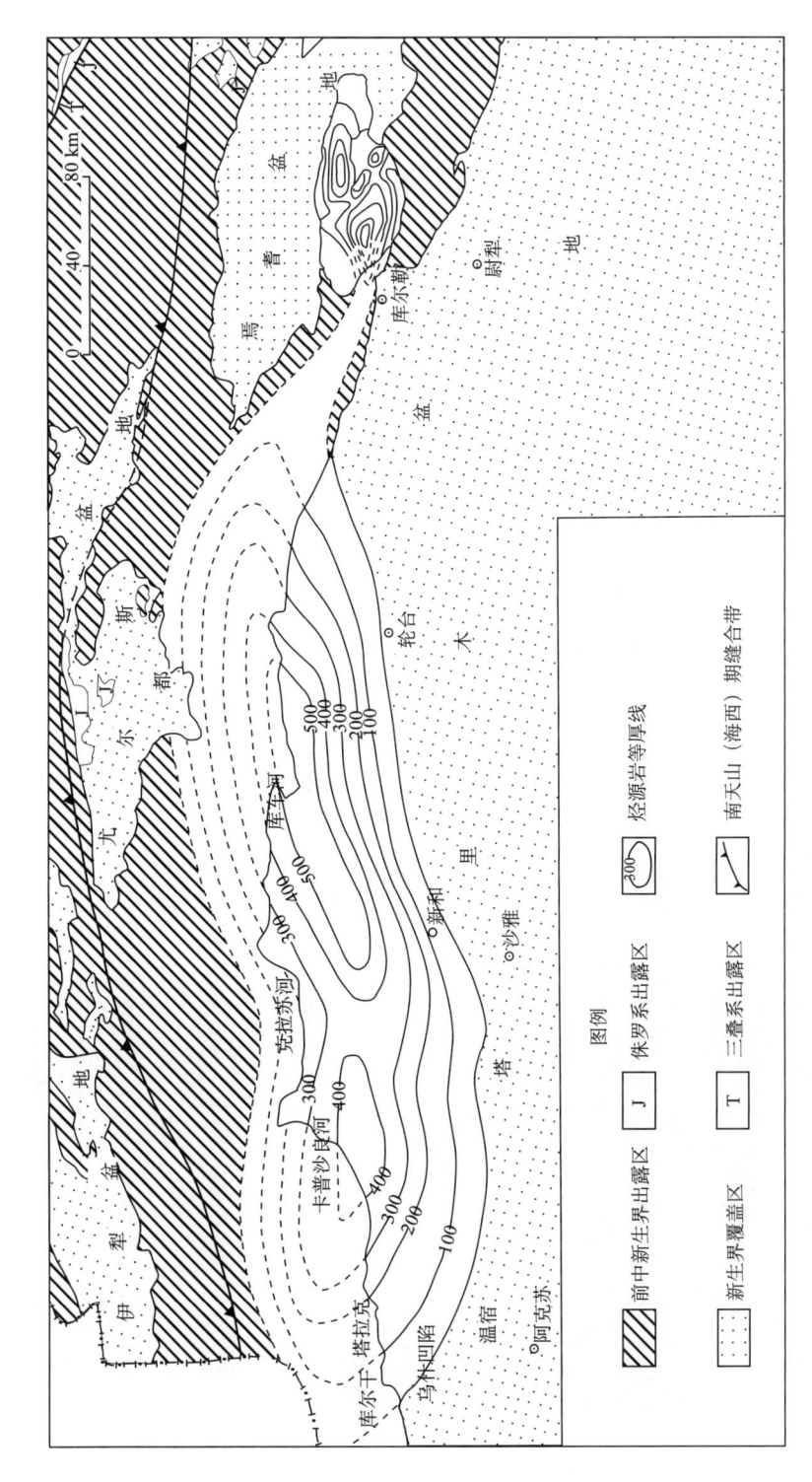

图 6.14 焉耆-库车盆地下侏罗统三工河组烃源岩恢复图

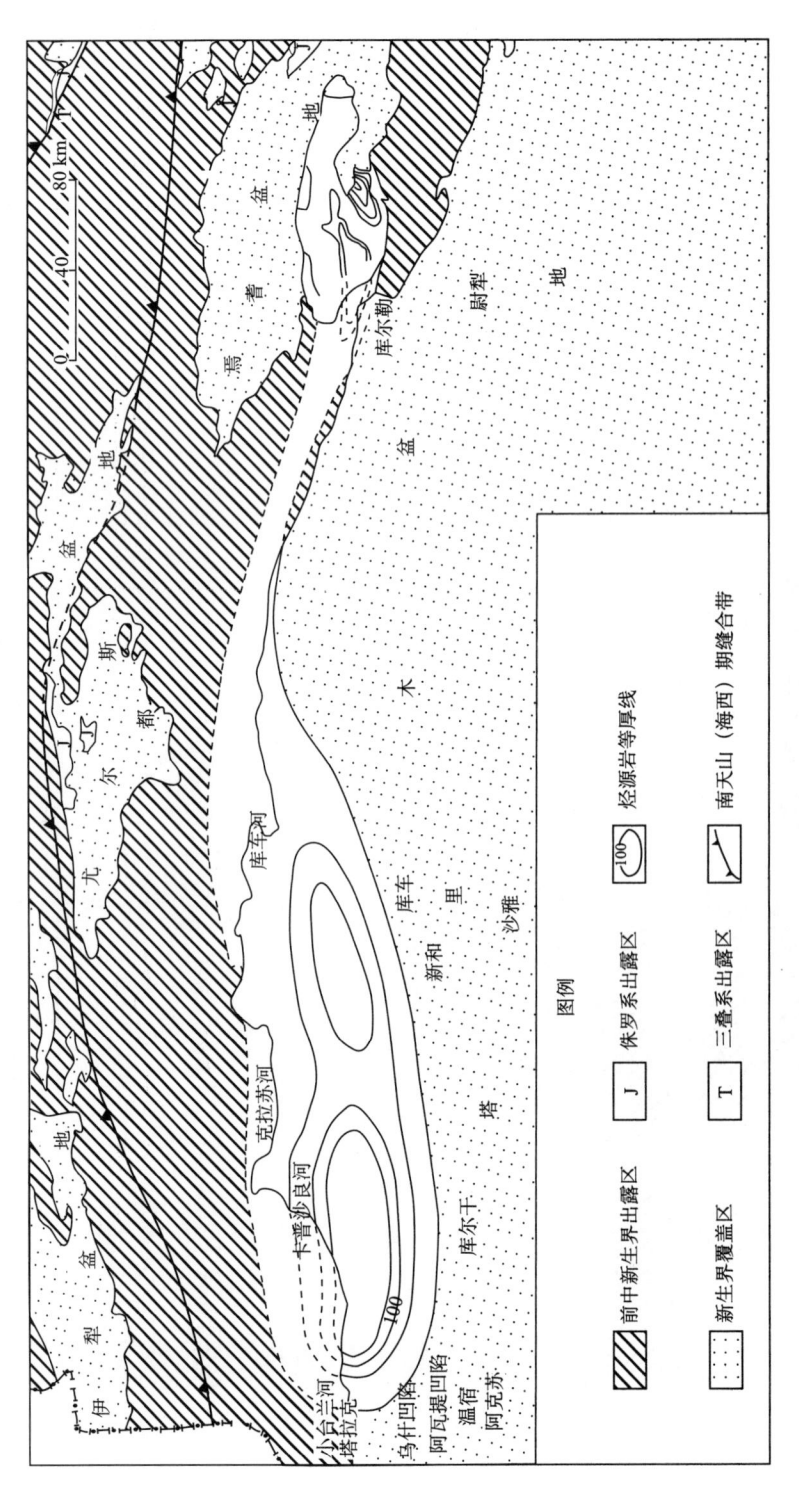

图 6.15 焉耆-库车盆地中侏罗统西山窑组烃源岩恢复图

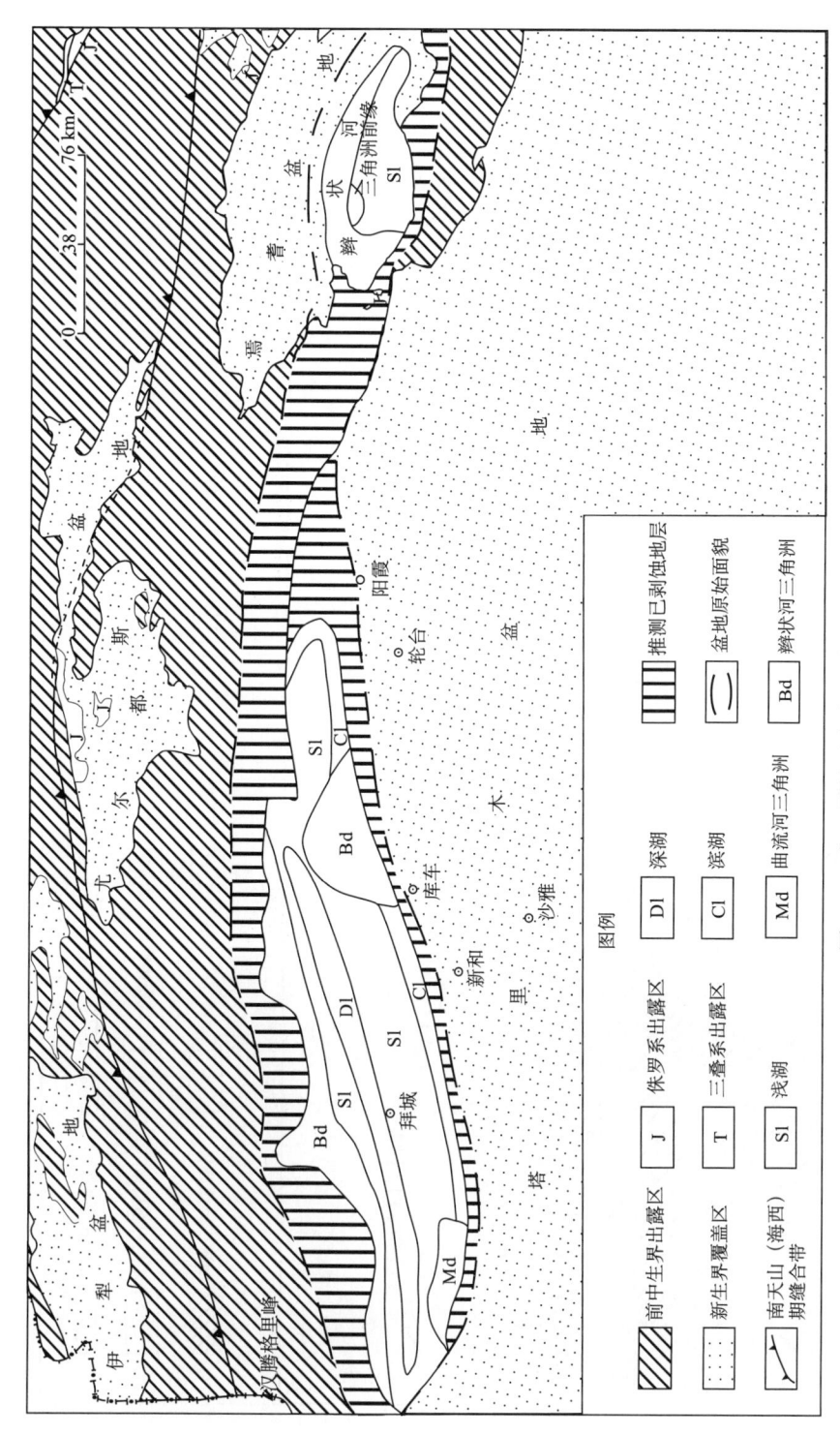

图 6.16 中三叠世焉耆盆地原始面貌图

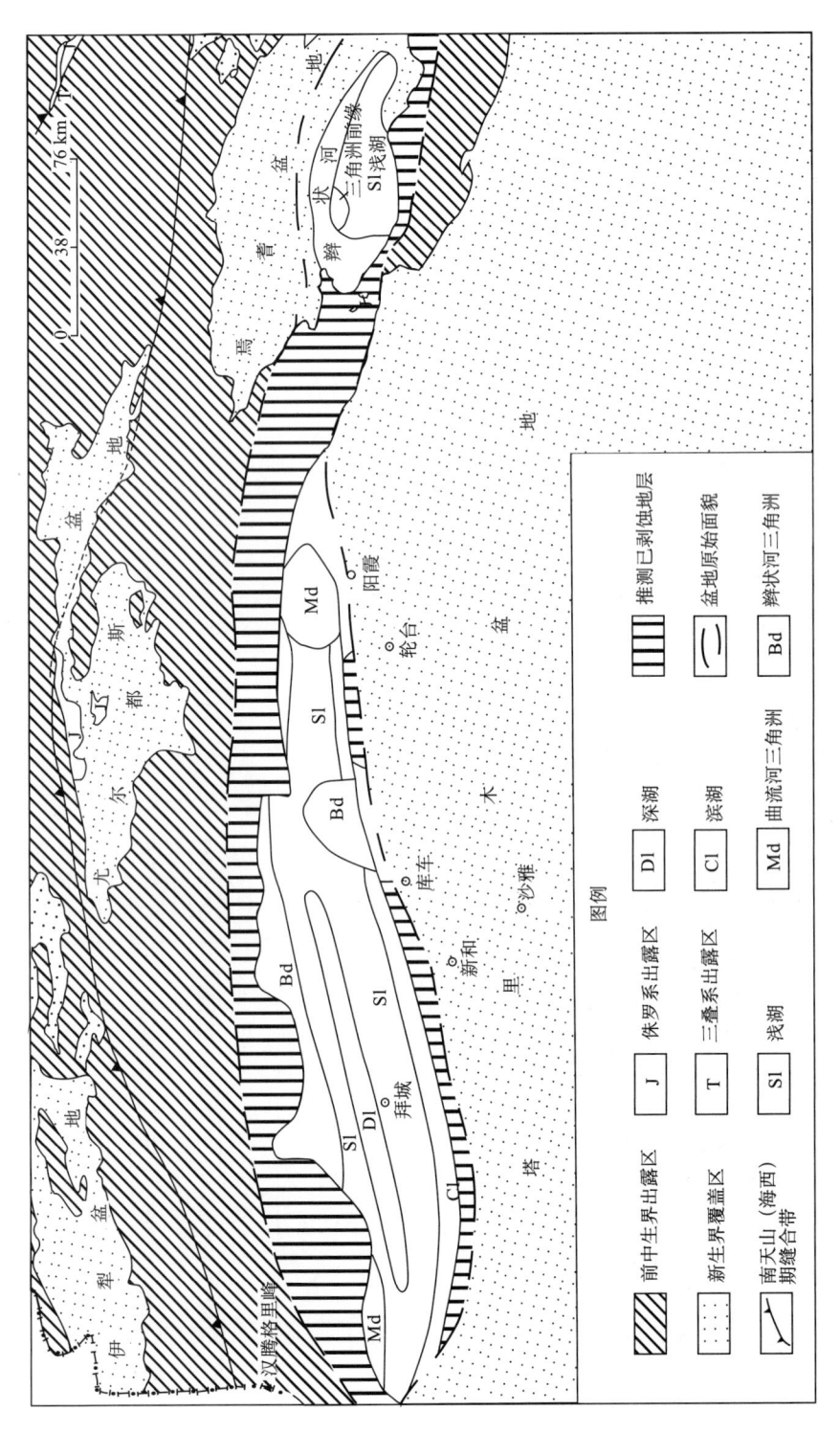

图 6.17 晚三叠世焉耆盆地原始面貌图

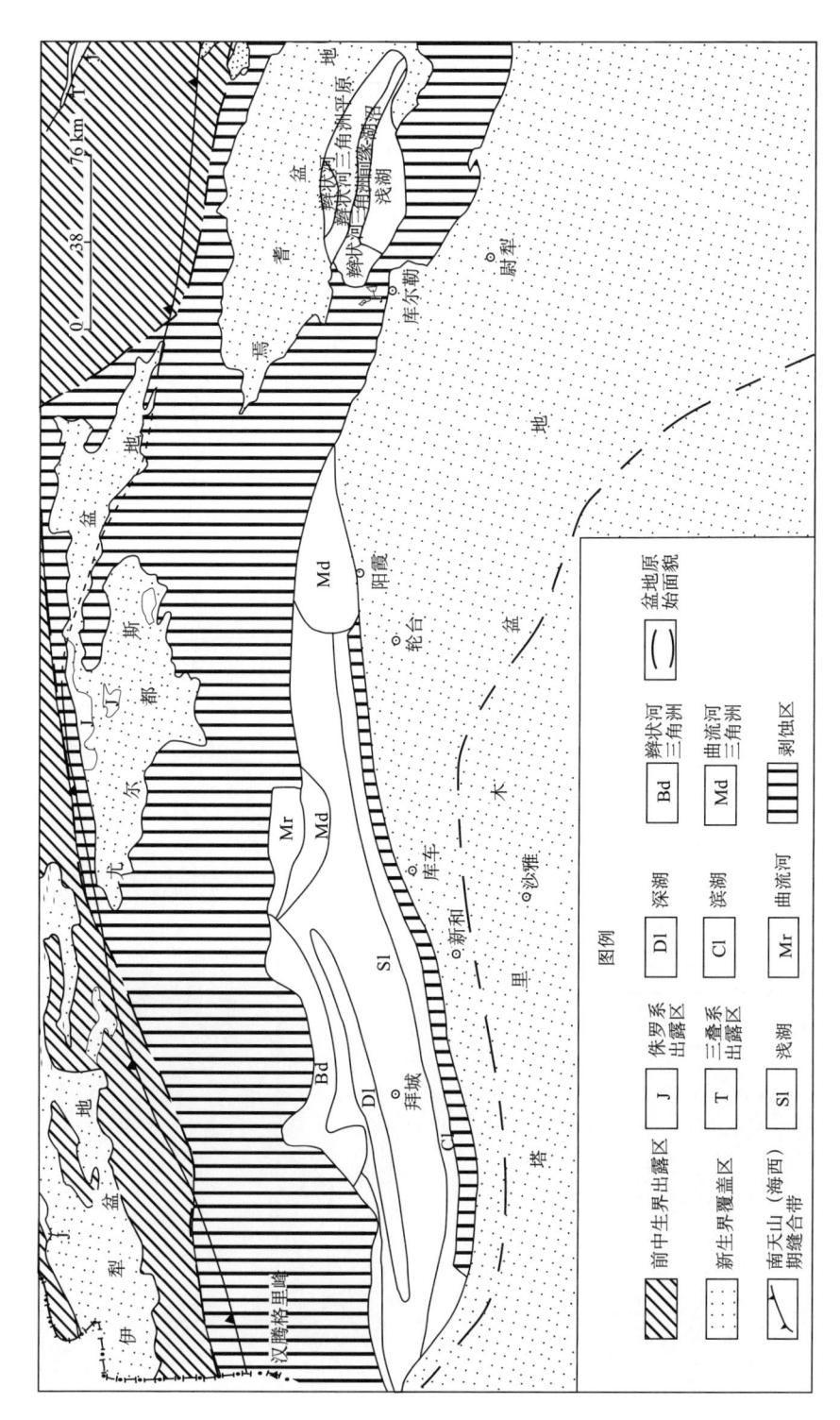

第六章 焉耆盆地原始面貌恢复及演化 209

图 6.18 早侏罗世八道湾期焉耆盆地原始面貌图

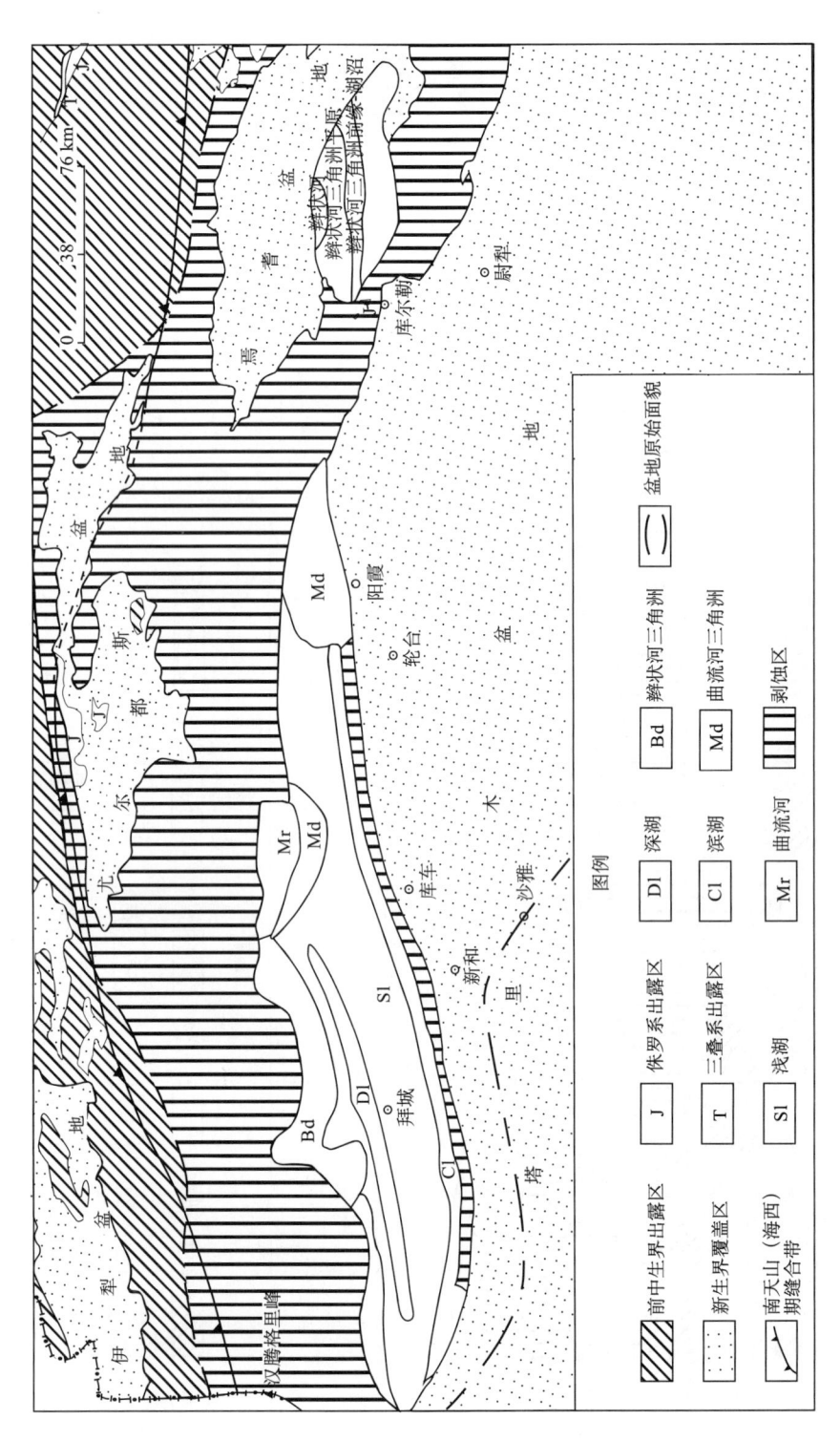

图 6.19 早侏罗世三工河期焉耆盆地原始面貌图

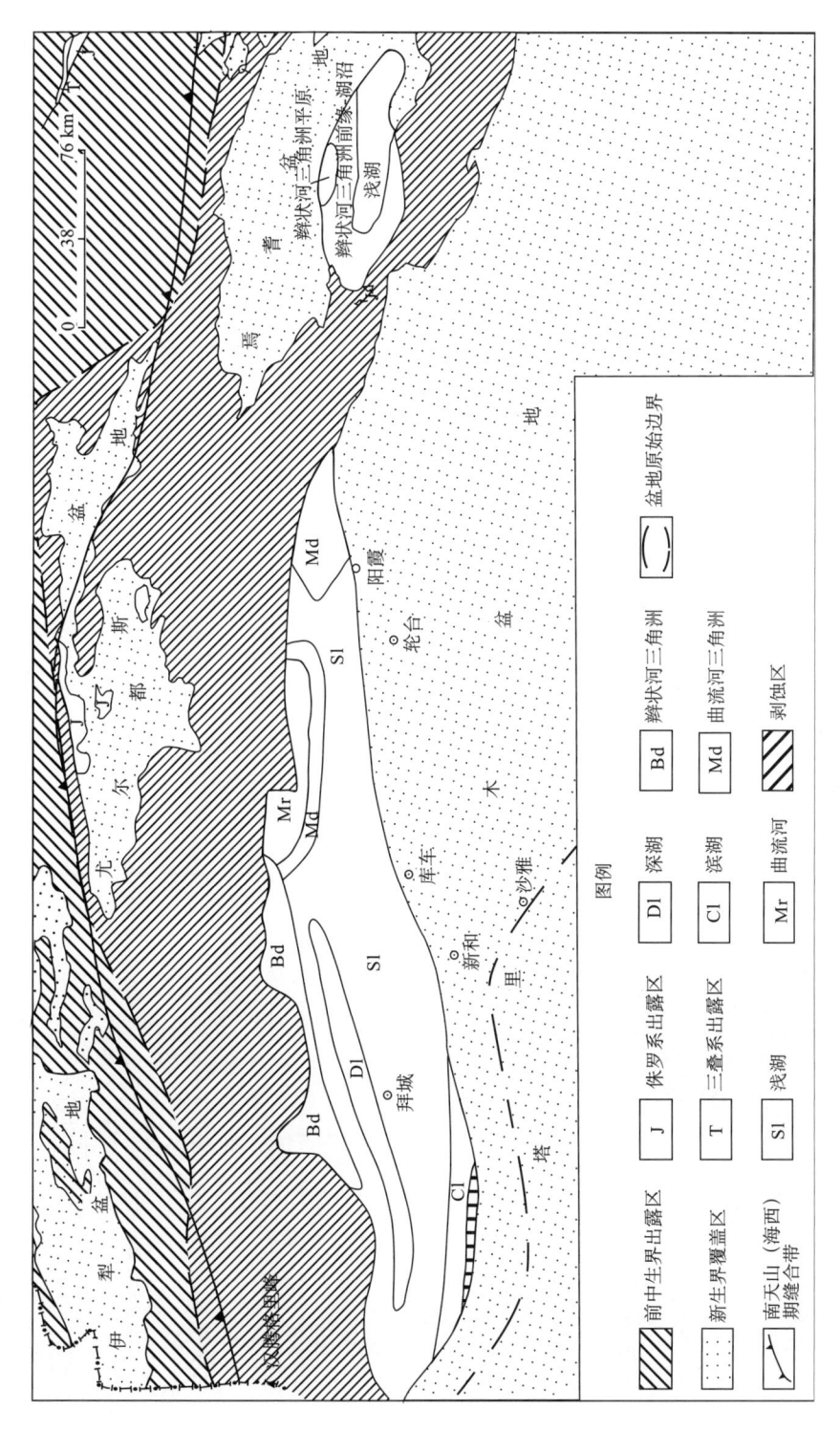

图 6.20 中侏罗世西山窑期焉耆盆地原始面貌图

212　新疆焉耆盆地原始面貌恢复及油气赋存

图 6.21　早白垩世焉耆盆地原始面貌图

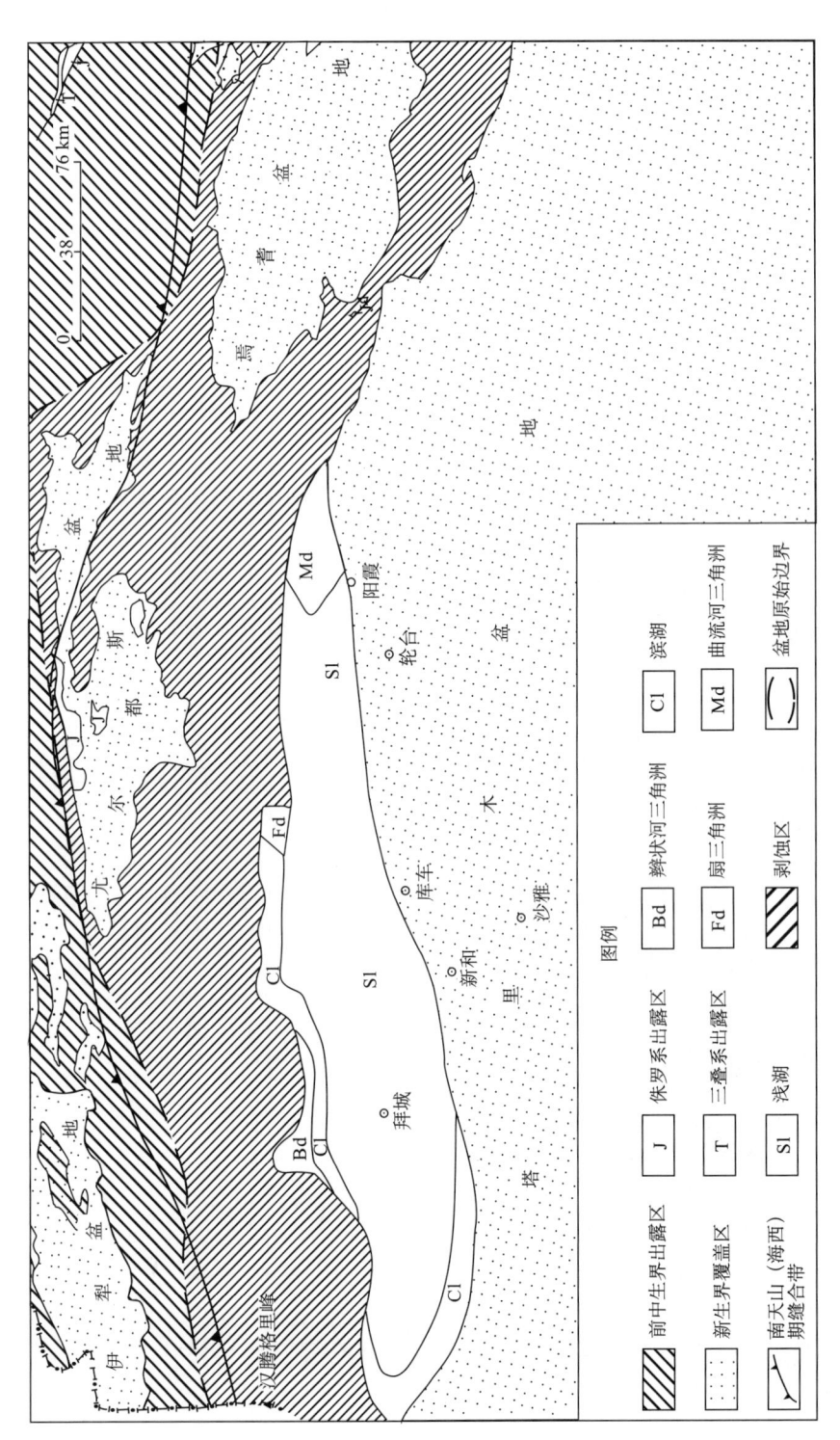

缘，更接近物源区。这种古地理格局为焉耆盆地早侏罗世烃源岩的形成奠定了基础，也造就了焉耆盆地尽管经历了后期强烈的改造成为一山间小盆但仍然附存有油气。

晚侏罗世，受特提斯构造运动的影响，且气候开始变得炎热，新疆南部地区处于振荡调整阶段，盆地水体变浅，形成上覆下白垩统与下伏侏罗系之间的不整合。只是由于特提斯构造远程传递效应，新疆南部地区对此次构造运动的反应存在差异，孔雀河斜坡反应相对较明显，造成该地区缺失上侏罗统，形成下白垩统与下伏侏罗系间明显的角度不整合；在库车地区仅形成平行不整合及局部微角度不整合。但是，焉耆盆地周边的山体并没用隆升，尤尔都斯-库车-焉耆-库米什-孔雀河斜坡并没有被分割成独立的沉积体系，仍然是连通的。

早白垩世早期，其分布格局没有变化，上述 5 个地区仍然连为一体（图 6.21），盆地再一次沉降，沉积范围达到中生代的鼎盛时期，库车周边及孔雀河斜坡地区白垩系超覆于侏罗系之上。早白垩世中晚期是盆地发展的转折点，新疆南部地区处于挤压-走滑区域构造背景，焉耆盆地周边山体开始隆升，至晚白垩世库鲁克塔格山、霍拉山和克孜勒山剧烈隆升，尤尔都斯-库车-焉耆-库米什-孔雀河斜坡完全被分割成独立的沉积盆地，进入各自的演化阶段。尤尔都斯-库车-焉耆-孔雀河斜坡、库米什地区早期沉积的中生代地层遭到强烈剥蚀，库车及孔雀河斜坡上白垩统被剥蚀殆尽，而尤尔都斯、焉耆及库米什中上侏罗统也遭到强烈剥蚀。强烈的后期改造造就了现今库车地区中生代地层和沉积相带展布均至库车河之东被截断且向东北开口，同时与盆地边界呈大角度接触。

第五节 焉耆盆地演化及其区域地质意义

一、焉耆盆地演化

（一）晚二叠世—三叠纪

海西期，新疆地区古天山造山带形成。在此形成过程中，塔里木地块北缘和内部普遍发生隆起，并遭受剥蚀，海水彻底退出塔里木地块，并导致早二叠世形成的裂谷夭折。在这种 A 型俯冲、陆陆碰撞产生的区域挤压环境中，在塔里木地块北缘库车地区和相邻南天山形成统一的褶皱基底，在此基础上发育前陆盆地。在盆地中堆积的晚二叠世至三叠纪地层，与下伏已褶皱变形的古生代地层呈不整合接触。

晚二叠世，在今焉耆、尤尔都斯、库米什及孔雀河斜坡地区当时尚未接受沉积，仅在库车地区沉降接受沉积。库车地区上二叠统比尤勒包古孜群为浅湖相灰绿色、紫红色相间的泥岩夹浅灰绿色砂岩，分布仅局限在南天山山前地带，是前陆拗陷初期发育的产物。

从三叠纪开始，库车拗陷明显变深，范围向南、北扩展，三叠纪沉降中心在临近南天山山前地带，并以库车河剖面至克拉苏河剖面一带沉降最深。三叠纪中期，气候开始温暖潮湿，拗陷内湖泊及沼泽相的煤系地层沉积范围已扩展到今焉耆（图 6.22）和库米什地区，但并没有到达孔雀河斜坡及尤尔都斯盆地。

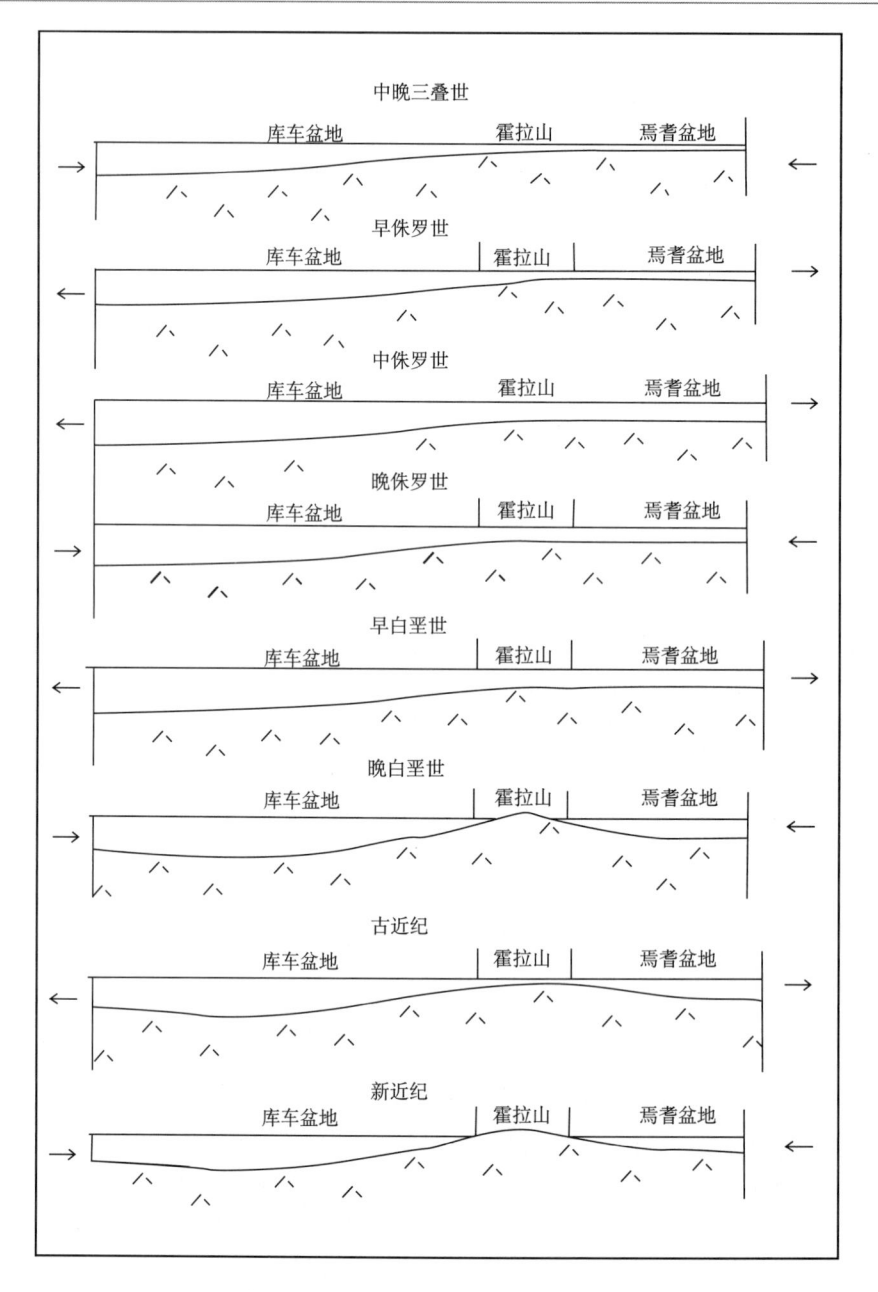

图 6.22　库车-焉耆盆地演化模式简图

中三叠世开始，焉耆盆地接受第一套陆相沉积。小泉沟早期为盆地发育初期，地表起伏相对较大，物源区主要来自北部的南天山。晚三叠世早期，发生中生代第一次湖侵，湖盆范围大规模扩大。沉积环境为辫状河-三角洲平原-三角洲前缘-湖泊相，盆地北部为辫状河沉积相，宝北区为辫状河三角洲平原相，宝中区为辫状河三角洲前缘，向南为湖泊相。晚三叠世晚期，焉耆盆地湖盆范围有所萎缩，造成北部周缘区的粗粒碎屑沉积。

在晚三叠世末期，库车-焉耆-库米什盆地抬升，水体变浅，部分地区缺失沉积；并在局部地带出现了侏罗系与三叠系之间的平行不整合和角度不整合接触（在焉耆盆地相当于地震 T_8^4 反射界面）。这一事件同时也形成了下侏罗统阿合组（库车拗陷）和八道湾组（焉耆盆地）底部砾岩的发育。

（二）侏 罗 纪

从侏罗纪开始，整个新疆地区处于伸展构造背景中（宋立珩、薛良清，1999；贾承造等，2001；谢志清，2002；方世虎等，2004；柳永清等，2004；舒良树等，2004；何登发等，2005a；高小芬等，2014），盆地沉积范围扩大，库车-焉耆-库米什盆地沉积范围扩展到孔雀河斜坡和尤尔都斯地区一带，在新疆南部形成了相连通的库车-尤尔都斯-孔雀河斜坡-焉耆-库米什盆地，共同构成塔里木大型盆地的北部。该区伸展构造环境的形成是碰撞造山期后地壳冷却及应力松弛所导致的热塌陷沉降和伸展沉降的综合结果。

从侏罗纪开始，库车地区湖盆面积逐渐向南、北扩大，至中侏罗世水体已经较深，湖盆范围几乎占据整个库车地区。

早中侏罗世焉耆地区北部为河流相沉积，向南至博湖拗陷的中南部为湖相沉积。此时期，焉耆地区发生多期湖侵，早侏罗世三工河晚期湖侵规模最大。

早侏罗世八道湾期焉耆盆地继承了三叠纪的构造格局，总体呈南深北浅的不对称格局，但盆地范围开始扩大。八道湾早期，北部物源供应充足，形成北部的粗碎屑沉积；中南部离物源区和沉积边界较远，以细粒碎屑沉积为主；中期发生湖侵，湖盆地范围扩大，湖相沉积比较发育；晚期为八道湾期沉积范围最大的时期，湖泊体系发育。在现今盆地范围内，八道湾期的沉积环境为辫状河-辫状河三角洲-湖泊相，该时期由于气候温暖潮湿，沼泽发育，是盆地侏罗纪第一次重要成煤时期。

早侏罗世三工河早期焉耆地区沉积环境与八道湾晚期相似，随后发生较大规模的水退，湖盆水域减小，仅在南部凹陷区保持稳定水体，北部粗粒碎屑发育。晚期，盆地继续下降，发生侏罗纪最大规模的湖进，水体变深，湖盆几乎占据了整个博湖拗陷。该组沉积时期，由于气候变冷，松柏类孢子发育，沼泽不太发育，故该期含煤建造不太发育。

中侏罗世西山窑期焉耆地区及邻区的地貌高差已很小（陈建军等，2007a；王思恩等，2011）。在区域上，地貌很可能已成准平原面貌，该时期是新疆地区分布广泛的主要成煤期。本时期，焉耆盆地沉积基本上继承了三工河晚期的沉积格局，地层分布与三工河组大体一致。沉积初期，进入了最大湖泛期，气候再次转为温暖潮湿，沼泽发育，使该时期成为侏罗纪第二次重要的聚煤期并形成了侏罗纪最发育的煤层。该时期焉耆地区北部发育辫状河三角洲平原-辫状河三角洲前缘相，中南部发育湖泊相，南缘为辫状河三角洲平原相。

孔雀河斜坡早侏罗世早期以河流相为主体，晚期发生湖侵，斜坡发育浅湖相沉积，至中侏罗世西山窑期湖盆地达到最大，除北东局部为河流相外都被湖水占据。尤尔都斯地区早中侏罗世为冲积扇-辫状河-滨浅湖相沉积环境。

晚侏罗世天山南部盆地进入振荡阶段，这是特提斯构造向北碰撞远程传递效应和气候变得干旱炎热共同造成的。这种挤压背景并没有导致天山及焉耆、库米什和孔雀河地区周缘山体整体隆升。干旱气候在盆地内形成以红色为主的晚侏罗世碎屑沉积。但特提斯构造远程碰撞效应在传递过程中对天山南部盆地的影响是不同的，塔里木盆地东北部较强，其他地方相对较弱。塔里木北部库车拗陷晚侏罗世地层包括奇古组和喀拉扎组，岩性为红色碎屑岩，奇古组与下部中侏罗统呈整合接触，喀拉扎组地层很薄，分布局限，厚度变化大；白垩系总体上平行不整合或局部角度不整合在上侏罗统之上。塔里木东北的孔雀河斜坡地区上侏罗统缺失，下白垩统与中侏罗统呈不整合接触。尤尔都斯、焉耆和库米什地区现今缺失上侏罗统，但焉耆盆地、库米什和周邻山体磷灰石裂变径迹显示在早白垩世中晚期——晚白垩世才开始隆升，说明这三个地方当时仍有一定的沉积。因此，库车-尤尔都斯-孔雀河斜坡-焉耆-库米什仍然是相连通的盆地，为塔里木大型盆地北部的组成部分（陈建军等，2007b，2007c）。

（三）白　垩　纪

早白垩世新疆各盆地再次处于稳定的伸展环境中，库车-尤尔都斯-孔雀河斜坡-焉耆-库米什盆地范围再次扩大。库车南部为广阔的湖泊-滨浅湖相带，地层向南超覆，塔北隆起趋于消失；孔雀河斜坡地区中下侏罗统之上沉积了较厚的稳定的河湖相上白垩统，斜坡北部形成河流相沉积，南部为浅湖相沉积；焉耆盆地也有一定的下白垩统沉积。

早白垩世中晚期，受特提斯构造的影响，新疆处于挤压环境中，天山及焉耆盆地周缘山体开始隆升，库车-尤尔都斯-孔雀河斜坡-焉耆-库米什盆地萎缩，沉积局限。

晚白垩世是天山和焉耆周邻山体大规模隆升阶段，也是新疆南部统一盆地的分野时期。此时期，库车-尤尔都斯-孔雀河斜坡-焉耆-库米什被分割成独立的盆地，同时各盆地地层遭到强烈剥蚀。库车盆地晚白垩世地层仅分布于中部，其他地区缺失；早白垩世地层遭受不同程度的剥蚀，如在东部吐格尔明地区，下白垩统缺失巴西盖组和巴什基奇克组；西部阿瓦特河地区，缺失下白垩统巴什基奇克组。焉耆盆地早期沉积的早白垩世地层剥蚀殆尽，侏罗系也遭到强烈的剥蚀。

晚白垩世也是新疆南部地区发生构造变形的重要时期。库车地区形成依深背斜和吐格尔明背斜造构雏形；焉耆盆地形成了古近系与下伏中生代地层的角度不整合，焉南构造带开始活动并构成了双向挤压的构造格局，种马场构造带、宝浪-苏木构造带、本布图构造带，以及西、南缘推覆构造带形成。

（四）新　生　代

在古近纪早期，新疆南部出现短暂的伸展阶段，盆地再次下降接受沉积。库车盆地、尤尔都斯盆地、焉耆盆地、库米什盆地和孔雀河斜坡地区分别进入沉降阶段，广泛接受稳定沉积。在库车拗陷，古近系与下伏下白垩统呈假整合接触；在库车拗陷的吐格尔明背斜北翼，古近系砾岩中发育有南倾高角度正断层，断距数十米。断层下降盘的古近系底部岩石与断层上升盘的侏罗系呈断层接触，断距向上逐渐消失，表明古近纪出现过伸展构造变形（贾承造等，2001；何光玉等，2003）（图6.23）。在焉耆盆地和孔雀河斜坡地区，古近系沉积不整合覆盖在中生界或前中生界之上。

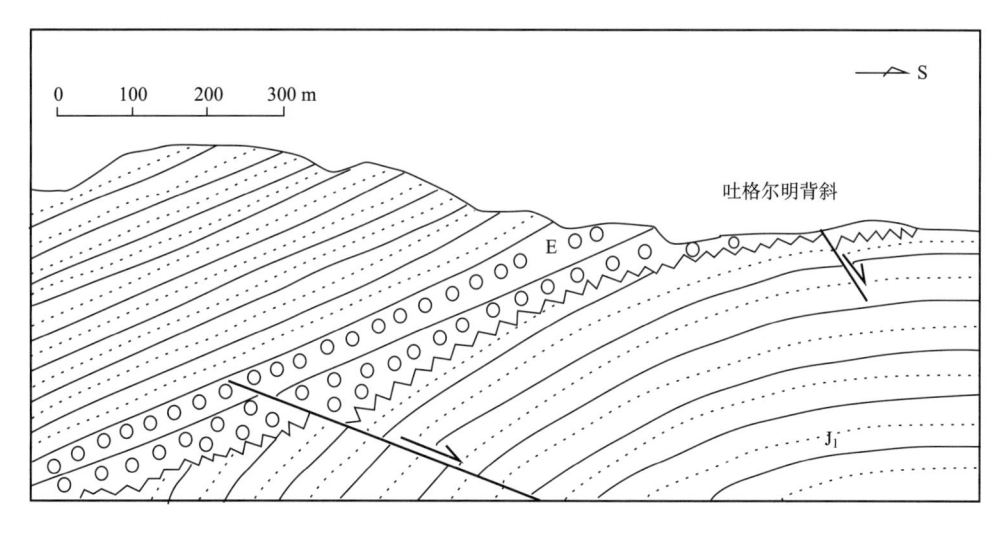

图6.23 库车拗陷吐格尔明背斜剖面图（据何光玉等，2003）

受印度板块与欧亚板块碰撞的影响，始新世以来焉耆盆地及南天山更广阔地区发生了强烈的构造变形，新疆南部山前盆地进入再生前陆盆地阶段。天山造山带向南推覆逆冲，大规模推覆构造在此时期逐步形成。在库车拗陷，构造变形作用主要是自北向南依次变新，形成前进式冲断构造和多种类型的断层相关褶皱。焉耆盆地处于南北挤压构造环境，形成了不对称的对冲构造格局。在焉耆盆地南缘，形成北西西向展布向北逆冲推覆构造带；在盆地南部，种马场低凸起形成向北冲的逆冲带，南倾的叠瓦状逆冲断层自北向南迁移。

二、区域地质意义

焉耆盆地自发育以来遭受多期构造运动的改造，尤其是燕山构造运动晚期导致盆地中生代地层遭到强烈的剥蚀，形成现今迥异的面貌。焉耆盆地原始面貌恢复的研究不仅展示了其动态演化过程，也揭示了为何都为南天山内的小型焉耆盆地、库米什盆地，以及大、小尤尔都斯盆地仅前者发现了油气田（藏）的原因，同时也是对天山演化及新疆地区区域演化具有重要的意义。

（一）天 山 演 化

1. 前人研究成果

天山山脉位于亚洲大陆中部，总体上近东西向延伸，横贯中亚诸国。在新疆地区，天山山脉呈近东西向延绵于新疆中部，夹持于准噶尔盆地和塔里木盆地之间，其东西长

1700 km，南北宽 250~350 km，并且其东、西段均形成南北分枝。天山一直是国内外研究的重点，不仅因为该山脉中赋存有丰富的矿产资源，也因为赋存有大陆地壳演化的大量重要信息，它的演化与新疆盆地演化息息相关。

许多地球科学家对天山地区进行了研究，但对于天山的隆升时间一直存在分歧。古天山随着古天山洋闭合而隆升，但就古天山洋闭合时间有不同的认识而导致对古天山隆升时间存在分歧（Windley et al.，1990；Allen et al.，1992；肖序常等，1992；郝杰、刘小汉，1993；郭召杰等，1993，1998b；姜常义等，1993，1999；马瑞士等，1993；高俊等，1994，1997；李曰俊等，1994；Carroll et al.，1995；蔡东升等，1996；吴世敏等，1996；Gao et al.，1998；Chen et al.，1999；谢才富，1999；杨兴科等，1999；梁云海、李文铅，2000；田作基等，2000；陈富文等，2003；舒良树等，2003）。尽管天山山脉中普遍缺失中新生代地层，但是国内外地质学家通过多种方法直接或间接研究天山中新生代隆升时间，并取得了一系列的成果。

1）地层特征

张良臣和吴乃元（1985）根据天山、塔里木盆地和准噶尔盆地的地层记录提出了三叠纪—晚侏罗世天山的夷平阶段、晚侏罗世—早白垩世的隆升阶段和晚白垩世的夷平阶段。马瑞士等（1993）依据天山上侏罗统煤系的分布及其不整合于下伏老地层，认为古地貌与现今盆地-山脉格局是不同的，提出中生代时天山及其邻区在地貌上是准平原状态。

2）反演法

反演法主要根据天山周边盆地沉积构造反推天山隆升时间。Hendrix 等（1992）根据塔里木盆地和准噶尔盆地的物源和古流向提出了在整个中生代时期天山一直存在，并分割了塔里木盆地和准噶尔盆地。Yin 等（1998）通过库车盆地构造、地层、磁性地层学和同位素分析，认为天山隆升于 21~24 Ma。Yang 和 Liu（2002）通过对塔里木盆地沉积记录和挠曲模型计算认为天山隆升于渐新世初期或更早。Charreau 等（2005）对准噶尔盆地南缘古近纪沉积物的磁性地层学研究认为天山隆升早于 10.5 Ma。贾承造等（2003）根据库车盆地白垩系分布及构造演化提出天山于新生代隆升。李忠等（2003）根据库车盆地古近纪以来磨拉石及其不稳定碎屑矿物组合特征提出天山隆升于 25 Ma。李双建等（2005）根据库车盆地野外观察及重矿物分析认为早中三叠世、古新世至中新世、上新世（5 Ma）以来存在强烈的盆山差异，并认为最后一个阶段天山隆升作用最强烈。李忠等（2004）根据库车拗陷砾岩碎屑、砂岩骨架颗粒及重矿物组分分析认为天山于早三叠世、晚侏罗世—白垩纪及古近纪（特别是中新世）隆升。孙继敏和朱日祥（2006）根据准噶尔南缘磨拉石沉积提出天山山脉自 7 Ma 前开始有一次构造隆升。张传恒等（2005）根据博格达山南北两侧地层特征及古流向认为，博格达山初始隆升发生在侏罗纪末—白垩纪初。方世虎等（2004）根据天山两侧盆地中新生代沉积特征推测晚侏罗世晚期—早白垩世早期、晚新生代是天山快速隆升的两个时期。方世虎等（2006）以天山内部和准噶尔盆地南缘野外剖面沉积特征、岩屑成分及钻井岩心分析推测天山于晚侏罗世隆升。

王永等（2000）根据天山两侧盆地新生代沉积推测山脉的隆升于上新世晚期—第四纪早期。刘训（2004）根据新疆中生代盆地地层特征及沉积环境推测天山于三叠纪和白垩纪—新生代隆升成山。

3）裂变径迹法

Hendrix 等（1994）、Sobel 和 Dumitru（1997）、Bullen 等（2001）根据沉积记录和磷灰石裂变径迹提出现代天山由 11~24 Ma 开始隆起。杨树锋等（2003）和王彦斌等（2001）根据磷灰石裂变径迹分别提出了天山隆升于 17~25 Ma 和晚白垩世。杨庚和钱祥麟（1995）认为天山隆升于早白垩世和晚新生代。沈传波等（2005）认为博格达山的初始隆升始于晚侏罗世—早白垩世。郭召杰等（1998 b）认为天山陆内造山带主要经历两期明显的隆升事件，分别为晚侏罗世—早白垩世和中新世以来。柳永清等（2004）认为天山隆升至少有 4 个时期：白垩纪末期—始新世（65.6~32.60 Ma）、24.74~15.98 Ma、6.7 Ma~0.73 Ma 和 0.73 Ma 以来。陈正乐等（2006）认为天山中生代以来存在 4 个阶段构造隆升：三叠纪末—早侏罗世（220~80 Ma）、侏罗世中期（170~140 Ma）、白垩纪中期（110~80 Ma）和晚新生代（24 Ma 以来）；2008 年磷灰石裂变径迹分析认为西天山的隆升-剥露作用并不均一，开始于侏罗纪早期的山脉抬升范围有限，仅局限于中天山；白垩纪中期（115~95 Ma），整个西天山山脉和伊犁盆地一起发生整体的抬升和剥露；新生代 24 Ma 以来，西天山的山体块体抬升与山间盆地的断陷同时发育。朱文斌等（2006）认为天山存在 4 期抬升事件：早白垩世晚期、晚白垩世晚期、新生代早期和新生代晚期。姚志刚等（2010）对在伊林哈比尔尕山（简称伊山）山前带采集的 6 件样品进行裂变径迹分析及热史模拟，认为北天山中新生代至少经历了两次明显的隆升事件，分别是早白垩世和中新世以来，且东、西段的抬升存在差异。高洪雷等（2014）对东天山吐哈盆地东南缘雅满苏地区磷灰石裂变径迹进行了研究，认为晚白垩世—古新世（80~50 Ma）期间东天山地区经历了一次隆升-剥露事件。肖晖等（2011）对南天山分支库鲁克塔格山及山前孔雀河斜坡进行裂变径迹分析，表明该区中新生代存在三次构造抬升运动，其中 73~100 Ma 为主要构造抬升事件。孙岳等（2016）在阿吾勒拉山、巴音布鲁克等地野外采样测得磷灰石裂变径迹数据及综合整理前人分析数据，认为中生代早白垩世以来整个天山才普遍隆升。

以上研究显示天山隆升具有复杂性和多期性的特征，但是研究地区多位于天山北部，特别是近年成功用于研究造山带抬升的裂变径迹法在南天山地区的研究较少，这对全面认识天山造山带的隆升时间显得不足。因此，本书在整理前人资料的基础上，以南天山山间的焉耆盆地及其周缘山体的磷灰石和锆石裂变径迹年龄为补充，对天山造山带的隆升时间进行探讨。

2. 天山演化特征

裂变径迹年龄显示天山中新生代隆升比较复杂，具有多幕次和差异性的特征（图 6.24）。总体来看，天山呈现 5 次隆升，分别为中晚三叠世、早白垩世中晚期—晚白垩世、古新世、始新世、渐新世晚期—中新世。

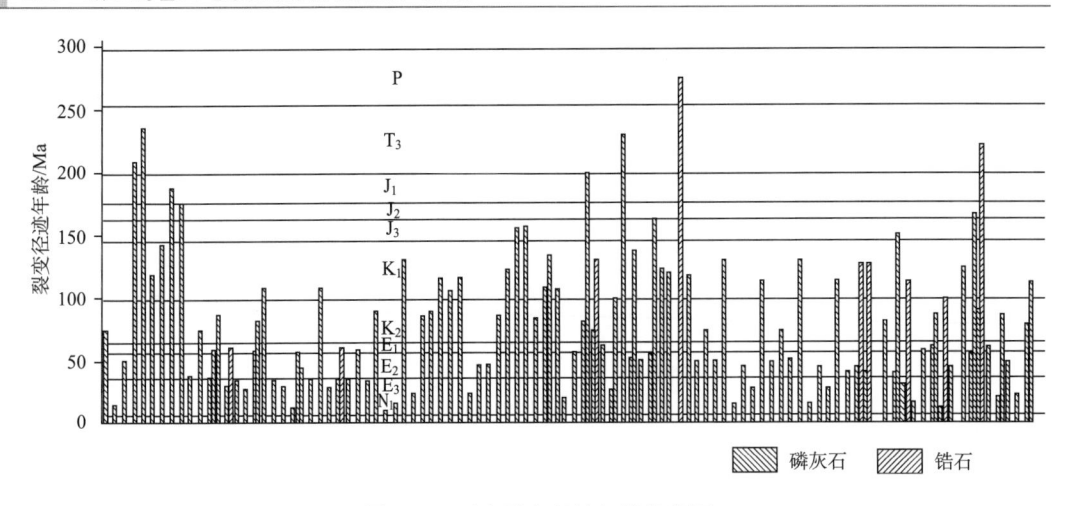

图 6.24　天山裂变径迹年龄柱状图

二叠世早期，塔里木板块与准噶尔板块焊接，天山隆升，于山体周缘发育前陆盆地，形成晚二叠世磨拉石建造，在南天山山前形成下三叠统俄霍布拉克群平行或微角度不整合在上二叠统比尤勒包谷孜群之上。三叠世末，古特提斯洋闭合，南、北天山隆升，但是隆升幅度不大，新疆地区盆地抬升，形成了上三叠统与上覆下侏罗统之间的平行不整合或微角度不整合面。

侏罗纪早期，天山开始被剥蚀夷平，中侏罗世被夷平为准平原面貌，并持续到早白垩世早期。中侏罗世晚期—晚侏罗世，天山受新特提斯构造运动的影响，存在局部抬升的现象。早白垩世中晚期—晚白垩世天山剧烈隆升，在强烈程度上，北天山隆升程度弱于中、南天山。晚白垩世，新疆诸盆地周缘山体隆升，天山南北两侧大型盆地分解，新疆现今盆山格局初现。

新生代，随着南部印度板块与欧亚大陆板块全面碰撞，引起天山再次隆升、变形及在周边形成前陆盆地（Tapponnier and Molnar，1979；Allen *et al.*，1991；Burchel *et al.*，1999；Wang *et al.*，2001；Chen *et al.*，2002；Fu *et al.*，2003；Dickerson，2003；Tang *et al.*，2004；郭召杰等，2006），但隆升存在差异性。古新世天山隆升相对较弱，始新世和渐新世晚期—中新世是天山强烈隆升的两个时期。随着天山全面隆升，新疆盆山格局形成。

（二）区域地质演化

1. 三叠世

海西构造运动使天山抬升，在新疆地区除准噶尔盆地、塔里木盆地北部的库车拗陷和吐鲁番盆地下三叠统与二叠系为连续沉积外，其余地方都为不整合接触。新疆从中三叠世开始处于构造稳定时期，晚三叠世各盆地沉积范围扩大，准噶尔盆地、吐哈盆地及塔里木盆地湖盆面积增大，稳定的构造沉积环境为三叠世烃源岩的形成奠定了基础。而库车地区于中晚三叠世海水侵入，湖盆范围向周边地区延伸进入焉耆及库米什地区，并沉积了较薄的小泉沟群地层。

晚三叠世末，强烈的构造运动造成新疆大部分地区普遍抬升，形成了下侏罗统与上三叠统间的不整合接触。

2. 侏罗纪—早白垩世早期

早中侏罗世，新疆呈准平原地貌，地形高差不大，构造沉积环境是稳定宽缓的陆相湖泊河流环境。从早侏罗世开始，各盆地开始了鼎盛发育时期，盆地沉积范围扩大；至中侏罗世西山窑期，盆地范围达到最大。准噶尔盆地西、东部与盆地中部坳陷相连，而且盆地整体沉降，接受沉积；塔里木北部库车盆地湖盆范围扩大，湖水向北和向南延伸，塔北隆起消失。早侏罗世，在天山北侧形成准噶尔-吐哈大型盆地，南侧的库车、尤尔都斯、孔雀河斜坡、焉耆和库米什相连通，构成塔里木大型盆地的北部。此时期，以细碎屑泥质含煤沉积为主，普遍具有岩性、岩相稳定，厚度变化不大的特征。

中侏罗世晚期至晚侏罗世，新疆地区处于振荡调整时期。气候由潮湿转变为干旱，湖盆范围缩减，水体变浅；同时受新特提斯构造向北俯冲的影响，新疆地区存在差异抬升，但抬升幅度不大。受这两种因素的影响，新疆地区沉积了以红色为特征的粗碎屑岩，同时形成了中下侏罗统间的不整合。此时期天山虽存在局部抬升，但南北两大盆地仍然相连通。

早白垩世早期，盆地沉积范围再次扩大。准西坳陷、准东坳陷、准南坳陷和中部坳陷以统一的沉积盆地再次沉降接受沉积，准噶尔盆地的地层相连通，而且在柴窝堡也有分布，并在盆地南缘地层沉积最全；库车盆地地层向南超覆与塔里木盆地连通。

3. 早白垩世中晚期—晚白垩世

早白垩世晚期至晚白垩世早期在新疆构造运动史中具有重要意义，不仅表现在天山山体开始急剧隆升，同时新疆诸盆地抬升遭到强烈剥蚀，也是新疆地区现今盆山格局初步形成的时期。

早白垩世中晚期，天山及盆地周缘山体相继隆升，新疆地区盆地开始剧烈抬升，天山南、北准噶尔-吐哈大型盆地及塔里木大型盆地开始瓦解。但是盆地抬升迟滞于山体抬升之后，于早白垩世晚期开始抬升。至晚白垩世，北部的准噶尔、吐哈及南部的尤尔都斯、库车、焉耆、孔雀河斜坡和库米什被分割成彼此独立的盆地，进入各自的演化阶段。受新特提斯构造远距离传递的影响，新疆北部地区抬升强度可能小于南部地区，造成南部除和田和喀什等少数地区由于白垩纪海侵事件影响的地区外全部缺失上白垩统。

4. 新生代

古近纪早期，新疆地区处于稳定的构造环境中，盆地沉降接受沉积。印度板块与欧亚板块持续的碰撞，新疆地区经历了古新世晚期、始新世、渐新世、中新世至今的最少4期构造运动，现今地貌格局形成。

第七章 侏罗系煤系源岩有机地球化学特征及评价

第一节 烃源岩类型及空间展布

焉耆盆地中生代以来共经历3次较大规模的湖侵，对应地出现3次聚煤期，形成3套含煤和碳质泥岩组成的岩性组合。这3次湖侵为三叠纪、侏罗纪八道湾中晚期和侏罗纪三工河晚期—西山窑期，以后两期为主。

沉积相研究表明，侏罗系以河流相、三角洲相和滨浅湖相为主，尤以滨湖沼相广泛发育。纵向上各层组继承性沉积较好，反映湖盆由浅变深，再由深变浅的完整沉积旋回。其中八道湾组和西山窑组沉积时，湖盆水体较浅，以沼泽相沉积为主，煤岩较发育；而三工河组沉积时，湖盆水域开阔，以浅湖相沉积为主，泥岩比较发育，且以博湖拗陷南部凹陷残存厚度大。

根据煤系地层的生烃条件及有机岩显微组分组成特征研究，本区侏罗系各统、群、组煤系泥岩和煤均有一定的生烃条件，都属源岩范畴。煤和碳质泥岩的平面展布呈很好的相似性（图7.1，图7.2），侏罗系八道湾组是盆地最主要的聚煤层位，分布广，面积约5050 km^2，厚度大，以宝中构造最厚，煤和碳质泥岩分别达48.5 m和59 m（焉参1井），沿南北方向迅速减薄；西山窑组为盆地最后一次聚煤期，分布略比八道湾组窄，约1500 km^2，其中北部凹陷聚煤中心在宝浪-苏木构造带上的焉参1井附近（煤厚45 m，碳质泥岩厚35.5 m），向四周变薄。盆地中部中央隆起因西山窑组剥蚀殆尽而无源岩，而南部凹陷在库浅1井也见较厚煤岩发育。三工河组煤和碳质泥岩并不发育，仅在局部地区有分布，如北部凹陷宝7井煤层厚5.5 m，城1井碳质泥岩厚10.5 m。泥质烃源岩主要分布于七里铺两个次级凹陷，最大厚度为350 m，拗陷东部库木布拉克一带，八道湾组泥质烃源岩厚度变薄，一般厚度仅有50~100 m，实际上，八道湾组的生烃中心还在西部，主要是四十里城-包头湖凹陷。三工河组泥质烃源岩主要分布在四十里城、七里铺和包头湖3个凹陷，最大厚度均为250 m，分布则有其相对的独立性（图7.3）。八道湾组泥质烃源岩主要分布在四十里城-包头湖一带，其厚度变化总趋势基本上与八道湾组相同。西山窑组泥质烃源岩主要发育于拗陷西部，尤其是西、南部包头湖凹陷厚度达350 m。总之，博湖拗陷各类烃源岩从厚度分布来看，泥质烃源岩西部优于东部，南部优于北部，但碳质泥岩烃源岩和煤层在南、北凹陷差异并不明显（表7.1）。

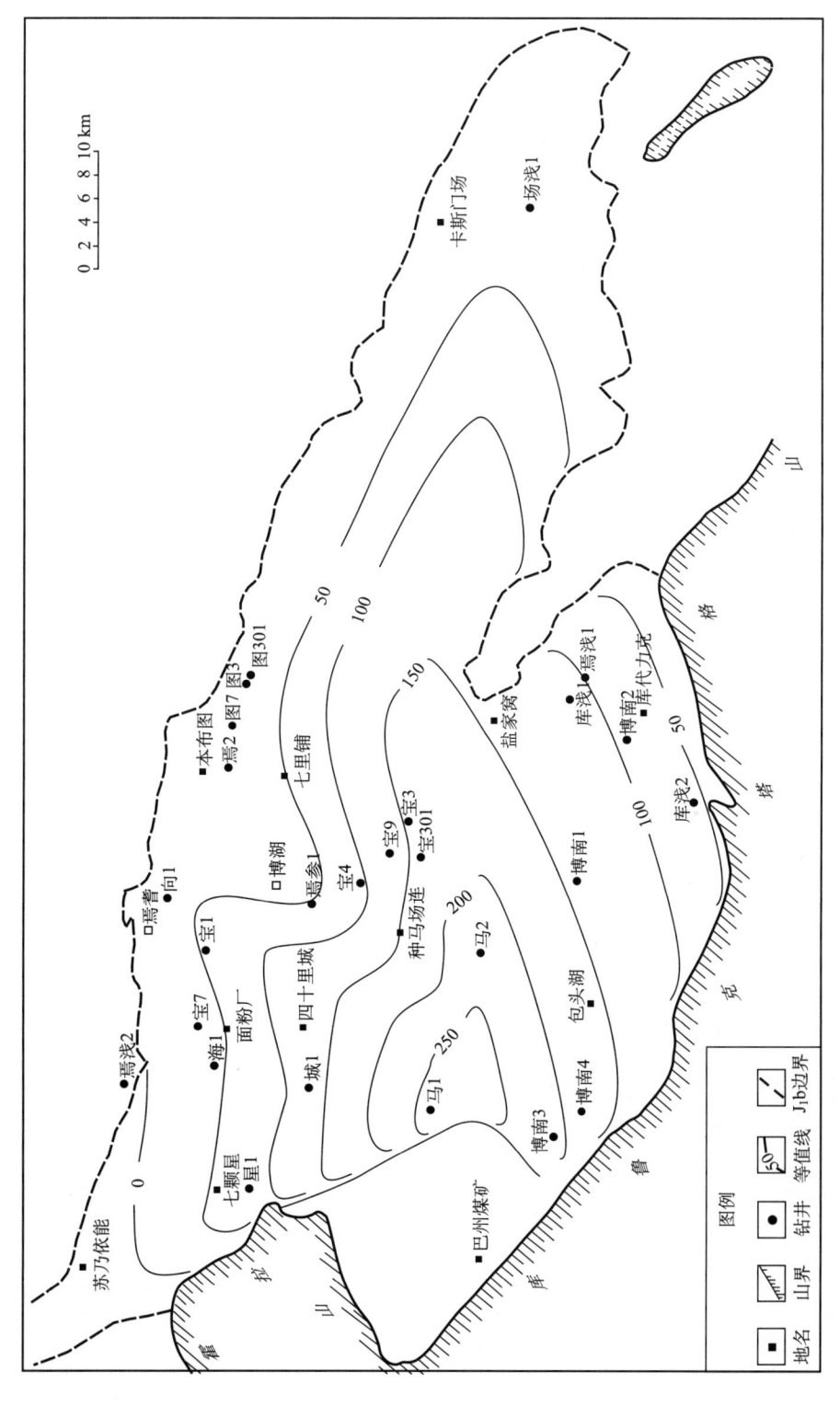

第七章 侏罗系煤系源岩有机地球化学特征及评价

图 7.1 焉耆盆地侏罗系碳质泥岩厚度分布图

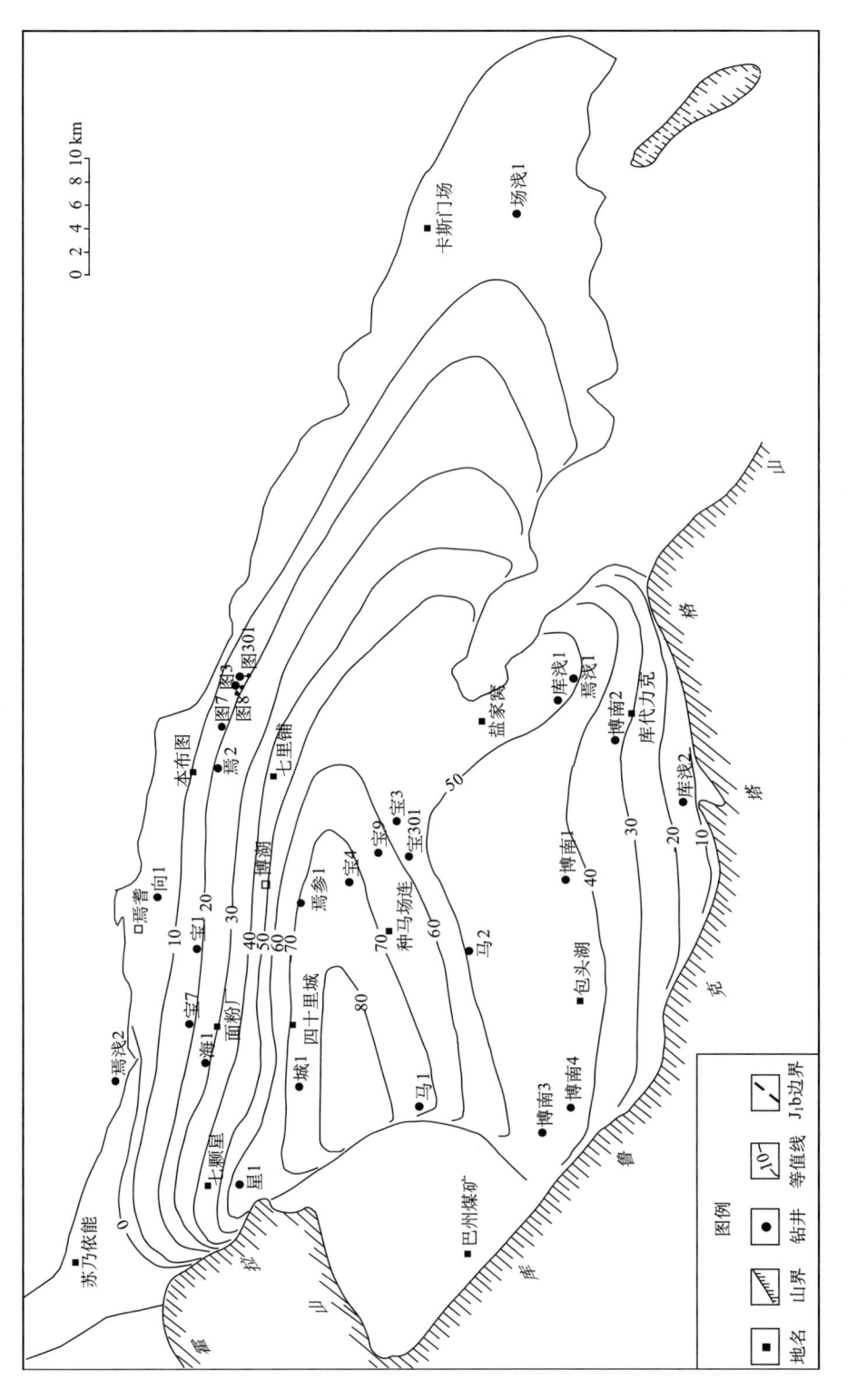

图 7.2 焉耆盆地侏罗系煤层厚度分布图

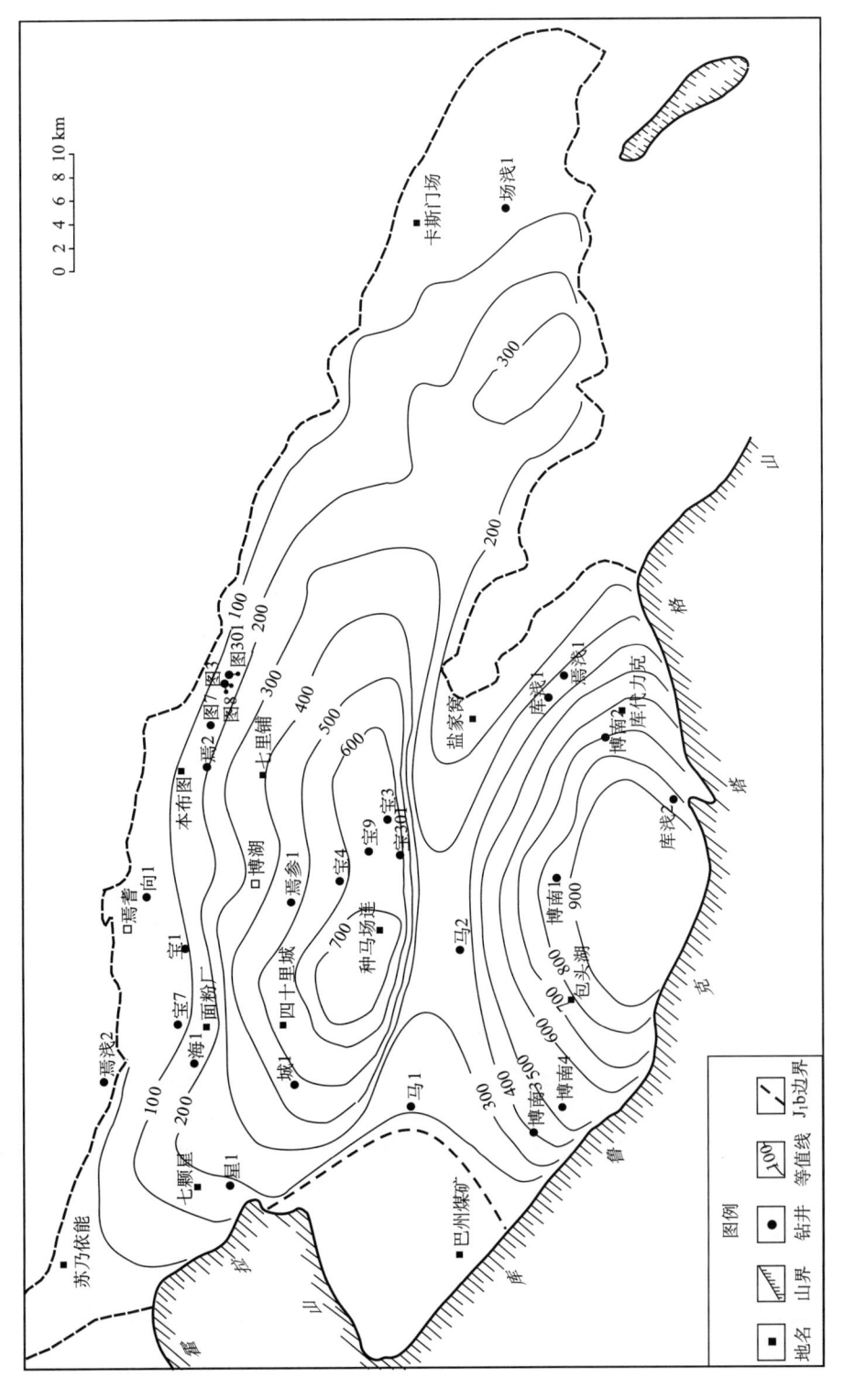

图 7.3 焉耆盆地侏罗系泥质烃源岩厚度分布图

表 7.1 焉耆盆地探井有效烃源岩厚度及有效厚度百分比表

层位	岩性		焉参1井 有效厚度/m	百分比/%	宝1井 有效厚度/m	百分比/%	焉2井 有效厚度/m	百分比/%	城1井 有效厚度/m	百分比/%	博南1井 有效厚度/m	百分比/%	场浅1井 有效厚度/m	百分比/%	有效百分比/% 北部凹陷	南部凹陷
西山窑组	烃源岩	泥岩	27	27.27			41.5	45.82	104	41.94	236	48.8			40	50
		碳质泥岩	25				9.5		16.5		10					
		煤岩	36	3.5			28.5	30.5			7					
	暗色泥岩总厚		95.5		4		85		248		484					
三工河组	烃源岩	泥岩	84	56.57	23	24.73	39.5		85.5	39.49	249	52.4			45	50
		碳质泥岩	5.5		7		6.5		8.5		31.5					
		煤岩	2.5		8		5				4					
	暗色泥岩总厚		148.5		93		67		216.5		475.5					
八道湾组	烃源岩	泥岩	159.5	60.88			26.5		86.5	52.74	146	59.6			54	60
		碳质泥岩	20.5		17.5		4		10.5		12		1.5			
		煤岩	54	7.5			4		1		33					
	暗色泥岩总厚		262		71		53.5		164		245					
合计	烃源岩	泥岩	270.5		23		107.5		276		631		0			
		碳质泥岩	51		86.5		20		35.5		53.5		1.5			
		煤岩	92.5		19		37.5		31.5		44		0			
	暗色泥岩总厚		506		168		205.5		628.5		1204					

第二节 煤系源岩有机显微组分组成及生烃机理

一、显微组分组成

由于煤岩和泥岩的显微组分组成具有较强的非均质性,各组分的平均值不能确切反映特定煤岩和泥岩显微组分组成的数值分布特征。一般采用镜质组、惰性组、壳质组+腐泥组三角图表示显微组分组成更能客观地描述不同煤系的显微组分组成的数值分布。焉耆盆地侏罗系煤岩显微组分组成表现出富镜质组-惰性组、贫壳质组+腐泥组的特点,而泥岩的显微组分组成表现出贫惰性组、富镜质组-壳质组+腐泥组的特点。

煤岩显微组分组成平均值:镜质组 72.0%、惰性组 19.4%、壳质组+腐泥组 8.6%;泥岩显微组分组成平均值:镜质组 59.5%、惰性组 14.5%、壳质组+腐泥组 26.0%。在显微组分的分布形式中,镜质组-惰性组组合和过渡组合连在一起,呈明显的带状分布(图7.4)。泥岩显微组分组成的分布同样比较分散,没有明显的中心,但明显偏于镜质组-壳质组+腐泥组的组合,也有部分数据分布于镜质组-惰性组组合中(图 7.5),反映沉积环境和生源物质的多样性。

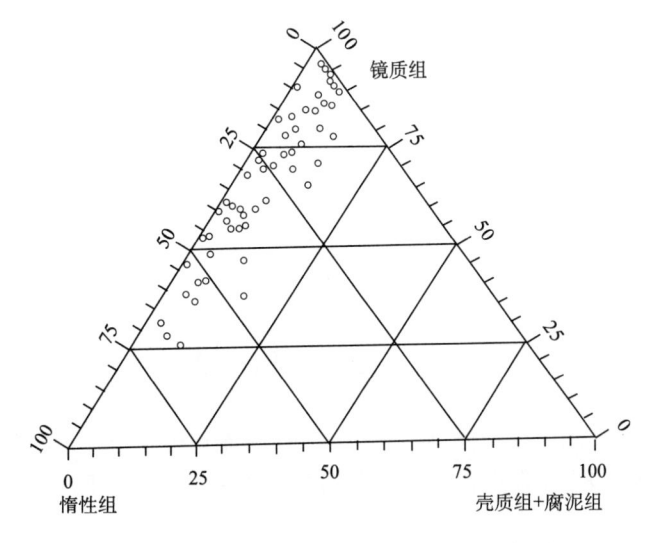

图7.4 焉耆盆地侏罗系煤显微组成三角图

与吐哈盆地相比,其壳质组+腐泥组的含量稍低,一般不超过 25%;镜质组含量相似,但焉耆盆地镜质组中含有高含量的基质镜质体(程克明,1994;黄第藩等,1995)(表 7.2)。

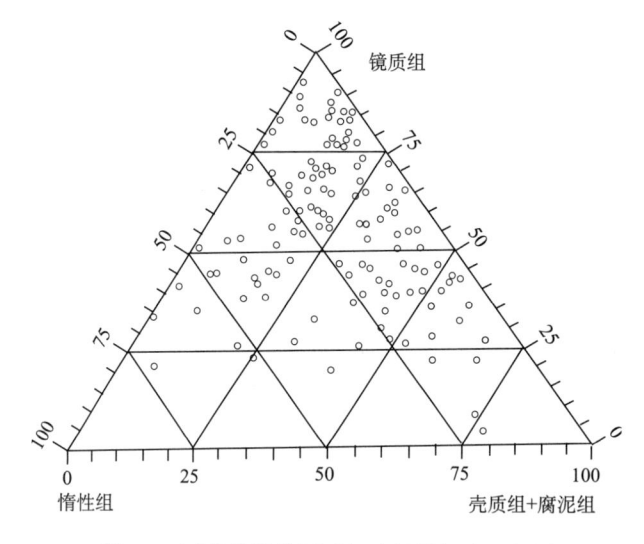

图 7.5 焉耆盆地侏罗系泥岩显微组成三角图

表 7.2 焉耆盆地与新疆地区重要煤系烃源岩显微组分组成的比较

地区	层位	岩性	镜质组/%	惰质组/%	壳质组+腐泥组/%
吐哈盆地	侏罗系	泥岩	4.8~97.0/50.1	0~96.0/11.0	3.0~94.6/38.9
		煤岩	4.8~98.4/74.0	0~67.4/15.2	0~94.6/10.7
三塘湖盆地	侏罗系	泥岩	0~100/55.8	0~8.3/14.2	0~100/29.9
		煤岩	12.5~95.9/69.2	0~53.9/15.5	1.0~75.5/15.3
焉耆盆地	侏罗系	泥岩	21.1~96.0/72.0	0~65.9/19.4	0~64.1/8.6
		煤岩	6.4~94.2/59.5	0~71.8/14.5	0~78.1/26.0

注：范围/平均值

二、生 烃 机 理

前已述及，焉耆盆地煤系有机质主要有三种显微组分组合形式，而不同显微组分具不同的倾气倾油性。表 7.3 为焉耆盆地煤系的倾气倾油性评价指标（吴涛、赵文智，1997；王昌桂，1998）。

随着镜质组含量降低和惰性组含量增加，煤系由倾油转向倾气，通过对博南 1 井、城 1 井、马 1 井部分样品生烃潜力的核磁共振研究，进一步证实这个结论（表 7.4），这不仅是因为显微组分组成上的变化，而且与显微组分的不同分布形式所代表的聚煤环境的差异有关。大量研究资料表明，富氢的显微组分才是成烃的物质基础。显微组分的富氢性，在光学显微镜下经紫外线激发便显示出荧光性，荧光越强，其生烃潜力越大；而显微组分可见荧光的消失，标志着该显微组分生油的结束，进入产气为主的阶段。显微组分中具有荧光性的一般有壳质组、腐泥组和富氢的基质镜质体。

表 7.3　焉耆盆地侏罗纪煤系烃源岩倾气倾油性评价

显微组分组成分布形式	显微组成/%			富氢程度		倾油或倾气性评价
	镜质组	惰质组	壳质组+腐泥组	H/C 原子比	氢指数/(mg/g)	
镜质组-壳质组+腐泥组组合型	<80	<5	>10	>0.9	>250	倾油
过渡组合型	60~80	5~35	5~15	0.8~0.9	200~250	过渡
镜质组-惰性组组合型	<60	>35	<5	<0.8	<200	倾气

表 7.4　焉耆盆地部分样品的 ^{13}CNMR 组成及其与显微组成的关系

井号	深度/m	层位	岩性	芳构碳	脂构碳	油潜力碳	气潜力碳	镜质组	惰质组	壳质组+腐泥组
博南1井	1472	三间房组	浅灰色粉砂质泥岩（碳屑）	0.785	0.215	0.1055	0.1095	20.3	1.6	78.1
	2053	西山窑组	深灰色泥岩	0.7208	0.2792	0.2237	0.0555	46.5	24.3	29.2
	2818	三工河组	深灰色泥岩	0.6244	0.3756	0.1809	0.1948	21.6	18.4	60.0
	3500	八道湾组	煤岩	0.689	0.311	0.219	0.092	90.0	10.0	
城1井	2073~2082	西山窑组	灰色泥岩	0.69	0.31	0.1527	0.1573	55.0	28.3	16.7
	2392		煤岩	0.6336	0.3664	0.1849	0.1816	73.6	19.6	6.8
	2685~2693	三工河组	灰色泥岩	0.6633	0.3367	0.1992	0.1375	63.5	20.7	14.0
	3185.58		黑色碳质泥岩	0.6825	0.3175	0.1901	0.1274	91.2	1.9	6.9
马1井	824	八道湾组	黑色碳质泥岩	0.6452	0.3548	0.1928	0.162	43.0	3.8	53.2
	1047		煤岩	0.6919	0.3081	0.1736	0.1345	91.5	8.0	0.5
	1714.54		碳质泥岩	0.7359	0.2641	0.1513	0.1128	100.0		

镜质组是焉耆盆地侏罗系煤系的主要显微组分，而基质镜质体 B 在镜质组中占主导地位，其含量占整个镜质组的 21.2%~86.7%，平均为 48.2%，尤其在八道湾组大量富集。对焉耆盆地侏罗系烃源岩而言，煤的生烃潜力不但取决于壳质组和腐泥组的数量，而且取决于富氢镜质组的数量。

焉耆盆地侏罗系煤中角质体富集成层，薄壁角质体含量很高。有的样品角质体含量达 20%~30%，薄壁角质体占整个角质体含量的 64%~95%。高含量的薄壁角质体是研究区西山窑组煤和泥岩荧光组分组成的特征之一，也是西山窑组的主要生烃组分之一。研究区煤和泥岩中常见的壳质组组分，以小孢子体为主，一般小于 100 μm，荧光正变化，表明其生烃性较好。矿物沥青基质在该区侏罗系煤和泥岩中均有，尤以八道湾组的泥岩中较为富集，是研究区侏罗系特别是八道湾组碳质泥岩主要生烃组分之一。

第三节 烃源岩的有机地球化学特征

一、有机质丰度

煤系泥岩有机碳含量普遍高于湖相泥岩，但其生烃潜力、可溶有机质及其总烃含量却比具同等有机碳含量的湖相泥岩低，所以评价煤系泥岩的有机碳丰度时，不能沿用湖相泥岩的评价标准。因此，在评价煤系泥岩、碳质泥岩和煤岩时，应分别采用其新的划分标准（黄第藩等，1995）。

以盆地已钻探井化验分析资料为基础，对博湖拗陷八道湾组、三工河组和西山窑组煤系泥岩和煤岩的有机质丰度进行了统计（表7.5）。

根据煤系烃源岩有机质丰度评价标准，评价结果为：侏罗系煤系泥岩属于中-好烃源岩，占该类样品总数的50%~60%，差-非烃源岩，占该类样品总数的40%~50%；碳质泥岩属于中等烃源岩，占该类样品总数的45%，差烃源岩占该类样品总数的30%；煤岩55%~65%属于差烃源岩，中等烃源岩仅占30%。在侏罗系各层组烃源岩中，下侏罗统八道湾组是本区最主要的烃源岩层，生烃条件最好，其次是中侏罗统西山窑组，下侏罗统三工河组相对较差。而上述三种岩性中，煤系泥岩优于煤岩和碳质泥岩，但煤岩和碳质泥岩因有机质丰度高而生烃潜力也较大，其对油气生成的贡献不可忽视。

表7.5 焉耆盆地泥岩、碳质泥岩、煤岩有机质丰度统计表

层位	岩性	有机碳/%				生烃潜力/(mg/g)			
		样品数	最小值	最大值	平均值	样品数	最小值	最大值	平均值
西山窑组	煤系泥岩	7	0.36	5.68	2.31	7	0.42	12.6	4.46
	碳质泥岩	4	12.47	29.25	20.48	4	1.86	78.29	42.6
	煤岩	10	44.86	74.02	57.85	10	87.79	144.98	92.24
三工河组	煤系泥岩	42	0.22	5.21	1.78	42	0.17	15.23	3.54
八道湾组	煤系泥岩	38	0.27	5.92	2.59	39	0.29	35.11	7.39
	碳质泥岩	19	6.02	68.86	18.09	19	5.66	170.77	55.44
	煤岩	20	40.36	71.63	53.14	20	45.41	222.69	152

二、有机质母质类型

根据干酪根碳同位素、元素组成和烃源岩氢、氧指数分布特征，对博湖拗陷侏罗系烃源岩干酪根进行研究（表7.6）。

表 7.6 有机质类型三类四型划分方案

参数 \ 类型	I 腐泥型	II₁ 腐殖-腐泥型	II₂ 腐泥-腐殖型	III 腐殖型
H/C（原子比）	>1.5	1.5~1.2	1.2~0.8	<0.8
O/C（原子比）	<0.1	0.1~0.2	0.2~0.3	>0.3
δC/‰	<−28	−28~−26	−26~−25	>−25
I_H/(mg/g)	>600	600~350	350~100	<100
I_O/(mg/g)	<50	50~150	150~400	>400
降解率 D/%	>50	50~30	30~10	<10

（一）干酪根碳同位素组成

西山窑组干酪根碳同位素数据较少，泥岩干酪根样品仅有 6 个，其平均值为−23.4‰，集中分布在−23‰~−24‰；煤岩和碳质泥岩干酪根样品有 5 个，分布在−23.2‰~−23.9‰，平均为−23.5‰，与泥岩干酪根的值相差不大，均属于III型母质。三工河组泥岩干酪根样品的碳同位素值比西山窑组泥岩的值稍低，平均为−23.9‰，其主要分布区间为−24‰~−25‰；煤及碳质泥岩干酪根样品仅 4 个，分布在−23.2‰~−23.8‰，其平均值稍低于泥岩，为−24.1‰，因此，三工河组泥岩、煤及碳质泥岩也属于III型母质。八道湾组泥岩干酪根样品的碳同位素值相比三工河组又稍低，平均值为−24.1‰，主要分布区间为−23‰~−25‰，此外，还有部分样品的值小于−25‰，反映八道湾组泥岩大部分仍属于III型母质，少部分（约占 10%）属于II₂型母质。与泥岩相比较，八道湾组煤及碳质泥岩干酪根的碳同位素值又偏低，20 个样品的平均值小于−24‰，主要分布在−24‰~−26‰，部分样品小于−26‰，反映八道湾组煤及碳质泥岩的有机质类型部分属于III型母质，部分属于II₂型母质，还有少部分属于II₁型母质。

通过对上述三个层组各类源岩的干酪根碳同位素值的分析讨论，可以看出：① 三个层组中以八道湾组有机质类型最好，其源岩虽然大部分属于III型母质，但部分属于II₂型母质，甚至II₁型母质，而三工河组和西山窑组基本上属于III型母质；② 同一层组中，煤及碳质泥岩碳同位素值稍低于泥岩，反映煤及碳质泥岩的有机质类型稍好于其同层组的煤系泥岩。

（二）烃源岩干酪根 C、H、O 元素组成

图 7.6 是博湖拗陷侏罗系西山窑组、三工河组及八道湾组各类烃源岩的 H/C、O/C 原子比相关图。这三张图反映博湖拗陷侏罗系绝大部分源岩的 H/C 原子比小于 0.8，O/C 原子比小于 0.15，为III型母质，只有少部分源岩的 H/C 原子比大于 0.8，但也小于 1.0，属于II₂型母质，这一点与干酪根碳同位素所反映的结论大致相同。

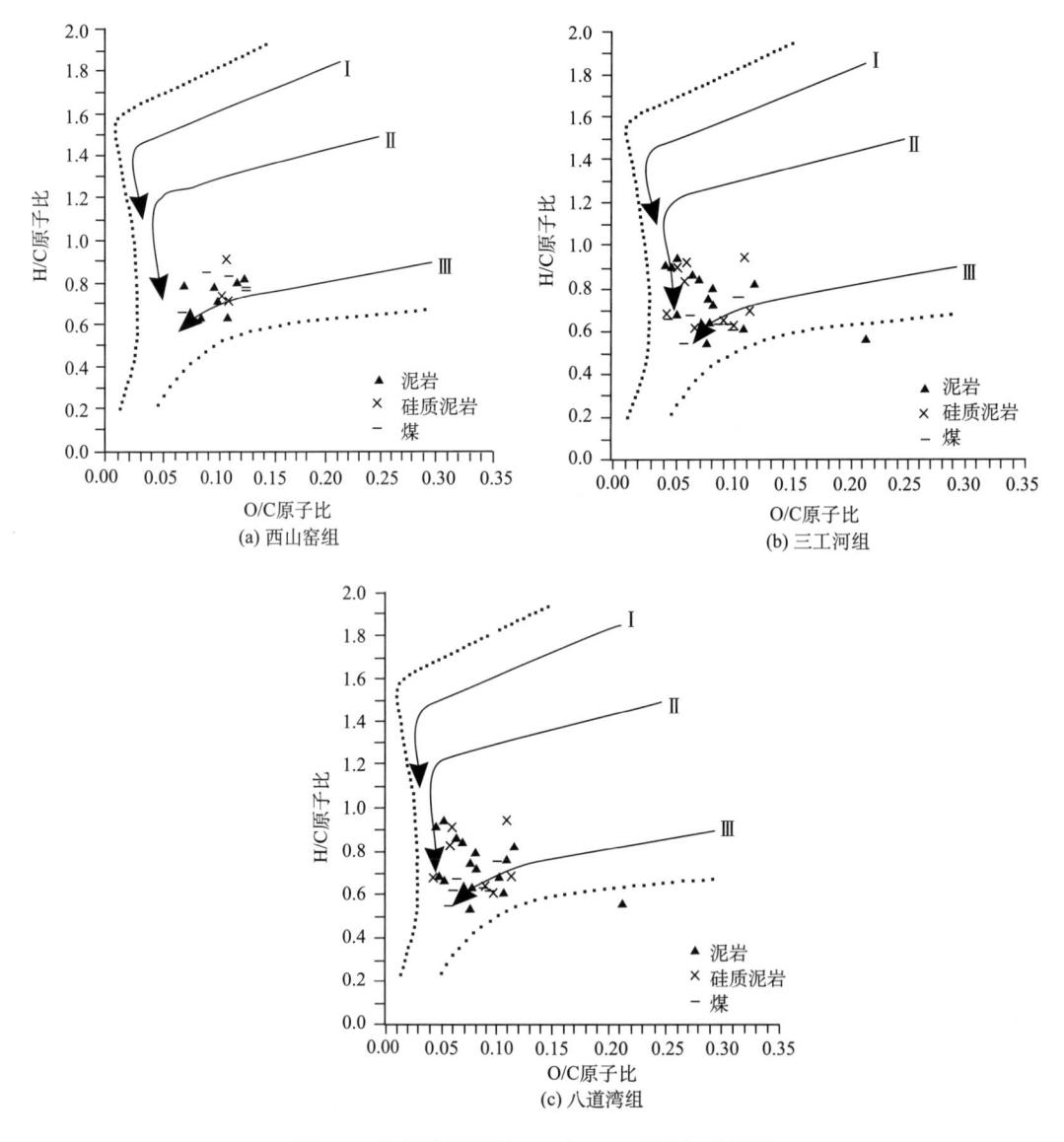

图 7.6 侏罗系烃源岩 H/C 与 O/C 原子比关系图

比较而言，还是以八道湾组为好，但煤岩及碳质泥岩比泥岩有机质类型稍好的现象上述三个层组在八道湾组不太明显，在三工河组和西山窑组还是有所表现，这可能与八道湾组源岩的热演化程度相对较高有关。

（三）烃源岩氢、氧指数分布特征

侏罗系泥岩氢、氧指数分布范围较大，氢指数分布在 2~266 mg/g TOC，氧指数分布在 3~183 mg/g TOC（图 7.7），降解率也均小于 30%，反映泥岩的有机质类型为 II_2-III 型。煤的氢指数分布在 100~300 mg/g TOC，明显比大部分泥岩的类型好，是本区一类重要的烃源岩。

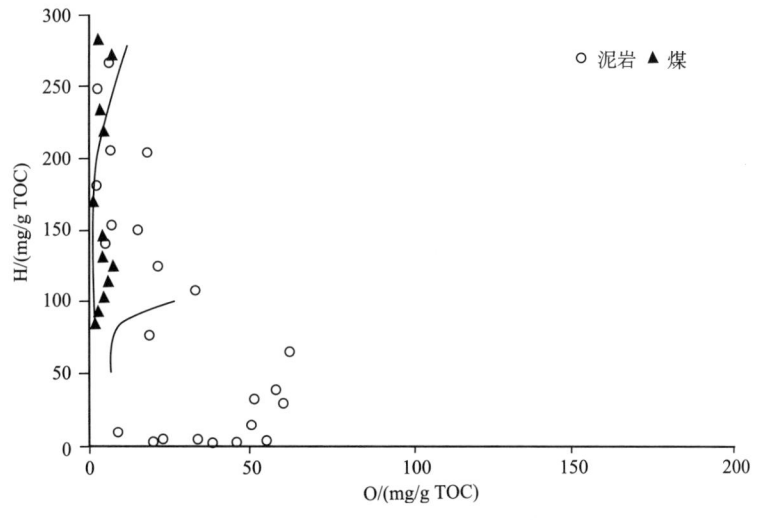

图 7.7　博湖拗陷烃源岩的氢、氧指数相关图

通过上述分析，可以看出各种资料所反映的结果比较一致，即焉耆盆地侏罗系烃源岩有机质类型主要为Ⅲ型，只有八道湾组部分泥岩为Ⅱ$_2$、Ⅱ$_1$型，但数量较少。按有机质类型评价侏罗系各层组烃源岩的优劣顺序依次为八道湾组、西山窑组、三工河组。同一层组中，煤岩和碳质泥岩有机质类型稍好于煤系泥岩

三、有机质热演化

（一）不同时期演化特征

八道湾组烃源岩在侏罗系沉积末开始进入生烃门限，盆地中心部分八道湾组底面已进入低成熟阶段（图 7.8），此时八道湾组整体处于未熟-低熟阶段，可能是低熟油和生物热催化过渡带气形成的重要时期。早白垩世是八道湾组烃源岩演化最快的时期，到早白垩世晚期—晚白垩世早期地层埋深最大时，盆地八道湾组烃源岩在北部凹陷和南部凹陷均大面积成熟，八道湾组烃源岩成熟度（R^o）主要为 0.7%~1.2%（图 7.9），这一时期是盆地油气生成的主要时期。

晚白垩世中晚期本区整体抬升，地层遭受广泛剥蚀，烃源岩的演化趋于停止，第一次生烃过程结束。古近纪，焉耆盆地又一次接受沉积，八道湾组烃源岩再次埋藏升温，开始了二次生烃过程。目前，八道湾组烃源岩在凹陷中心处的 R^o 值已达 1.4%~1.5%，处于成熟-高成熟阶段（图 7.10）。

三工河组和西山窑组烃源岩的演化进程与八道湾组烃源岩类似。白垩纪是上述烃源岩热演化最快的时期，到早白垩世晚期—晚白垩世早期，三工河组烃源岩已进入生烃门限；西山窑组烃源岩在七里铺次凹开始进入生烃门限，在四十里城次凹仅底面进入生烃门限，晚白垩世中晚期的抬升作用造成上述两套烃源岩的演化停止，古近纪开始二次生烃过程。目前，三工河组在整个凹陷均已成熟，在北部凹陷中心处的 R^o 值已达 1.0%~1.1%，西山窑组则主要处于低成熟阶段（图 7.11，图 7.12）。

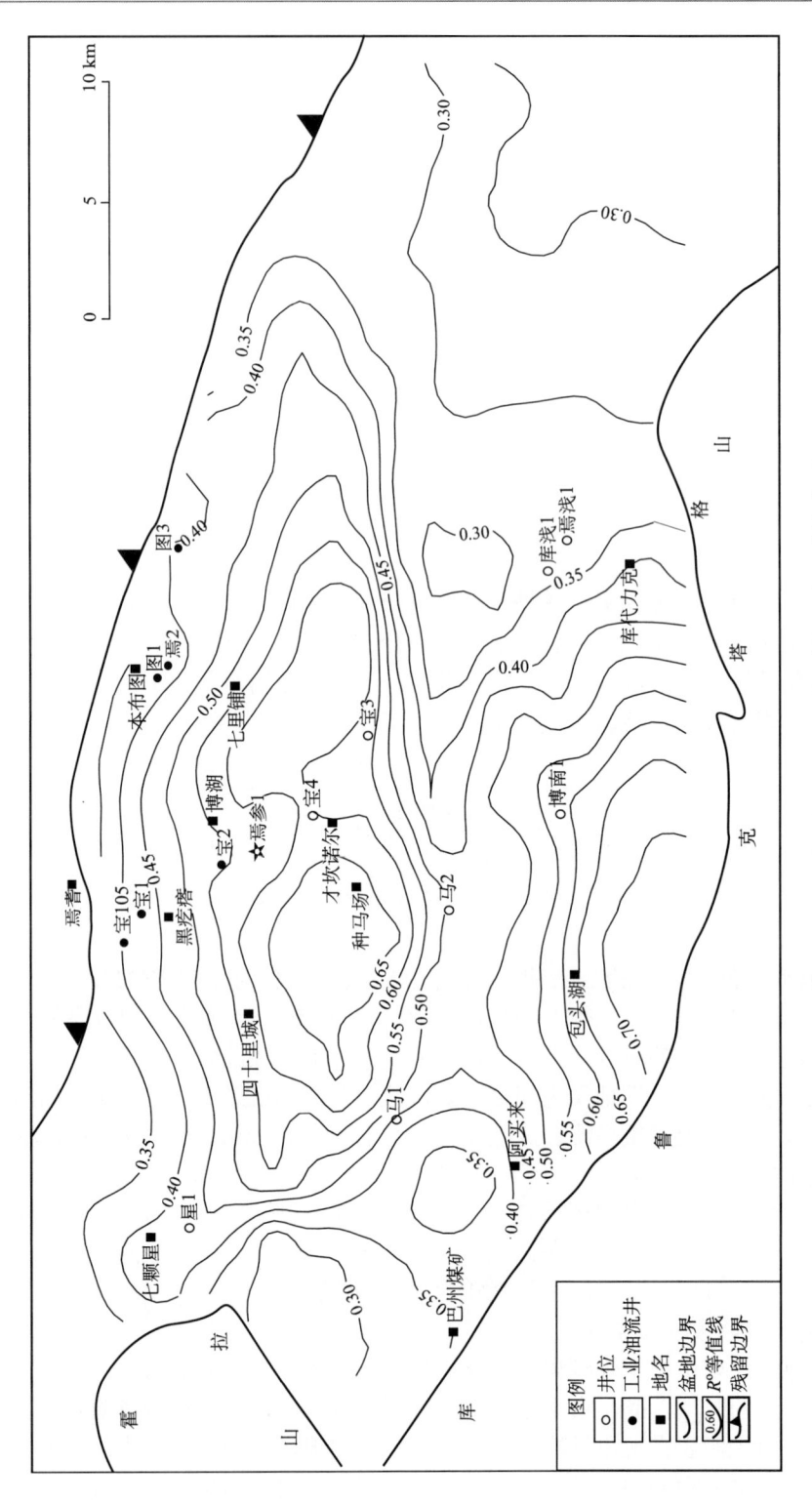

图 7.8 焉耆盆地八道湾组底面在侏罗系沉积期末 R^o 等值线图

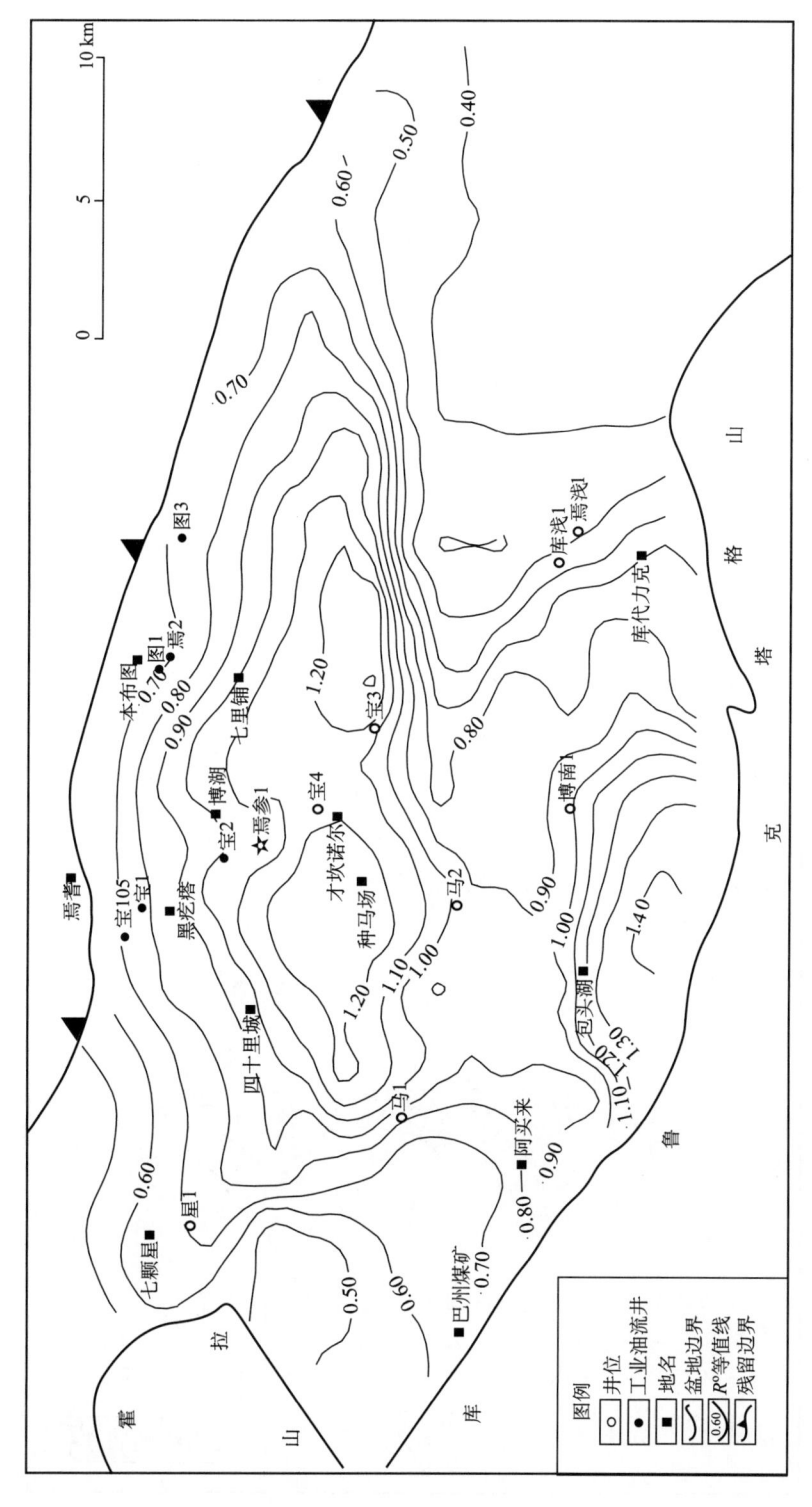

图 7.9 焉耆盆地八道湾组晚白垩世早期沉积末 R^o 等值线图

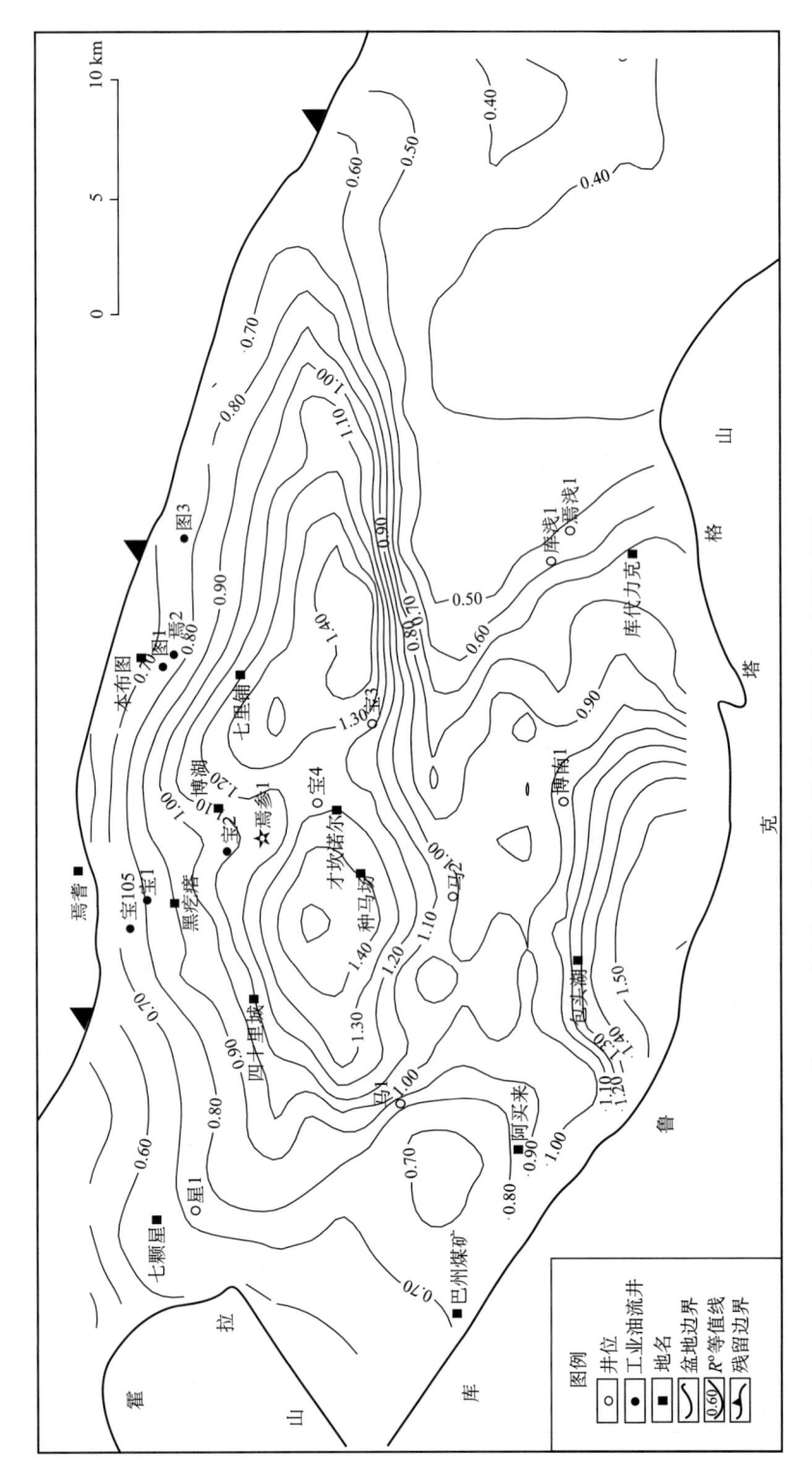

图 7.10 焉耆盆地侏罗系八道湾组底面现今 R^o 等值线图

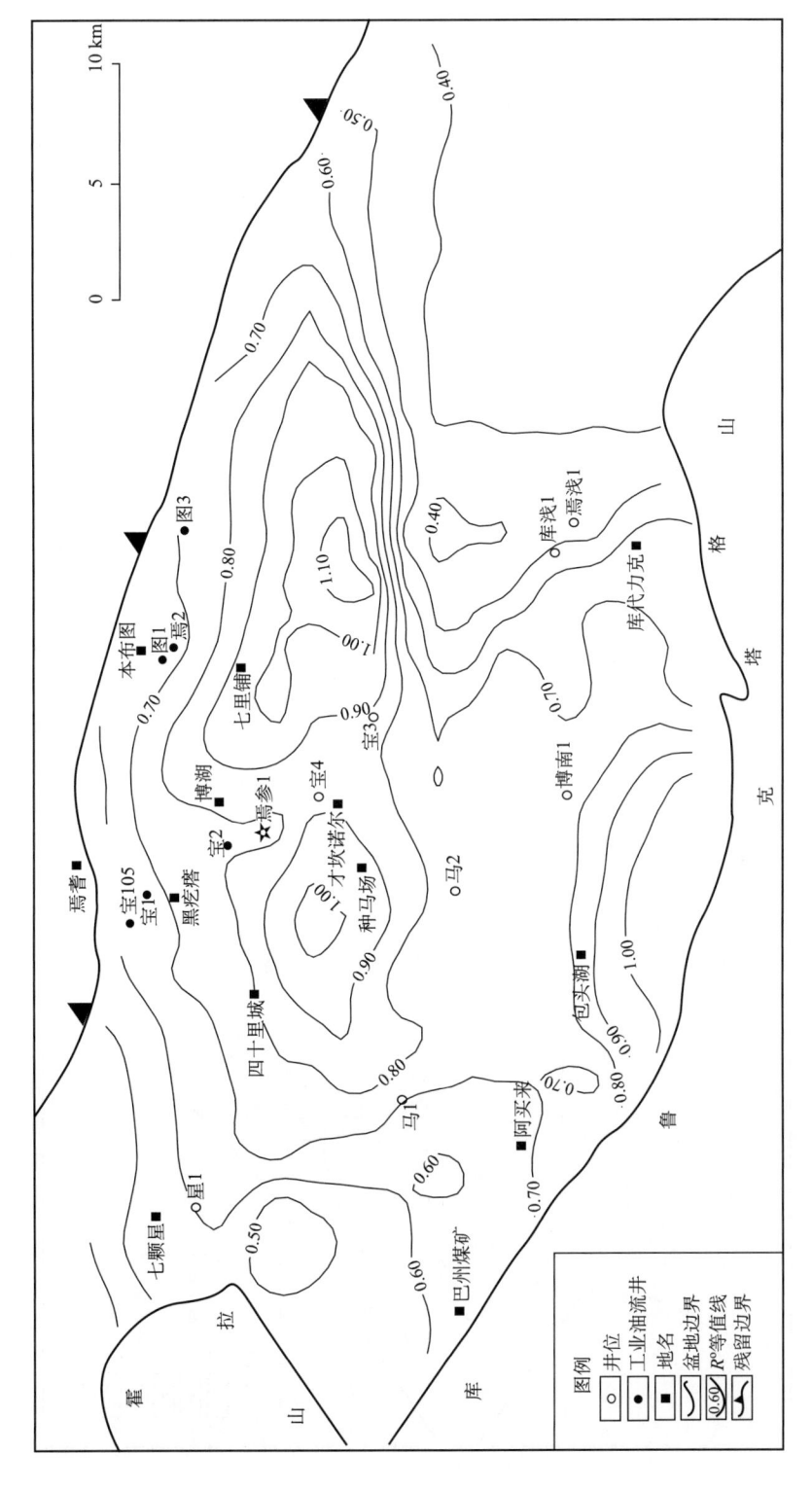

图 7.11 焉耆盆地侏罗系三工河组底面现今 R^o 等值线图

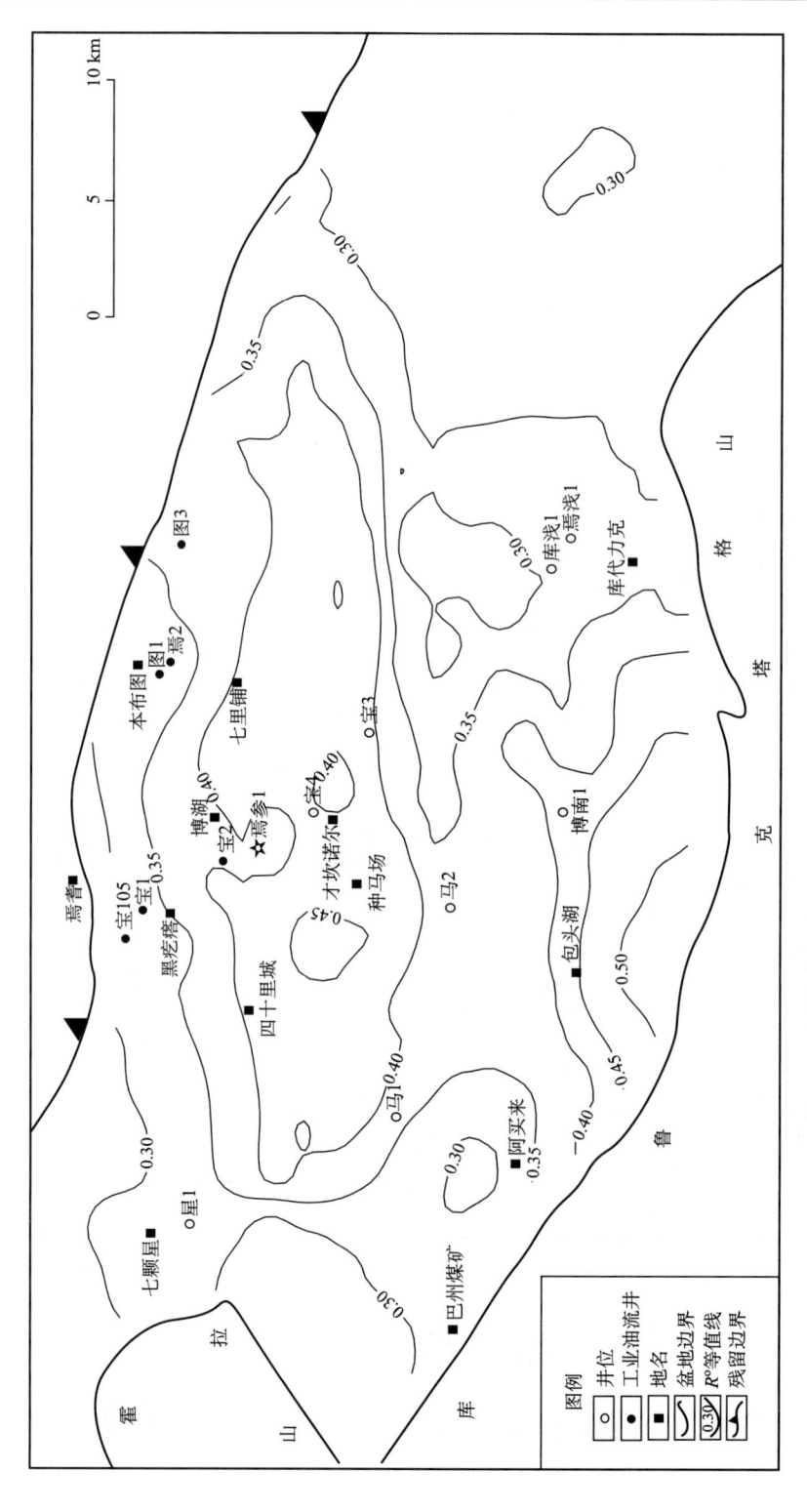

238　新疆焉耆盆地原始面貌恢复及油气赋存

图 7.12　焉耆盆地侏罗系三工河组在晚白垩世早中期沉积期末 R^o 等值线图

（二）南北凹陷演化的异同

1. 北部凹陷

焉参 1 井和城 1 井侏罗系煤和泥岩的 R^o 大部分集中在 0.6%~0.9%（图 7.13），随埋深的增加，R^o 逐渐增加，与埋深的线性关系比较明显。根据钻井揭示，宝浪-苏木构造带中生界连续沉积，地层保存完整，焉参 1 井烃源岩热演化剖面可代表该构造带的有机质演化规律，其热演化阶段划分为两个阶段：

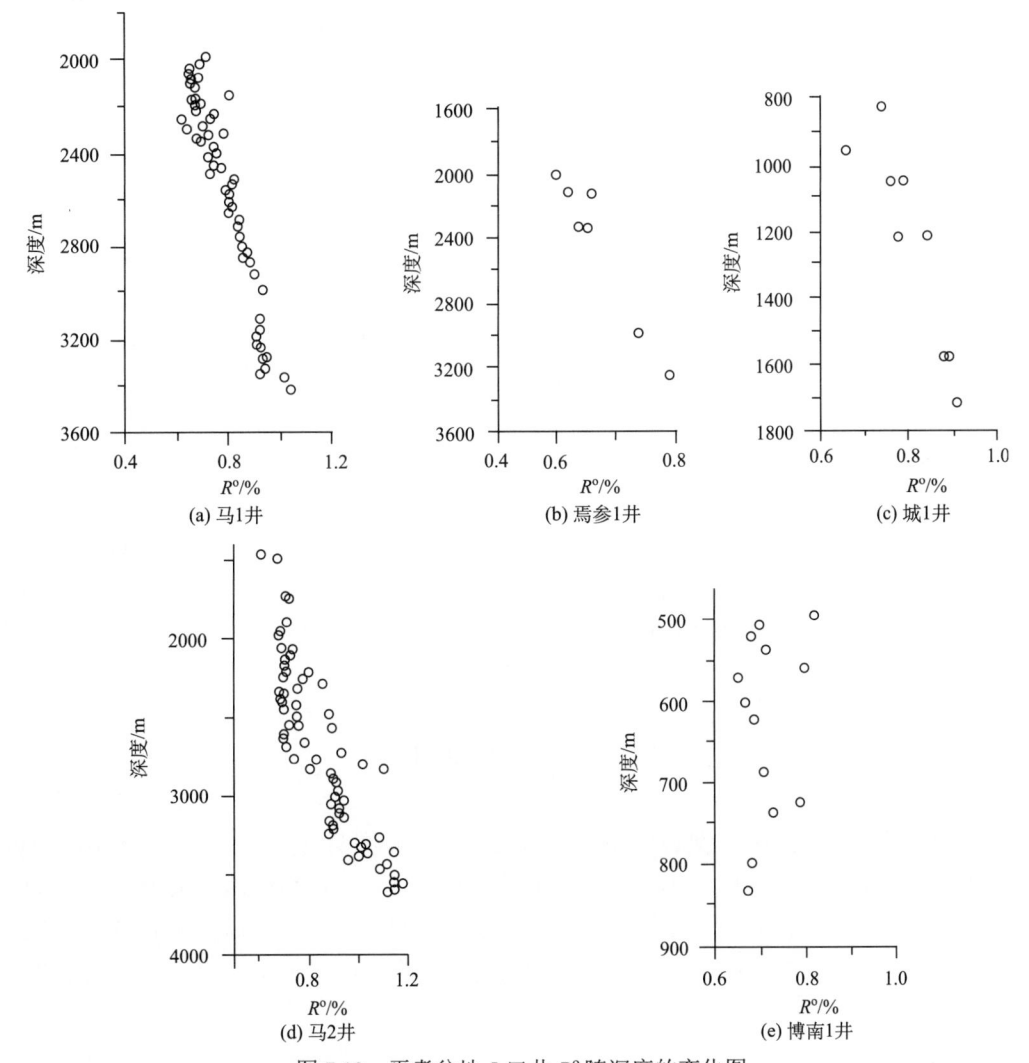

图 7.13　焉耆盆地 5 口井 R^o 随深度的变化图

低熟阶段：烃源岩埋深在 2000~2750 m，相当于中侏罗统西山窑组和下侏罗统三工河组，R^o 为 0.6%~0.7%，有机质已进入生烃门限（R^o>0.5%），表征有机质的热演化参数开始有规律的变化。在此阶段煤系烃源岩有机显微组分中基质镜质体、角质体等正处在生烃高峰，构成煤系烃源岩的第Ⅰ个生油高峰期。

成熟阶段：烃源岩埋深在 2760~3700 m，相应层位是下侏罗统八道湾组和中上三叠统小泉沟组，R^o 为 0.75%~0.90%，正构烷烃 OEP 值在 1.0 左右，甾烷 C_{29}S/R+S 保持在 0.4~0.5，烃源岩已进入热降解成烃的油气兼生阶段，液态烃大量生成，构成煤系烃源岩的第Ⅱ个生油高峰期。

2. 南部凹陷

南部凹陷的博南 1 井和种马场构造带的马 1 井、马 2 井 R^o 值变化在 0.6%~1.0%，随埋深的增加，R^o 值逐渐增大。马 1 井的西山窑组和三工河组中上段剥蚀殆尽，烃源岩主要分布在三工河组下段与八道湾组。由该井有机质热演化剖面可知，R^o 值随埋深的增加而增大，呈良好的线性关系，在井深 822.8 m 时，R^o 已达 0.72%；饱和烃色质分析结果表明，该井自上而下生物标志物的构型转化已趋于稳定，甾烷 C_{29}S/R+S 为 0.41~0.46，C_{30} 莫烷/藿烷为 0.08~0.22，C_{29}S/R 为 1.12~1.52，表明该区烃源岩已进入成熟阶段。

（三）源岩的烃转化特征

由焉参 1 井煤系泥岩、碳质泥岩和煤随埋深的烃转化率曲线（图 7.13）可以看出，地层埋深 1991 m 进入侏罗系西山窑组后，源岩 R^o 值已达 0.60%，表明该井已进入成烃门限，开始大量生烃，此深度的转化率仅 0.6%，直到埋深 3248 m，源岩 R^o 达 0.9%，接近生烃高峰，烃转化率达 4.89%。值得提出的是，焉参 1 井不同埋深的煤和碳质泥岩烃转化率变化不大，一般为 1%~1.5%，这一结果表明，该区煤和碳质泥岩的烃转化率低于泥岩。宝 1 井也存在相同的趋势，在 2165 m 进入侏罗系后，虽然其源岩的热成熟度 R^o 已达 0.6%，但烃转化率仍小于 1%，而随着埋藏深度的增加，热成熟度增高，R^o 变大，烃转化率亦在增大，在埋深 3000 m 处，泥岩 R^o 增至 0.8%，烃转化率高达 2.5%，此深度煤的烃转化率亦增至 1.35%，但总趋势仍低于泥岩。

第四节　油源对比研究

1993 年至今，焉耆盆地博湖拗陷已发现宝浪和本布图两个油田，宝北、宝中、本布图和本布图东 4 个含油区块。为进一步查明这些油田及含油区块的油气来源，在前人研究的基础上，分析了焉耆盆地中下侏罗统各层组各类可能源岩和各油区原油的稳定碳同位素、分子碳同位素及常用生物标记物，以便进一步开展本区油/油、岩/岩和油/岩的"亲缘关系"对比，从而进一步确定本区主要油源岩。

一、油及各类源岩的碳同位素特征

1. 原油的碳同位素特征

原油的稳定碳同位素组成主要与母质类型有关，因此，可反映原油的成因类型。据戴金星（1992a，1992b）的研究，与腐泥型母质有关的原油 $\delta^{13}C$ 一般小于–27‰，饱和烃 $\delta^{13}C$ 小于–28.5‰，芳烃 $\delta^{13}C$ 小于–26.5‰；而与腐殖型母质有关的原油 $\delta^{13}C$ 一般大于–27.0‰，饱和烃 $\delta^{13}C$ 大于–28.5‰。本次分析了 11 个原油样品，表 7.7 为焉耆盆地原油及其组分碳同位素组成数据。除博南 1 井原油的 $\delta^{13}C$ 小于–27‰外，其余各原油的碳同位素值均大于–27.0‰，反映本区原油原始母质以高等植物为主和富含重碳同位素的特点。

表 7.7　焉耆盆地原油及其组分碳同位素分布

井位	油区	产层	井深/m	$\delta^{13}C$/‰				
				全油	饱和烃	芳烃	非烃	沥青质
图 3	本布图东	三工河组	2885.4~2965.0	–26.3	–26.9	–25.7	–25.7	–26.6
图 3		八道湾组	2959.1~2965.0	–26.1	–26.7	–25.7	–25.6	–26.1
图 301		三工河组	2912.8~2926.8	–26.4	–26.9	–25.7	–25.8	–26.9
图 301		八道湾组	2993.1~3015.8	–26.7	–27.2	–26.0	–25.8	–27.3
焉 2	本布图	八道湾组	2703.4~2702.5	–26.0	–26.5	–25.4	–25.7	–27.0
焉参 1	宝中	三工河组	2293.0~2315.1	–26.1	–26.5	–25.6	–26.0	–26.5
宝 101		三工河组	2304.0~2312.6	–25.9	–26.5	–25.5	–25.8	–26.2
宝 1	宝北	三工河组	2256.0~2712.0	–26.1	–26.7	–25.6	–25.9	–27.2
宝 1		三工河组	2305.0~2321.0	–26.4	–26.9	–25.7	–26.1	–26.9
城 1	四十里城	八道湾组	3250.6~3276.2	–25.9	–26.4	–25.7	–25.9	–27.2
博南 1	南部凹陷	三工河组	3239.6~3257.3	–28.0	–28.4	–27.1	–27.4	–27.2

2. 原油单体烃碳同位素特征

图 7.14 是焉耆盆地中下侏罗统 11 个原油的分子同位素分布图。由图可见，本区原油分子碳同位素具如下特征：

（1）C_{12}~C_{33} 分子同位素随碳数增加而逐渐变轻（$\delta^{13}C$ 由–20‰~–23‰降至–27‰~–34‰），总趋势表现为下降型；

（2）1 个原油的分子同位素除在 C_{30} 表现出略有差异外，其余各分子碳同位素随碳数增加而同位素质降低趋势几乎完全一致。这种原油分子碳同位素的变化趋势进一步从分子组成的角度揭示了其间相似的组成和其母源前身物性质基本一致的特点；

（3）分析焉耆盆地中下侏罗统 11 个原油的分子碳同位素分布特征仍然发现，除 C_{30} 各分子碳同位素有一定差别之外，在 C_{18} 以前的分子同位素组成分布中，博南 1 井的原油似乎略轻于其他原油，是何原因引起，值得进一步研究。

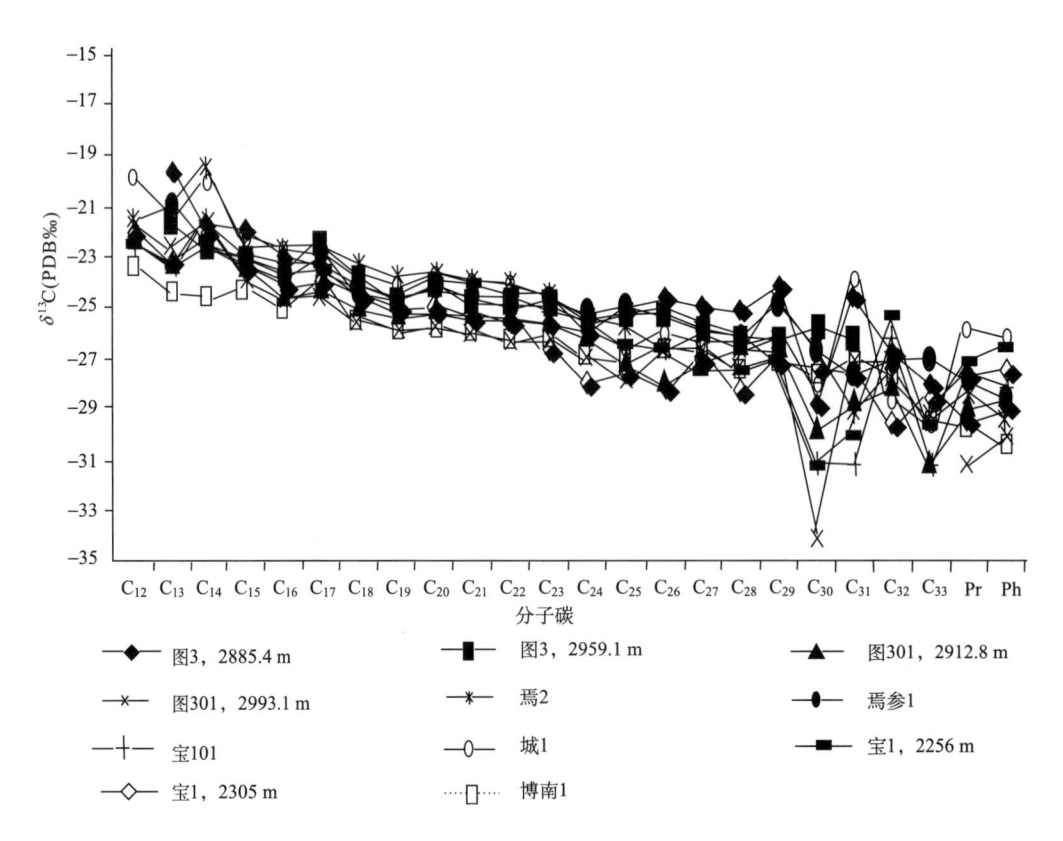

图 7.14 焉耆盆地中下侏罗统原油分子碳同位素分布特征

3. 煤系泥岩、碳质泥岩和煤的分子碳同位素分布特征

图 7.15 是本区源岩（煤系泥岩、碳质泥岩和煤）的分子碳同位素分布图。

由图可见，除三叠系泥岩及博南 1 井个别泥岩的分子碳同位素分布与大多数样品有一定差别外，大多数源岩的分子碳同位素分布基本一致，并具一定的可比性。这一事实表明，上述源岩由于具有共同的原始母源先质（高等植物），反映出它们在碳同位素分馏和继承效应方面具有共同特点。因此，从分子同位素分布角度出发，本区的煤系泥岩、碳质泥岩和煤有可能是本区原油的共同源岩，但其以何者为主，还需进一步从生物标记物定量及双质谱等更为精细的先进技术进行研究。

二、原油及各类源岩的生物标记物组成特征

1. 原油的生物标记物特征

焉耆盆地各油区原油中三环萜烷不发育，五环三萜烷中一般 Tm>Ts，17α（H）-重

排藿烷比较发育，伽马蜡烷不发育；甾烷组成中一般以 C_{29} 豆甾烷为主，C_{29} 甾烷 $\gg C_{27}$ 甾烷和 C_{28} 甾烷之和，且重排甾烷不发育，如宝 101 井 2304~2312.6 m 的原油（图 7.16）。

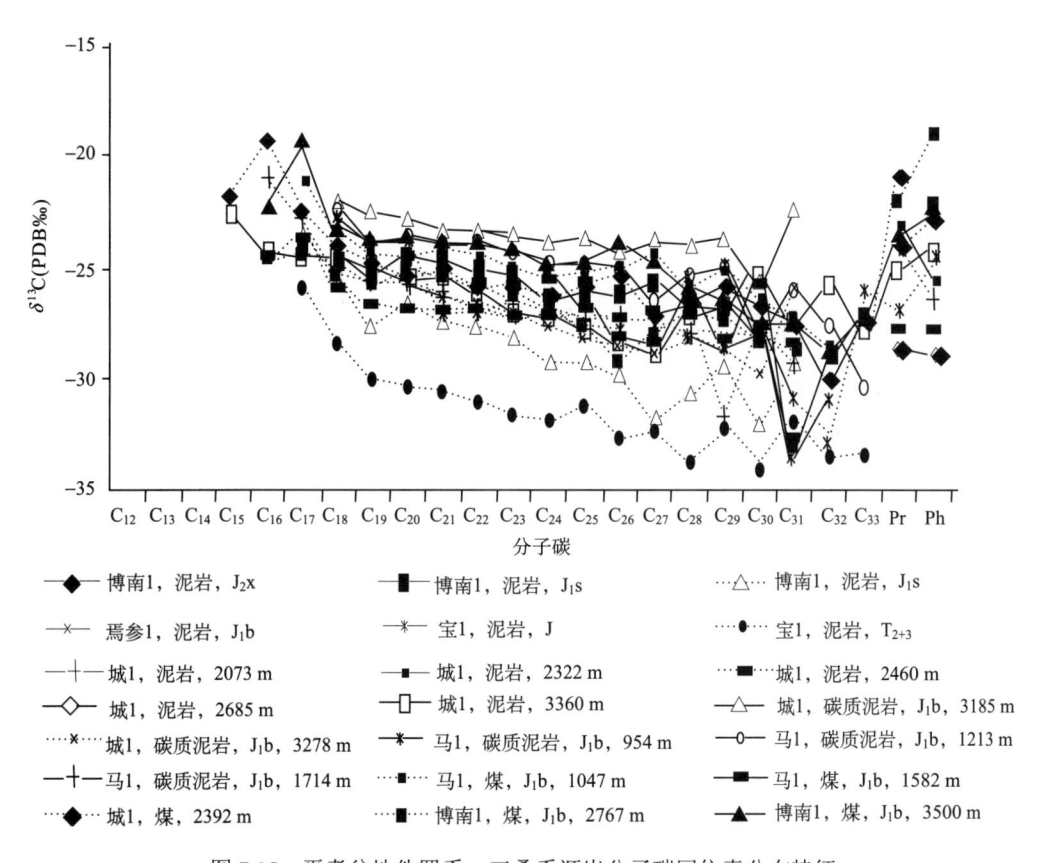

图 7.15　焉耆盆地侏罗系—三叠系源岩分子碳同位素分布特征

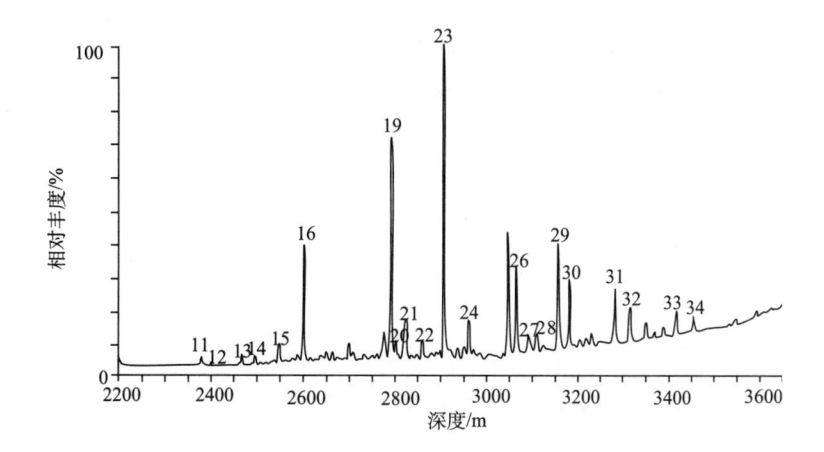

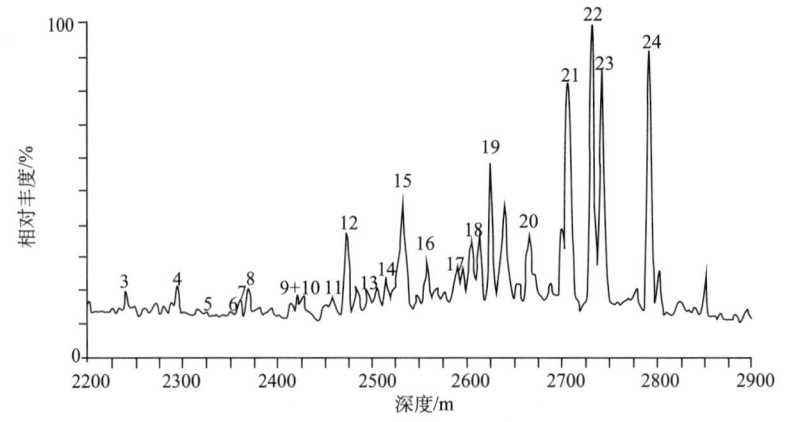

图 7.16　焉耆盆地宝 101 井 2304~2312.6 m 原油饱和烃 m/z191 及 m/z217 质量色谱图

2. 煤系泥岩的生物标记物特征

本区中下侏罗统煤系泥岩生物标记物特征比较复杂，不像原油生物标记物那样单一。煤系泥岩生物标记物以焉参 1 井（3248.5 m，八道湾组）为代表，其主要特征是：Tm>>Ts，伽马蜡烷极不发育，C_{29} 降新藿烷（C_{29}Ts）和 C_{30} 重排藿烷均不甚发育，唯 C_{29} 降藿烷比较发育，如博南 1 井 2053 m（西山窑组）深灰色泥岩、博南 1 井 2447 m 深灰色泥岩，这些煤系泥岩的 C_{29} 降藿烷>C_{30} 藿烷，由于这类岩石 C_{29} 降藿烷发育，其相应的降莫烷亦较发育，这也是该类煤系泥岩的生物标记物特点之一（图 7.17）。

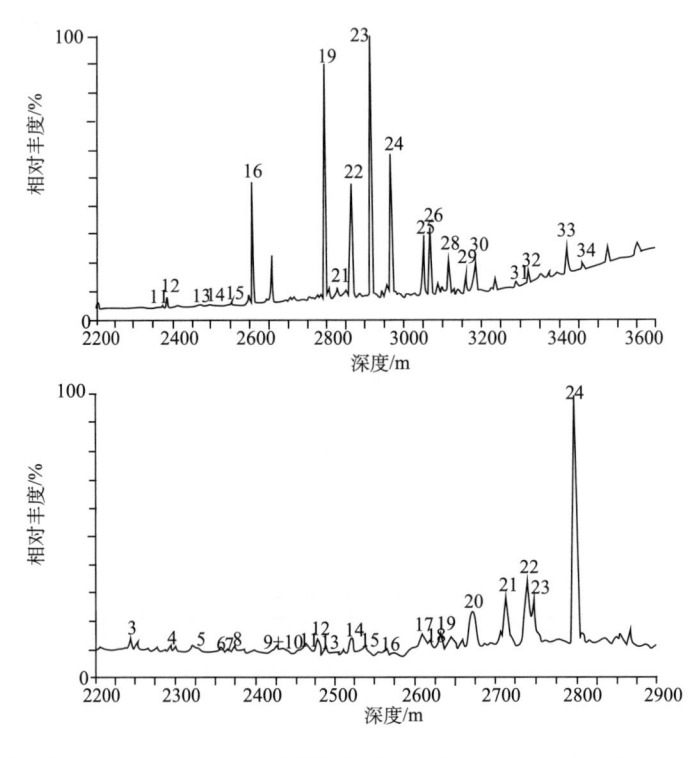

图 7.17　焉耆盆地焉参 1 井 3248.5 m，八道湾组煤系泥岩饱和烃 m/z191 及 m/z217 质量色谱图

3. 碳质泥岩的生物标记物特征

碳质泥岩的生物标记物特征有两种情况，其一是 C_{29} 降藿烷大于 C_{30} 藿烷，相应的 C_{29} 莫烷也比较发育，Tm>>Ts，蜡烷极不发育，反映淡水沉积特征，该类样品如马1井824 m 碳质泥岩（八道湾组）；第二类的特点是：C_{30} 藿烷>C_{29} 降藿烷，相应的 C_{29} 降新藿烷（C_{29}Ts）和 C_{30} 重排藿烷均比较发育，伽马蜡烷依然很低，如城1井 3185.58 m 碳质泥岩（图 7.18）。

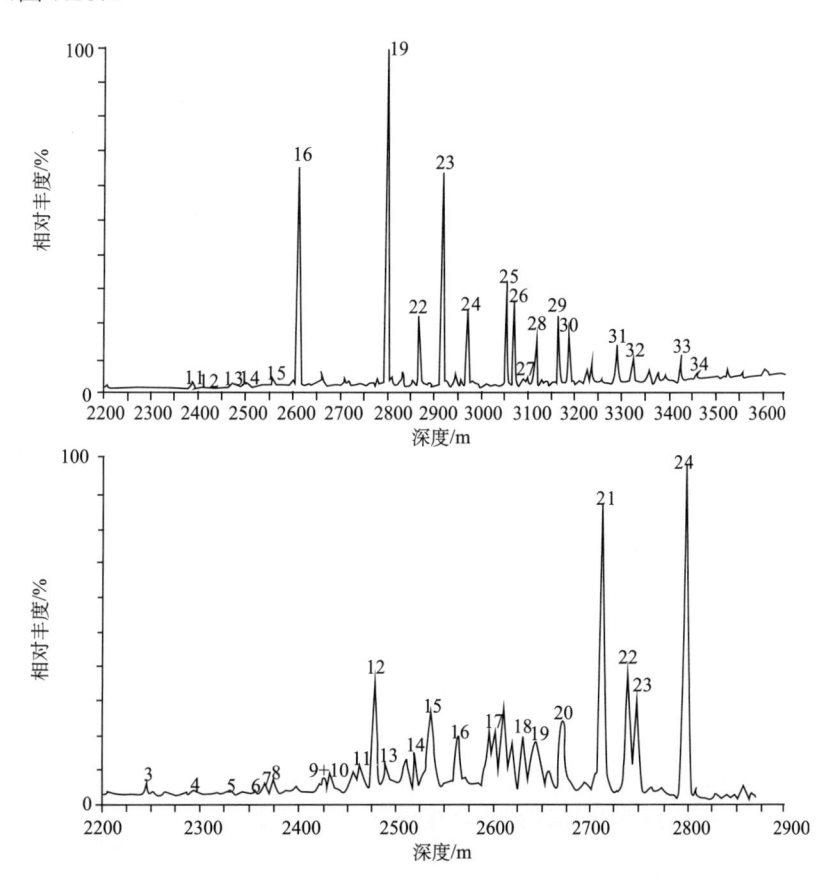

图 7.18　焉耆盆地八道湾组马1井（824 m）碳质泥岩饱和烃 m/z191 及 m/z217 质量色谱图

4. 煤的生物标记物特征

煤的生物标记物特征基本上与碳质泥岩相同，也分两种类型：一种是 C_{30} 藿烷>C_{29} 藿烷，Tm>>Ts，伽马蜡烷极不发育，如博南1井 2767 m（八道湾组）煤；另一类的特点是 C_{29} 降藿烷>C_{30} 藿烷，Tm>>Ts，伽马蜡烷亦极不发育，如城1井 2392 m（八道湾组）煤（图 7.19）。

图 7.19 焉耆盆地八道湾组博南 1 井（2767 m）煤饱和烃 m/z191 及 m/z217 质量色谱图

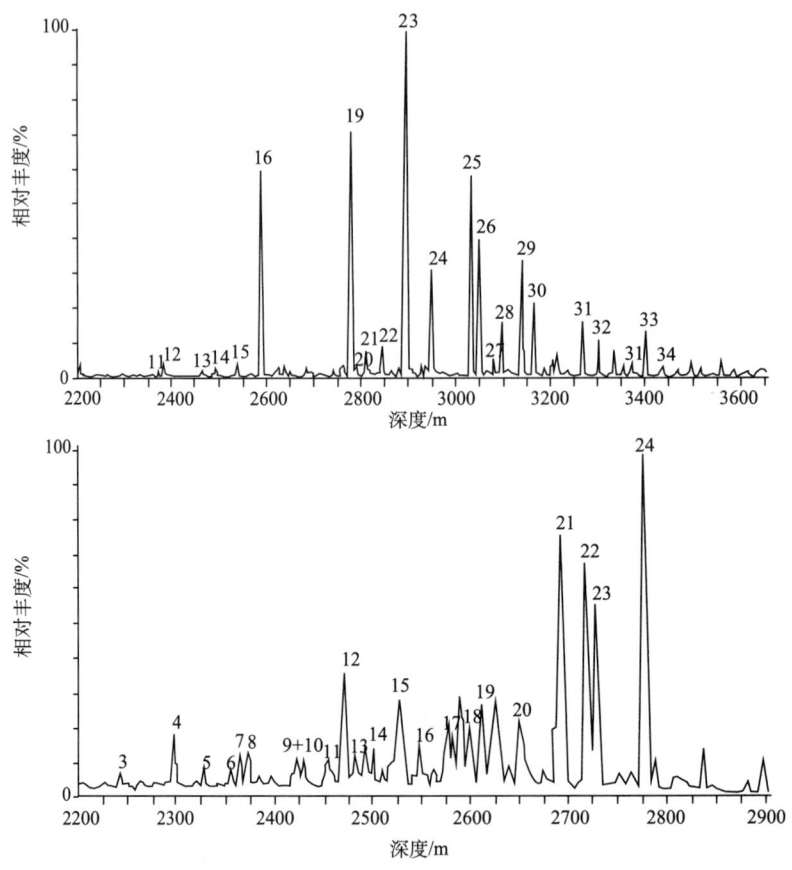

三、油源对比结果

在综合分析原油及各类源岩碳同位素、分子碳同位素和生物标记物特征研究的基础上，重点利用甾烷和萜烷等生物标记物直接进行油/岩对比。

（一）甾烷的油/岩对比结果

1. C_{27}、C_{28}、C_{29} 规则甾烷组成三角图

图 7.20 是焉耆盆地主要具代表性原油及各类可能源岩规则甾烷组成三角图。由图可见，在以原油为核心的亲缘圈内，既有煤系泥岩，又有碳质泥岩和煤与之共同组成亲缘圈，该亲缘圈之外还有相当数量的泥岩、碳质泥岩和煤。这一结果表明，焉耆盆地中下侏罗统原油系来自本区部分泥岩、碳质泥岩和煤，其并非单一油源，而是为上述三种岩性的混源油。需要说明的是，根据规则甾烷组成三角图对比结果，煤系泥岩、碳质泥岩和煤均对本区油气来源有一定贡献，但这决不是说所有煤系泥岩、碳质泥岩和煤都是本区的烃源岩，而它们中仅有一部分在有机质丰度、成烃母质类型和热演化程度等方面均

达到源岩标准，方能是本区有效烃源岩。

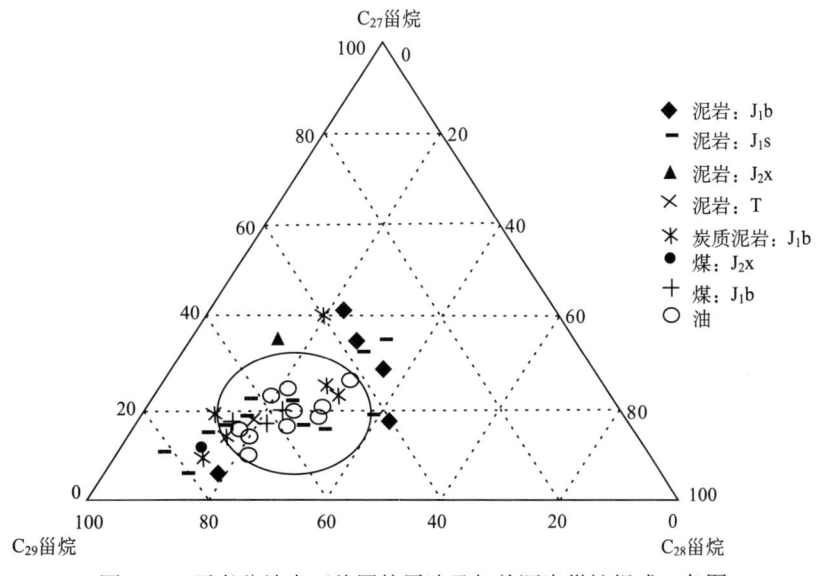

图 7.20　焉耆盆地中下侏罗统原油及相关源岩甾烷组成三角图

2. 甾烷 $C_{29}\alpha\beta\beta/\alpha\alpha\alpha+\alpha\beta\beta$ 与甾烷 $C_{29}20S/20S+20R$ 关系

根据 C_{29} 甾烷的异构化参数的大小来衡量有机物质及原油的热成熟度，再利用上述二参数之间的关系来判别油气运移的远近。一般认为，甾烷 $C_{29}\alpha\beta\beta/\alpha\alpha\alpha+\alpha\beta\beta$ 应与甾烷 $C_{29}20S/20S+20R$ 呈线性关系增加，如是自生自储油藏，油/岩的上述参数分布应遵循其线性关系；反之，若是次生运移油藏，其上述参数并不遵循其线性关系，而是远离其线性关系范围。由图 7.21 看来，本区中下侏罗统油藏应属自生自储油藏；且其同时表明部分煤系泥岩、碳质泥岩和煤应是其可能源岩，因为在原油附近由部分煤系泥岩、碳质泥岩和煤共同组成一个直径很小的亲缘圈，从相似对比角度分析，这些岩类的一部分应是本区的源岩。

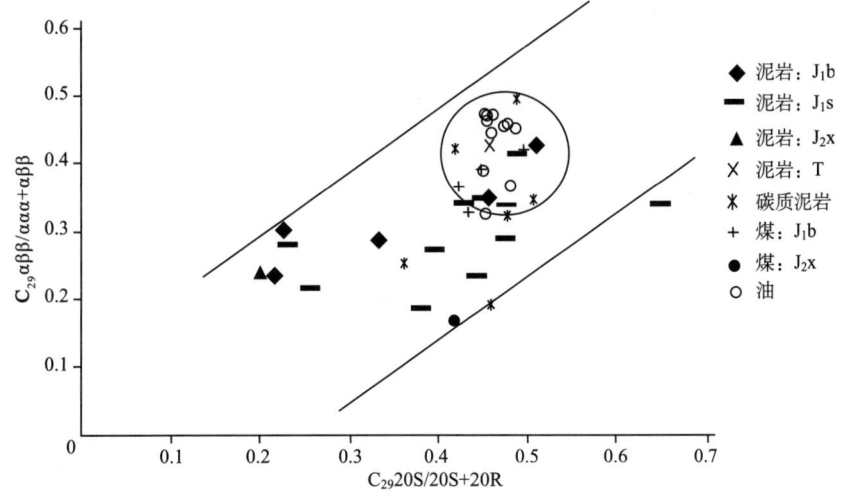

图 7.21　焉耆盆地中下侏罗统原油及相关源岩甾烷异构化参数关系图

（二）萜烷的油/岩对比结果

图 7.22 是本区代表性原油和有关煤系泥岩、碳质泥岩和煤中伽马蜡烷含量与 C_{29} 降藿烷含量变化关系：原油基本上分布于 C_{29} 降藿烷/C_{30} 藿烷<1.0，伽马蜡烷/C_{30} 藿烷<0.2 的范畴，并与本区部分煤系泥岩、碳质泥岩和煤组成一个直径很小的亲缘圈，圈内的各种岩石极有可能是本区的主要源岩。

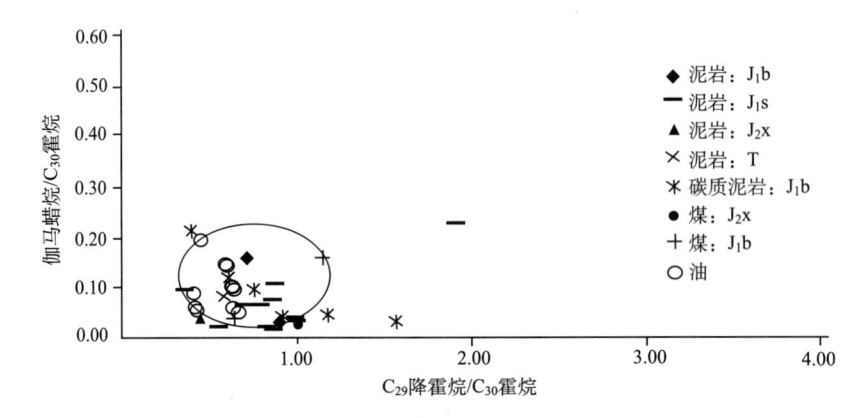

图 7.22　焉耆盆地中下侏罗统原油及源岩伽马蜡烷/C_{30} 藿烷与 C_{29} 降藿烷/C_{30} 藿烷关系图

综上所述，从原油分子碳同位素与本区相关煤系泥岩、碳质泥岩和煤岩的分子碳同位素分布特征的相似性和负值变化范围的可比性表明，侏罗系原油与其相应的源岩（泥岩、碳质泥岩和煤岩）有一定的亲缘关系；与此同时，根据本区中下侏罗统原油及其相关泥岩、碳质泥岩和煤岩中甾、萜生物标记物有关参数与原油的对比结果，说明本区中下侏罗统泥岩、碳质泥岩和煤岩均有可能为源岩，综合地球化学对比看来，八道湾组泥岩是主要的烃源岩。

第八章　油气藏赋存条件与成藏特点

第一节　油气赋存条件

一、储层特征及周邻盆地对比

（一）储层岩石学特征

焉耆盆地中生界碎屑岩储集层的主要特点表现为：储层较发育；粒度偏粗，主要为含砾砂岩、砂砾岩储层；岩屑成分复杂且含量高，以岩屑砂（砾）岩为主；结构成熟度低，磨圆以次棱、次圆为主，分选中-差；机械压实作用强烈，颗粒以线或凹凸接触为主；岩石固结差，碳酸盐胶结物含量少，黏土矿物含量高，且以高岭石为主。

焉耆盆地砂岩岩石类型主要为岩屑砂岩，另外还有少量长石质岩屑砂岩及长石岩屑砂岩。岩屑砂岩在盆地各地区各层系均有分布，长石质岩屑砂岩及长石岩屑砂岩仅在宝浪一带、本布图、种马场等区块砂岩分选较好的辫状河三角洲前缘及浅湖相带少量分布。

陆源碎屑成分主要为石英、长石、岩屑及云母类、重矿物等，具有岩屑含量高、石英和长石含量低等特点（图8.1）。

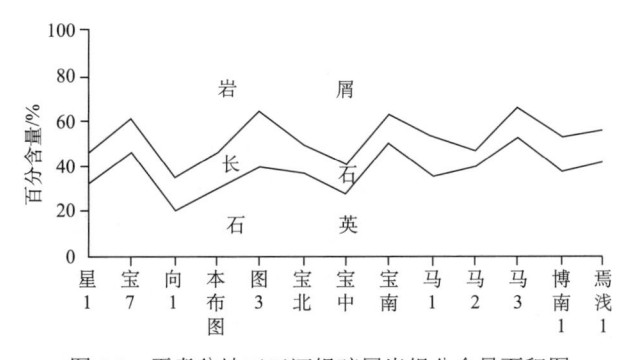

图8.1　焉耆盆地三工河组碎屑岩组分含量面积图

填隙物主要是泥质杂基和胶结物。泥质杂基含量平均为1.33%~17.96%，胶结物含量为0.71%~12.14%。

（二）储层物性特征

储层物性分析、毛管压力资料（压汞）及岩石分析资料表明，焉耆盆地储层属低孔低渗、特低孔低渗储层（可见少量裂缝型储层，中渗透层），孔隙度变化范围 0.25%~19.83%，渗透率变化范围大，既有<1×10^{-3} μm^2，也有分布 1×10^{-3}~419×10^{-3} μm^2，碳酸盐含量较低，层平均含量为 0.36%~21%，非均质性较强。平面上，北部凹陷辫状河三角洲砂体孔渗性较好；纵向上，处于第二次生孔隙发育带的三工河组孔渗性最好。

1. 三叠系小泉沟组

三叠系小泉沟组，在宝 1 井因埋深大，处于晚成岩 B 亚期，储层物性极差，有效孔隙度为 0.25%~0.92%，平均为 0.48%，渗透率均小于 1×10^{-3} μm^2。而在哈满沟剖面，因经历了表生成岩作用和强烈构造运动，形成了淋滤孔隙及裂缝，储层渗透性有较大改善，平均孔隙度为 7.46%，平均渗透率为 61.67×10^{-3} μm^2；卡斯门场地区由于埋藏较浅，储层物性也较好，平均孔隙度为 18.88%，平均渗透率为 14.4×10^{-3} μm^2（图 8.2）。

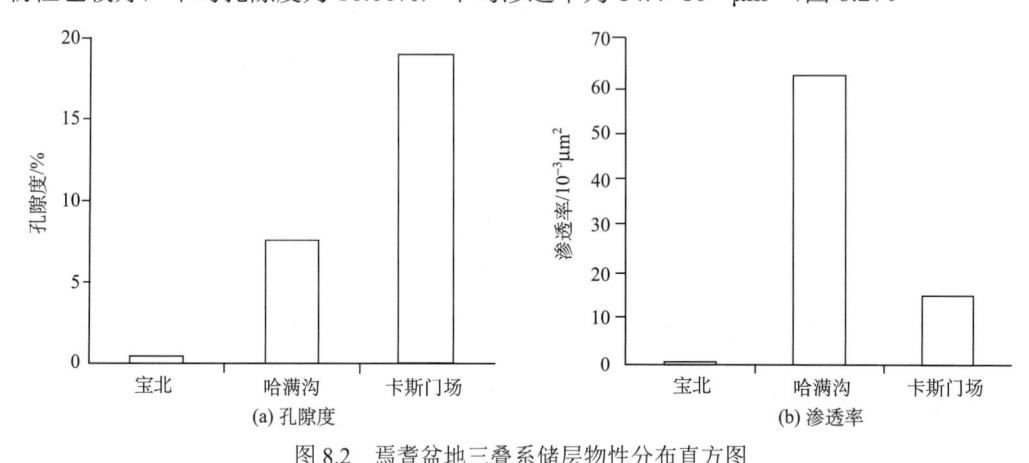

图 8.2 焉耆盆地三叠系储层物性分布直方图

2. 侏罗系八道湾组

八道湾组储层物性较差，仅在局部地区存在较好的孔渗性。平均孔隙度为 5.41%~10.41%，平均渗透率为 0.67×10^{-3}~14.81×10^{-3} μm^2，其中北部凹陷本布图区块和向 1 井区物性相对较好，平均孔隙度大于 10%，平均渗透率大于 5×10^{-3} μm^2；宝中区块由于所处相带较好，加之宝 2 井区次生孔隙较发育，储层物性也较好，宝北地区物性较差，平均孔隙度为 5.41%，平均渗透率为 0.67×10^{-3} μm^2；南部凹陷种马场和库代力克地区钻井揭示的储层物性均较差，孔隙度一般小于 8%，渗透率多小于 1×10^{-3} μm^2（图 8.3）。

3. 侏罗系三工河组

三工河组中下段总体上北部凹陷物性较好，平均孔隙度为 9.87%~14.12%，平均渗透率为 0.5×10^{-3}~71.19×10^{-3} μm^2，南部凹陷均较差，平均孔隙度为 3.27%~6.05%，平均渗透率为 0.53×10^{-3}~1.19×10^{-3} μm^2。平面上，宝浪-苏木构造带和焉南构造带物性较好（图 8.4），其中，宝北区块和宝中区块三工河组中段物性最好（平均孔隙度为 9.87%~12.57%，平均渗透率为 15.91×10^{-3}~24.94×10^{-3} μm^2）。

(a) 孔隙度

(b) 渗透率

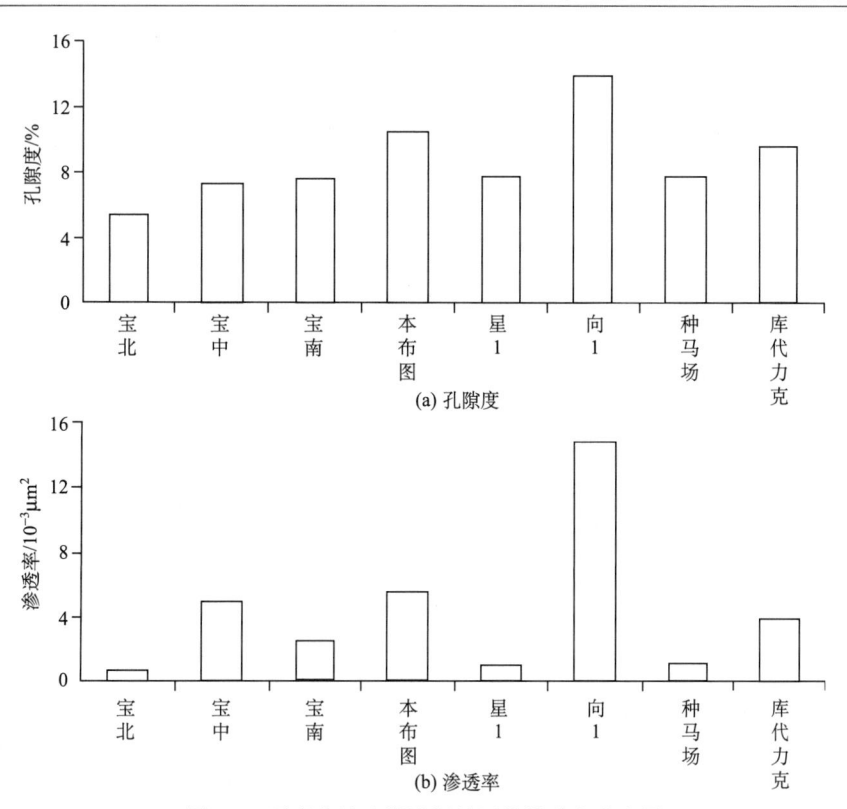

图 8.3　焉耆盆地八道湾组储层物性分布直方图

(a) 孔隙度

(b) 渗透率

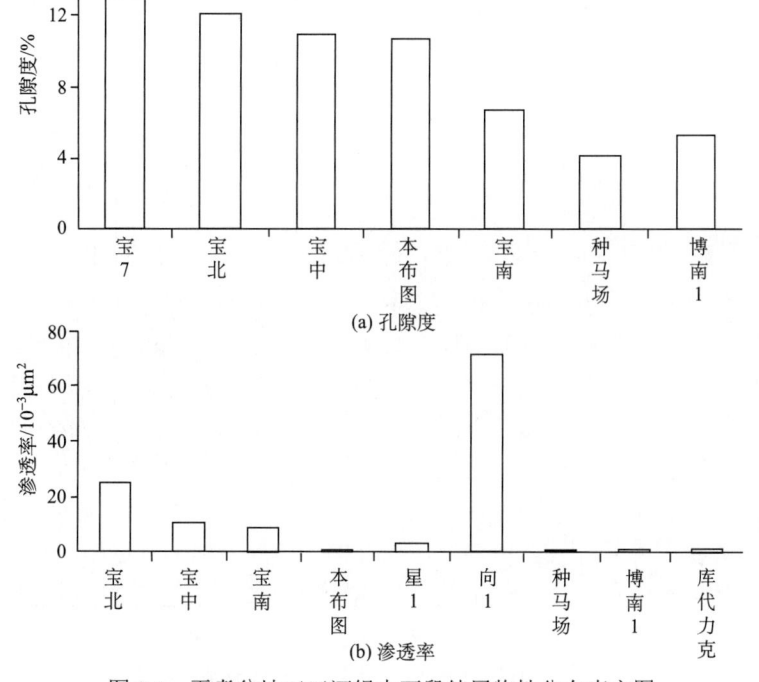

图 8.4　焉耆盆地三工河组中下段储层物性分布直方图

南部凹陷博南 1 井物性最差，平均孔隙度为 3.27%，平均渗透率为 $0.64×10^{-3}$ μm^2。

三工河组上段焉南构造带和宝北、宝中区块物性较好，其中以宝北区块最好；南部凹陷和中央断裂带物性较差（图 8.5）。

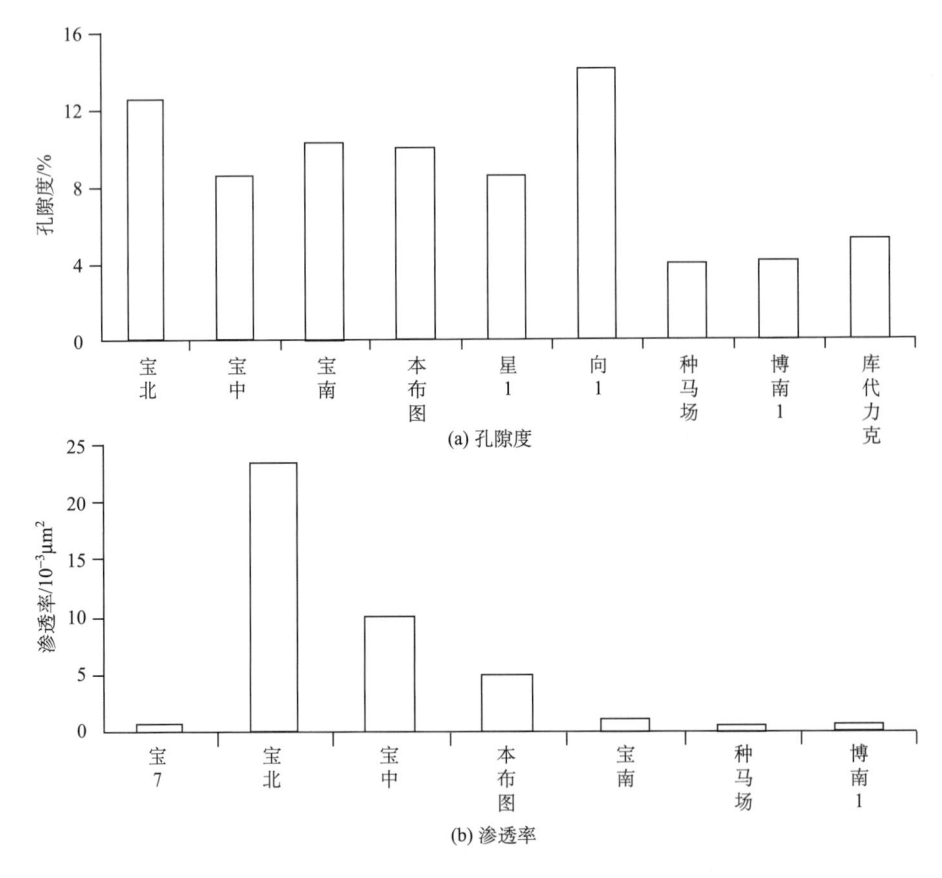

图 8.5 焉耆盆地三工河组上段储层物性分布直方图

4. 侏罗系西山窑组

西山窑组平均孔隙度为 3.08%~13.22%，平均渗透率为 $0.5×10^{-3}$~$15.1×10^{-3}$ μm^2，宝 102 井物性相对较好（孔隙度为 13.77%，渗透率为 $17.2×10^{-3}$ μm^2）。宝北、宝中、本布图地区物性较好，平均孔隙度为 8.35%~13.22%，平均渗透率为 $3.67×10^{-3}$~$15.1×10^{-3}$ μm^2；南部凹陷种马场、博南、库代力克地区物性较差，平均孔隙度为 3.08%~6.76%，平均渗透率多小于 $1×10^{-3}$ μm^2（图 8.6）。

综上所述，焉耆盆地北部凹陷宝浪-苏木构造带及本布图构造带储层孔渗性较好；从层系上讲，主要是三工河组及西山窑组，除宝中区块部分地区八道湾组存在少数较好的储层外，其余地区八道湾组物性都很差；从成岩阶段来看，孔渗性较好的层段主要发育在晚成岩 A1 亚期，表生成岩阶段和晚成岩 A2 亚期也可形成少量孔渗性较好的储层；从沉积相带上讲，辫状河三角洲前缘的水下河道易于形成优质储层，而前缘亚相的河口坝和平原亚相的分支河道也可形成部分较好储层。

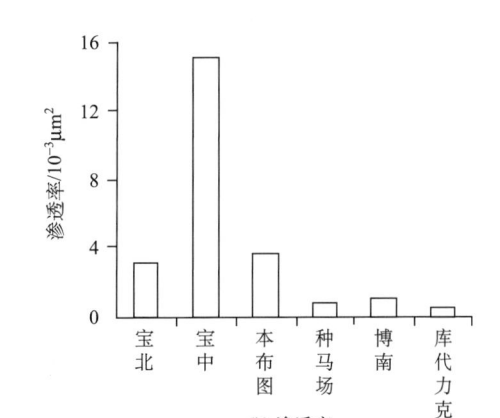

(a) 孔隙度

(b) 渗透率

图 8.6　焉耆盆地西山窑组储层物性分布直方图

（三）与周邻盆地对比

1. 岩石学特征

焉耆盆地周邻侏罗系含油气盆地有塔里木盆地、吐哈盆地和准噶尔盆地。各侏罗系盆地储层以冲积扇、辫状河、辫状河（扇）三角洲砂体为主，大盆地有长程曲流河三角洲砂体。储层成分成熟度低，岩石类型以岩屑砂岩为主，石英含量低，多属近源沉积，成分、结构成熟度低，砂岩成分受母岩控制明显。岩屑类型不尽相同，吐哈盆地和准噶尔盆地以喷出岩岩屑为主，库车拗陷以浅变质岩（千枚岩、片岩）岩屑为主，焉耆盆地以变质岩（石英岩、千枚岩、片岩）岩屑为主（表 8.1）。

表 8.1　储层岩石学特征对比表

盆地名称	石英/%	长石/%	岩屑/%	主要岩屑类型	分选	磨圆	接触关系	胶结类型
焉耆盆地	25~30	10~15	60	石英岩、千枚岩、片岩	中-好	次圆、次棱角	线-凹凸	孔隙
吐哈盆地	5~30	5~30	50~95	中酸性、基性火山岩	好	次圆-次棱	线-凹凸	孔隙
准噶尔盆地	40~60		25~50	喷出岩、石英岩、片岩	中-差	次棱-次圆	线-凹凸	
塔里木盆地	20~50	5~20	30~70	浅变质岩（千枚岩、板岩）、中酸性火山岩、石英岩	中-好	次棱角	线-凹凸及点线	孔隙

2. 储层物性评价

侏罗系储层的孔隙以次生孔隙为主，原生孔隙不发育。次生孔隙主要为粒间溶孔、粒内溶孔、晶间溶孔，其次为残余粒内溶孔、铸模孔、超大孔隙及裂缝。原生孔隙在局部地区较为发育，库车拗陷吐格尔明地区以原生孔隙为主。

西北侏罗系储层物性较差，孔隙以 8%~20%为主，渗透率以 1×10^{-3}~100×10^{-3} μm^2 为主。根据研究区储层分类标准（表 8.2），对这几个盆地储层进行了评价（表 8.3）。

表 8.2 西部地区储层分类标准

储层分类	I	II	III	IV	V
孔隙度/%	>25	15~25	8~15	5~8	<5
渗透率/10^{-3} μm^2	>100	10~100	1~10	0.1~1	<0.1
评价	好	中	差	极差	非储层

表 8.3 储层物性对比表

地区		层位	沉积相	主要岩性	R^o/%	孔隙度/%	渗透率/10^{-3} μm^2	储层评价	成岩阶段
库车拗陷	西区	阿合组、阳霞组	辫状河三角洲	岩屑砂岩	0.84~0.96	6~8	<1	IV	晚成岩 A2
	东区				0.47~0.65	15~20	几百至几千	II	晚成岩 A1
准噶尔西北缘		$J_2 x$ $J_2 s$	湖泊、三角洲	岩屑砂岩	0.5~2.0	30 左右	>1000	I	晚成岩 A、B
吐哈盆地台北凹陷		$J_2 x$ $J_1 s$ $J_2 s$	辫状河三角洲、扇三角洲	长石岩屑砂岩、岩屑砂岩	0.39~1.0	10.05	4.74	III	晚成岩 A
焉耆盆地博湖拗陷		$J_2 x$ $J_1 s$	辫状河三角洲、扇三角洲	岩屑砂岩	0.6~1.0	9.44	30.70	III	晚成岩 A2

各盆地侏罗系储层以III类储层为主，在局部相带和局部层位在保留了较多原生孔隙的地区，储层也有较好的物性。如库车拗陷东部的吐格尔明剖面，各砂体孔隙度为 15.36%~20.27%，平均渗透率为 10.77×10^{-3}~250.11×10^{-3} μm^2，为II类储层；准噶尔盆地西北缘中上侏罗统的辫状河砂岩，孔隙度高达 30%，渗透率大于 1000×10^{-3} μm^2，为I类储层。

二、烃源岩及与周邻盆地对比

焉耆盆地烃源岩的有机地球化学特征及生烃特征已在第七章专门讨论，本节主要讨论及其与周邻盆地烃源岩的对比结果。

（一）烃源岩层位、类型和空间展布

1. 烃源岩层位及类型

从焉耆盆地与新疆三大盆地烃源岩层位及类型对比表（表 8.4）中可以清楚看出 4 个盆地的烃源岩的层位和类型。

表 8.4 焉耆盆地与新疆三大盆地烃源岩层位及类型对比表

盆地名称	地层时代		地层名称	烃源岩类型	主力烃源岩层
焉耆盆地	三叠系—侏罗系	中下侏罗统	西山窑组（J_2x）	泥岩、煤	▮▮▮
			三工河组（J_1s）	泥岩	
			八道湾组（J_1b）	泥岩、煤	
		中上三叠统	小泉沟群（$T_{2-3}xq$）	泥岩	
吐哈盆地	三叠系—侏罗系	中下侏罗统	七克台组（J_2q）	泥岩	▮▮▮
			三间房组（J_2s）	泥岩	
			西山窑组（J_2x）	泥岩、煤	
			三工河组（J_1s）	泥岩、煤	
			八道湾组（J_1b）	泥岩	
		中上三叠统	郝家沟组（T_3h）	泥岩	
			黄山街组（T_3hs）	泥岩	
			克拉玛依组（T_2k）	泥岩	
	二叠系	上二叠统	P_2	泥岩	
准噶尔盆地	古近系	始新统—渐新统	安集海，河组（$E_{2+3}a$）	泥岩	
	三叠系—侏罗系	中下侏罗统	西山窑组（J_2x）	泥岩、煤	
			三工河组（J_1s）	泥岩	
			八道湾组（J_1b）	泥岩、煤	
		上三叠统	黄山街组（T_3hs）	泥岩	
	二叠系	上统	P_2	泥岩	▮▮▮
		下统	P_1	泥岩	
塔里木盆地	三叠系—侏罗系（库车）	侏罗系	恰克马克组（J_2q）	泥岩	
			克孜勒努尔组（J_2k）	泥岩、煤	
			阳霞组（J_1y）	泥岩、煤	
			阿合组（J_1a）	泥岩	
		三叠系	黄山街组（T_3hs）	泥岩	
			克拉玛依组（T_2k）	泥岩	
			俄霍布拉克组（T_1eh）	泥岩	
	石炭系—二叠系		C, P	泥岩、碳酸盐岩	▮▮▮
	寒武系—奥陶系		ϵ, O	泥岩、碳酸盐岩	

焉耆盆地与新疆三大盆地烃源岩的相同点：① 均有中生界三叠系—侏罗系烃源岩；② 其烃源岩类型一致，侏罗系为煤系泥岩、碳质泥岩和煤三种岩性，三叠系以泥岩为主；③ 在主力烃源岩方面，焉耆盆地、吐哈盆地、塔里木盆地库车拗陷均为侏罗系煤系地层，准噶尔盆地中的彩南油田油源主要来源于侏罗系；④ 四个盆地的侏罗系煤系地层有较好的对比性，均在中侏罗统西山窑组和下侏罗统八道湾组发育煤层，三工河组煤层不发育。

其不同点是：焉耆盆地只发育中生界三叠系—侏罗系一套烃源岩层，以煤系地层为主，而其他三大盆地均发育多套、多类型烃源岩层。如吐哈盆地还有上二叠统湖相泥质烃源岩，准噶尔盆地还有二叠系（主力）湖相泥质、海陆过渡相泥质、白云质烃源岩层和古近系烃源岩层。塔里木盆地还有寒武系—奥陶系、石炭系—二叠系海相泥质、碳酸盐岩等类型烃源岩层（主力烃源岩层）。

2. 侏罗系烃源岩空间展布

对各盆地侏罗系烃源岩横向分布面积以及纵向烃源岩厚度方面的对比（表 8.5）可得到以下结论。

（1）在分布面积上：焉耆盆地最小，仅约 3600 km^2；面积最大的为准噶尔盆地，为 116000 km^2；其次为吐哈盆地，为 34000 km^2；相距较近的塔里木盆地为 16000 km^2。

表 8.5　焉耆盆地与新疆三大盆地侏罗系烃源岩面积和厚度对比表

盆地名称	分布面积/km^2	地层厚度/m	烃源岩厚度/m	煤层厚度/m
焉耆盆地	3600	4000	400~700	30~80
吐哈盆地	34000	5000	600~1000	80~100
准噶尔盆地	116000	472~4289	50~500	10~30
塔里木盆地	16000	100~5000	200~500	10~30

（2）在烃源岩厚度方面各盆地差异相对较小：焉耆盆地一般为 400~700 m，其中煤层一般为 30~80 m；吐哈盆地一般为 600~1000 m，其中煤层一般为 80~100 m；准噶尔盆地一般为 50~500 m，其中煤层一般为 10~30 m；塔里木盆地一般为 200~500 m，其中煤层一般为 10~30 m。

现今一个小型山间盆地能有与相邻大型盆地同时代地层相当的沉积厚度和含煤性说明，在侏罗纪，焉耆盆地所在地区沉积范围远比现今范围要大得多，与南邻塔里木盆地库车拗陷相连，在更为广阔的河湖相环境统一接受沉积，从而发育了如此好的一套烃源岩层。在晚白垩世，包括焉耆盆地在内的南天山强烈抬升，导致焉耆地区与塔里木盆地库车地区分野，其中晚侏罗世—早白垩世地层遭受较强烈剥蚀。此后，焉耆盆地开始独立发展。

（二）侏罗系烃源岩有机地球化学特征与有机质类型及成熟度

1. 各类烃源岩有机地球化学特征

泥质烃源岩有机碳和生烃潜量变化趋势一致，即焉耆盆地最大，吐哈盆地次之，准噶尔盆地再次，塔里木盆地最小：有机碳分别为 2.23%、1.69%、1.204%、1.109%，生烃潜量分别为 4.37 mg/g、2.48 mg/g、2.28 mg/g、1.057 mg/g。氯仿沥青"A"和总烃焉耆盆地大于吐哈盆地，氯仿沥青"A"分别为 0.082%、0.039%，总烃分别为 280.4 ppm、

248.9 ppm。这反映，在泥岩有机质丰度上，焉耆盆地相对最好，吐哈盆地次之，准噶尔盆地居第三，塔里木盆地库车拗陷相对最差。

各盆地碳质泥岩的各项指标的变化趋势和泥岩一致（表 8.6）。

煤岩仅有有机碳和生烃潜量两项指标，具有由吐哈盆地、焉耆盆地、准噶尔盆地到塔里木盆地库车拗陷变低的特点，煤生烃潜量分别为 143.28 mg/g、133.7 mg/g、126.78 mg/g、109.43 mg/g。

2. 烃源岩有机质类型及成熟度

各盆地侏罗系有机质类型均以Ⅲ型干酪根为主，含有少量的Ⅱ型干酪根。少量的Ⅱ型干酪根在焉耆盆地主要为八道湾组泥岩，吐哈盆地则主要为七克台组泥岩，准噶尔盆地主要为三工河组泥岩。库车拗陷以Ⅲ型干酪根为主（表 8.7）。

各盆地侏罗系烃源岩均处于低熟-成熟阶段，R^o 主要为 0.6%~0.9%，在凹陷深部成熟度可能会有所变高（表 8.8）。

表 8.6 焉耆盆地与新疆三大盆地侏罗系烃源岩有机质丰度对比表

岩性	盆地名称	TOC/%	S_1+S_2/（mg/g）	氯仿沥青"A"/%	HC/ppm
泥岩	焉耆盆地	2.23（221）	4.37（208）	0.082（113）	280.4（101）
	吐哈盆地	1.69（477）	2.48（645）	0.039（209）	248.9（104）
	准噶尔盆地	1.204	2.282		
	塔里木盆地	1.109	1.057		
碳质泥岩	焉耆盆地	17.11（65）	50.71（63）	0.4088（29）	1667（24）
	吐哈盆地	16.96（53）	37.83（55）	0.181（12）	996（10）
	准噶尔盆地	15.41	23.8		
	塔里木盆地	10.63（20）	28.8（20）		
煤	焉耆盆地	58.93（89）	133.7（83）	1.47（44）	4553（36）
	吐哈盆地	64.49（113）	143.28（73）	1.26（49）	4874.13（49）
	准噶尔盆地	62.6	126.78		
	塔里木盆地	60.99	109.43		

注：括号内数字为样品数量

表 8.7 焉耆盆地与新疆三大盆地侏罗系烃源岩有机质类型对比表

岩性	盆地名称	H/C 原子比	O/C 原子比	IH/（mg HC/g COT）	D/%	$\delta^{13}C$/‰	综合类型
泥岩	焉耆盆地	0.75（20）	0.15（20）	173（38）	15.66（38）	−24.29（12）	Ⅲ$_2$
	吐哈盆地	0.72（40）	0.15（40）			−23.86（50）	Ⅲ$_1$
	准噶尔盆地						
	塔里木盆地			73（110）	8.98（110）		Ⅲ$_2$

续表

岩性	盆地名称	H/C 原子比	O/C 原子比	IH /(mg HC/g COT)	D/%	δ^{13}C/‰	综合类型
碳质泥岩	焉耆盆地			272（11）	23.71（11）		III$_1$
	吐哈盆地						
	准噶尔盆地						
	塔里木盆地			219（20）	19.39（20）		III$_1$
煤	焉耆盆地	0.7（10）	0.15（10）	215（10）	18.46（10）	−24.72（6）	III$_1$
	吐哈盆地	0.8（60）	0.17（60）			−24.21（34）	III$_1$
	准噶尔盆地						
	塔里木盆地						

注：括号内数字为样品数量

表 8.8　新疆各盆地侏罗系烃源岩热演化对比表

盆地及地区	R^o/%	T_{max}/℃
焉耆盆地	0.48~1.86/0.83（77）	351~550/438（176）
吐哈盆地	0.49~0.80/0.6（30）	
准噶尔盆地彩南地区	0.64~0.8	
塔里木盆地库车拗陷	0.52~0.96/0.84	440~484

注：范围/平均值；括号内数字为样品数量

（三）油 源 对 比

油源对比表明焉耆盆地原油来源于中下侏罗统水西沟组煤系源岩，来自本区中下侏罗统泥岩、碳质泥岩和煤，其并非单一油源，并且是以上述三种岩性的混源油。

吐哈盆地台北凹陷原油来源于中下侏罗统水西沟组煤系源岩，胜金口油田原油来源于中下侏罗统七克台组湖相泥岩，托克逊凹陷托参 1 井原油来源于三叠系、二叠系泥岩，哈密拗陷原油主要来源于三叠系源岩。

准噶尔盆地克拉玛依油田原油来源于二叠系源岩；彩南油田原油主要来源于中下侏罗统水西沟群煤系源岩，还混有一部分二叠系油源；石西油田原油分两类，一类为"古源型"油气，来源于二叠系、石炭系；另一类为"中源型"油气，来源于中下侏罗统水西沟群煤系、三叠系泥岩。

库车拗陷依奇克里克油田原油来源于三叠系—侏罗系源岩。

其共同点是：焉耆盆地、吐哈盆地台北凹陷、准噶尔盆地彩南油田、石西油田（部分）原油，均主要来源于中下侏罗统水西沟组；塔里木盆地库车拗陷依奇克里克油田原油也来源于中下侏罗统及三叠系源岩。

三、盖层及储盖组合

(一) 盖层特征

1. 盆地区域性盖层

侏罗系沉积期间两次大的湖进时期形成了两套区域性盖层：三工河组上段和八道湾组上段，西山窑组平原沼泽化煤系泥岩形成第三套区域性盖层。古近系与侏罗系呈角度不整合接触，为一套较细的洪冲积平原红色泥岩、粉砂质泥岩夹膏质泥岩，可作为侏罗系的又一套区域性盖层。

根据泥岩突破压力实验和沉积相研究成果，八道湾组上段盖层封盖能力最好，三工河组上段—西山窑组次之，古近系相对较差。四套区域性盖层与油气藏的关系如图 8.7 所示。

2. 盖层的岩性与厚度

焉耆盆地盖层岩性主要有泥岩、膏质泥岩、碳质泥岩和煤，但以泥岩为主。从图 8.7 可以看出，泥岩盖层一般大于 80%，最多可达 99.9%。从层系上看，西山窑组和八道湾组上段碳质泥岩和煤相对较多，两项合计可达 25% 以上；在区块上，库代力克地区由于靠近盆地边缘，远离沉积中心，因此碳质泥岩和煤层比较发育，而宝北区块和本布图构造带则由于靠近物源区，所以煤层和碳质泥岩不发育。

三叠系泥岩分布面积较小，厚度变化不大，凹陷区最厚可达 200 m 以上，其他地区一般小于 100 m。

侏罗系总体上泥岩类发育一般，厚度变化总体上表现为南厚北薄，凹陷中间厚度较大、周围斜坡厚度较薄，不同区块、不同层位其盖层厚度差别很大。其中三工河组下段发育最差，厚度较小，单井厚度一般小于 100 m，单层厚度一般 1~5 m，泥岩占地层的 13.2%~57.1%（图 8.7，表 8.9，表 8.10）。

第三系分布面积最广，沉积中心位于北部和静拗陷，地层最厚可达 3650 m。博湖拗陷总体上表现为北厚南薄的特征，泥岩单层最厚可达 191.5 m，一般为 3~20 m。

3. 盖层封闭性能

盖层封闭能力研究中最常用的手段就是盖层突破压力试验，而其中最常用的一个指标就是排替压力。

盖层与储集层岩石之间的排替压力差越大，盖层的封闭能力越强，反之盖层的封闭能力则越弱。

焉耆盆地所做的泥岩突破压力实验，结合吕延防等（1996）盖层封闭能力评价等级（表 8.11，表 8.12），古近系泥岩封闭能力为中等—较好，侏罗系西山窑组泥岩封闭能力为中等—好，三工河组泥岩封闭能力最好（表 8.13）。推测八道湾组泥岩由于埋深加大，成岩压实加强，封闭性能更好。值得指出的是，古近系样品由于采集的是鄯善组粉砂质泥岩，排替压力小可能是由于岩性造成的，样品代表性不是很好，所以其分析结果只做参考。

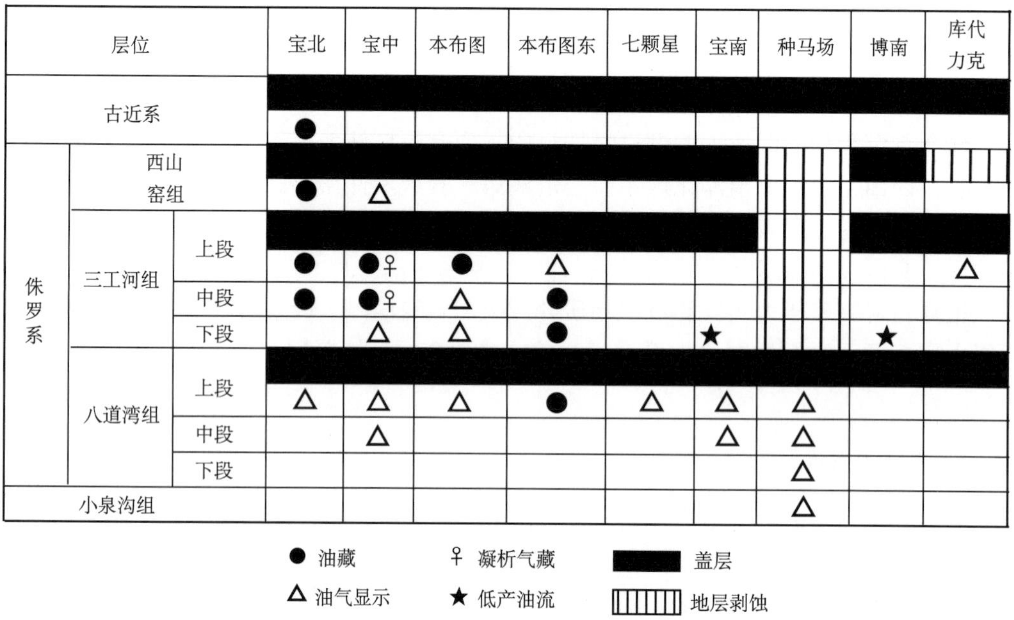

层位			宝北	宝中	本布图	本布图东	七颗星	宝南	种马场	博南	库代力克
古近系			●								
侏罗系	西山窑组		●	△							
	三工河组	上段	●	●☿	●	△					△
		中段	●	●☿	●	●					
		下段		△	△	●		★		★	
	八道湾组	上段	△	△	△	●	△	△		△	
		中段		△				△		△	
		下段						△			
小泉沟组								△			

● 油藏　　☿ 凝析气藏　　■ 盖层
△ 油气显示　　★ 低产油流　　||||| 地层剥蚀

图 8.7　焉耆盆地盖层与油气藏分布关系图

表 8.9　焉耆盆地各区块盖层岩性统计表

类别	层位	占盖层岩类百分比/%							
		宝北	四十里城	宝中	宝南	本布图	博南	库代力克	平均
泥岩	$J_2 x$	83.6	83.8	60.8	92.1	77.3	95.9	33.9	75.3
	$J_1 s^{上}$	82.5	96.1	92.9	98.0	87.1	93.3	87.5	91.1
	$J_1 s^{下}$	95.3	97.5	100.0	99.8	96.1	92.1	85.1	95.1
	$J_1 b^{上}$	78.2	92.7	89.4	83.9	75.8	89.2	24.9	76.3
碳质泥岩	$J_2 x$	10.7	5.6	9.4	5.0	11.1	2.8	37.0	11.7
	$J_1 s^{上}$	8.0	3.9	5.0	2.0	9.1	5.8	6.3	5.7
	$J_1 s^{下}$	4.7	2.5	0.0	0.2	3.4	6.2	14.9	4.6
	$J_1 b^{上}$	19.6	6.7	0.0	7.3	21.8	7.4	66.0	18.4
煤	$J_2 x$	5.7	10.7	29.8	2.8	11.6	1.3	29.1	13
	$J_1 s^{上}$	9.5	0.0	2.1	0.0	3.8	0.9	6.3	3.2
	$J_1 s^{下}$	0.0	0.0	0.0	0.0	0.5	1.7	0.0	0.31
	$J_1 b^{上}$	2.2	0.7	10.6	8.9	2.4	3.4	9.1	3.5

表 8.10 焉耆盆地盖层分布特征表

层位	区块	泥岩厚度/m	泥岩含量/%	最大单层厚/m	一般单层厚/m	平均厚度/m
J$_2$x	宝北	6~31.5	38.8	31.0	1~10	19.0
	四十里城	20.0~264.0	50.7	21.5	2~15	142.0
	本布图	83.5~287.5	55.8	22.5	2~9	167.0
	宝中	108.5	38.3	12	1~7	108.5
	宝南	236.5~363.0	48.8	15.5	1~5	300.0
	博南	765.5	61.2	20.5	2~5	765.5
	库代力克	148.5	41.1	6	1~5	148.5
J$_1$s^上	宝北	57.0~85.0	44.3	18	1~6	68.0
	四十里城	49.0~191.5	46.3	14.0	2~8	120.0
	本布图	35.5~53.5	43.8	12.5	2~9	43.5
	宝中	117.0	62.9	20	2~10	117.0
	宝南	131.0~214.0	52.2	10	1~5	172.5
	博南	162.5	61.2	12	1~7	162.5
	库代力克	30.0	41.1	5	2~3	30.0
J$_1$s^{中下}	宝北	13.0~44.5	15.1	17	1~5	19.0
	四十里城	39.5~50.0	13.2	14.0	1~5	45.0
	本布图	16.5~65.5	27.8	17	1~5	44.0
	宝中	47.5	15.9	6	1~5	47.5
	宝南	142.5~150.5	54.3	18	1~10	146.5
	博南	316.5	57.1	14	1~10	316.5
	库代力克	77.0	46.4	8.5	1~5	77.0
J$_1$b^上	宝北	60.0~75.0	47.3	7	2~7	66.5
	四十里城	127.0~149.0	60.0	16.5	2~9	138.0
	本布图	10.0~50.0	34.7	14	2~10	25.0
	宝中	105.0	47.4	20.5	2~8	105.0
	宝南	319.0	53.6	22.5	2~15	319.0
	博南	71.5	58.1	11.5	2~8	71.5
	库代力克	95.0	65.5	7	2~4	95.0

资料来源：宝北为宝 1 井、宝 6 井、宝 7 井，四十里城为城 1 井、星 1 井，本布图为焉 2 井、图 1 井、图 2 井、图 3 井、图 301 井，宝中为焉参 1 井、宝 2 井，宝南为宝 3 井、宝 301 井，博南为博南 1 井，库代力克为库浅 1 井

表 8.11 焉耆盆地泥岩盖层封闭性能实测数据

井号	井深/m	层位	岩性	排替压力/MPa 空气	排替压力/MPa 油	排替压力/MPa 水	渗透率/$10^{-6}\mu m^2$
宝1	2036.8	E	粉砂质泥岩	0.5	1	6.6	0.61
宝1	2167.8	J_2x	泥岩	2	8	11.6	0.012
宝1	2212	J_2x	泥岩	0.6	2	7.3	0.084
宝1	2231.4	J_2x	泥岩	2	6	10.2	0.014
焉参1	2185.3	J_2x	泥岩	2	7	11	0.013
焉参1	2316.9	J_1s	泥岩	3	9	12.6	0.006

表 8.12 盖层封闭能力等级划分标准（据吕延防等，2000）

盖层封闭能力评价等级	好	较好	中等	差
盖层排替压力与储集层中值孔隙的毛细管压力的差值	>2.0	2.0~5.0	0.5~0.1	<0.1

表 8.13 焉耆盆地泥岩盖层相对封闭能力评价表

层位	盖层排替压力/MPa	储集层P_{50}压力/MPa	盖储排替压力差/MPa	封闭性评价	代表井号
E	6.6	4.9~6.6	1.7~0	中等—较好	宝1、焉参1
J_2x	10	0.5~9.9	9.5~0.1	中—好	宝1、焉参1
J_1s	12.6	0.5~9.9	12.1~2.7	好	宝1、焉参1

（二）储盖组合

焉耆盆地存在以下 5 种生储盖组合。

1）八道湾组自生自储自盖型组合

该套组合在八道湾组见到大量油气显示，目前仅仅在本布图东区块获得工业性油气流。该组合由于八道湾组埋藏较深，储层物性较差。

2）三工河组下生上储自盖型组合

焉耆盆地目前发现的油气田均位于该套组合中，储层和盖层条件好，断层沟通了三工河组储层与八道湾组油源之间的关系。

3）西山窑组下生上储自盖型组合

该组合在焉耆盆地目前尚无发现油气田，仅仅在宝浪油气田宝北区块发现极个别油层。

4）古近系下生上储自盖型组合

该组合仅在宝浪油气田宝北区块有所发现。

5）侏罗系自生自储（或下生上储）它盖型组合

本组合是指侏罗系不同层位与上覆古近系呈角度不整合接触而形成的生储盖组合类型。八道湾组作为油源层，上覆古近系提供盖层条件，下伏的八道湾组或三工河组或西山窑组作为储层。本组合主要存在于侏罗系不整合圈闭中，目前尚未发现油气田，在宝浪油气田宝北区块发现个别油层。

四、圈闭特征与形成演化

（一）圈闭特征

1. 圈闭类型

按照圈闭的成因，焉耆盆地的圈闭存在构造圈闭、地层圈闭、岩性圈闭和混合圈闭等类型。各种类型又依据其形成控制因素和特点细分出多种类型，详见表8.14。

表8.14 焉耆盆地圈闭类型

分类		发育地区
构造圈闭	背斜	宝中、宝北
	断背斜	本布图、宝中、宝南
	断鼻	种马场、宝南、本布图、阿买来
	断块	种马场、本布图、焉南断裂带
地层岩性圈闭	砂岩上倾尖灭	南部凹陷
	砂岩透镜体	南部凹陷、北部凹陷
	地层超覆不整合	四十里城、七里铺
	地层剥蚀不整合	焉南断裂带、库代力克
	基岩潜山	种马场
复合圈闭	构造-岩性	本布图、宝浪-苏木构造带
	地层-岩性	四十里城-包尔海、宝浪-苏木构造带、本布图构造带

按照已发现的圈闭类型进行统计，焉耆盆地构造圈闭占75.8%，其中背斜占21.2%，断鼻占45.5%，断块占9.1%；混合型占10.6%，其中不整合鼻状圈闭占6.1%，不整合背斜和不整合断鼻及构造+岩性圈闭各占15%；不整合圈闭占13.6%。可见非背斜圈闭在焉耆盆地分布广泛。

2. 圈闭平面分布

焉耆盆地经多期构造活动的主断裂和二级构造带大多数呈北西西向和北西向展布，而局部构造受主断裂和构造带的控制，亦有明显北西向或北西西向成排成带展布特征。受断裂控制的局部构造主要有两种，一种是受凹陷边界北西西向逆冲断裂控制沿断裂带分布的断块或断鼻圈闭，如种马场北部断阶构造带分布的种马场西北断鼻Ⅱ，押马顷苏鲁日断鼻Ⅱ、Ⅳ；另一种是北西向雁行式排列的背斜构造圈闭，如宝浪-苏木背斜构造带中分布的宝北背斜、宝中背斜、宝中构造岩性圈闭，宝南断块Ⅰ、Ⅱ、Ⅲ、Ⅳ、Ⅴ等局部构造；本布图背斜构造带中分布的本布图背斜、本布图东背斜及本布图南断鼻等。类似的构造带还有三棵树鼻状构造带，卡斯门场背斜构造带。

综上所述，焉耆盆地的局部构造及圈闭多数分布在博湖拗陷和种马场凸起上，少数分布在包头湖凹陷、焉耆低凸起及和静拗陷。且大多数圈闭分布在北西向和北西西向构造带内。

3. 圈闭的一般特征

1）圈闭主要发育于侏罗系内，形成具有多期性和继承性

焉耆盆地的圈闭主要发育在侏罗系内，其次为古近系及新近系。侏罗系的局部构造大多孕育于燕山晚期，喜马拉雅期进一步加强而定型。古近系及新近系的圈闭主要形成于喜马拉雅期。

2）圈闭具有成排成带分布特点，从南到北，圈闭形成时间逐渐变新

焉耆盆地的圈闭平面上主要分布于拗陷内的二级构造带上，呈带状、雁行状等有规律的组合，与北西西向、北西向断裂关系密切。局部构造发育史分析表明，其形成时间、构造幅度具有由南向北、由西向东逐渐变新、变小的趋势。

3）圈闭类型主要为构造、地层和岩性型

构造圈闭大多受逆断层控制，并依附断层存在，类型有挤压断垒背斜、断背斜、断鼻、断块型，主要发育于宝浪-苏木构造带、本布图构造带和种马场构造带。

地层不整合圈闭与古近系和侏罗系的剥蚀面有关，主要分布于焉耆隆起南侧的北部凹陷边缘、种马场构造带和库代力克构造带。

岩性圈闭主要发育于南部凹陷。此外，还发育有地层超覆不整合圈闭以及构造-岩性、地层-岩性等复合圈闭。

4）目前所发现的油气藏圈闭类型主要为背斜和断背斜型

焉耆盆地目前所发现的四个含油区块圈闭类型分别为：宝北区块属背斜型、宝中区块为断垒背斜型、本布图和本布图东区块为断背斜型。

（二）圈闭形成与演化

1. 不同圈闭类型其形成时期有所差别

不同的圈闭类型在形成时间上是有所差异的。地层超覆不整合圈闭、砂岩上倾尖灭圈闭具有同沉积性，形成时间最早，在侏罗纪中晚期已经具备圈闭条件。其次为背斜、断鼻、断块圈闭、断层-岩性圈闭、构造-岩性圈闭，主要形成于早白垩世晚期—晚白垩世。地层剥蚀不整合圈闭以及地层削蚀面有关的复合圈闭形成时间最晚，主要形成于新近系沉积晚期（表 8.15）。

表 8.15 焉耆盆地非背斜圈闭形成时间分析表

圈闭大类	圈闭类型	早侏罗世	中侏罗世	晚侏罗世	早白垩世晚期—晚白垩世早期	晚白垩世晚期	古近纪	新近纪
背斜	断背斜							
	断垒背斜（正花状构造）				→			→
断层圈闭	断鼻							
	断块				→			→
岩性圈闭	砂岩上倾尖灭							
	砂岩透镜体		→					
地层圈闭	地层超覆不整合	→						
	地层剥蚀不整合						→	→
	基岩潜山							
复合圈闭	断层-岩性			→			→	→
	构造-岩性			→				
	地层-岩性							→

2. 不同圈闭类型经受了不同的改造演化，具有不同的有效性

不但不同圈闭类型形成时间有所差异，而且不同圈闭类型在其形成后的改造和演化也有所不同。

地层超覆不整合圈闭、砂岩上倾尖灭圈闭、砂岩透镜体圈闭、构造-岩性圈闭、基岩潜山圈闭主要形成于早白垩世沉积时期，在晚白垩世中晚期的构造运动和新近纪末喜马拉雅运动中不易被破坏。

背斜圈闭主要形成于早白垩世晚期—晚白垩世，在喜马拉雅期继承性加强，幅度进一步增大。断鼻、断块圈闭、断层-岩性圈闭主要形成于晚白垩世中晚期。在新近纪末的喜马拉雅运动中由于断层的重新活动而被破坏或者改造。此类圈闭的有效性关键在于断层的纵向切割层位，如果断层规模较大，在燕山运动、喜马拉雅运动期间断层切割至地表或者近地表，则圈闭的有效性将降低或消失。

与古近系地层剥蚀不整合有关的圈闭主要形成于新近纪时期，之后未再遭受构造运动。此类圈闭的有效性取决于不整合面之上新近系的盖层封闭条件。

第二节 油气成藏期次

根据烃源岩的生烃史、储层流体包裹体特征、储层自生伊利石同位素年龄、油气的成熟度资料等多方面的信息研究了焉耆盆地已知油气藏的成藏期次与成藏时间。

一、烃源岩埋藏-改造史与热演化

1. 烃源岩埋藏-改造史

油气的运移和聚集与油气的生成一般是一个连续的过程。烃源岩的主要生排烃期是油气藏形成期的重要标志。利用盆地模拟方法，根据镜质组反射率和磷灰石裂变径迹对盆地热史进行了联合反演。在此基础上，研究了焉耆盆地八道湾组烃源岩的生烃历史。

由于焉耆盆地博湖拗陷南北两凹陷构造演化史、埋藏史和热史的差异，其八道湾组烃源岩的生烃史也不相同。北部凹陷八道湾组烃源岩在地质历史上有两次主要的生烃期，一次为 90 Ma 左右的早白垩世晚期—晚白垩世早期，一次为 40 Ma 的古近纪，两次生烃期之间的晚白垩世中晚期为八道湾组烃源岩的生烃停止期。第一次主要生烃期与早白垩世晚期—晚白垩世早期烃源岩最大埋藏期相对应，第二次生烃期与古近纪烃源岩的二次埋藏期相对应。南部凹陷由于晚白垩世中晚期剥蚀厚度大，后期埋藏较浅，二次生烃作用不明显，主要表现为早白垩世晚期—晚白垩世早期的一次生烃过程。因此，从生烃史来看，北部凹陷应该存在两次油气的运移和聚集过程，南部凹陷则以早期成烃成藏为主。

2. 油气成熟度

宝浪油田和本布图油田 20 个原油样品的地球化学分析表明，焉耆盆地三工河组原油 $\alpha\alpha\alpha C_{29}$ 甾烷 20S/20S+20R 值为 0.47~0.53，平均为 0.49；八道湾组原油 $\alpha\alpha\alpha C_{29}$ 甾烷 20S/20S+20R 值为 0.43~0.47，平均为 0.45；三工河组原油 C_{29} 甾烷 $\beta\beta/\alpha\alpha+\beta\beta$ 值为 0.43~0.50，平均为 0.46；八道湾组原油 C_{29} 甾烷 $\beta\beta/\alpha\alpha+\beta\beta$ 值为 0.39~0.42，平均为 0.40。除此以外，本区原油还具有较明显的奇偶优势。这些指标表明，焉耆盆地原油的成熟度普遍不高，相当于其生成和成藏时源岩的成熟度最高不超过 R^o 值 0.7%~1.0%，这与生烃凹陷八道湾组烃源岩在早白垩世晚期—晚白垩世早期的成熟度相当。

焉耆盆地天然气甲烷碳同位素值为 –51.80‰~–41.53‰，乙烷碳同位素值为

−36.18‰~−28.68‰，属典型的油型气范围。焉耆盆地八道湾组煤显微组分的腐泥组与壳质组含量之和可高达 30%，这些具有Ⅰ和Ⅱ₁型性质的显微组分是天然气的真正源岩。因此，这类天然气可以称为煤成油型气。根据油型气甲烷碳同位素值与烃源岩成熟度的关系推测，天然气的成熟度比相伴生的原油更低，应是低成熟阶段的产物。

二、矿物流体包裹体分析

（一）包裹体的均一温度

对焉耆盆地目前的 4 个主要含油区块储层流体包裹体进行了均一温度测定，样品主要来自三工河组。统计结果表明，不同地区、不同井储层流体包裹体的均一温度主要集中分布在 101~130 ℃（图 8.8），但不同地区样品均一温度的分布有一定差异。博南 1 井是以 101~110 ℃为峰值的单峰型分布，宝中区块、宝北区块和本布图油田则是以 101~110 ℃和 121~130 ℃为峰值的双峰型分布。博南地区储层流体包裹体均一温度的单峰型分布反映上述地区的一次连续的成藏作用，而宝中、宝北和本布图地区的双峰型分布则反映了上述地区两次成藏过程。在该区的埋藏史和热史曲线上，对应于 121~130 ℃

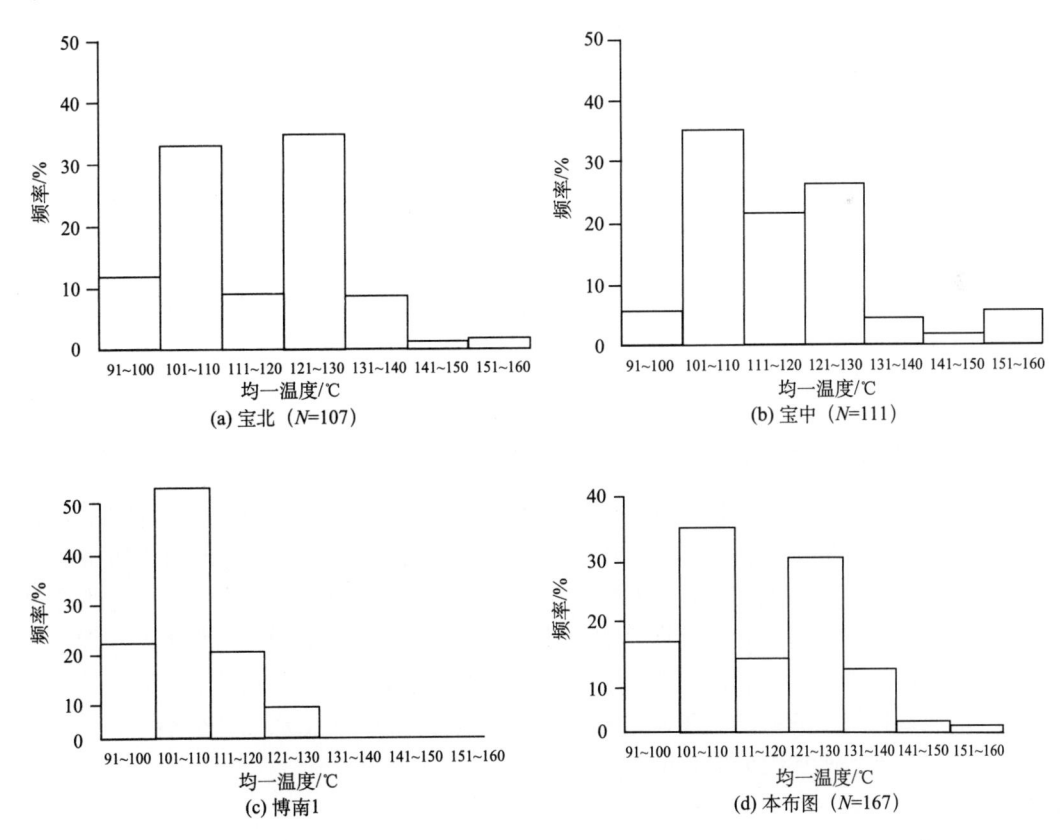

图 8.8 焉耆盆地储层流体包裹体均一温度分布直方图
(a) 宝北（N=107）　(b) 宝中（N=111）　(c) 博南1　(d) 本布图（N=167）

的时间应该是该区历史上的最大埋藏期,即晚白垩世早中期,此时侏罗纪源岩处于成熟阶段;而对应于101~110 ℃的时间,从包裹体形成条件与成岩作用的演化分析,应是新近纪时期。

(二)包裹体成分分析

1. 正构烷烃组成特征

包裹体组分中正构烷烃碳数分布特征呈双峰态。前峰的主峰位置为18,后峰主峰位置为26(图8.9)。包裹体正构烷烃双峰型分布可能有两种成因,一是两种不同生源的油气组分,二是不同期次的产物,或者是二者兼而有之。从包裹体均一温度的测试结果,已经显示了焉耆盆地具有两期包裹体的特征。因此,将这种双峰型的分布解释为两期包裹体可能更为合理。

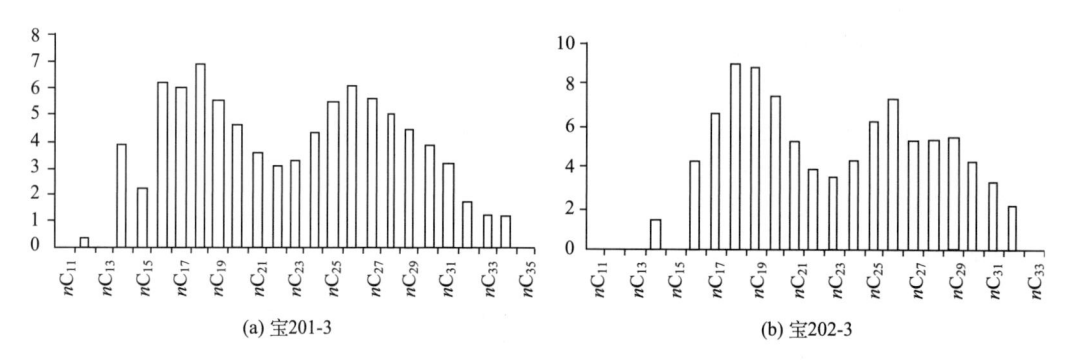

(a) 宝201-3

(b) 宝202-3

图8.9 包裹体正构烷烃碳数分布图

高碳数(26或27)的峰代表的包裹体组分成熟度较低,属第一期包裹体,低碳数(18或20)的峰代表的包裹体组分成熟度较高,属第二期的包裹体。它们代表了焉耆盆地的两次油气充注事件。

2. 包裹体组分的成熟度

通过包裹体组分的生物标志物特征计算了其成熟度参数(图8.10)。可以看出,包裹体组分(组分3)的成熟度是比较低的,其αααC$_{29}$20S/20S+20R分布范围为0.36~0.38,平均为0.37;C$_{29}$ββ/αα+ββ为0.43~0.53,平均为0.48,处于低成熟阶段。由于包裹体组分是两期的混合物,用C$_{29}$甾烷计算的成熟度参数主要反映高碳数峰所代表的一期包裹体的成熟度,低碳数峰代表的一期包裹体组分由于高分子量部分含量低而被高碳数峰代表的一期包裹体组分的特征所掩盖。因此,包裹体组分的这种低成熟特征不代表低碳数峰所代表的一期包裹体组分的特征。

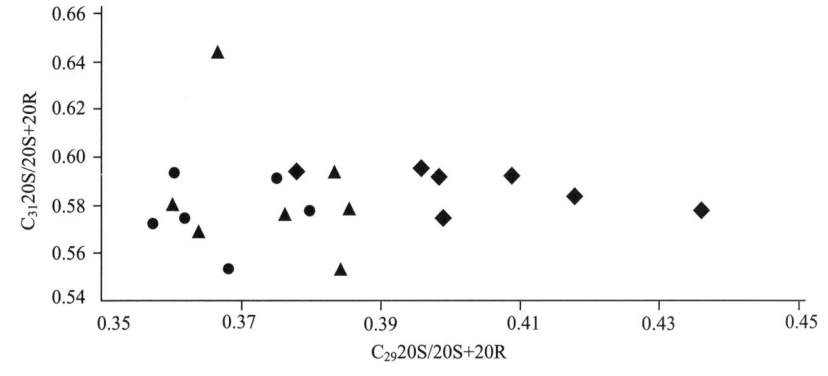

◆ 组分 1　开放孔隙中的油气组分；● 组分 2　矿物表面吸附的油气组分；▲ 组分 3　包裹体中的油气组分

图 8.10　包裹体组分甾烷 C_{29}20S/20S+20R-C_{31}20S/20S+20R 相关图

从图 8.10 还可以看出，与组分 3 相比，组分 1 具有比较高的成熟度，除 1 个样品外其 $\alpha\alpha\alpha C_{29}$20S/20S+20R 值基本大于 0.4，主要反映成熟油的特征。

包裹体组分特征进一步证实了焉耆盆地存在两期包裹体，第一期形成于晚白垩世早中期，第二期形成于新近纪。

三、储层自生伊利石年代学分析

利用自生矿物（主要是伊利石）同位素年代学分析烃类进入储层的时间是 20 世纪 80 年代后期逐步发展起来的新技术，并成功地应用于分析北海油田等地区烃类成藏时间。国内于 20 世纪 90 年代后期已逐步采用这一方法研究油气田成藏时间。

储层流体介质性质的重大变化是导致自生伊利石形成中止的原因，以油气注入储层初始时间为界，自生伊利石生成中止发生在油气注入储层过程的同时，或者发生在油气注入储层之前。无论何种情况，储层中自生伊利石年龄反映的是油气充满储层的最早时间，因此伊利石同位素年龄给出了油气藏形成时期的最大地质年龄。一般来说油气藏形成时间略滞后于伊利石同位素年龄或基本同步。

通过对焉耆盆地 6 口井 12 个砂岩样品进行自生伊利石同位素年龄分析（表 8.16）。

从测试结果来看，博湖拗陷北部凹陷的宝 1 井、焉参 1 井、图 301 井、宝 2 井、宝 3 井伊利石测年年龄值明显的分为两组，一组为 70.5~107.8 Ma，集中在 75~87 Ma，即晚白垩世（白垩纪的时限为 65~140 Ma）；另一组为 34.8~51.3 Ma，集中在 37.5 Ma，即始新世（始新世的时限为 37.5~50 Ma、渐新世的时限为 22.5~37.5 Ma）。说明油气注入储层的初始时间有两期，一期在 75~87 Ma，即晚白垩世中期，另一期在 34.8~51.3 Ma（集中在 37.5 Ma），即始新世—渐新世早期；表明主要成藏期也有两期，分别在晚白垩世中期和始新世以来。

博湖拗陷南部凹陷的博南 1 井 3207 m 三工河组自生伊利石同位素年龄为 67.8±3.4 Ma，成藏年龄约在 70 Ma 以后，说明油气成藏期在晚白垩世。

表 8.16 自生矿物（伊利石）K-Ar 同位素测年分析数据表

样品编号	井位	层位	深度/m	构造	K/%	年龄/Ma	矿物组成					
							伊利石	伊蒙混层	蒙脱石	高岭石	绿泥石	其他矿物
Y01	博南1井	三工河组下段	3200	博南	5.68	67.8±3.4	71	16	2	5	2	4
Y05	图301井	三工河组中段	2815	本布图	4.82	45.4±2.5	57	31	0	6	3	3
Y06		三工河组中段	2864		4.94	51.3±2.6	55	20	6	14	1	4
Y07		八道湾组	3010		4.78	64.7±3.4	62	26	0	4	5	3
Y08	宝1井	三工河组上段	2205	宝北	5.46	37.5±2.3	70	22	3	0	0	5
Y09		三工河组上段	2230		5.25	34.8±2.7	59	29	0	7	1	4
Y10		八道湾组	2630		5.2	75.8±3.6	41	49	0	2	4	4
Y02	焉参1井	三工河组中段	2491	宝中	6.13	70.5±2.3	64	26	0	10	0	0
Y03		三工河组下段	2675		5.91	76.9±3.4	74	21	0	0	3	2
Y04		三工河组下段	2751		6.34	81.0±3.1	65	22	0	4	2	7
Y11	宝2井	三工河组上段	2423	宝中	5.74	87.3±3.7	59	33	0	2	3	3
Y12	宝3井	三工河组上段	3207	宝南	3.75	107.8±4.1	67	16	4	4	4	5

自生伊利石同位素测年结果表明：注入储层的初始时间在博湖拗陷北部凹陷有两期，一期为晚白垩世，另一期为始新世—渐新世；南部凹陷仅有一期，为晚白垩世。

四、油气成藏期次综合分析

储层流体包裹体分布特征、均一温度和组分特征、储层自生伊利石同位素年代学分析和油气成熟度分析都显示晚白垩世早中期是焉耆盆地重要的成藏作用时期，这一时期是焉耆盆地油气生成的主要时期，也是第一次重要的油气运移和成藏时期。

焉耆盆地形成演化经历了晚二叠世—早三叠世的前陆盆地形成阶段，中三叠世—早白垩世早中期伸展盆地发育阶段，晚白垩世晚期挤压隆升剥蚀阶段，新生代早期区域沉降阶段和新生代中晚期的陆内破裂前陆阶段，其中中三叠世—早白垩世早中期伸展盆地发育阶段奠定了焉耆盆地中生界湖盆的规模和发育优质烃源岩的基础。中晚三叠世、整个侏罗纪到晚白垩世早期，盆地处于应力松弛阶段，表现为伸展状态，接受了广泛的以侏罗系为主的厚达 3000~5000 m 的湖、沼相沉积，沉积沉降中心位于博湖拗陷南部凹陷，其当时的盆地范围远较现今范围大。

盆地的演化历史决定了盆地沉积建造特征，同时也决定了盆地能否有油气生成和生成油气的时间及规模。焉耆盆地由于从中三叠世—早白垩世早中期，一直处于长期稳定的下沉阶段，直到晚白垩世中晚期才隆升剥蚀，根据声波时差资料提供的剥蚀厚度焉参 1 井小于 1950 m，博南 1 井为 1700 m。把中上侏罗统和白垩系都剥蚀殆尽，该两口井现今残留的侏罗系分别为 1600 m 和 2000 m，那么在早白垩世晚期—晚白垩世早期它们沉积的最大厚度为焉参 1 井 3550 m、博南 1 井 3600 m。按恢复的古地温梯度 4℃/100 m 计算，温度范围在 90~140℃，正处于烃类生成的温度。

而据磷灰石裂变径迹分析的焉参 1 井未退火带与部分退火带的深度界限为 1950 m，其最大古地温约为 85℃；部分退火带与完全退火带的深度界限为 3400 m，最大古地温约为 140℃。博南 1 井未退火带的深度界限为 1700 m，对应最大古地温为 70℃；部分退火带与冷却带的深度界限为 3000 m，对应最大古地温为 125℃，这些个温度正好对应油气生成的液态窗范围。而分析博南 1 井冷却带与部分退火带 3000 m 界限，对应的年龄约为 90 Ma，马 1 井冷却带与部分退火带界限为 1250 m，对应的年龄约为 107 Ma，这个年龄界限对应的是晚白垩世，说明冷却事件发生在晚白垩世。

因此，无论是剥蚀厚度恢复结论，还是磷灰石裂变径迹法分析结果，都表明晚白垩世是本区油气大量生成的一个时期。

从矿物包裹体分析和伊利石测年结果来看，均显示出北部凹陷油气有两期成藏期，南部凹陷有一期成藏期。第一期年龄在 75~87 Ma，对应于晚白垩世，第二期年龄在 37.5 Ma，对应于渐新世，与油气生成时期相对应。

综上所述，盆地沉积发育和热演化史研究表明，在连续沉积到早白垩世晚期时，八道湾组烃源岩达到成熟并开始生烃，运移和聚集成藏，其后由于晚白垩世中晚期抬升剥蚀，生烃停止。到古近纪时，盆地再次下沉，接受一套古近纪及新近纪的沉积，北部凹陷进入二次成藏阶段，南部凹陷由于古近纪及新近纪的沉积厚度不足以导致烃源岩进一步演化，故只有一次成藏期。因此，焉耆盆地有两期主要的油气运移、聚集的成藏事件，第一期发生在晚白垩世早中期的油气成藏事件，第二期发生在新近纪的油气再充注事件。

第三节 油气成藏单元与含油气系统划分

一、油气成藏单元划分

焉耆盆地本身就是一个改造残留盆地，后期改造强烈而不均匀。故对该盆地进行油气成藏单元划分，应充分考虑后期改造的影响。根据焉耆盆地演化-改造特征和油气保存条件，将现存油气藏划分为三类：改造-破坏型、改造-残留型和改造-建设型。

1. 改造-破坏型

改造-破坏型是指盆地在后期改造中烃源岩由于地层抬升而遭到严重剥蚀，残留烃源岩长期处于热演化阶段的停滞阶段；或者烃源岩虽基本保存，但前期形成的油气已基本散失。

焉耆盆地早白垩世末在盆地博湖坳陷南部和种马场构造带已形成了一定的古油藏（图 8.11），在晚白垩世剧烈的构造抬升运动中，种马场一带烃源岩遭到严重剥蚀，早期形成的油气已散失，种马场构造带的马 1 井、马 2 井和马 3 井仅发现油气显示；在博湖南部凹陷烃源岩却得到保存，但从晚白垩世至今整体处于抬升状态中，烃源岩处于热演化阶段的停滞阶段，同时后期改造造成早期的油气藏遭到破坏，油气散失（图 8.12）。

2. 改造-残留型

改造-残留型是指盆地在后期改造中大面积烃源岩保存完整或比较完整，在成藏条件具备时形成了油藏，后期构造运动虽对已形成的油气藏造成了一定的破坏，但油气藏并未完全破坏，仍保留了一定的油气。这类油藏主要存在于博湖坳陷北部的本布图构造带和宝中构造带。

早白垩世末期，焉耆盆地博湖坳陷北部本布图和宝中地区形成了早期古油气藏。后期构造运动造成油气藏遭到一定的破坏，油气有一定的散失，现今油气藏面积比早白垩世末的面积要小。

3. 改造-建设型

改造-建设型是指烃源岩保存完整或较完整，在后期构造运动中油气充填其中。

焉耆盆地此类油气藏位于博湖坳陷北部的宝北构造带中。早白垩世末，宝北地区并没有古油气藏，在晚白垩世的构造运动中，早期形成的古油气藏遭到破坏，油气向北运移至宝北地区形成了背斜油气藏。古近纪至今，博湖坳陷北部再次沉降，并再次达到生烃门限，烃源岩二次生烃，油气再次注入宝北构造中。

二、含油气系统分析

（一）油气系统特征

油气地球化学分析和油源对比表明，焉耆盆地的油气主要来源于侏罗系八道湾组烃源岩，对于三叠系烃源岩由于分析样品少，对比关系不太明确，三叠系油源的存在与否及其重要性仍有待进一步研究。因此，焉耆盆地侏罗系油气系统是一个已知的或确定的油气系统，三叠系油气系统只能作为假想的油气系统。因此，主要研究侏罗系油气系统（Magoon，1992；陆克政等，2003）。

焉耆盆地侏罗系油气系统分布在博湖坳陷，范围涉及北部凹陷和南部凹陷，主要烃源岩为侏罗系八道湾组，主要储集层包括侏罗系八道湾组、三工河组和西山窑组，主要盖层包括侏罗系内部的煤系泥岩盖层和上覆古近系和新近系。

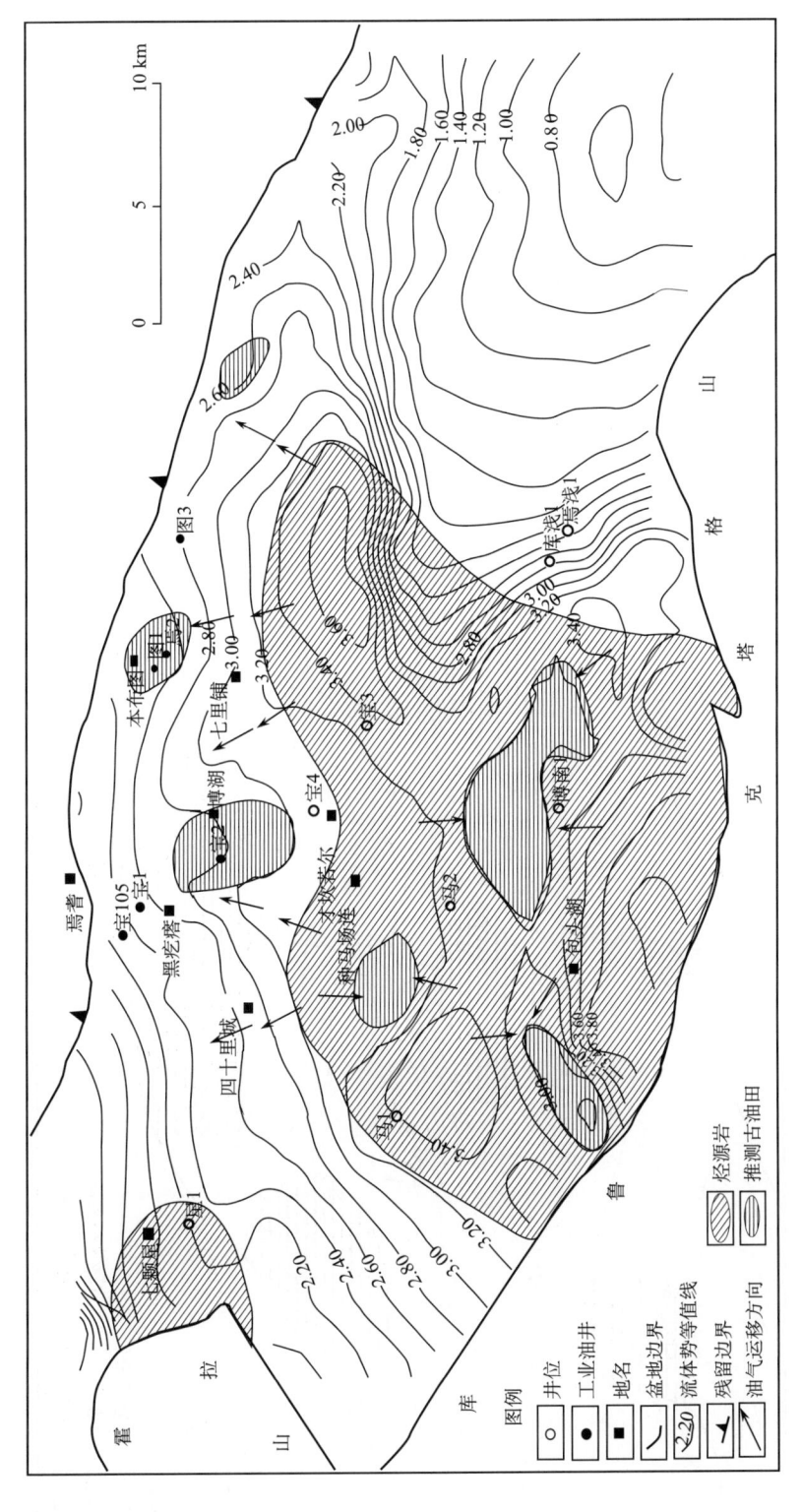

图 8.11 早白垩世末—晚白垩世早期油藏分布图

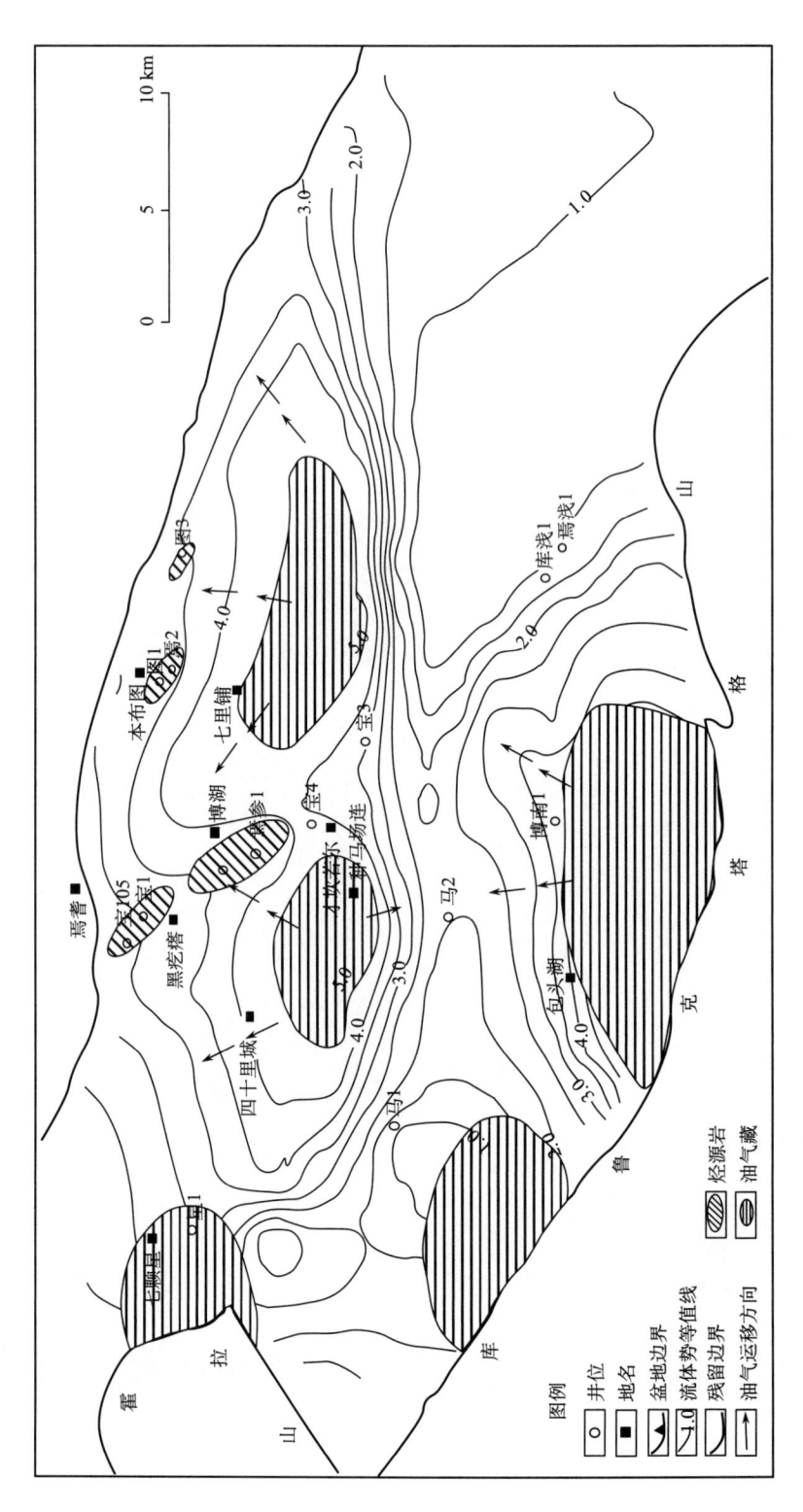

图 8.12 现今盆地油藏分布图

1. 有效烃源岩的分布及演化

根据沉积相研究成果，八道湾早中期有利于优质煤系烃源岩发育的滨浅湖和湖沼相主要分布在现今种马场构造带南北两侧，包括南部凹陷的北部和北部凹陷的南部，大致呈东西向分布，八道湾晚期以上地区以湖沼沉积为主。可以看出，八道湾组沉积时南北两凹陷的分割并不明显，博湖拗陷是一个统一的沉积区，主要烃源岩分布在拗陷中部。

烃源岩热演化史的研究表明，早白垩世晚期—晚白垩世早期最大埋深期，八道湾组烃源岩均进入成熟阶段，形成了以种马场构造带为中心的一个统一的有效烃源岩体。

随着晚白垩世中晚期盆地的抬升，上述烃源岩体的生烃过程停止。古近纪盆地的再一次沉降，导致烃源岩体的二次生烃作用（图8.13）。但由于盆地不同部位抬升与沉降的不均衡性，不同部位的生烃强度有较大差别。种马场构造带以南，二次生烃作用有限，基本上没有有效的烃源岩体。北部凹陷的二次生烃作用主要局限在七里铺和四十里城这两个次凹中。

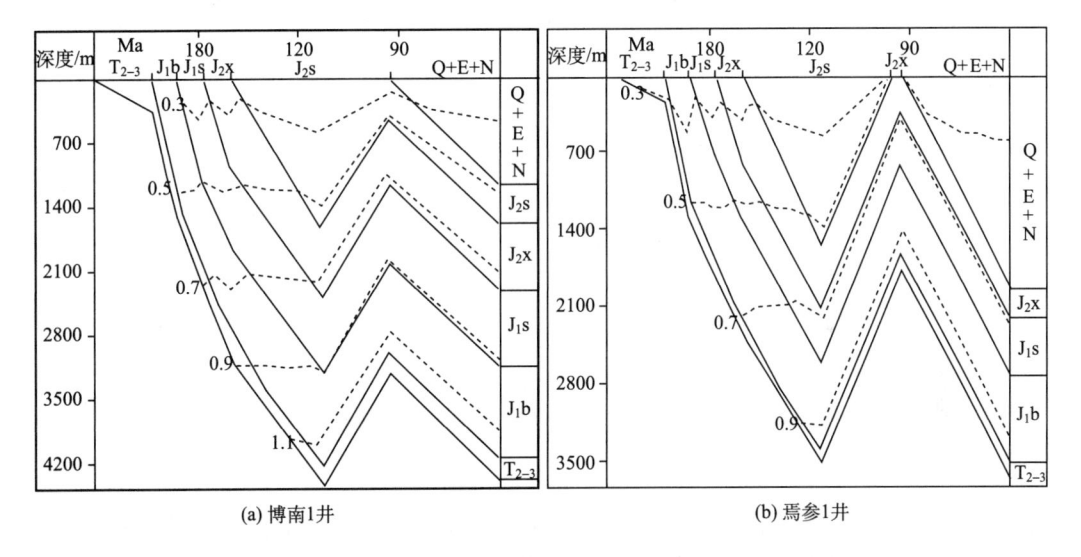

图 8.13 焉耆盆地南部凹陷博南 1 井、北部凹陷焉参 1 井埋藏史图

(a) 博南1井　　(b) 焉参1井

2. 关键时刻

关键时刻是油气系统研究中的一个重要概念或参数，指各成藏要素与地质作用关系最为密切的那一时刻，它是油气系统烃源岩的生排烃作用、油气运移作用、圈闭形成作用和成藏作用的最佳匹配期。关键时刻是研究油气系统地质要素和地质作用关系的时间参照点。

根据前面对烃源岩的演化史、油气成藏期次和成藏过程的研究，焉耆盆地侏罗系油气系统具有两个关键时刻，一个为晚白垩世早中期，一个为新近纪时期，其中第一个关键时刻为盆地主要的关键时刻，它控制整个盆地原生油气藏的形成和分布，第二个关键时刻为次要的关键时刻，它只对北部凹陷油气藏产生一定影响（图8.14）。

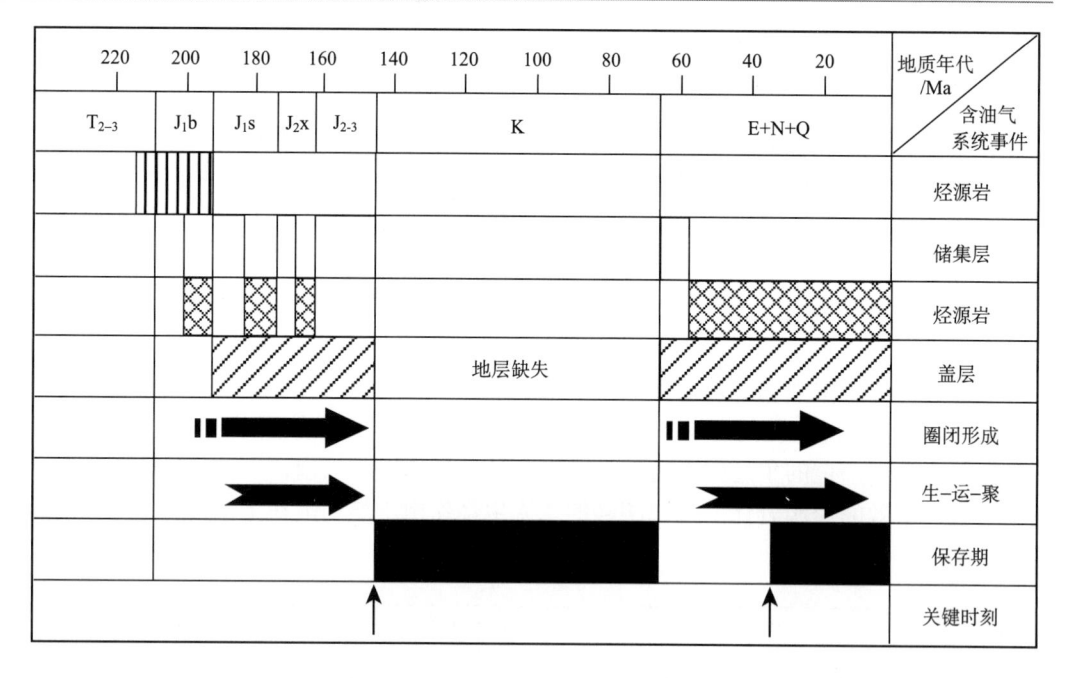

220	200	180	160	140	120	100	80	60	40	20	地质年代/Ma
T$_{2-3}$	J$_1$b	J$_1$s	J$_2$x	J$_{2-3}$		K			E+N+Q		含油气系统事件

（表格内容）烃源岩、储集层、烃源岩、盖层（地层缺失）、圈闭形成、生-运-聚、保存期、关键时刻

图 8.14 焉耆盆地含油气盆地事件图

（二）油气系统的演化

焉耆盆地侏罗系油气系统自晚白垩世早期形成以来，经过了两个主要演化阶段，即晚白垩世原生油气系统形成阶段和古近纪油气系统调整再生阶段。

1. 晚白垩世早中期是焉耆盆地侏罗系油气系统的形成阶段

在这一阶段八道湾组有效烃源岩体主要分布在博湖拗陷中部，油气运移的总趋势是从南向北运移，在这一大的区域背景上，三工河组储集层存在多个有利的聚集区，它们可能是当时古油田的分布区，推测的古油田包括南部的博南古油田、阿买古油田，中部的种马场古油田和北部的宝中古油田和本布图古油田等。

2. 新近纪是侏罗系油气系统的第二个关键时刻

博湖拗陷的第二次沉降使八道湾组烃源岩开始了二次生烃过程。主要发生在北部凹陷七里铺次凹和四十里城次凹的沉降作用，造成了八道湾组烃源岩的进一步演化，而相对隆起区和南部凹陷烃源岩成熟度增长有限，此期有效烃源岩体主要分布在北部凹陷两次凹的中心部位。由于古近系+新近系厚度在拗陷中比较稳定，使晚白垩世早中期流体势发生一定改变，油气藏未发生大的调整和破坏，只是进行局部调整，二次生烃作用对北部凹陷油气藏的形成具有一定意义。

（三）亚油气系统的划分

亚油气系统是油气系统内部具有相似油气聚集和成藏特征的单元。亚油气系统是对油气系统的进一步划分，根据油气系统内油气运移、聚集和成藏特征的不同，同一油气系统可以划分为若干亚油气系统。亚油气系统更多地强调油气的运移、聚集和成藏特点，它仍遵循从源岩到圈闭的原则。亚油气系统的划分，使得油气系统的定量评价变得更加方便。

亚油气系统的划分按油气运移的路径和方向进行，流体势图上的高势面是亚油气系统的边界。在没有流体势图的情况下，可以根据古构造图上的分割划分亚油气系统。盆地不同的演化阶段，由于流体势场的改变和油气运移格局的变化，亚油气系统也在发生变化。油气系统关键时刻的亚系统分布，对盆地油气藏的形成和油气分布具有至关重要的意义。

焉耆盆地侏罗系油气系统的关键时刻为晚白垩世早中期和新近纪。通过研究这两个时期的流体势分布，对亚油气系统进行了划分。

晚白垩世早中期，焉耆盆地侏罗系油气系统可以划分为 5 个亚系统，即四十里城西北斜坡亚系统、宝浪-苏木亚系统、本布图亚系统、三棵树亚系统和南部亚系统。

新近纪时期，侏罗系油气系统仍可划分出上述 5 个亚系统，只是各亚系统的范围有所变化，主要表现为北部 4 个亚系统范围变小，南部亚系统范围变大。由于焉耆盆地主要成藏期为晚白垩世早中期，因此，晚白垩世早中期各亚油气系统的分布对各区油气资源的富集与分布起决定性的作用。

第四节　油气藏特征与典型油气田（藏）

焉耆盆地目前已经在博湖拗陷北部凹陷发现宝浪油田（藏）和本布图油田（藏）。宝浪油田位于博湖拗陷北部凹陷宝浪-苏木构造带北高点和中高点，根据含油区位置不同又可分为宝北含油区块和宝中含油区块。本布图油田位于博湖拗陷本布图构造带，包括本布图含油区块和本东含油区块。

一、油气藏特征

1. 油气藏以背斜、断背斜圈闭为主

焉耆盆地圈闭类型多样，目前钻探了 24 个圈闭，已明确的宝浪油田（藏）和本布图油田（藏）的圈闭类型主要为背斜和断背斜（宝北区块、宝中区块为背斜，本布图油田为断背斜），除此之外还存在岩性圈闭（图 8.15）。

大类	亚类	种类	油气藏模式	发育地区	备注
构造油气藏	背斜油气藏	断背斜		宝北区块、本布图、本布图东	油田
		断垒背斜		宝中区块	油田
	断层油气藏	断鼻	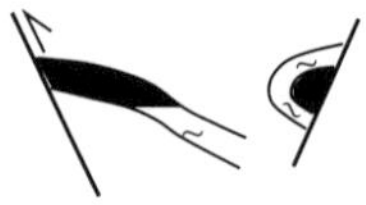	种马场、宝南、本布图、阿买来	油气显示
		断块		种马场、本布图、宝南区块	油气显示
非构造油气藏	岩性油气藏	砂岩上倾尖灭		南部凹陷	低产油流
		砂岩透镜体	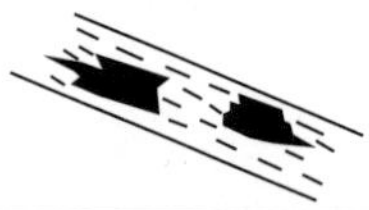	南部凹陷、北部凹陷	宝北区块见油层
	地层油气藏	地层超覆不整合	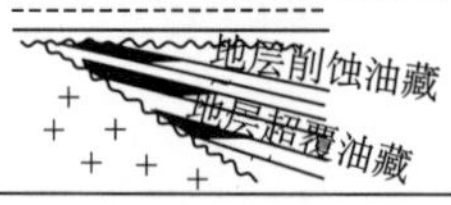	四十里城、七里铺	预测
		地层剥蚀不整合	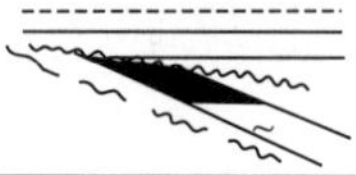	焉南断裂带 库代力克	预测
		基岩潜山	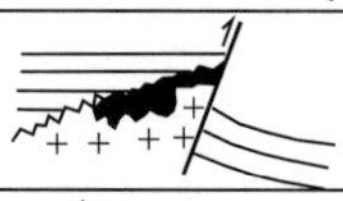	种马场	预测
	复合油气藏	断层-岩性	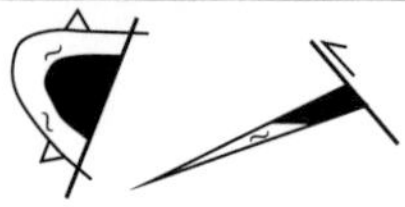	四十里城、本布图 宝浪-苏木构造带	预测

图 8.15 焉耆盆地油气藏类型示意图

2. 低孔低渗为主的孔隙型碎屑岩储层

4 个含油气区块储层均为侏罗系陆相碎屑岩，物性较差，属低孔低渗型，孔隙度为 9%~15%，渗透率为 $5\times10^{-3}\sim50\times10^{-3}$ μm^2。储层岩石类型主要为岩屑砂岩，储集空间以原生粒间孔、粒间溶孔为主。

3. 以侏罗系为主，较大埋深的聚集层系

4个含油气区块含油层系以侏罗系三工河组为主，在本东区块还有八道湾组。埋藏深度为2190~3000 m。

4. 以煤成烃为特征，富油又富气，气油比高，流体性质好

焉耆盆地侏罗系为一套煤系地层，烃源岩为煤岩、碳质泥岩和煤系泥岩，生成的流体主要为凝析气和轻质油，形成的油气藏既有轻质油藏，又有凝析气藏。原油气油比为220~280 m^3/m^3，凝析油气油比为1400~2013 m^3/m^3。原油油质轻，密度小于0.81 g/cm^3，黏度（70℃）为1.1~2.3 mPa·s。

5. 压力系数较高，产能中等

4个含油区块试油资料表明，油气层压力系数较高，为1.03~1.14。油层千米井深日产量大多在5~15 m^3/（km·d），主要为中产。

6. 油气层分布集中，单井油气层厚度大

油气层集中分布在三工河组中、上部，其间不夹水层。单井油气层厚度较大，为17~95 m，一般在50 m左右。

7. 单储系数低，储量丰度中等

由于油层孔隙度较低，气油比高，原油体积系数大，油藏单储系数较低，为$3.5×10^4$~$4.0×10^4$ t/（km^2·m）。虽然油藏单储系数低，但油藏厚度较大，储量丰度中等，为$112×10^4$~$251×10^4$ t/km^2。

二、典型油气田（藏）

（一）宝浪油气田（藏）

1. 圈闭特征

宝浪-苏木背斜构造带位于北部凹陷，东西夹持于四十里城次凹和七里铺次凹之间（表8.17）。宝北区块位于该构造带的西北端，为依附于宝北断层之上的背斜圈闭，背斜轴向北西，向南东方向倾没，受宝北断层的控制表现为西南翼缓、东北翼陡的不对称背斜（图8.16）。宝中区块位于宝浪-苏木背斜构造带中部，北邻宝北区块，南接宝南断鼻，为一冲断背斜构造，依附于焉参1井东断层之上，轴向北西（图8.17）。

表 8.17　宝浪、本布图油田构造要素表

油田	区块	构造类型	圈闭要素					
^	^	^	层位	高点埋深/m	面积/km²	幅度/m	轴向	长短轴比
宝浪	宝北	背斜	Ⅰ油组顶	2180	5.0	80	北西	
^	^	^	Ⅲ油组顶	2280	6.6	90	^	1：3.9
^	宝中	断背斜	Ⅰ油组顶	2280	9.3	200	北西	1：4.6
^	^	^	Ⅲ油组顶	2380	7.3	180	^	1：5.5
^	^	^	Ⅳ油组顶	2460	7.0	180	^	1：6
本布图	本布图	断背斜	油层顶面	2440	8.2	160	北西西	1：3
^	本东	断背斜	6小层顶	2625	6.6	100	北西西	1：3
^	^	^	16小层顶	2825	10.2	100	^	1：3

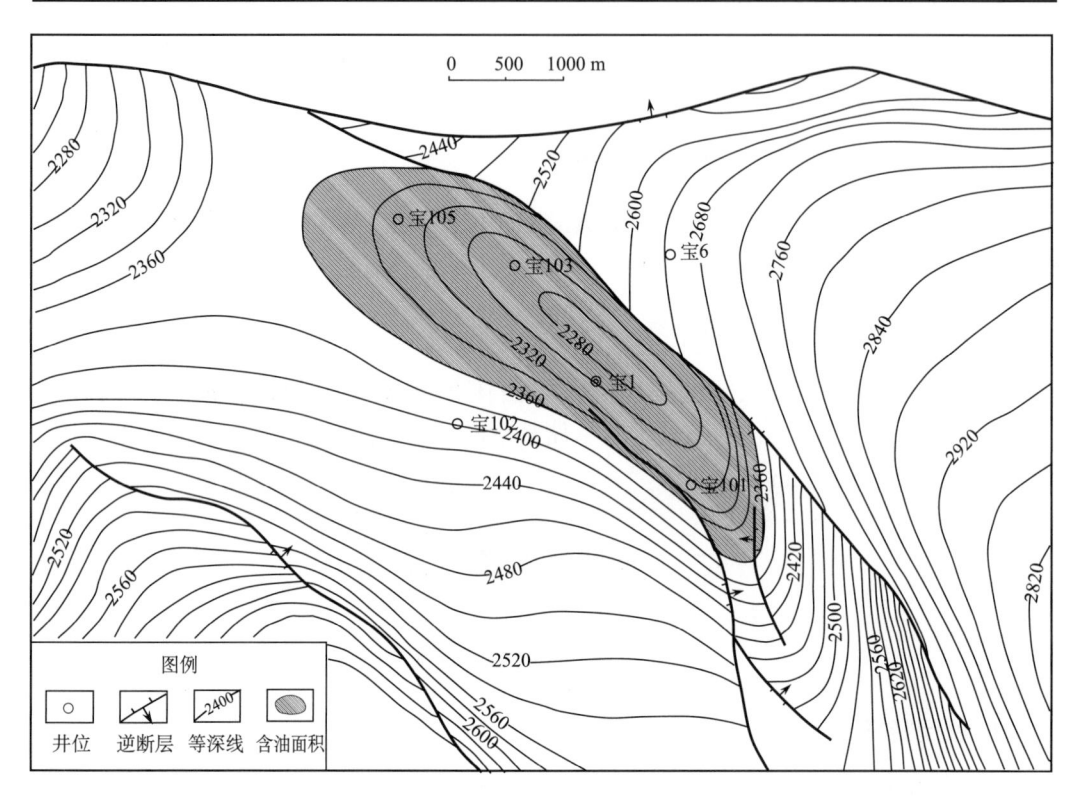

图 8.16　宝北区块三工河组顶面构造

2. 储层特征

1）砂体分布

宝北区块油砂体主要为辫状河三角洲平原上的分支流河道砂体，砂体呈南北向伸长的舌状向南延伸，分布在宝 105~101 井区。砂层厚度集中在 5~10 m，单层最大厚度为

37 m，三工河组上段含砂率约为 40%，三工河组下段高达 85% 以上。

宝中区块油砂体主要为前缘亚相水下分流河道砂体，砂体是宝北砂体向南推移而成。三工河组上段单井砂（砾）岩厚度为 45~86 m，单井砂地比为 25%~45%；三工河组中下段砂砾岩厚度为 183~215 m，单井砂地比为 50%~85%。砂层厚度以 5~15 m 为主。砂岩百分含量均在 60% 以上。

2）储集条件

总体上，宝浪油田（藏）储油层物性表现为低孔低渗特征，储层孔隙度一般为 8%~16%，主要分布区间为 10%~12%，渗透率主要分布区间为 $2\times10^{-3} \sim 50\times10^{-3}\ \mu m^2$，平均小于 $25\times10^{-3}\ \mu m^2$。宝北区块埋藏最浅，相对储集条件好（表 8.18）。

储层岩石类型以岩屑砂岩为主，结构、成分成熟度低，主要为孔隙式胶结，胶结物以泥质为主，高岭石含量高。储集空间以原生粒间孔、粒间溶孔为主，裂缝不发育。

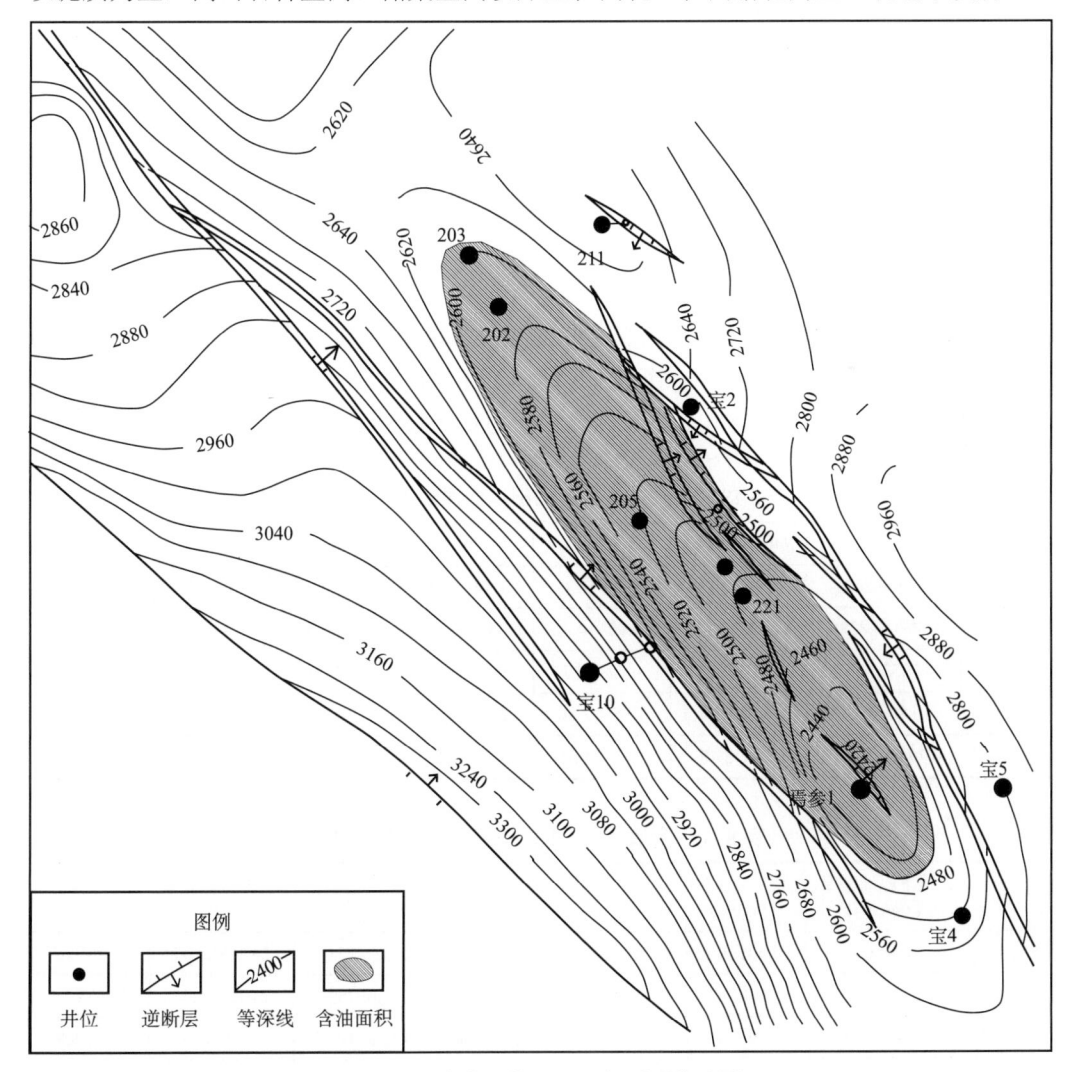

图 8.17 宝中区块三工河组顶面构造图

表 8.18　宝浪、本布图油田储层储集特征表

区块	埋深/m	孔隙度/% 主要区间	孔隙度/% 平均值	渗透率/10⁻³μm² 主要区间	渗透率/10⁻³μm² 平均值
宝北	2170~2380	11~16	12.1	2~50	23.7
宝中	2290~2660	8~14	10.2	2~50	26.6
本布图	2480~2560	9~15	13.1	1~10	7.4
本布图东	2590~2850	9~13	10.4	1~10	3.38

3）储盖组合

宝浪油田主要发育下生自储自盖式组合，即八道湾生油，三工河组上段自储自盖。总体上三工河组上段储集性能较好，盖层封闭能力强，是盆地中最好的储盖组合。典型的宝中区块的Ⅰ、Ⅱ、Ⅲ油组盖层发育厚度大，形成"泥包砂"式纵向储盖组合，油气藏为层状；Ⅳ油组泥岩呈夹层状发育，油藏几何形态变为块状，底部变为水层。宝北区块主要为砂岩与泥岩近等厚互层，纵向上形成间互式储盖组合。

宝北区块发现古近系鄯善群底部油藏，虽然分布范围有限，但却是新的含油层系，说明鄯善群也可作为油藏的盖层，还表明可能存在侏罗系自生自储它盖式地层不整合圈闭。

4）流体性质

宝浪油田原油性质好、油质轻，具有低密度、低黏度、低胶质沥青质、低含硫、低初馏点、中高含蜡、中等凝固点和中高馏分的特性，属于轻质油。地面原油密度宝北区块较高，为 0.79~0.8039 g/cm³；宝中区块较低，分布区间为 0.763~0.8286 g/cm³（表 8.19，表 8.20）。

表 8.19　宝浪、本布图油田地面原油物性特征表

区块	密度/(g/cm³)	黏度/(mPa·s)	含蜡量/%	胶沥质/%	含硫/%	凝固点/℃	初馏点/℃
宝北	0.79~0.8039	0.76~1.42	9.74~14.1	1.44~5.64	0.055~0.082	12~16	37~68
宝中	0.763~0.8286	0.78~2.3	10.92~14.42	2.04~3.73	0.05~0.06	4~21	38~68
凝析油	0.7352~7589	0.41~0.52	0.72~3.67	0.31~0.82	微含硫	−4~24	38~66
本布图	0.80~0.82	1.3~3.08	10.5~12.86	3.14~4.81	—	12.8~21	40~91
本布图东	0.7943~0.8261	1.18~3.48	7.15~11.55	1.95~4.21	—	9~21	41~34

表 8.20　宝浪、本布图油田高压物性特征表

区块	地下原油密度/(g/cm³)	地下原油黏度/(mPa·s)	体积系数	气油比/(m³/t)	饱和压力/MPa	原始地层压力/MPa	地饱压差/MPa
宝北	0.64~0.67	0.303~0.439	1.531~1.588	203~218	15.2~17.6	24.12~25.07	6.92~9.87
宝中	0.5496~0.6186	0.14~0.279	1.662~2.46	259~567	17.6~25.8	24.12~25.07	1.49~9.64
本布图	0.623~0.66	0.303~0.439	1.5665	217~246	18.85~19.72	27.59~27.65	7.78~8.8
本布图东	0.5919	—	1.84	235	19.44	28.4	8.96

宝中油气藏内部多套油气水系统存在与多相态流体同时共存，导致油藏内部流体性质在层组上存在纵向差异，尤其在原油凝固点和相对密度表现最为明显。

宝中、宝北区块地层水为 $CaCl_2$ 型，地层水处于阻滞状态，表明该区油气藏保存条件较好。

5）油气藏类型

宝北区块油藏上部Ⅰ、Ⅱ油组为层状边水背斜轻质油藏，Ⅲ油组为块状底水背斜轻质油藏（图8.18）。宝中区块油气藏是多相态类型的油气藏，Ⅰ油组是无气顶的不饱和黑油油藏；Ⅱ油组为具有小凝析气顶的轻质油藏；而Ⅲ油组为带大油环的凝析气藏；Ⅳ油组为带小油环的凝析气藏（图8.19）。

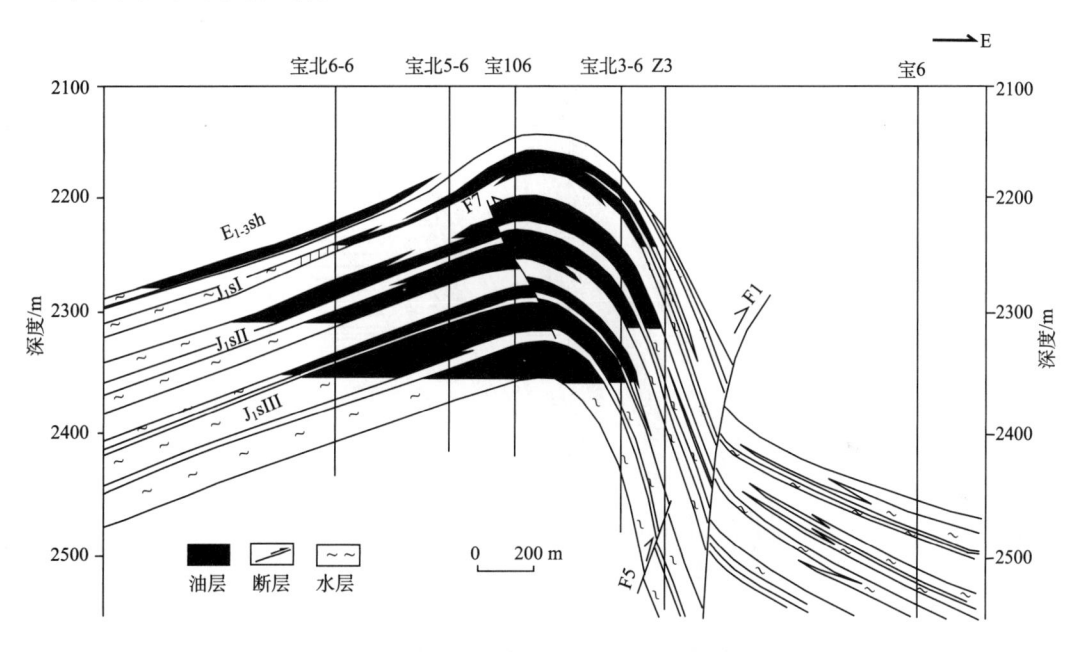

图8.18 宝北区块宝6-6—宝6井油藏剖面图

6）油气成藏过程与模式

燕山晚期构造带已形成雏形，八道湾组烃源岩在早白垩晚期—晚白垩世早期已进入生油高峰，其内部可能形成大型整装油气藏。

早白垩晚期—晚白垩世早期，八道湾组已进入生油高峰，必然有油气运移和聚集。晚白垩世开始的燕山晚期运动，形成宝浪-苏木构造隆起带，当时的形态与现今形态基本相同，但幅度较小，整体表现为一南倾的大型宽缓鼻状构造，北部开口端由焉南断裂遮挡。宝南断鼻已形成，宝中区块三工河组也有 50 m 闭合幅度，宝北区块则为一鼻状构造。三者之间的构造鞍部不明显。此时，宝浪-苏木构造带中基本无断裂发育，仅宝中区块西翼断裂有一定断距，但平面延伸不远。八道湾组生成的油气主要聚集在其内部，由

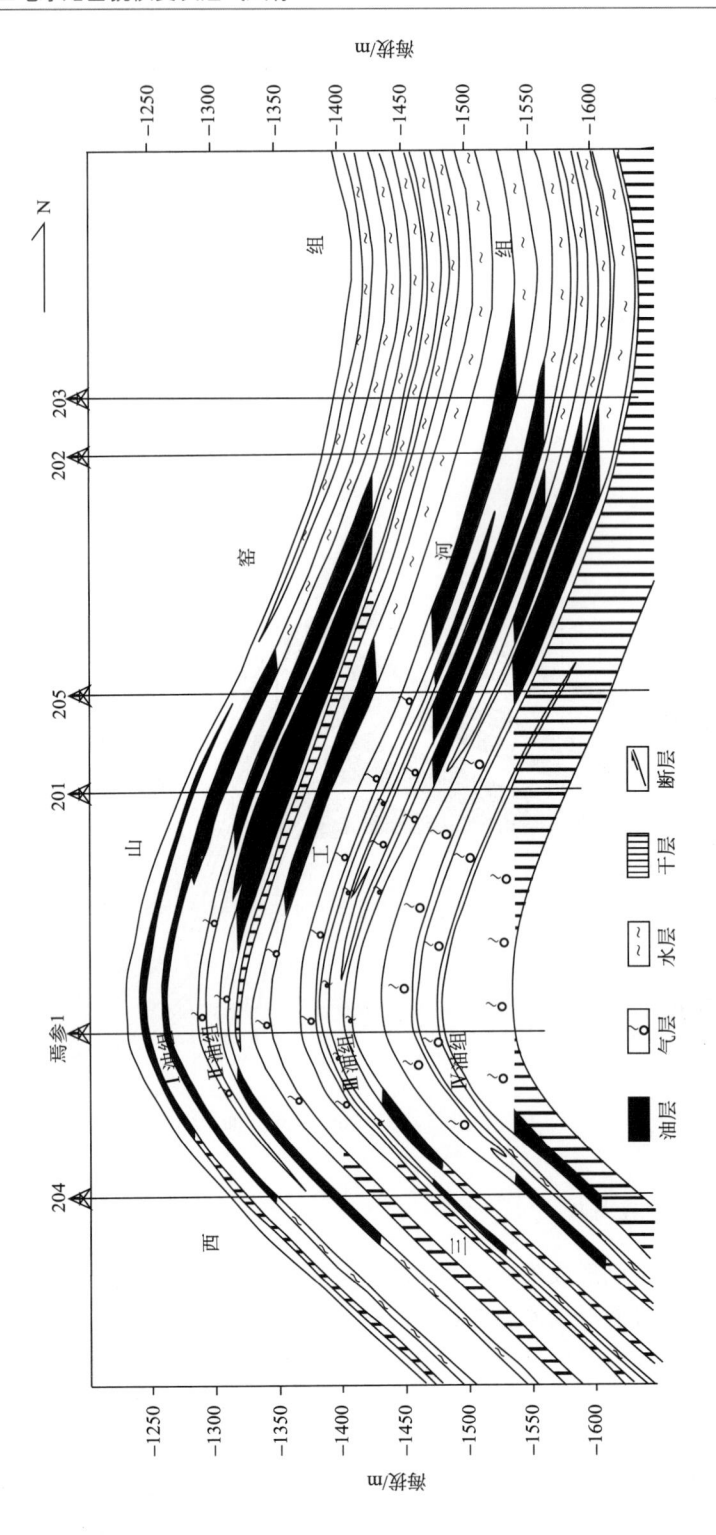

图 8.19 宝中区块油藏剖面图

于缺乏纵向油源断裂，而难以向上部层位大规模运移聚集。推测此时在八道湾组形成一大型整装油气藏，油气藏类型为断鼻油气藏，可能叠加有岩性因素。现今宝浪-苏木构造带中宝南区块、宝中区块东断层上、下盘中的八道湾组油气显示都很丰富，超越了现今的圈闭范围，应是燕山晚期大型古油气藏的遗留痕迹。

喜马拉雅运动期间，晚白垩世早中期形成的油气藏发生调整，油气再运移，聚集至三工河组，同时二次生油再次供给油气充注，油气藏最终就位定型。

古近系沉积期间，宝浪-苏木构造带具有明显的同生性，表现为顶部薄翼厚的沉积特征。新近纪末的喜马拉雅运动左旋压扭活动，使宝浪-苏木构造带最终定型，古近系及新近系与侏罗系一同卷入褶皱，两层系背斜轴向、形态一致。构造带之上局部构造形成。

新近系沉积之后，北部凹陷又进入二次生烃，与构造带的形成配置良好，油气再次向构造带充注，聚集成藏。

同时，由于喜马拉雅运动褶皱作用强烈，构造带两翼及内部产生大量逆断层，切割了八道湾组至古近系，构成纵向油源通道，晚白垩世早、中期在八道湾组形成的油气藏沿断层发生纵向调整和再分配，并在八道湾组上覆的三工河组聚集成藏。

宝浪油气田的形成可归纳为：晚白垩世早中期形成八道湾组古油藏，喜马拉雅期古油藏断层纵向分配，同时喜马拉雅期二次生烃再充注，油气藏最终定型（图8.20）。

晚白垩世早中期八道湾组古油藏形成，油气主要聚集在八道湾组。宝浪-苏木构造带晚白垩世早中期八道湾组生成的油气聚集在其内部，形成一大型断鼻油气藏。晚白垩世晚期油气可能有一定散失。

喜马拉雅期古油藏油气沿纵向油源断裂向上移，二次生成的油气同时充注，油气首先以垂向运移为主，聚集在三工河组，然后侧向运移聚集。此时期，宝浪-苏木构造带最终定型，宝南、宝中、宝北局部圈闭形成。

喜马拉雅期，构造带两翼发育的一系列北西向逆断层为八道湾组油气向上运移奠定了通道。晚白垩世早中期聚集在八道湾组内部的油气首先沿构造带两翼的断层向上运移，在八道湾组生油层之上的第一套有效储盖组合——三工河组中、上段之中聚集。宝南区块三工河组缺乏有效储盖组合（主要是缺乏储层），八道湾组的油气可能以侧向运移为主，向上运移的油气可能沿种马场北断裂发生散失。宝中区块八道湾组的油气（包括从古油藏中调整的油气和二次生成的油气）先沿断层向上运移至三工河组聚集，油气的不断供给，使三工河组形成凝析气藏和凝析气顶油藏，圈闭全充满之后，宝中区块气顶之下原油被气驱替，自溢出点继续向宝北区块做侧向运移聚集形成油藏。

油气自八道湾组向上运移过程中，发生正分异作用，原油密度、含蜡量、胶质沥青质逐渐降低。油气在三工河组聚集过程中，又发生逆分异作用，形成宝中区块"下气上油"的分布格局。宝中区块充满之后，逆分异作用使油气作侧向运移至宝北聚集，形成同一构造带"近气远油"的分布格局。油气侧向运移过程中，同时存在正分异作用，造成宝北区块原油性质好于宝中区块。

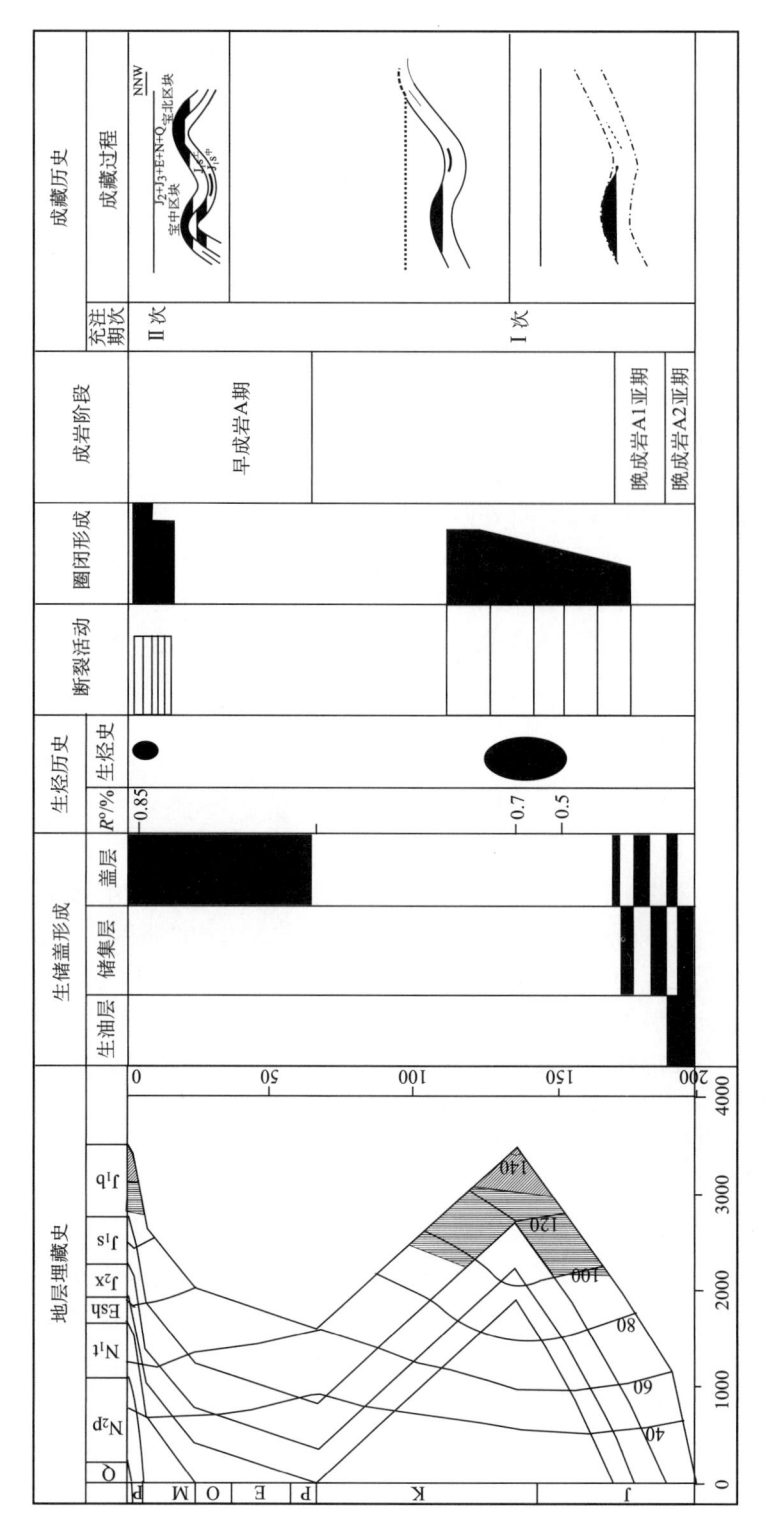

图 8.20 焉耆盆地宝浪油田油气成藏与演化过程分析图

（二）本部图油气田（藏）

1. 圈闭特征

本布图构造带呈北西向展布于博湖拗陷中部，西邻七里铺向斜，东靠库木布拉克向斜，南北分别交于种马场北断裂和焉南断裂。自北向南主要由本布图背斜、本布图东背斜和本布图南断鼻组成（图 8.21）。

本布图区块为一依附于本布图北断层之上的断背斜，被焉 2 井东断层切割为南北两个次高点，轴向北北西，背斜呈西窄东宽形状。

本布图东断背斜轴向北西西—北西向，主体与本布图断裂近平行，断背斜南翼缓，北翼陡。背斜西段受本布图断层控制，东段则受两条近垂直的断层（本布图断层和本布图东断层）共同制约，背斜西段呈长轴型，向东明显变为短轴型。

2. 储层特征

1）砂体分布

本布图东区块油藏砂体主要为辫状河三角洲平原上的分流河道砂体，本布图区块油砂体主要为前缘亚相水下分流河道砂体。

本布图区块三工河组砂体由两支北东—南西向砂体组合而成，一支分布在焉 2 井—图 101 井区，另一支位于图 102 井附近。砂层厚度大多集中在 5~20 m。砂岩百分含量为 40%~70%。主要含油层段三工河组上段含砂率为 40%~50%。

本布图东八道湾组顶—三工河组下段含油层段含砂率大于 65%，砂砾岩层厚度一般为 5~25 m，最厚达 44.5 m。分支河道呈南北向延伸，东西方向通过河道的侧向迁移形成广泛分布。

2）储集条件

总体上，宝浪、本布图油田储油层物性表现为低孔低渗特征，储层孔隙度一般为 9%~15%，主要分布区间为 10%~13%，渗透率小，平均小于 6×10^{-3} μm^2。本布图东区块埋藏最深，储层物性相对最差（表 8.18）。

储层岩石类型以岩屑砂岩为主，结构、成分成熟度低，主要为孔隙式胶结，胶结物以泥质为主，高岭石含量高。储集空间以原生粒间孔、粒间溶孔为主，裂缝不发育。

3. 盖层特征及储盖组合

1）直接盖层

本布图区块油层主要分布于三工河组上段区域盖层中，分叉的区域盖层就是其直接盖层。油层顶部的第一个直接盖层厚度一般大于 10 m，从油层段顶部向下，直接盖层的厚度呈减薄趋势（图 8.22），相应地自上向下各油组或小层的含油面积缩小。

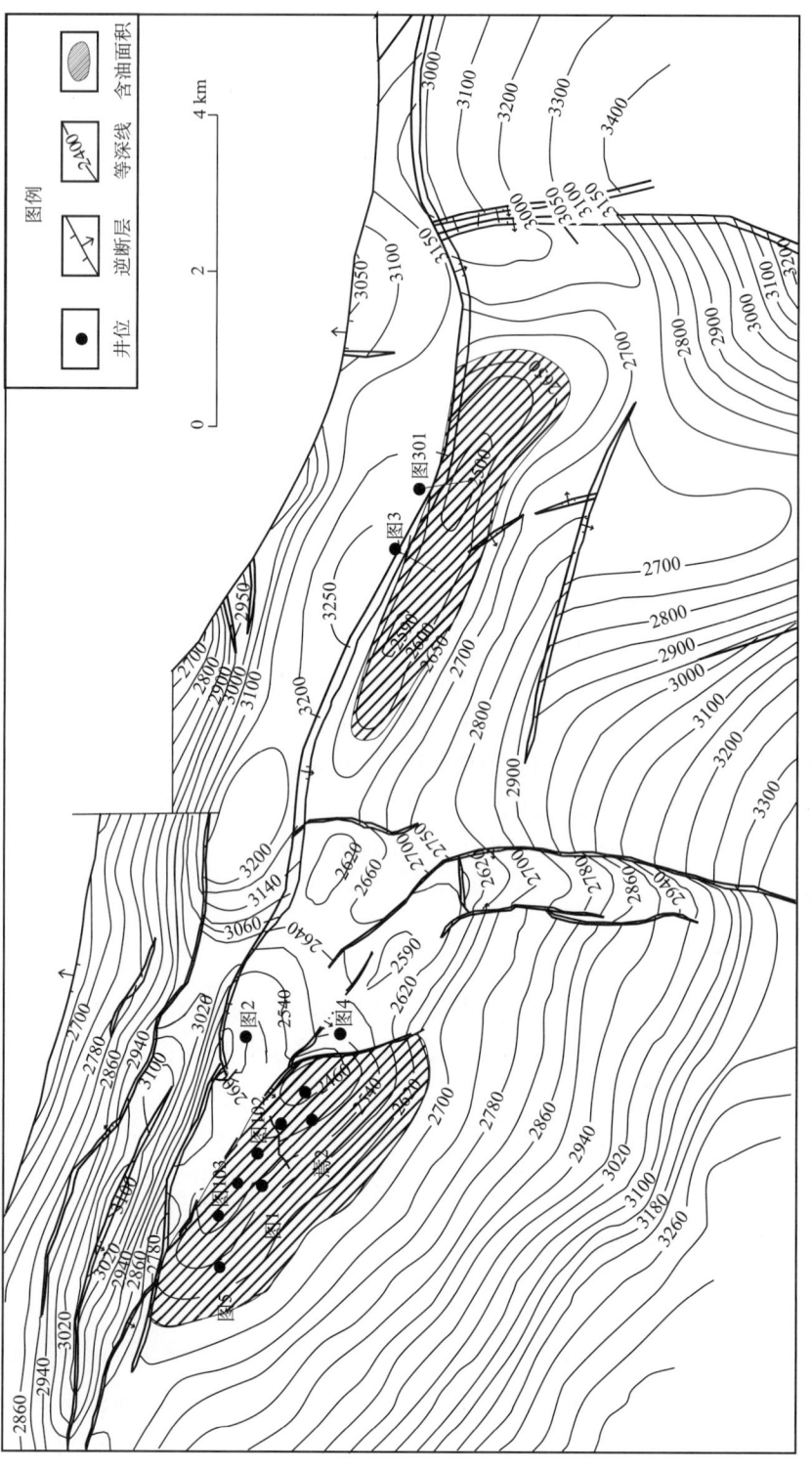

288　新疆焉耆盆地原始面貌恢复及油气赋存

图 8.21　本布图油田三工河组顶面构造图

本布图东地区含油层段位于三工河组上段区域盖层之下,该区三工河组上段区域盖层表现为较厚层的湖相泥岩夹较薄的、物性差的干砂层,油组间和油组内直接盖层发育不同,纵向上四个油组顶部的泥岩厚度一般大于10 m,分布稳定,是含油层的主要直接盖层(图8.23);各油组内部包含4个左右小层,各小层间泥岩厚度一般为2~5 m,但含油区内分布比较稳定(图8.24),因此对油气也起到封隔作用,使每个单层具有独立的油水系统(图8.25)。

图 8.22 本布图区块储盖组合特征

图 8.23 本布图东区块油组间储盖组合特征

(a) Ⅰ油组

(b) Ⅱ油组

(c) Ⅲ油组

(d) Ⅳ油组

图 8.24 本布图东区块油组内储盖组合特征

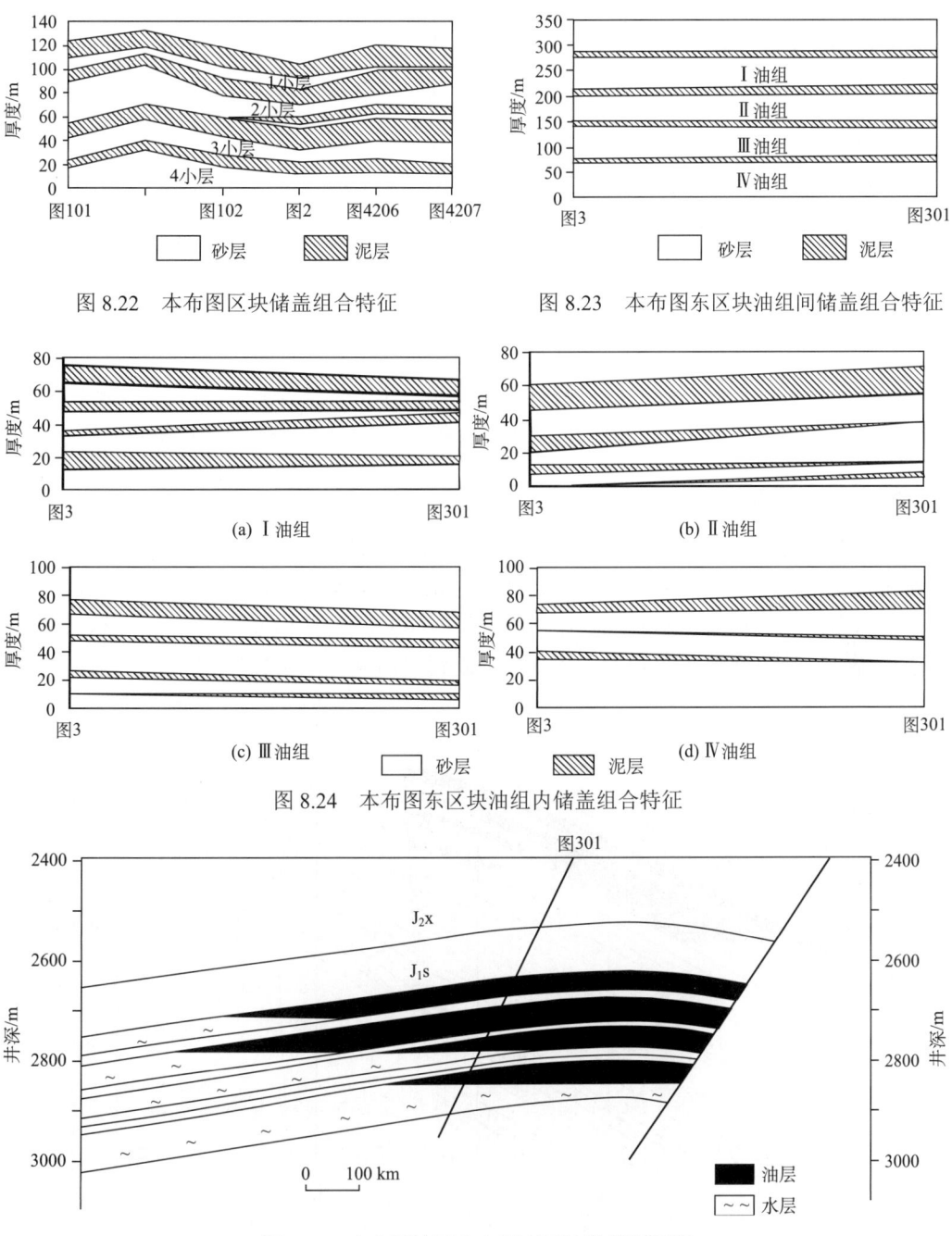

图 8.25 本布图油田本布图东区块油藏剖面图

2）储盖组合

本布图区块油藏主要发育下生自储自盖式组合，即八道湾组生油、三工河组上段自储自盖。总体上三工河组上段储集性能较好，盖层封闭能力强，是盆地中最好的储盖组合。本布图地区主要为砂岩与泥岩近等厚互层，纵向上形成间互式储盖组合。

本布图东区块三工河组上段储层中也含油气，但物性差，呈油干层，在其物性变好区段应为油层。三工河组中下段储层发育，物性较好，单个砂层厚度适中，互层的湖相泥岩虽然较薄，但封闭性能好，仍然构成下生自储自盖式组合。

4. 流体性质

本布图油田原油性质好、油质轻，具"五低三中"特征，即低密度、低黏度、低胶质沥青质、低含硫、低初馏点和中高含蜡、中等凝固点和中高馏分，属于轻质油。地面原油密度本布图含油区块较高，主要分布在 0.80~0.82 g/cm³；本布图东含油区块次之，为 0.7943~0.8261 g/cm³（表 8.18，表 8.19）。

本布图东含油区块地层水为 $CaCl_2$ 型，地层水处于阻滞状态，表明该区油气藏保存条件较好。本布图含油区块地层水为 $NaHCO_3$ 型，总矿化度为 6183~13946 mg/L，地层水处缓慢交替状态（浅层为自由交替状态，深层八道湾组处于缓慢交替状态）。

5. 油气藏类型

本布图区块油藏油层呈层状分布，油层上下泥岩隔层厚度为 5~15 m，油层分布受构造圈闭控制，为一主要靠断层封阻的断背斜层状边水油藏（图 8.26）。本布图东区块油藏类型与本布图区块相同，砂泥岩呈互层状，隔层稳定，厚 5~17 m，油层呈层状，为层状边水油藏；含油范围受断背斜构造控制，为断背斜油藏（图 8.27）。

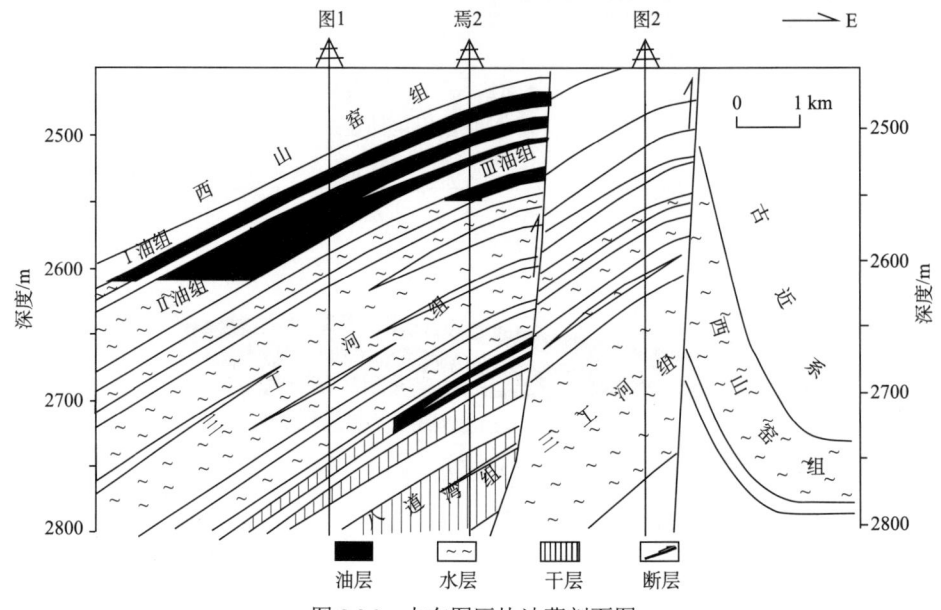

图 8.26　本布图区块油藏剖面图

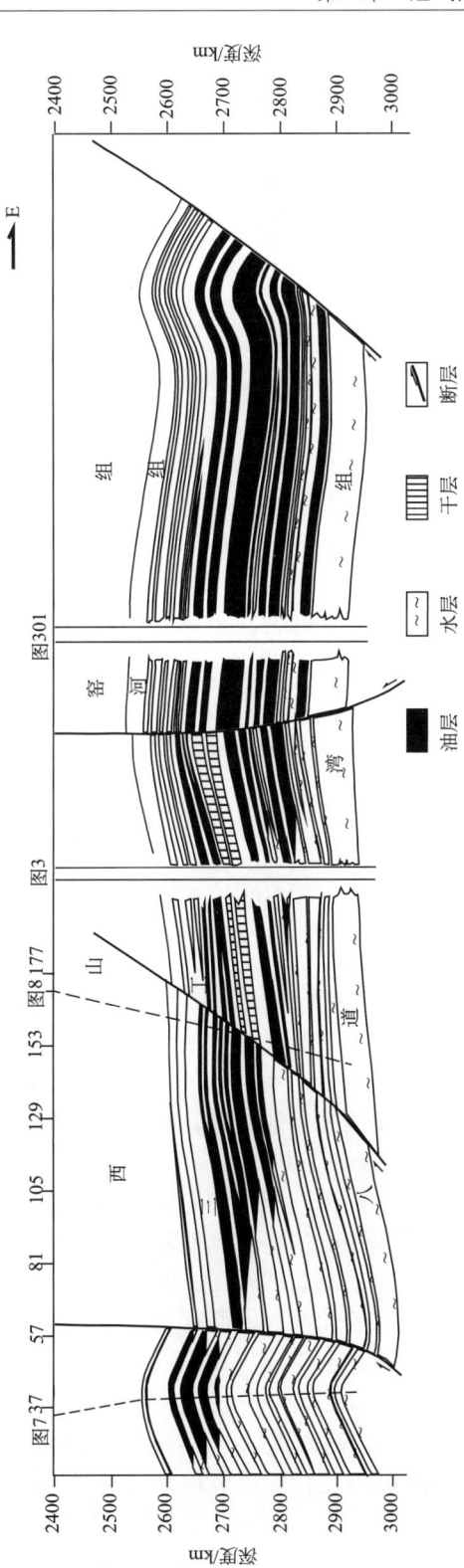

图 8.27 本布图东区块油藏剖面图

原油 PVT 分析表明，本布图区块油藏气油比为 217~246 m³/t，饱和压力为 18.85~19.72 MPa，原始地层压力为 27.59~27.65 MPa，地饱压差较小，为 7.78~8.8 MPa，其相态类型为黑油油藏。

6. 油气成藏过程与模式

1）油气藏形成演化历史

燕山晚期形成隆起带雏形，本布图局部为一断鼻，形成断鼻油气藏。构造发育史分析表明，燕山晚期，本布图地区已形成构造带雏形，本布图局部为一断鼻构造，图 2 井东断层已发育，构成鼻状构造上倾开口端的遮挡条件。自焉 2 井向图 2 井呈一逐渐抬升的斜坡，图 2 井剥蚀厚度大于焉 2 井。图 2 井西山窑组残存厚度只有 255 m，而焉 2 井之间的断层于燕山期尚未发育，该断层为喜马拉雅期形成，其上下盘侏罗系与古近系及新近系一同卷入断裂，上下盘侏罗系残存层位、厚度相同。晚白垩世早中期生成的油气向本布图断鼻充注，在八道湾组形成断鼻油气藏。

喜马拉雅期构造带定型，本布图断背斜形成，且被次级断裂分割为两块，本布图断背斜油气藏最终形成，之后油气藏保存条件较差，有一定散失。

喜马拉雅运动，本布图断层（图 2 井东断层）的进一步逆冲活动，导致其上盘的本布图断背斜最终形成。同时，焉 2 井东断层发育，将布图断背斜切割为焉 2 井断背斜和图 2 井断背斜。图 2 井东断层和焉 2 井东断层构成纵源断裂，使晚白垩世早中期八道湾组古油藏中的油气向上部三工河组再分配，同时喜马拉雅期二次生成的油气也向本布图断背斜充注，最终形成本布图三工河断背斜油气藏。

2）油气藏成藏模式

晚白垩世早中期形成八道湾组古油藏，喜马拉雅期古油藏断层纵向调整再分配，同时喜马拉雅期二次生烃再充注，油气藏最终定型（图 8.28）。

晚白垩世早中期八道湾组古油藏形成，油气主要聚集在八道湾组。本布图区块八道湾组生成的油气聚集其内部，形成断鼻油气藏。晚白垩世中晚期，由于抬升剥蚀，油气可能有一定散失。

喜马拉雅期古油藏油气沿纵向油源断裂向上调整运移，二次生成的油气同时充注，油气首先以垂向运移为主，聚集在三工河组，然后侧向运移聚集。此时期，本布图构造带最终定型，本布图北、本布图、本布图东局部圈闭形成。

喜马拉雅期构造带东翼发育的北西向逆断层为八道湾组油气向上运移奠定了通道。晚白垩世早中期聚集在八道湾组内部的油气首先沿构造带两翼的断层向上运移，在八道湾组生油层之上的第一套有效储盖组合——三工河组中上段之中聚集。本布图东区块三工河组缺乏有效储盖组合（主要是缺乏盖层），八道湾组的可能以侧向运移为主，向上运移的油气发生散失。本布图区块八道湾组生成的油气（包括从古油藏中调整的油气和二次生成的油气）沿断层向上运移至三工河组聚集。由于油源不丰富，圈闭充满度较低（没有全充满）。油气自八道湾组向上运移过程中，发生正分异作用，原油密度、含蜡量、胶质沥青逐渐降低。

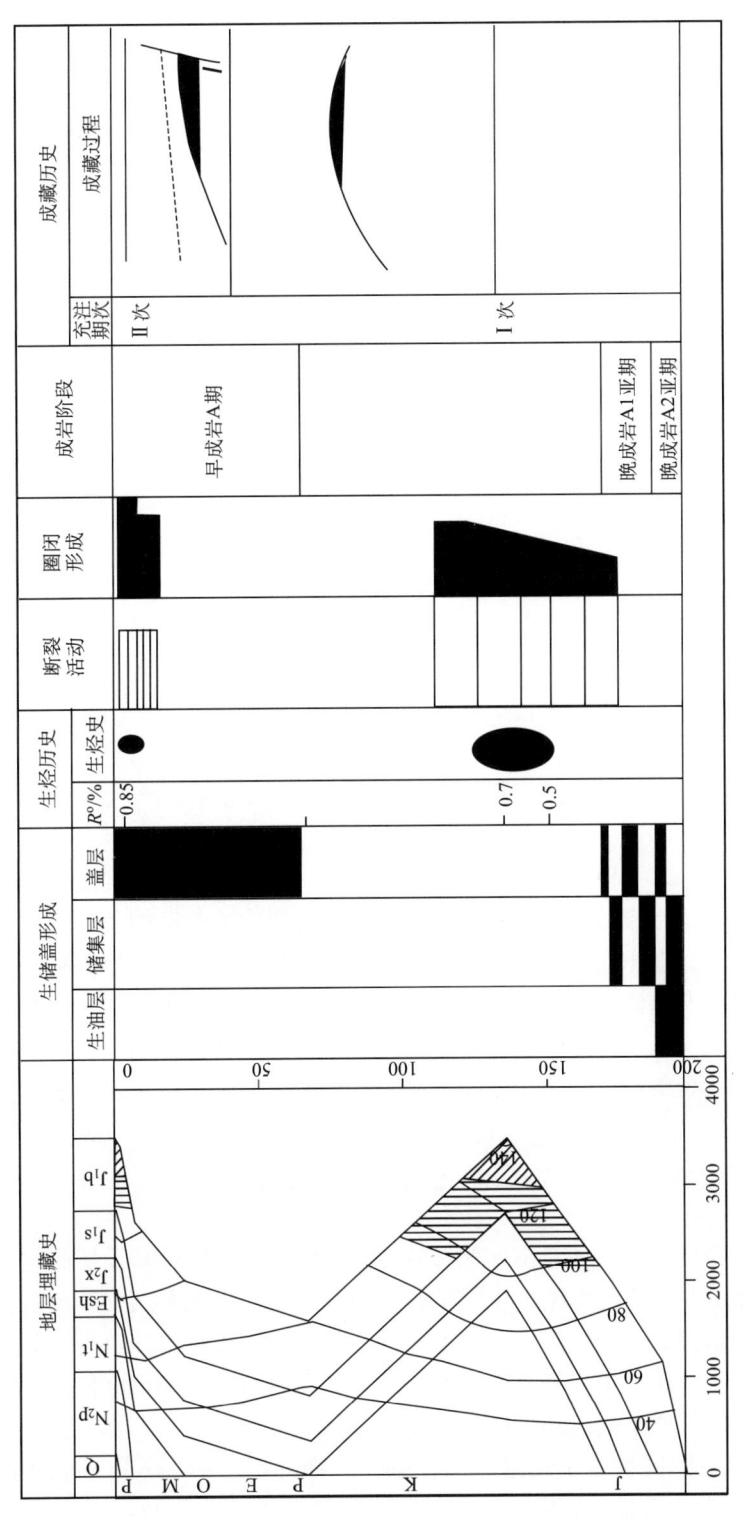

图 8.28 焉耆盆地本布图油田油气成藏与演化过程分析图

第五节 油气成藏主控因素

根据焉耆盆地周缘露头资料和盆地内钻探圈闭成果证实，焉耆盆地侏罗系是最重要的烃源岩层系。地震、地质资料研究表明，侏罗系在博湖拗陷连片分布面积达 3500 km²，由南向北、由中部向周边逐渐减薄，北部凹陷四十里城一带最大厚度达 4200 m，南部包头湖最大厚度可达 4700 m。生成的油气由烃源岩层向外运移并聚集成藏。

研究表明，盆地油气成藏主要受储盖组合、生烃中心距离、断层发育及封闭性、后期构造改造强度等条件的影响。

一、储盖组合

油气藏层位分布受储盖组合的控制。

焉耆盆地目前所发现的含油气层段主要为三工河组中、上段，这是因为三工河组中、上段是侏罗纪最大湖侵期的一套砂泥互层的沉积体系，砂岩为 35%~50%，埋深一般小于 2700 m，处于晚成岩 A 亚期，砂岩储层物性较好；同时三工河组上段以泥岩为主，夹薄层砂岩，是八道湾组之上最好的一套区域性盖层，来源于八道湾组烃源岩的油气向上运移过程中一般难以逾越这一区域性盖层。这也是目前盆地西山窑组以及第三系发现油气藏很少的主要原因之一。三工河组下段之所以不是主要的含油气层位，原因就在于该段为一大套砂砾岩，砂岩一般大于 70%，储盖组合差，油气无法聚集成藏。

除三工河组中、上段最大湖侵期沉积组合外，八道湾组上段也是一套湖侵期沉积体系，储盖组合良好，应该具备形成自生自储自盖式原生油气藏的条件。但至今八道湾组仍无重大发现，只在本布图东图 301 井发现工业油气流。其中除储层物性因素外，断裂的通道作用导致八道湾组油气向三工河组运移是一个重要原因。现今已发现油气的两个油田均发育有切穿八道湾组和三工河着的断层。因此，在良好储盖组合的条件下，局部构造圈闭中油气聚集的层取决于圈闭中是否发育断裂，以及断裂切穿的层位。

二、生烃中心距离

侏罗纪沉积期间，总体呈南陡北缓的古地理格局，但因种马场低凸起的发育，而出现南、北两个沉积中心，即两个生烃中心。同时，受南、北两大物源体系差异发育的制约，南、北凹陷的砂体相互间连通性差。同一物源沉积体系内，由于侏罗系以河湖沼泽沉积为主，尤其是作为主力烃源岩的八道湾组主要为河流沼泽相沉积，砂体的连通性也较差，决定了油气的平面运移以近距离为主。

焉耆盆地不同区块三工河组原油含氮化合物分析表明，位于南部凹陷的博南 1 井原油含氮化合物含量最高，位于北部凹陷生烃中心的宝南区块次之，然后依次是宝中区块、宝北区块、本布图和本布图东区块，反映油气自南北两个生烃中心向外运移聚集。

目前发现四个含油区块，最近的宝中含油区块距生油次凹中心约 10 km，最远的显示井星 1 井距生油次凹中心达 20 km。因此，焉耆盆地的供油半径达 10~20 km。

由于油气的平面运移以近距离为主，决定只有位于生烃中心附近的构造带才是油气聚集的主要场所。4 个含油区块原油含氮化合物含量以宝中最高，本布图东最低，宝北和本布图位于中间（图 8.29）。反映油气运移距宝中最近，宝北、本布图次之，本布图东最远。本布图构造带向 1 井钻探未见任何油气显示，本布图油田油气藏充满度较低，原因之一就在于该构造带距生烃中心远于宝浪-苏木构造带，油源条件差于宝浪-苏木构造带。本布图构造带只有来自七里铺的油气，而宝浪-苏木构造带则两面逢源（既有来自七里铺的油气又有来自四十里城的油气）。

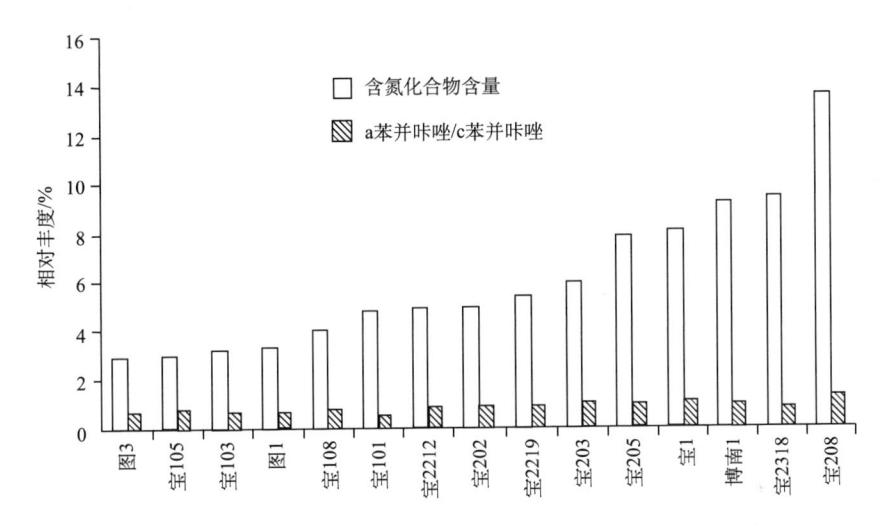

图 8.29 焉耆盆地三工河组原油含氮化合物含量平面变化直方图

三、断层发育及封闭性

（一）断层发育特征

焉耆盆地的主力烃源岩为八道湾组，由于燕山期和喜马拉雅期构造运动中形成了众多规模较大的逆断层，沟通了八道湾组烃源岩与其上储集层的联系，使八道湾组生成的油气在短距离侧向运移之后，最终沿断裂向上运移聚集。

自下而上垂向运移的总趋势决定了油气的主要聚集层位。除八道湾组内部自生自储外，油气向上运移聚集在何层位取决于：① 断裂的发育程度；② 断裂的切穿层位；③ 八道湾组之上断裂切穿层位中的有效储盖组合。

纵向断裂决定了油气的聚集层位和规模。因断层具有多期活动性，其封闭条件较差，油气主要聚集于背斜、断背斜圈闭中，断鼻、断块构造中虽然见有油气显示，但多呈残余状，仅少数获低产油流。喜马拉雅期活动较弱或比较稳定的断层对生成和运移的油气具有封闭作用，这类断层往往向上消失于西山窑组内部，如本布图断背斜。

盆地目前所发现的宝浪油气田和本布图油田垂向上自八道湾组至三工河组，原油密度、黏度、含蜡量、胶质沥青质、凝固点、初馏点均有减小的趋势（表8.21），反映油气自八道湾组向上运移过程中的吸附和分异作用。

表 8.21 焉耆盆地各区块原油性质垂向变化表

区块	层位	密度 /(g/cm³)	黏度 /(mPa·s)	含腊量 /%	胶沥质 /%	凝固点 /℃	初馏点 /℃	运移方向
宝中区块	J₁s	0.8057	1.39		2.93	14	48	↑
	J₁b	0.8213	1.95	16.66	3.71	18	72	
本布图	J₁s	0.8137	1.50	12.74	4.07	13	55	↑
	J₁b	0.8256	2.69	12.44	4.40	20	65	
宝北区块	J₁s¹小层		1.2	12.7	2.38	13	41	↑
	J₁s⁵小层	0.8039				15	56	

原油中吡咯类含氮化合物具有较强的极性，运移分馏效应非常明显。随着油气运移距离的增加，原油中含氮化合物的绝对丰度降低。根据焉耆盆地原油中含氮化合物分析，八道湾组含量最高，三工河组次之，西山窑组最小，表明原油自八道湾组向上运移聚集（图8.30）。

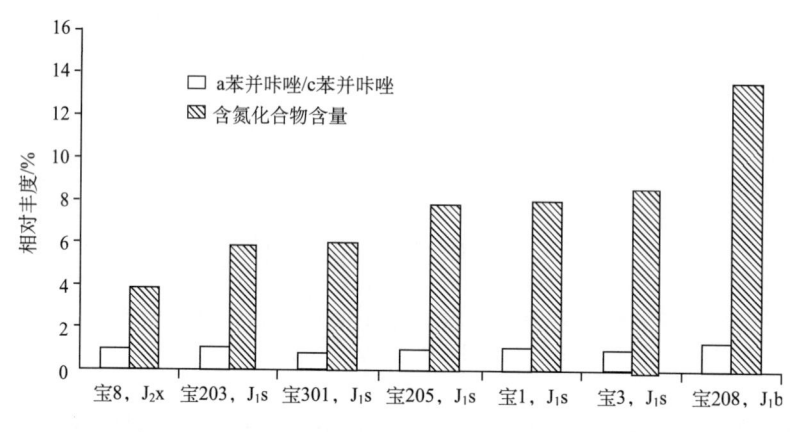

图 8.30 焉耆盆地原油含氮化合物含量纵向变化直方图

（二）断层封闭性

断层圈闭的形成主要取决于断层的封闭性。定性地分析，断层的封闭性主要与断层的规模、活动性和断层两侧地层的岩性有关。大断层封闭性较差，小断层封闭性较好；活动期的断层封闭性较差，静止期的断层封闭性较好；泥岩发育地层中的断层封闭性较好，砂岩发育地层中的断层封闭性较差。

焉耆盆地侏罗系三工河组中下段以砾岩、砂砾岩、含砾砂岩、粗砂岩为主，砂岩含量在盆地北部凹陷西部都在70%以上，很难形成封闭条件；在北部凹陷东部和宝南-马1井一带以及南部凹陷北坡，砂岩含量较低，封闭性相对较好。相比之下，八道湾组除北部凹陷七颗星一带砂岩含量较高外，其他地区砂岩含量都比较低，封闭条件总体好于三工河组，特别是在南部凹陷北坡、北部凹陷东部以及四十里城次凹中心周围，应具有比较好的封闭性。

在与主要断块和断鼻构造有关的断层中，焉南断裂、种马场断裂、种马场北断裂和种马场南断裂是规模较大的断裂，断距都在100~400 m，封闭性较差，而宝浪断裂带、本布图断裂带规模较小，封闭性较好。

综合上述分析可以认为，位于北部凹陷东部、南部凹陷北斜坡和种马场低凸起两侧主要靠小断层封闭的断鼻和断块应具有较好的封闭条件，特别是八道湾组的构造封闭条件更好。

四、后期构造改造强度

后期构造改造强度对油气成藏的影响表现为以下两个方面。

（1）后期改造强度的不同决定了博湖坳陷南、北凹陷油气分布的差异。

焉耆盆地晚白垩世中晚期和喜马拉雅期构造运动的强度自南而北逐渐减弱，构造运动的不均衡性直接造成侏罗系含油气系统在南、北凹陷具有明显的差异性。

南部凹陷受南部山前走滑-逆冲断裂带控制，侏罗系沉积厚度大，烃源岩成熟早，油气主要运移聚集于晚白垩世早中期。喜马拉雅期绝大部分地区古近系及新近系沉积厚度小于晚白垩世中晚期剥蚀厚度，不具备二次生烃条件。因此南部凹陷具有"早期成藏，北部隆起部位受到破坏，晚期不具备二次生烃条件，油气富集程度较北部凹陷差"的特点，但在凹陷的南部油气保存条件较好。

北部凹陷具有"早期成藏，破坏较弱，晚期再生成藏，保存良好，砂体发育，油气较富集"的特点。北部凹陷侏罗系沉积厚度小于南部凹陷，砂体发育，储层物性较好，晚白垩世早中期成藏后构造抬升幅度小，油气藏破坏较弱。喜马拉雅期古近系及新近系沉积厚度大于晚白垩世晚期剥蚀厚度，具备二次生烃条件，二次生成的油气，向喜马拉雅期定型的构造中再次充注。喜马拉雅期之后，构造变动很弱，油气藏保存良好。

（2）后期构造改造下保存条件较好的二级构造带是油气富集的主要场所。

焉耆盆地宝浪油田与本布图油田都与早期的低幅突起（或水下斜坡）、后期继承发展的背斜构造有关。这种构造与侏罗系主力烃源岩油气供给配置关系好，圈闭的有效程度高，有利于油气聚集。

宝浪-苏木构造带和本布图构造带在侏罗纪沉积期间即为低幅的正向构造，是当时油气运移的主要指向和有利的聚集区。晚白垩世中晚期构造运动和喜马拉雅运动只是对上述构造改造和调整，但没有破坏其完整性。由于焉耆盆地油气生成和成藏期主要在晚白垩世早期，这些早期形成、后期继承性发展、保存较好的构造是油气的有利富集单元。目前已发现的宝浪油田和本布图油田都位于这样的构造带上。

种马场构造带和库代力克构造带虽然也是中新生代继承性发展，但由于晚白垩世中晚期改造与剥蚀作用严重，油气保存条件较差，圈闭的有效性降低，因此油气富集条件不如宝浪-苏木构造带和本布图构造带。

参 考 文 献

边立曾, 卢华复, 张宝民等. 2003. 塔里木盆地库车坳陷侏罗系恰克马克组叠层石及其环境意义. 南京大学学报(自然科学), 39(1): 9~16

蔡东升, 卢华复, 贾东等. 1996. 南天山蛇绿混杂岩和中天山南缘糜棱岩的 $^{40}Ar/^{39}Ar$ 年龄及其大地构造意义. 地质科学, 31(4): 384~390

曹守连, 陈发景, 罗传容. 1994. 塔北中、新生代前陆盆地沉降机制的数值模拟. 石油天气地质, 15(2): 113~120

陈纯芳, 郑浚茂, 王德发. 2001. 板桥凹陷沙三段沉积体系与物源分析. 古地理学报, 3(1): 55~62

陈发景, 汪新文, 张光亚. 1996. 中国中、新生代前陆盆地的构造特征和地球动力学. 地球科学——中国地质大学学报, 21(4): 366~371

陈富文, 何国琦, 李华芹. 2003. 论东天山觉罗塔格造山带的大地构造属性. 中国地质, 30(4): 361~366

陈海泓, 孙枢, 李继亮等. 1993. 雪峰山大地构造的基本特征初探. 地质科学, 28(3): 201~209

陈建军, 刘池阳, 姚亚明等. 2007a. 中生代焉耆盆地演化特征. 西北大学学报(自然科学版), 37(2): 287~290

陈建军, 刘池洋, 杨兴科等. 2007b. 新疆焉耆盆地早侏罗世八道湾期原始沉积边界探讨. 中国地质, 34(3): 506~514

陈建军, 刘池阳, 姚亚明等. 2007c. 新疆焉耆盆地中生代原始面貌探讨. 沉积学报, 25(4): 518~525

陈文礼. 2003. 焉耆改造型盆地特征及其油气勘探方向预测. 江汉石油学院学报, 25(2): 4~5

陈文学, 李永林, 赵德力等. 2001. 焉耆盆地非背斜油气藏形成条件及勘探方向. 石油大学学报(自然科学版), 25(4): 16~19

陈正乐, 万景林, 刘健等. 2006. 西天山山脉多期次隆升-剥露的裂变径迹证据. 地球学报, 27(2): 97~106

陈正乐, 李丽, 刘健等. 2008. 西天山隆升-剥露过程初步研究. 岩石学报, 24(4): 625~636

程克明. 1994. 吐哈盆地油气生成. 北京: 石油工业出版社

戴金星. 1992a. 各类烷烃气的鉴别. 中国科学, (2): 185~193

戴金星. 1992b. 各类天然气的成因鉴别. 中国海上油气(地质), 6(1): 11~19

邓振球, 王欣观, 谢德顺. 1992. 新疆地球物理场特征. 新疆地质, 10(3): 233~243

方世虎, 郭召杰, 张志诚. 2004. 中新生代天山及其两侧盆地性质与演化. 北京大学学报(自然科学版), 40(6): 886~897

方世虎, 郭召杰, 吴朝东等. 2006. 准噶尔盆地南缘侏罗系碎屑成分特征及其对构造属性、盆山格局的指示意义. 地质学报, 80(2): 196~209

高长林, 崔可锐, 钱一雄等. 1995. 天山微板块构造与塔北盆地. 北京: 地质出版社

高洪雷, 刘红旭, 何建国等. 2014. 东天山地区中-新生代隆升—剥露过程: 来自磷灰石裂变径迹的证据. 地学前缘, 21(1): 249~260

高俊, 肖序常, 汤耀庆等. 1994. 新疆西南天山蓝片岩的变质作用 pTDt 轨迹及构造演化. 地质论评, 40(6): 545~553

高俊, 何国琦, 李茂松. 1997. 西天山造山带的古生代造山过程. 地球科学——中国地质大学学报, 22(1): 27~32

高小芬, 林晓, 徐亚东等. 2014. 南天山古生代-中生代沉积盆地演化. 地球科学——中国地质大学学报, 39(8): 1119~1128
郭召杰, 马瑞士, 郭令智等. 1993. 新疆东部三条蛇绿混杂岩带的比较研究. 地质论评, 39(3): 236~247
郭召杰, 张志诚, 钱祥麟. 1995. 塔里木东北缘一个早-中侏罗世拉分盆地——焉耆盆地. 地学前缘, 2(4): 255~256
郭召杰, 张志诚, 钱祥麟等. 1998a. 新疆焉耆盆地构造特征及其石油地质意义. 石油实验地质, 20(3): 205~209
郭召杰, 刘树文, 张志诚. 1998b. 库鲁克塔格-星星峡是古生代末天山最高地区. 新疆地质, 16(4): 382~387
郭召杰, 张志诚, 吴朝东等. 2006. 中新生代天山隆升过程及其与准噶尔、阿尔泰山比较研究. 地质学报, 80(1): 1~15
郝杰, 刘小汉. 1988. 桐柏-大别碰撞造山带大型推覆-滑脱构造及其演化. 地质科学, 23(1): 1~9
郝杰, 刘小汉. 1993. 南天山蛇绿混杂岩形成时代及大地构造意义. 地质科学, 28(1): 93~95
何登发, 吕修祥, 林永汉等. 1996. 前陆盆地分析. 北京: 石油工业出版社
何登发, 贾承造, 李德生等. 2005a. 塔里木多旋回叠合盆地的形成与演化. 石油与天然气地质, 26(1): 64~71
何登发, 贾承造, 周新源等. 2005b. 多旋回叠合盆地构造控油原理. 石油学报, 26(3): 1~9
何光玉, 卢华复, 王良书等. 2003. 塔里木盆地库车地区早第三纪伸展盆地的证据. 南京大学学报(自然科学版), 39(1): 40~45
何国琦, 李茂松, 刘德汉等. 1994. 中国新疆古生代地壳演化与成矿. 乌鲁木齐: 新疆人民出版社
何宏, 郭建华, 高云峰. 2002. 塔里木盆地库车坳陷侏罗系层序地层与沉积相. 江汉石油学院学报, 24(4): 1~3
何明喜, 张育民, 刘喜杰. 1995. 东秦岭(河南部分)新生代拉伸造山作用与盆岭伸展构造. 西安: 西北大学出版社
何钟烨, 刘招君, 张峰. 2001. 重矿物分析在盆地中的应用研究进展. 地质科技情报, 20(4): 29~32
胡见义, 黄第藩. 1992. 中国陆相石油地质理论基础. 北京: 石油工业出版社
胡剑风, 刘玉魁, 郑多明等. 2004. 新疆库米什盆地构造特征及勘探前景. 新疆石油地质, 25(1): 26~28
胡圣标, 张容燕, 周礼成. 1998. 油气盆地热历史恢复方法. 勘探家, 3(4): 52~54
黄第藩, 张大江, 李晋超等. 1992. 吐鲁番盆地侏罗系煤系中烃类的生成. 见: 黄第藩等. 煤成油地球化学新进展. 北京: 石油工业出版社. 126~136
黄第藩, 秦匡宗, 王铁冠等. 1995. 煤成油的形成和成烃机理. 北京: 石油工业出版社
纪云龙, 丁孝忠, 李喜臣等. 2003. 塔里木盆地库车坳陷三叠纪沉积相与古地理研究. 地质力学学报, 9(3): 268~274
贾承造. 1997. 中国塔里木盆地构造特征与油气. 北京: 石油工业出版社
贾承造, 魏国齐. 1996. 塔里木盆地古生界古隆起和中、新生界前陆盆地逆冲带构造及其控油意义. 见: 童晓光, 梁狄刚, 贾承造. 塔里木盆地石油地质特征研究新进展. 北京: 科学出版社. 20~88
贾承造, 魏国齐, 姚慧君等. 1997. 盆地构造演化与区域构造地质. 北京: 石油工业出版社
贾承造, 杨树锋, 陈汉林等. 2001. 特提斯北缘盆地群构造地质与天然气. 北京: 石油工业出版社
贾承造, 陈汉林, 杨树锋等. 2003. 库车坳陷晚白垩世隆升过程及其地质响应. 石油学报, 24(3): 1~6
贾承造, 张师本, 吴绍祖等. 2004. 塔里木盆地及周边地层——各纪地层总结. 北京: 科学出版社
贾进华. 2000. 库车前陆盆地白垩纪巴什基奇克组沉积层序与储层研究. 地学前缘, 7(3): 133~143
姜常义, 穆艳梅, 白开寅等. 1999. 南天山花岗岩类的年代学、岩石学、地球化学及其构造环境. 岩石学

报, 15(2): 298~308

姜常义, 吴文奎, 谢广成等. 1993. 西天山北半部石炭纪火山岩特征与沟弧盆体系. 岩石矿物学, 12(2): 224~231

姜在兴, 吴明荣, 陈祥等. 1999a. 焉耆盆地侏罗系沉积体系. 古地理学报, 1(3): 19~27

姜在兴, 吴明荣, 鲁洪波等. 1999b. 新疆焉耆盆地中生界含煤地层深水成因的判别分析. 石油大学学报(自然科学版), 23(2): 1~6

康铁笙, 王世成. 1991. 地质热历史研究的裂变径迹法. 北京: 科学出版社

李双建, 王清晨, 李忠. 2005. 库车坳陷库车河剖面重矿物分布特征及其地质意义. 岩石矿物学, 24(1): 53~61

李维峰, 王成善, 高振中等. 2000. 塔里木盆地库车坳陷中生代沉积演化. 沉积学报, 18(4): 534~538

李永林, 陈文学, 赵德力等. 2000. 焉耆盆地含油气系统的演化. 石油与天然气地质, 21(4): 357~359

李曰俊, 吴锡丹, 可加勇. 1994. 西南天山区域大地构造格局与金矿成矿规律. 黄金地质科学, 3(1): 11~15

李曰俊, 宋文杰, 买光荣等. 2001. 库车和北塔里木前陆盆地与南天山造山带的耦合关系. 新疆石油地质, 22(5): 376~381

李珍, 焦养泉, 刘春华等. 1998. 黄骅坳陷高柳地区重矿物物源分析. 石油勘探与开发, 25(6): 5~7

李忠, 王清晨, 王道轩等. 2003. 晚新生代天山隆升与库车坳陷构造转换的沉积约束. 沉积学报, 2(1): 38~45

李忠, 王道轩, 林伟等. 2004. 库车坳陷中-新生界碎屑组分对物源类型及其构造属性的指示. 岩石学报, 20(3): 655~666

李忠, 郭宏, 王道轩等. 2005. 库车坳陷-天山中、新生代构造转折的砂岩碎屑与地球化学记录. 中国科学 D 辑(地球科学), 35(1): 15~28

李仲东, 罗志立, 刘树根等. 2006. 雪峰推覆体掩覆的下组合(Z-S)油气资源预测. 石油与天然气地质, 27(3): 392~398

梁云海, 李文铅. 2000. 南天山古生代开合带特征及其讨论. 新疆地质, 18(3): 220~228

林社卿, 邱荣华, 李永林等. 2003. 焉耆盆地侏罗系油气成藏期次分析. 地球科学——中国地质大学学报, 28(1): 71~77

刘池洋. 1996. 后期改造强烈——中国沉积盆地的重要特点之一. 石油天然气地质, 17(4): 255~261

刘池洋, 杨兴科. 2000. 改造盆地研究和油气评价的思路. 石油与天然气地质, 21(1): 11~14

刘光祥, 钱一雄, 潘文蕾. 2000. 库车中、新生代前陆盆地沉降-沉积分析. 石油试验地质, 22(4): 313~318

刘海兴, 秦天西, 杨志勇. 2003. 塔里木盆地三叠—侏罗系沉积相. 沉积与特提斯地质, 23(1): 37~44

刘和甫, 梁慧社, 蔡立国等. 1994a. 天山两侧前陆冲断系构造样式与前陆盆地演化. 地球科学——中国地质大学学报, 19(6): 727~741

刘和甫, 梁慧社, 蔡立国等. 1994b. 川西龙门山冲断席构造样式与前陆盆地演化. 地质学报, 68(2): 101~118

刘和甫, 汪泽成, 熊宝贤等. 2000. 中国中西部中、新生代前陆盆地与挤压造山带耦合分析. 地学前缘, 7(3): 55~72

刘洪福, 尹凤娟, 车自成. 1996. 新疆侏罗纪生物地层及古地理与含油气盆地成因. 西安: 西北大学出版社

刘新月. 2005. 焉耆盆地构造变形与沉积-构造分区. 新疆石油地质, 26(1): 50~53

刘新月, 林社卿, 何明喜. 2002a. 焉耆盆地中生代原型盆地性质判定. 新疆石油地质, 23(5): 392~393

刘新月, 李永林, 何明喜等. 2002b. 焉耆中生代原型盆地沉积演化特征. 新疆石油地质, 23(2): 130~133

刘新月, 余培湘, 李方清等. 2004. 焉耆盆地构造变形特征及成因分析. 煤田地质与勘探, 32(6): 5~8
刘训. 2004. 中国西北盆山地区中-新生代古地理及地壳构造演化. 古地理学报, 6(4): 448~458
刘训, 王永. 1995. 塔里木板块及其周缘地区有关的构造运动简析. 地球学报, 3: 246~260
刘志宏, 卢华复, 贾承造等. 1999. 库车前陆盆地克拉苏构造带的构造特征与油气. 长春科技大学学报, 29(3): 215~221
刘志宏, 卢华复, 贾承造等. 2000a. 库车再生前陆逆冲带造山运动时间、断层滑移速率的厘定及其意义. 石油勘探与开发, 27(1): 12~15
刘志宏, 卢华复, 李西建等. 2000b. 库车再生前陆盆地的构造演化. 地质科学, 35(4): 482~492
柳广弟, 张仲培, 陈文学等. 2002a. 焉耆盆地油气成藏期次研究. 石油勘探与开发, 29(1): 69~71
柳广弟, 张仲培, 陈文学等. 2002b. 焉耆盆地侏罗系油气系统特征与演化. 石油学报, 23(6): 20~28
柳益群, 吴涛, 崔旱云等. 1997. 新疆吐鲁番-哈密盆地的古地温梯度及地质热历史. 中国科学(D辑), 27(5): 431~436
柳永清, 王宗秀, 金小赤等. 2004. 天山东段晚中生代—新生代隆升沉积响应、年代学与演化研究. 地质学报, 78(3): 319~331
卢华复, 贾东, 蔡东升等. 1996. 塔里木和西天山古生代板块构造演化. 见: 童晓光, 梁狄刚, 贾承造. 塔里木盆地石油地质研究新进展. 北京: 科学出版社. 38~86
卢华复, 陈楚铭, 刘志宏等. 2000. 库车再生前陆逆冲带的构造特征及成因. 石油学报, 21(3): 18~24
陆克政, 朱筱敏, 漆家福. 2003. 含油气盆地分析. 北京: 石油大学出版社
吕延防, 付广, 高大林等. 1996. 油气藏封盖研究. 北京: 石油工业出版社
马瑞士, 王赐银, 叶尚夫等. 1993. 东天山构造格架及地壳演化. 南京: 南京大学出版社
马瑞士, 舒良树, 孙家齐等. 1997. 东天山构造演化与成矿. 北京: 地质出版社
彭军, 陈洪德, 曾允孚. 2002. 龙门山南段前陆盆地中-新生代砂岩特征及物源分析. 中国区域地质, 19(1): 77~84
邱芳强, 丁勇, 王辉. 2000. 库车盆地的沉积物源分析. 新疆地质, 18(3): 352~357
邱荣华, 陈文礼, 林社卿等. 2001. 焉耆盆地中生界层序地层和沉积体系分析. 地球科学——中国地质大学学报, 26(6): 615~620
任战利. 1999. 中国北方沉积盆地构造热演化史研究. 北京: 石油工业出版社
沈传波, 梅廉夫, 刘麟等. 2005. 新疆博格达山裂变径迹年龄特征及其构造意义. 石油天然气学报(江汉石油学院学报), 27(2): 273~276
舒良树, 马瑞士, 郭令智等. 1997. 天山东段推覆构造研究. 地质科学, 32(3): 337~350
舒良树, 卢华复, 印栋豪等. 2003. 中、南天山古生代增生-碰撞事件和变形运动学研究. 南京大学学报(自然科学版), 39(1): 17~30
舒良树, 郭召杰, 朱文斌等. 2004. 天山地区碰撞后构造与盆山演化. 高校地质学报, 10(3): 394~404
宋立珩, 薛良清. 1999. 西北地区侏罗纪盆地典型充填序列. 地球学报, 20(1): 96~103
孙继敏, 朱日祥. 2006. 天山北麓晚新生代沉积及其新构造与古环境指示意义. 第四纪研究, 26(1): 14~19
孙晓猛, 张梅生, 龙胜祥等. 2004a. 秦岭-大别造山带北部逆冲推覆构造与合肥盆地、周口坳陷控盆断裂. 石油与天然气地质, 25(2): 191~198
孙晓猛, 吴根耀, 郝福江等. 2004b. 秦岭-大别造山带北部中-新生代逆冲推覆构造期次及时空迁移规律. 地质科学, 39(1): 63~76
孙岳, 陈正乐, 王永等. 2016. 天山山脉中新生代差异隆升及其机制探讨. 大地构造与成矿学, 40(2): 335~343

田作基. 1995. 南天山造山带和塔北前陆盆地构造样式及油气远景. 成都: 成都科技大学出版社
田作基, 罗志力, 罗蛰潭等. 1996. 新疆阿瓦提陆内前陆盆地. 石油天气地质, 17(4): 282~306
田作基, 胡见义, 宋建国. 2000. 塔里木库车前陆盆地构造格架和含油气系统. 新疆石油地质, 21(5): 379~383
田作基, 张光亚, 邹华理等. 2001. 塔里木库车含油气系统油气成藏的主控因素及成藏模式. 石油勘探与开发, 28(5): 12~16
汪新文, 陈发景, 李光. 1994. 塔北库车坳陷的变形特征及其与油气关系. 石油天然气地质, 15(1): 40~50
王昌桂, 程克明, 徐永昌等. 1998. 吐哈盆地侏罗系煤成烃地球化学. 北京: 科学出版社
王思恩, 叶留生, 郭宪璞. 2011. 天山造山带中的侏罗纪地层、古环境与油气资源-以库米什盆地为例. 地质通报, 30(2-3): 410~417
王彦斌, 王永, 刘训等. 2001. 天山、西昆仑山中、新生代幕式活动的磷灰石裂变径迹记录. 中国区域地质, 20(1): 94~99
王永, 李德贵, 王彦斌等. 2000. 西天山两侧前陆盆地晚新生代沉积特征及其构造意义. 新疆地质, 18(3): 245~251
王瑜. 2004. 构造热年代学——发展与思考. 地学前缘, 11(40): 435~443
文志刚, 王正允, 林小芸等. 1998. 尤尔都斯盆地侏罗系煤系地层石油地质特征. 江汉石油学院学报, 20(1): 22~25
吴富强. 1999a. 焉耆中生代原型盆地性质及形成机制. 新疆石油地质, 20(4): 298~301
吴富强. 1999b. 库米什盆地浅析. 天然气工业, 19(4): 50~51
吴富强, 陈文礼, 曹建康等. 1998. 对焉耆盆地基底的认识. 新疆石油地质, 19(6): 453~457
吴富强, 王敏, 秦伟军等. 1999. 焉耆盆地三叠系—侏罗系含油气系统. 石油勘探与开发, 26(5): 5~7
吴富强, 刘家铎, 吴梁宇. 2000a. 焉耆盆地侏罗系碎屑化学成分与原盆地性质. 新疆石油地质, 21(5): 391~393
吴富强, 刘家铎, 何明喜等. 2000b. 磷灰石裂变径迹分析在焉耆盆地油气勘探中的应用. 成都理工学院学报, 27(2): 141~144
吴明荣, 姜在兴, 操应长等. 2001. 焉耆盆地岩性油气藏勘探前景. 新疆石油地质, 22(5): 417~420
吴明荣, 姜在兴, 鲁洪波等. 2002. 焉耆盆地侏罗纪含煤地层深水成因证据与沉积模式. 新疆地质, 20(1): 53~57
吴世敏, 马瑞士, 卢华复等. 1996. 新疆西天山古生代构造演化. 桂林工学院学报, 16(2): 95~101
吴涛, 赵文智. 1997. 吐哈盆地煤系油气田形成和分布. 北京: 石油工业出版社
吴文奎. 1992. 南天山榆树沟-铜花山构造混杂体雏议. 西安地质学院学报, 14(1): 25~28
吴因业, 罗平, 唐祥华等. 1998. 西北侏罗系盆地沉积层序演化与储层特征. 地质论评, 44(1): 90~99
吴运高, 李继亮, 樊敬亮. 2000. 造山带逆冲推覆构造研究的主要新进展. 地球科学进展, 15(4): 426~433
吴中海, 吴珍汉. 1999. 裂变径迹法在研究造山带隆升过程中的应用介绍. 地质科技情报, 18(4): 27~32
肖晖, 任战利, 王起综等. 2011. 孔雀河斜坡与库鲁克塔格隆起构造事件的裂变径迹证据. 地球物理学报, 54(3): 817~827
肖序常, 汤耀庆, 冯益民等. 1992. 新疆北部及邻区大地构造. 北京: 地质出版社
谢才富, 李华芹, 常海亮. 1999. 东天山觉罗塔格对金矿带及其形成的构造背景. 长春科技大学学报, 29(3): 232~237
谢志清. 2002. 西北地区侏罗纪含煤盆地的构造性质与构造类型. 中国煤田地质, 14(4): 6~8

薛良清,李文厚. 2000. 西北地区侏罗系原始沉积区恢复. 沉积学报, 18(4): 55~59

闫义,林舸,李自安. 2003. 利用锆石形态、成分组成及年龄分析进行物源区示踪的综合研究. 大地构造与成矿学, 27(2): 184~188

阎福礼,卢华复,贾东等. 2003. 塔里木盆地库车坳陷中、新生代沉降特征探讨. 南京大学学报(自然科学版), 39(1): 31~39

杨庚,钱祥麟. 1995. 中新生代天山板内造山带隆升证据:锆石、磷灰石裂变径迹年龄测定. 北京大学学报(自然科学版), 31(4): 473~478

杨克明,朱彤,何鲤. 2003. 龙门山逆冲推覆带构造特征及勘探潜力分析. 石油实验地质, 25(6): 685~693

杨明慧,刘池洋. 2000. 中国中西部类前陆盆地特征及含油气性. 石油与天然气地质, 21(1): 46~49

杨树锋,陈汉林,程晓敢等. 2003. 南天山新生代隆升和去顶作用过程. 南京大学学报(自然科学版), 39(1): 1~8

杨兴科,程宏宾,姬金生等. 1999. 东天山碰撞造山与金铜成矿系统分析. 大地构造与成矿学, 23(4): 315~322

姚亚明,刘池阳,赵增录等. 2003. 焉耆盆地构造演化与油气聚集. 新疆石油地质, 24(2): 115~117

姚亚明,张育民,付代国等. 2004. 焉耆盆地博湖坳陷古地温与油气形成关系. 石油勘探与开发, 31(1): 24~27

姚志刚,周立发,高璞等. 2010. 北天山中、新生代隆升和剥蚀史研究. 中国矿业大学学报, 39(1): 121~126

袁政文. 2003. 焉耆盆地构造演化分析. 江汉石油学院学报, 25(4): 33~35

袁政文,何明喜,宋建华等. 2004. 新疆焉耆挤压逆冲型残留盆地与油气勘探. 石油实验地质, 26(1): 11~16

曾庆,孔繁恕,郑莉等. 2003. 库车前陆盆地重磁电勘探述评. 石油学报, 24(3): 28~33

张传恒,刘典波,张传林等. 2005. 新疆博格达山初始隆升时间的地层学标定. 地学前缘, 12(1): 294~302

张恺. 1993. 渤海湾盆地深部壳-幔结构和大地热流场对油气分布、富集规律控制的探讨. 石油勘探与开发, 20(6): 1~7

张良臣,吴乃元. 1985. 天山地质构造及演化历史. 新疆地质, 3(3): 1~13

张琴,张满郎,朱筱敏等. 1999. 准噶尔盆地阜东斜坡区侏罗纪物源分析. 新疆石油地质, 20(6): 501~504

赵红格,刘池洋. 2003. 物源分析方法及研究进展. 沉积学报, 21(3): 409~415

赵文智,许大丰,张朝军等. 1998. 库车坳陷构造变形层序划分及其勘探中的意义. 石油学报, 19(3): 1~5

赵追,王继英,古哲等. 2001. 新疆焉耆盆地石油地质特征及成藏模式. 西北地质, 34(3): 47~53

郑德文,张培震,万景林等. 2000. 碎屑颗粒热年代学. 地震地质, 22: 25~34

郑求根,张育民,全书进等. 2003. 焉耆盆地磷灰石裂变径迹分析. 矿物岩石, 23(3): 69~75

周建勋,朱战军,梁慧社. 2002. 斜向挤压构造的物理模拟及其对焉耆盆地构造解释. 煤田地质与勘探, 30(5): 5~7

周志毅,林焕令. 1995. 西北地区地层、古地理和板块构造. 南京:南京大学出版社

周中毅,潘长春. 1992. 沉积盆地古地温测定方法及其应用. 广州:广东科技出版社

周祖翼,毛凤鸣,廖宗廷等. 2001. 裂变径迹年龄多成分分离技术及其在沉积盆地物源分析中的应用. 沉积学报, 19(3): 456~458

朱文斌, 舒良树, 万景林等. 2006. 新疆博格达-哈尔里克山白垩纪以来剥露历史的裂变径迹证据. 地质学报, 80(1): 16~22

朱夏. 1983. 中国中生新生代盆地构造和演化. 北京: 科学出版社

朱星南, 杨惠康. 1988. 天山中新生山间煤盆地演化特征. 新疆地质, 6(3): 84~91

朱战军, 周建勋. 2003. 中生代焉耆盆地双侧斜向挤压基底收缩成因. 石油勘探与开发, 30(6): 123~126

Allen M B, Windley B F, Zhang C. 1991. Active alluvial system in the Korla Basin, Tien Shan, northwest China: sedimentation in a complex foreland basin. Geological Magazine, 128(6): 661~666

Allen M B, Windley B Y, Zhang C. 1992. Paleozoic collsionan tectoncis and magmatism of the Chinese Tienshan, Central Asia. Tectonophysics, 220: 89~115

Brandon M T. 1992. Decomposition of fission track grain age distributions. American Journal Science, 292: 535~564

Brandon M T. 1996. Probability density plot for fission track grain age samples. Radiation Measurement, 26(5): 663~676

Bullen M E, Burbank D W, Garver J I *et al*. 2001. Late Cenozoic tectonic evolution of the northwestern Tienshan: New age estimates for the initiation of mountain building. Geological Society of America Bulletin, 113(12): 1544~1559

Burchel B C, Brown E T, Deng Q D *et al*. 1999. Crustal shortening on the margins of the Tien Shan, Xinjiang, China. International Geology Review, 41(8): 665~700

Carroll A R, Graham S A, Hendrix M S *et al*. 1995. Late Paleozoic tectonic amalgamation of northwestern China: sedimentary record of the northern Tarim, northwestern Turpan, and southern Junggar basins. Geological Society of America Bulletin, 107(5): 571~594

Charreau J, Chen Y, Gilder S *et al*. 2005. Magnetostratigraphy and rock magnetism of the Neogene Kuitun He section (northwest China): implications for Late Cenozoic uplift of the Tianshan mountains. Earth and Planetary Science Letters, 230(1-2): 177~192

Chen C M, Lu H F, Dong J *et al*. 1999. Closing history of the southern Tianshan oceanic basin, Western China: an oblique collisional orogeny. Tectonophysics, 302: 23~40

Chen J, Burbank D W, Scharer K M *et al*. 2002. Magnetochronology of the Upper Cenozoic strata in the Southwestern Chinese Tian Shan: rates of Pleistocene folding and thrusting. Earth and Planetary Science Letters, 195(1-2): 113~130

Dickerson P W. 2003. Intraplate mountain building in response to continent–continent collision-the Ancestral Rocky Mountains (North America) and inferences drawn from the Tienshan (Central Asia). Tectonophysics, 365(1-4): 129~142

Fitzgerald P G, Sorkhabi R B, Redfield T F *et al*. 1995. Uplift and denudation of the central Alaska Range: a case study in the use of apatite fission track thermochronology to determine absolute uplift parameters. Journal of Geophysical Research Atmospheres, 1002(B10): 20175~20191

Fu B H, LiuA M, Kenichi K, *et al*. 2003. Quaternary folding of the eastern Tian Shan, northwest China. Tectonophysics, 369(1): 79~101

Galbraith R F. 1990. The Radial Plot: graphical assessment of spread in ages. Nuclear Tracks Radiation Measurement, 17(3): 207~214

Galbraith R F, Laslett G M. 1993. Statistical models for mixed fission track grain ages. Nuclear Tracks Radiation Measurement, 21(4): 459~470

Gao J, Li M S, Xiao X C, *et al*. 1998. Paleozoic tectonic evolution of the Tianshan Orogen, northwestern

China. Tectonophysics, 287(1-4): 213~231

Gleadow A J W, Dubby I R, Lovering J F. 1983. Fission track analysis: a new tool for the evaluation of thermal histories and hydrocarbon potential. Australian Petroleum Exploration Association Journal, 23: 93~102

Gleadow A J W, Duddy I R, Green P F, et al. 1986. Fission track lengths in the apatite annealing zone and the interpretation of mixed ages. Earth and Planetary Science Letter, 78(2-3): 245~254

Got H, Monsco A, Vittori J. 1981. Sedimention on the Ionian active margin(Hellenic arc)-Provenance of sediments and mechanisms of deposition. Sedimentary Geology, 28(4): 243~272

Graham S A, Hendrix M S, Wang L B, et al. 1993. Collision successor basin of western China: impact of tectonic in-heritance on sand composition. Geological. Society of American Bulletin, 105(3): 323~324

Green P F, Duddy I R, Laslett G M, et al. 1989. Thermal annealing of fission tracks in apatite 4. Qualitative modeling techniques and extensions to geological timescales. Chemical Geology, 79(2): 155~182

Hendrix M S, Graham S A, Carroll A R, et al. 1992. Sedimentary record and climatic implication of recurrent deformation in the TianShan: Evidence from Mesozoic strata of the Tarim, south Junggar, and Turpan basin, northwest China. Geological Society of America Bulletin, 104(7): 53~79

Hendrix M S, Damitru T A, Graham S A. 1994. Late Oligocene-Early Miocene unroofing in the Chinese Tianshan: an early effect of the India-Asia collision. Geology, 22(6): 487~490

Hu S B, Sullivan P B, Raza A et al. 2001. Thermal history and tectonic subsidence of the Bohai Basin, Northern China: a Cenozoic rifted and local pull-apart basin. Physics of The Earth and Planetary Interiors, 126(3-4): 221~235

Lu H, Howell D G, Jia D et al. 1994. Rejuvenation of the Kuqa foreland basin, northern flank of the Tarim basin, Northern China. International Geology Review, 36(11): 1151~1158

Magoon L B. 1992. The Petroleum System Status of Research and Methods. Washington: U S Government Printing Office

Naeser C W. 1979. Thermal history of sedimentary basins: fission-track dating of subsurface rocks. In: Scholle P A, Schluger R P(eds.). Aspect of diagenesis. SEPM special Publication, 26: 109~112

Sobel E R, Dumitru T A. 1997. Thrusting and exhumation around the margins of the western Tarim basin during the India-Asia collision. Journal of Geophysical Research, 102(B3): 5043~5063

Sun J M, Zhu R X, Bowler J. 2004. Timing of the Tianshan Mountains uplift constrained by magnetostratigraphic analysis of molasse deposits. Earth and Planetary Science Letters, 219(3-4): 239~253

Tang L J, Jia C Z, Jin Z J et al. 2004. Salt tectonic evolution and hydrocarbon accumulation of Kuqa foreland fold belt, Tarim Basin, NW China. Journal of Petroleum Science and Engineering, 41(1-3): 97~108

Tapponnier P, Molnar P. 1979. Active faulting and Cenozoic tectonics of the Tien Shan, Mongolia, and Baykal regions. Journal of Geophysical Solid Earth, 84(B7): 3425~3459

Wagner G A, Van den H P. 1992. Fission-Track-Dating. Dordrecht: Enke Verlag-Kluwer Academic Publishers

Wang S J, He L J, Wang J Y. 2001. Thermal regime and petroleum systems in Junggar basin, northwest China. Physics of the Earth and Planetary Interiors, 126: 237~248

Windley B F, Allen M B, Zhang C et al. 1990. Paleozoic accretion and Cenozoic redeformation of the Chinese Tien Shan Range. Geology, 18(2): 128~131

Yang Y, Liu M. 2002. Cenozoic deformation of the Tarim plate and the implications for mountain building in the Tibetan Plateau and the Tianshan. Tectonics, 21(6): 1~16

Yin A, Nie S, Craig P *et al*. 1998. Late Cenozoic tectonic evolution of the southern Chinese Tien Shan. Tectonics, 17(1): 1~27

Zhao M W, Behr H J, Ahrendt H *et al*. 1996. Thermal and tectonic history of the Ordos Basin, China: evidence from Apatite Fission Track Analysis, Vitrinite Reflectance, and K-Ar dating. AAPG Bulletin, 80(7): 1110~1134